机械制造工程训练教程

主　编　闫忠琳
副主编　李　燕　　刘敬露　　蒋海燕

兵器工业出版社

内 容 简 介

本教材是根据教育部颁布和实施的"高等教育面向 21 世纪教学内容和课程体系改革计划"的精神，遵循现代实践教学特点和规律编写的。

本书内容包括机械工程材料基础、材料成型技术训练、表面切削加工技术训练、数控加工与特种加工技术训练四篇。除基本工艺训练内容外，增加了综合制造工艺训练，加强了现代制造工艺内容，每一章节都附有学习重点和复习思考题，遵循实践教学的特点和规律。编写中力求取材新颖、联系实际、结构紧凑、文字简练、直观形象、图文并茂，做到基本概念清晰、重点突出。

本书可作为普通高等工科院校机械类、近机械类专业机械制造工程训练教材，也可供高职高专、成人职业教育等同类专业使用。

图书在版编目（CIP）数据

机械制造工程训练教程/闫忠琳主编．—北京：兵器工业出版社，2008.7

ISBN 978-7-80248-048-3

Ⅰ. 机… Ⅱ. 闫… Ⅲ. 机械制造工艺—高等学校—教材
Ⅳ. TH16

中国版本图书馆 CIP 数据核字（2008）第 077068 号

出版发行：兵器工业出版社		责任编辑：赵成森	
发行电话：010－68962596，68962591		封面设计：李尘工作室	
邮　　编：100089		责任校对：郭　芳	
社　　址：北京市海淀区车道沟 10 号		责任印制：赵春云	
经　　销：各地新华书店		开　　本：787×1092　1/16	
印　　刷：北京市蓝海印刷有限公司		印　　张：18.25	
版　　次：2008 年 7 月第 1 版第 1 次印刷		字　　数：440 千字	
印　　数：1—3000		定　　价：29.00 元	

（版权所有　翻印必究　印装有误　负责调换）

前　　言

随着高等教育的发展和科学技术的进步，为满足现代人才培养模式的需求以及使学生具有机械制造工程意识，获得工程背景知识、了解机械制造工程系统的感性知识，培养学生工程素质、综合能力和实践操作技能，各高校特别是工科院校加大了对工程实践训练教学的重视，工程实践训练教学引入了很多新材料、新工艺和新技术，逐步实现了由传统的金工实习向体现实践能力、综合工程素质和创新能力培养的现代工程实践训练教学方向转化。使学生在现代化的工程实践训练过程中，提高工程素质、综合创新能力，同时建立起大工程的概念。机械制造工程训练在培养高素质、高技能、应用型、复合型的工程技术人才方面起着其他课程不能替代的作用。

本教材是根据教育部颁布和实施的"高等教育面向 21 世纪教学内容和课程体系改革计划"的精神，以"学习工艺知识、提高工程素质、培养创新精神"的实践教学为宗旨，遵循现代实践教学特点和规律编写的。全书分机械工程材料基础、材料成型技术训练、表面切削加工技术训练、数控加工与特种加工技术训练四篇十四章。在编写过程中，认真总结了多年来的教学实践和教学改革经验，精选传统制造工艺教学内容，增加现代工业制造中已成熟并大力推广应用的新材料、新技术、新工艺。

本教材注重实践性，在内容编写上有一定的灵活性，在保证实践教学基本要求的前提下，可根据不同专业、不同教学学时调整教学内容。

本教材由重庆工学院长期从事机械制造工程实践教学的具有丰富理论和实践教学经验的教师和技术人员编写。参与本教材编写的人员有闫忠琳、李燕、刘敬露、蒋海燕、叶宏、彭东、胡蓉、李彦林，全书由闫忠琳主编并负责统稿和审定。

本书在编写过程中，参阅了许多文献资料，借此向所参阅文献资料的作者表示衷心的感谢。

由于编者水平有限，书中缺点和错误在所难免，恳请广大读者批评指正。

编　者
2008 年 4 月

目　　录

绪　　论

一、机械制造工程实践课程的性质和任务

1. 课程性质

机械制造工程训练（也称为金工实习）是一门实践性的技术基础课，是机械类专业学生学习材料成型工艺基础、机械制造工艺基础等课程必不可少的先修课程，也是非机械类专业学生教学计划中重要的实践教学环节，也是学生建立机械制造生产过程的概念，获得机械制造基本知识的奠基课程和进行工程素质训练的重要环节之一。

机械制造工程训练课程强调以实践教学为主，在实习教师的指导下，学生进行独立的实践操作，在训练过程中将基本工艺理论、基本工艺知识与基本工艺实践有机地结合起来，在获得机械制造工程基本知识的同时，提高学生工艺实践操作技能。

2. 课程任务

机械制造工程训练作为一门实践性的技术基础课，它要求学生通过课程的学习达到以下要求：

（1）了解现代机械制造的一般过程，学习机械制造工艺知识，熟悉机械零件的常用加工方法及所用主要设备的工作原理、典型结构，各种工、夹、量具的使用，安全操作技术等；了解新技术、新工艺、新材料在现代机械制造中的应用。

（2）要求学生对简单零件初步具备选择加工方法和进行工艺分析的能力，在典型工种方面应具备独立完成简单零件加工制造的实践能力。

（3）接受基本工程素质教育，工程训练中心为同学们培养工程意识和接受基本素质教育提供了一个良好的平台。通过训练可以使大学生在综合工程素质、创新意识、理论联系实际和科学作风等方面受到培养和锻炼。

二、机械制造工艺过程和工程实践训练的内容

机械制造生产过程就是将原材料转变为成品的全过程，是一个将大量设备、材料、人力和加工过程等有序结合的一个大的生产系统。机械制造工艺过程通常是将原材料用成型的方法制成毛坯，再经机械加工（或特种加工）得到形状精度符合要求的零件，最后将制成的各种零件装配成机器。中间还要穿插不同的热处理和表面处理，整个过程还要进行检测和控制。因此机械制造工艺过程包括毛坯成型、切削加工、热处理、表面处理、检测与质量监控、装配等环节，如图 0 – 1 所示。

（1）原材料：原材料主要是以钢铁为主的金属材料，如铸锭、轧材等。近年来各种特种合金、粉末合金、工程塑料、工业陶瓷和橡胶、复合材料等的应用比例也在不断增大。

（2）毛坯成型：即采用铸造、锻压、焊接及非金属材料成型等方法将原材料加工成具

1

有一定形状和尺寸毛坯的过程。

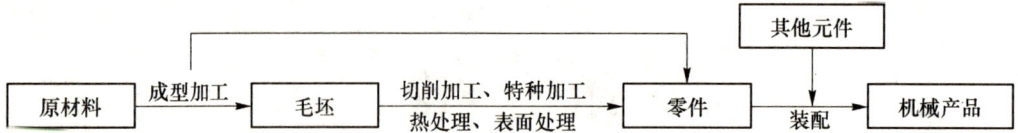

图 0-1 机械制造生产过程

（3）切削加工和特种加工：即采用车削、铣削、磨削和特种加工等方法，逐步改变毛坯的形态（形状、尺寸及表面质量），使其成为合格零件的过程。

（4）材料的改性和处理：通常指热处理、热喷涂等表面处理工艺，用以改变零件的整体、局部或表面的组织及性能。

（5）检测与质量监控：指保证工艺过程的正确实施和产品质量而使用的一切质量控制措施。检测和质量控制贯穿于整个机械制造工艺全过程。

（6）装配：即按规定的技术要求，将零件或部件进行配合和连接，使之成为产品的工艺过程，包括零件的固定、连接、调整、检验和试验等工作。

产品的加工制造阶段是本课程训练的重点内容，根据不同的加工方法分为铸造、锻压、焊接、热处理、车削、铣削、磨削、钳加工、数控加工及特种加工等若干工种，选择一些有代表性的典型零件，让学生进行全部或部分的加工操作，并配以现场教学、示范操作、专题讲座、电化教学、综合训练、实验、参观、课堂讨论、实习报告等方式和手段，丰富教学内容，完成实践教学基本要求。

第一篇　导　论

第1章　机械工程材料基础

学习重点

➢ 了解金属材料的性能及常用的力学性能指标
➢ 了解机械制造常用金属材料的分类、牌号、性能及特点
➢ 了解机械制造常用非金属材料的种类、性能和用途
➢ 了解金属材料热处理的目的及常用热处理方法

1.1　金属材料的性能

为了正确、合理地使用金属材料，必须了解其性能。金属材料的性能包括使用性能和工艺性能。使用性能指金属材料在使用过程中所表现出来的性能，主要有力学性能、物理性能和化学性能；工艺性能指金属材料在各种加工过程中所表现出来的性能，主要有铸造、锻压、焊接、热处理和切削加工等性能。在机械领域选用金属材料时，一般以材料的力学性能作为主要依据。力学性能指金属材料在外力的作用下所表现出来的特性。常用的力学性能判据有：强度、塑性、硬度、韧性和疲劳强度等。金属材料力学性能判据是表征和判定金属材料力学性能所用的指标和依据。各性能指标的高低表征了金属材料抵抗各种损伤能力的大小，也是设计机械零件时选择材料、工艺评定、材料检验和进行强度计算的主要依据。

1.1.1　强度

强度是指材料在外力作用下，抵抗变形和断裂的能力，其主要指标是屈服强度和抗拉强度，以符号 σ 表示，单位为 MPa。

按照 GB 6397—86《金属拉伸试验试样》规定，用如图 1-1 所示标准拉伸试样，在材料试验机上对其进行试验，将试样在拉伸力 F 的作用下产生的伸长量 ΔL 绘制成曲线，因为 F 与 ΔL 与材料的性能、尺寸都有关，为了消除尺寸的影响，采用应力应变曲线，即：

应力：$\delta = F/A_0$（单位截面上的拉力）

应变：$\delta = \Delta L/L_0$（单位长度的伸长量）

应力 – 应变图不受试样尺寸的影响，可以从图上直接读出受检材料的常规力学性能指标，如图 1-2 所示。

拉伸曲线反映金属材料在拉伸过程中的全部力学性能。

1. 弹性极限

弹性极限是指试样产生完全弹性变形时所能承受的最大应力，以符号 σ_e 表示，单位为 MPa，如图 e 点对应的应力。

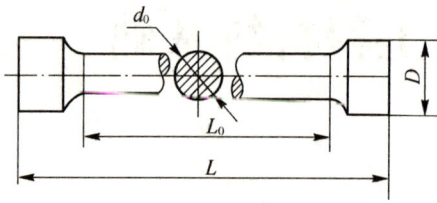

图 1-1 圆形标准拉伸试样

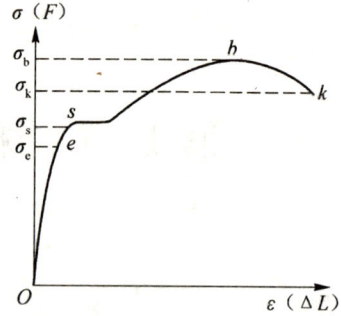

图 1-2 低碳钢应力应变曲线

2. 屈服强度

屈服强度是指试样在拉伸过程中，力不增加仍能继续伸长时的应力，用符号 σ_s 表示，单位为 MPa，它是评定金属对微量塑性变形抗力的重要指标。如图 s 点对应的应力，这种现象叫做材料的屈服，s 点就叫做屈服点，s 点所对应的应力叫做屈服极限。有些材料在拉伸时没有明显的屈服现象，无法测定 σ_s。因此，GB 10623—89 规定，以试样去掉拉伸力后，其标距部分的残余伸长量达到规定原始标距长度 0.2% 时的应力，为该材料的条件屈服点，用 $\sigma_{0.2}$ 表示。

3. 抗拉强度

抗拉强度是指试样被拉断前所能承受的最大拉应力，以符号 σ_b 表示，单位为 MPa。如图 b 点对应的应力。

σ_b 表征材料对最大均匀塑性变形的抗力。σ_b 与 σ_s 的比值称为屈强比，屈强比越小，零件工作时的可靠性越高，但屈强比太小，材料强度的有效利用率降低。也就是说，金属材料不能在超过其 σ_s 的条件下工作，否则会引起机件的塑性变形；金属材料也不能在超过其 σ_b 的条件下工作，否则会导致机件的破坏。在大多数情况下，机件是不允许产生塑性变形的，如齿轮、连杆、轴等零件，一旦发生塑性变形就会失去原有的精度甚至报废。因此，σ_s、σ_b 是机械零件设计和选材的重要依据。

1.1.2 塑性

塑性是指断裂前材料发生不可逆塑性变形的能力。

它以材料断裂后残留塑性变形的大小来表示。常用判据有延伸率和断面收缩率。

1. 延伸率

延伸率是指试样拉断后，标距的伸长量与原始标距的百分比，用 δ 表示。即

$$\delta = (L_1 - L_0)/L_0 \times 100\%$$

式中，L_0 为试样的初始长度，L_1 为试样拉断后的长度。单位 mm。

由于同一材料用不同长度的试样所测得的延伸率的数值是不同的，所以，用长度是直径 5 倍的试样测得的延伸率以 δ_5 表示；长度是直径 10 倍的试样测得的延伸率以 δ_{10} 表示，通常写成 δ。同种材料 $\delta_5 > \delta_{10}$。

2. 断面收缩率

断面收缩率是指试样被拉断后，缩颈处横截面积的最大缩减量与原始横截面积的百分比，用 Ψ 表示。即

6

$$\Psi = (A_0 - A_1)/A_0 \times 100\%$$

式中，A_0 为试样初始的横截面积，A_1 为试样拉断后断口处的面积。单位 mm^2。

断面收缩率不受试样尺寸的影响，因此能较准确地反映出材料的塑性。一般来说值越大，材料的塑性越好。塑性好的材料可用轧制、锻压等方法加工成型。

另外，塑性好的零件在工作时若超载，也可因其塑性变形而避免突然断裂，提高了工件的安全性。

1.1.3 硬度

硬度是指金属材料抵抗比它更硬物体压入其表面的能力（或者说：指材料表面抵抗塑性变形或破坏的能力），它是金属材料的重要力学性能之一。

硬度值是通过硬度试验测得的，这种试验方法是金属力学性能试验中最简单、最迅捷的一种方法。它无须做成专门的试样，可以在工件上直接测定硬度值，且不损坏工件，因此，在生产中得到广泛应用。

目前，生产中应用最广泛的方法有布氏硬度试验法、洛氏硬度试验法和维氏硬度试验法。下面分别讨论：

1. 布氏硬度

原理：如图 1－3 所示，用一定的载荷 F，将一定直径 D 的圆球压入被测工件的表面，保持一定时间后卸载，以载荷与压痕表面积的比值作为布氏硬度值，用 HB 表示：

$$HB = 0.102 \frac{2F}{\pi D (D - \sqrt{D^2 - d^2})}$$。HB 越高，

则表示材料越硬。

实际测试时，根据压痕直径 d、压头直

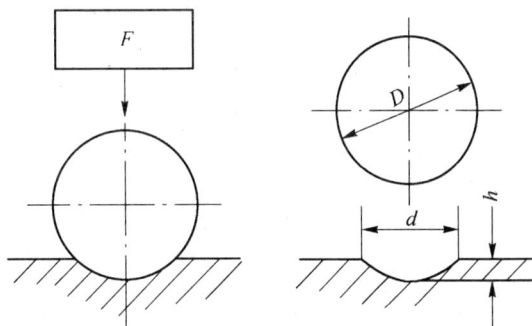

图 1－3　布氏硬度试验原理示意图

径 D 和所用的载荷 F 查表，可求出布氏硬度值。压头中圆球的材质对硬度值有影响，用淬火钢球压头时，用 HBS 表示，适用于硬度小于 450 HBS 的金属材料；用硬质合金球压头时，用 HBW 表示，适用于硬度小于 650 HBW 的金属材料。

布氏硬度值表示：硬度值 + HBS（HBW）+ 钢球直径/载荷大小/保持时间。

例如：120 HBS10/1000/30、240 HBW5/7500/30

只有当 $D = 10\ mm$，$P = 30\ kN$，保持时间为 10 s 的标准试验规范测得的硬度值不标出试验条件，例如：240 HBS。

布氏硬度试验法测量准确、稳定、简便，但压痕较大，不宜用于检测成品或薄片金属的硬度，常用于测定退火、正火、调质钢及灰铸铁、有色金属的硬度。

2. 洛氏硬度

洛氏硬度试验是目前应用最广的硬度测定方法。用洛氏硬度机测试，其测试原理如图 1－4所示，洛氏硬度试验方法是用顶角为 120°的金刚石锥体或直径为 1.588 mm 的淬火钢球做压头，在初试验力和总试验力（初试验力 + 主试验力）先后作用下，将压头压入试件表面，经规定保持时间后，去除主试验力，用测量的残余压痕深度增量来计算硬度的一种压痕硬度试验法。实际应用中，洛氏硬度值从硬度计的刻度盘上直接读取。

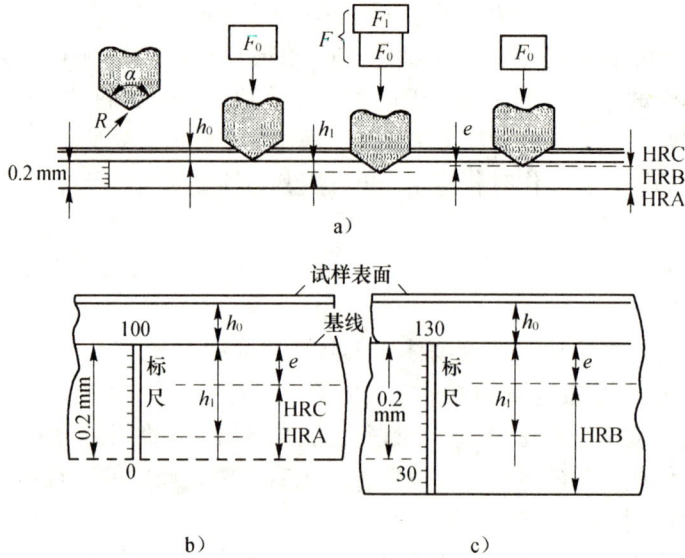

图 1-4 洛氏硬度试验原理示意图

根据压头和压力的不同，洛氏硬度的标度分别用 HRA、HRB 和 HRC 表示，其中 HRC 应用最广。洛氏硬度表示方法为：在符号前面写出硬度值，如 62 HRC、85 HRA 等。洛氏硬度的试验条件和应用范围见表 1-1。

表 1-1　常用洛氏硬度的试验条件和应用范围

硬度符号	压头类型	试验初载荷/kgf（N）	试验主载荷/kgf（N）	测试范围	应用举例
HRA	120°金刚石圆锥	10（98.1）	50（490.3）	70～88	硬质合金，表面处理的工件
HRB	φ1.588 mm 钢球	10（98.1）	90（882.6）	20～100	有色金属，正火、退火的工件
HRC	120°金刚石圆锥	10（98.1）	140（1373）	20～67	淬火、调质处理的工件

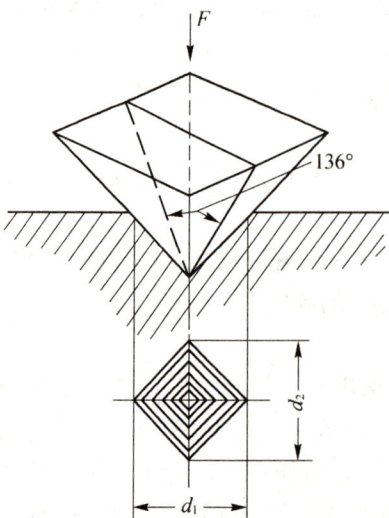

图 1-5　维氏硬度试验原理示意图

洛氏硬度试验操作简便、迅速、测量硬度范围大，压痕小，无损于试件表面，可直接测量成品或较薄工件的硬度。但因压痕小，对内部组织和硬度不均匀的材料，所测结果不够准确。

3. 维氏硬度

维氏硬度试验原理基本上和布氏硬度相同，但其压头是金刚石正四棱锥体，锥面夹角为 136°。其测试原理如图 1-5 所示，试验时，在规定试验力 F 的作用下，压头压入试件表面，保持一定时间，卸除试验力，测量压痕两对角线长度 d_1 和 d_2，求其平均值，用以计算出压痕表面积，单位压痕表面积所承受试验力的大小即为维氏硬度值。用符号 HV 表示，单位为 kgf/mm²。

维氏硬度值不需计算，一般是根据压痕对角线长

8

度的平均值查表即可得出。维氏硬度习惯上不标单位,其表示方法为:在符号 HV 前写出硬度值,HV 后面依次用相应数字注明试验力和保持时间(10~15 s 不标)。例如 640HV30/20,表示在 30 kgf(294.2 N)试验力的作用下,保持 20 s 测得的维氏硬度值为 640。

维氏硬度试验法所用试验力小,压痕深度浅,轮廓清晰,数字准确可靠,广泛用于测量金属镀层、薄片材料和化学热处理后的表面硬度。又因其试验力可在很大范围内选择(49.03~980.7 N),所以可测量从很软到很硬的材料。但维氏硬度试验没有洛氏硬度试验简便、迅速,不适用于成批生产常规试验。

1.1.4 韧性

金属材料抵抗冲击载荷的能力称为冲击韧性,用 α_k 表示,单位为 J/cm^2。

冲击韧性常用一次摆锤冲击试验法测定,如图 1-6 所示,即把被测材料按 GB/T 229—1994 规定做成标准冲击试样,用摆锤一次冲断,测出冲断试样所消耗的冲击功 A_k,然后用试样缺口处单位截面积上所消耗的冲击功表示冲击韧性,用 α_k 表示。

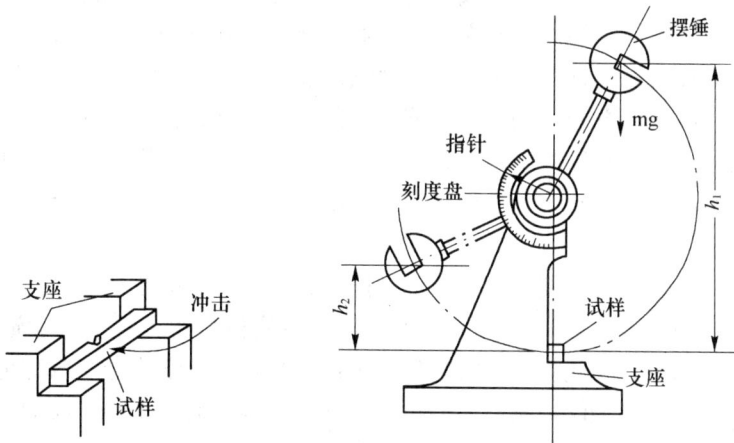

图 1-6 摆锤式冲击试验原理示意图

α_k 值越大,则材料的韧性就越好。α_k 值低的材料叫做脆性材料,α_k 值高的材料叫韧性材料。很多机器零件和工具在工作时要受到冲击作用,如齿轮、连杆等,工作时受到很大的冲击载荷,因此要用 α_k 值高的材料制造。铸铁的 α_k 值很低。灰口铸铁 α_k 值几乎为零,不能用来制造承受冲击载荷的零件。

1.1.5 疲劳强度

材料承受交变应力作用的强度称为疲劳强度,用 σ_{-1} 来表示,是重要的强度指标之一。相当数量的机械零件,如轴承、轴、齿轮等都是承受交变载荷的。零件在交变应力作用下,在一处或几处产生局部永久性累积损伤,经一定循环次数后产生裂纹或断裂的过程,称为疲劳或疲劳断裂。疲劳断裂与静载荷下的断裂不同,不论是脆性材料还是塑性材料,断裂时都不会产生明显的塑性变形,而是突然发生,危险性极大。材料本身存在气孔、微裂纹、夹杂物等缺陷,材料表面划痕、局部应力集中等因素,均可加快疲劳断裂。减小表面粗糙度值和进行表面淬火、喷丸处理、表面滚压等方法均可提高材料的疲劳强度。

1.1.6 材料的其他性能

1. 物理性能

材料的物理性能包括密度、熔点、导电性、导热性、导磁性和热膨胀性能等，它是材料在重力、热力和电磁场等物理因素作用下表现出来的性能或固有的属性。由于材料的用途不同，对其物理性能的要求也有所不同。如材料的密度对于航天航空产品具有很重要的作用，选材时优先选用密度小的铝合金、钛合金等轻质材料来制造。材料的熔点影响材料的使用和制造工艺，如金属喷涂枪喷嘴、汽缸盖、燃气轮机的喷嘴等，要求材料要有高的熔点，而保险丝则要求材料的熔点低。在设计机电产品、电器零件时，材料的导电性、导磁性是考虑的重要因素，纯金属的导电性要比合金的导电性好，如纯铜、纯铝大量用作导线，而 Ni - Cr 合金、Fe - Cr - Al 等合金电阻非常大，可用作电阻丝。硅钢片磁通大、磁损小，专门用来制造电机、变压器等电器元件。

2. 化学性能

金属材料的化学性能是指在室温或高温时抵抗各种化学作用的能力。例如材料在各种环境下的抗氧化性、抗腐蚀性等，工作在腐蚀介质中或在高温下的零件，其腐蚀性比正常环境更为强烈。如海洋设备及船舶用材料，须耐海水和海洋大气腐蚀；而储存和运输酸类的容器、管道等材料，则应具有较高的耐酸性能。另外，某种材料在不同介质、条件下时耐蚀性是不同的，如镍铬不锈钢在稀酸中耐蚀，而在盐酸中则不耐蚀；铜及铜合金在一般大气中耐蚀，但在氨水中不耐蚀。因此，在设计中应特别注意金属材料的化学性能。

3. 工艺性能

材料的工艺性能是材料物理性能、化学性能和力学性能的综合体现，它反映材料在各种加工过程中，适应加工工艺要求的能力。工艺性能主要包括铸造性能、锻造性能、焊接性能、切削加工性能和热处理性能等。材料的工艺性能与它的化学成分、内部组织以及加工条件有关，工艺性能的优劣不仅影响产品的生产效率和成本，而且影响产品的质量和性能。

铸造成型的零件要求所选用的金属铸造性能良好，液态金属能够顺利地充满铸型，得到力学性能合格、尺寸准确和轮廓清晰的铸件，并且能够减少和避免产生应力、变形、裂纹、缩孔、气孔、化学成分与内部组织不均匀等缺陷，提高铸件使用的可靠性。

锻压成型的零件应该选用锻造性良好的金属材料，即材料的塑性好、变形抗力小，可锻温度范围较宽，变形时不易产生裂纹，易于获得高质量的锻件。

焊接件应该获得优质焊接接头。焊接性好的金属焊接接头强度高，焊缝及焊缝邻近部位不易产生大的焊接应力而引起变形与裂纹，焊缝中也不易出现气孔、夹渣与其他焊接缺陷。

大多数零件必须经过各种形式的切削加工，因此要求材料的切削加工性良好，即切削时能耗低、切屑易脱落、加工面的表面质量高，并且刀具寿命长，切削工效高。

进行热处理的零件要求材料具有良好的热处理性能，经过热处理之后金属零件必须是内部晶粒细小、组织均匀、性能合格，尽量避免出现过大的热处理应力而导致变形与开裂的缺陷。

1.2 常用金属材料

金属材料来源丰富，并具有优良的使用性能和加工性能，是机械工程中应用最普遍的材料，常用以制造机械设备、工具、模具，并广泛应用于工程结构中。

金属材料大致可分为黑色金属和有色金属两大类。黑色金属通常指钢和铸铁；有色金属是指黑色金属材料以外的各种金属及其合金，如铜及铜合金、铝及铝合金等。

1.2.1 黑色金属材料

黑色金属材料即钢铁材料是工业生产和工程建设中应用最广泛的工程材料，主要包括工业用钢和铸铁两大类。根据钢中有无合金元素，可将工业用钢分为碳素钢和合金钢两大类。碳钢是基本的工业用钢，其冶炼加工简单，价格低廉，且通过热处理后可以得到不同的力学性能来满足工业生产的各种需要，因此得到了广泛的应用。但由于碳钢的综合力学性能不高且不能满足某些特殊性能要求，从而在冶炼时有目的地加入一些合金元素，发展了合金钢。

铸铁是一种使用历史悠久的重要工程材料。我国早在春秋时期已发明了生铁冶炼技术，并用其制造生产工具和生活用具，比其他国家早两千多年。铸铁现在仍是工程上最常用的材料，广泛用于机械制造、冶金、矿山、石油化工、交通等领域。

1. 碳素钢

碳是碳素钢中的最重要成分，其含碳量一般在1.5%以下，且还含有少量的Si、Mn、P、S等杂质。碳素钢按用途可分为碳素结构钢和碳素工具钢；按质量可分为碳素结构钢、优质碳素结构钢、优质碳素工具钢和高级优质碳素工具钢。

1）碳素结构钢。碳素结构钢牌号表示方法是由代表屈服点的字母Q、屈服点数值、质量等级符号（A、B、C、D）及脱氧方法符号（F、B、Z、TZ）等四个部分按顺序组成。质量等级符号反映了碳素结构钢中有害元素含量（硫、磷含量随A至D而减少），F、B分别为沸腾钢和半镇静钢，Z、TZ分别为镇静钢和特殊镇静钢。例如Q235 – AF，表示屈服点为235 MPa、质量等级为A级的沸腾钢。

2）优质碳素结构钢。优质碳素结构钢的钢号用两位数字表示。它表示钢中平均含碳量的万分之几，例如45号钢表示含碳量为0.45%左右的优质碳素结构钢。若钢中含锰较高则在钢号后面附以锰的元素符号，如15Mn、45Mn等。

3）碳素工具钢。碳素工具钢的牌号由"T + 数字"组成，其中"T"表示碳的拼音的第一个字母，后面的数字表示含碳量的千分之几，如T8表示平均含碳量为0.8%的碳素工具钢。含锰量较高的碳素工具钢应将锰元素标出，如"碳10锰"或"T10Mn"。含硫、磷量各小于0.03%的高级优质碳素工具钢，在数字后面加"高"或"A"来表示，如"碳8高"或"T8A"。

常用的碳素结构钢、优质碳素结构钢和碳素工具钢牌号、性能及用途见表1–2。

表1–2　常用碳素钢的名称、牌号、性能及用途

材料名称	牌　　号	主要性能	用　　途
碳素结构钢	Q195、Q215	有一定的强度、塑性好	制造薄板、钢筋、冲压件、垫圈、地脚螺栓、焊接件等
	Q235A、Q235B Q235C、Q235D	强度较高	金属结构件、钢筋、钢板、拉杆、连杆、转轴等，Q235C、Q235D可制造重要焊接件
	Q255、Q275	强度高，质量好	建筑、桥梁等工程用钢以及强度较高的转轴、心轴、齿轮等
	Q295、Q345	强度更高	船舶、桥梁、车辆、锅炉、管道以及大型钢结构等

材料名称	牌 号	主要性能	用 途
优质碳素结构钢	08F、08、10、15、20、25	强度低、塑性好、可焊性好	薄钢板、容器、冲压件、焊接结构件、螺钉、螺母、垫圈、轴套等
	30、35、40、45、50	强度较高、切性及加工性好	这类中碳钢的综合机械性能好，经热处理后可用于制造受力较大的零件，如主轴、曲轴、齿轮、连杆、活塞销等
	55、60、65、70	含碳量较高、弹性好	这类钢有较高的强度、弹性和耐磨性，经热处理后主要用于制造弹性元件、钢丝绳等
碳素工具钢	T7、T8	硬度和韧性较高	制造承受振动与冲击载荷、要求较高韧性的工具，如凿子、冲头、锤子、木工工具等
	T9、T10	硬度高、韧性一般	制造不受振动，在刃口上要求有少许韧性的工具，如冲模、丝锥、手工锯条、板牙等
	T12、T13	硬度高、韧性差	制造不受振动，要求极高硬度的工具，如钻头、丝锥、锉刀、刮刀、量具等

2. 合金钢

1）合金结构钢。合金结构钢的牌号由"数字＋化学元素＋数字"组成。前面的数字表示平均含碳量的万分之几，后面的数字表示合金元素含量的百分之几。合金元素含量小于1.5％时，钢号中只标明元素，不标含量，如40Cr、50CrVA等。合金结构钢可分为普通低合金钢、渗碳钢、调质钢、弹簧钢、滚动轴承钢和易切削结构钢等。

2）合金工具钢。合金工具钢的牌号与合金结构钢相同，不同之处是含碳量的表示方法。若含碳量＜1.0％，则在钢号前用一位数字表示，如9SiCr表示平均含碳量为0.9％，若含碳量≥1.0％，则钢号前不用写数字，如W18Cr4V、Cr12等。合金工具钢可分为刃具钢、模具钢和量具钢等。

3）特殊性能钢。特殊性能钢有不锈钢、耐热钢和耐磨钢等。不锈钢是具有抵抗大气、酸、碱盐等腐蚀能力的合金钢；耐热钢是在高温下具有较高强度和良好化学稳定性的一类合金钢；耐磨钢主要是指在冲击载荷作用下产生冲击硬化的高锰钢，由于这种钢机械加工比较困难，基本上都是铸造成型，因而将其牌号写成ZGMn13。

常用合金钢的名称、牌号、性能及用途见表1-3。

表1-3 常用合金钢的名称、牌号、性能及用途

材料名称	牌 号	主要性能	用 途
低合金高强度结构钢	16Mn、15MnTi 15MnVN 16MnNb	强度较高、塑性、韧性、焊接性较好，耐腐蚀性较好	建筑和工程结构用钢，主要用于制造桥梁、船舶、车辆、锅炉、高压容器、管道等
合金渗碳钢	20Cr、20MnV 20CrMnTi 20CrMnMo	经渗碳淬火后，表面耐磨、心部抗冲击性好	用于制造承受强烈冲击、摩擦和磨损的重要机械零件，如变速齿轮、曲轴、凸轮轴、蜗杆等

材料名称	牌　号	主要性能	用　途
合金调质钢	40Cr、42CrMo 40CrNiMo 40MnB	经热处理后，强度高、塑性和冲击韧性好	主要用于制造要求具有良好综合机械性能的各种重要零件，如齿轮、轴类零件、连杆和高强度螺栓等
合金弹簧钢	50CrV、65Mn 60Si2Mn	强度高，屈强比大	主要用于制造车辆钢板弹簧、高载荷重要弹簧、螺旋弹簧等
滚动轴承钢	GCr15 GCr15SiMn GSiMnV	高接触疲劳强度，高的硬度和耐磨性，淬透性好	主要用于制造滚动轴承的滚动体和内外套圈
合金工具钢	9SiCr CrWMn W18Cr4V	高的硬度、耐磨性和红硬性，足够的韧性和强度	主要用于制造各种切削刀具、模具、量具等

3. 铸铁

铸铁是含碳量大于 2.11% 的铁碳合金，主要组成元素为铁和碳，并含有较多硅、锰、硫、磷等杂质元素的铁碳合金。与钢相比，铸铁的抗拉强度、塑性和韧性比较差，不能进行压力加工，但它具有良好的铸造性、切削加工性、减振性、耐磨性、低的缺口敏感性，并且成本较低，在工业生产中得到了广泛的应用。

根据铸铁中碳的存在形态不同，分为白口铸铁、灰铸铁、可锻铸铁、球墨铸铁和蠕墨铸铁等。

1）灰铸铁。灰铸铁通常是指具有片状石墨的铸铁。它在机械制造中占有重要的地位，其产量占铸铁总产量的80%以上。灰铸铁的牌号由"HT + 数字"组成。其中"HT"表示灰铁，数字表示最低抗拉强度值。

2）可锻铸铁。可锻铸铁中碳以团絮状石墨的形式存在。可锻铸铁牌号用 KTH（黑心可锻铸铁）或 KTZ（珠光体基可锻铸铁）和后面两组数字表示。如 KTH 300 - 06 中，KT 表示可锻铸铁，H 表示黑心可锻铸铁，300 表示最低抗拉强度为 300 MPa，06 表示最低延伸率为 6%。

3）球墨铸铁。球墨铸铁中碳以球状石墨的形式存在。球墨铸铁牌号的表示方法是用"QT + 两组数字"组成。如 QT450 - 10，其中"QT"表示球铁，450 表示最低抗拉强度值为 450 MPa，10 表示最低延伸率为 10%。

常用的铸铁的名称、牌号、性能及用途见表 1 - 4。

表 1 - 4　常用的铸铁的名称、牌号、性能及用途

材料名称	牌　号	主要性能	用　途
灰铸铁	HT150　HT200 HT250　HT300	良好的加工性、减磨性和吸振性	制造形状复杂、受力不大的各种铸件，如手轮、支架、轴承座、机床床身、汽缸体等

材料名称	牌 号	主要性能	用 途
可锻铸铁	KTH300 - 06 KTH350 - 10 KTZ450 - 06 KTZ700 - 02	较好的强度、塑性、韧性	制造形状复杂的薄壁件和承受一定振动的铸件，如小曲轴、凸轮轴、连杆、活塞环、车桥壳体等
球墨铸铁	QT400 - 18 QT450 - 10 QT500 - 7 QT800 - 2	强度高、耐磨性好，有一定的韧性	制造形状复杂、受力较大的各种铸件，如车辆底盘零件、曲轴、凸轮轴、缸体、部分机床的主轴、齿轮箱等

4. 铸钢

铸钢也是一种重要的铸造合金，其应用仅次于铸铁。铸钢件的力学性能优于各类铸铁件，并具有优良的焊接性能，适于采用铸焊联合工艺制造重型铸件。生产上铸钢主要用于制造形状复杂、难于锻造而又需承受冲击载荷的零部件。如机车车架、火车车轮、水压机的缸和立柱、大型齿轮、轧钢机机架等。

常用的铸钢有碳素铸钢和合金铸钢两大类，其中碳素铸钢应用最广，约占铸钢件的80%，一般工程用铸钢的牌号由"ZG + 两组数字"表示。其中"ZG"为铸钢二字汉语拼音第一个字母，后面两组数字分别表示材料的最小屈服强度值和最小抗拉强度值。

常用铸钢牌号及用途见表 1 - 5。

表 1 - 5　常用的铸钢的牌号、性能及用途

牌 号	主要性能	用 途
ZG200 - 400	良好的塑性、韧性和焊接性	用于受力不大，要求韧性好的各种机械零件，如机座、变速箱壳等
ZG230 - 450	有一定的强度、较好的塑性、韧性，焊接性良好	用于受力不大，要求韧性好的各种机械零件，如轴承盖、阀体、犁柱、砧座等
ZG270 - 500	强度较高、塑性较好，铸造和切削性能良好	用于制造轧钢机机架、轴承座、连杆、箱体、曲轴、缸体等
ZG310 - 570	强度和切削性良好，塑性和韧性较低	用于承受载荷较高的零件，如大齿轮、缸体、制动轮、辊子等

1.2.2　有色金属材料

与黑色金属材料相比，有色金属材料生产技术复杂，矿藏稀少，生产成本高。所以，其产量大大低于钢铁。由于有色金属的某些物理和化学性能比黑色金属优良，因此，工业上也广泛应用，但有色金属材料价格比较贵。本节仅对工业生产中常用的铝及铝合金、铜及铜合金以及轴承合金作一介绍。

1. 铝及铝合金

铝及铝合金在工业生产中的应用仅次于钢铁材料，尤其是在航空、航天、电力工业及日常用品中得到广泛的应用。

纯铝是一种银白色的轻金属，它的主要特点是相对密度小（2.7 g/cm³），大约是铜的1/3，熔点低（657℃），导电导热性好，仅次于金、银和铜，抗大气腐蚀性好。纯铝强度低、塑性好，可经冷塑性变形使其强化，能通过冷、热变形制成各种型材，也便于切削加工。纯铝具有抗蚀性，是由于铝和氧在常温下能结合生成一层薄而致密的氧化膜，阻止铝进一步氧化。但工业纯铝中含有铁、硅等杂质，杂质的存在能破坏氧化膜的连续性，因此铝的抗蚀性与纯度有关。

根据以上特点，工业纯铝主要用来制造电线、电缆以及要求具有导热和抗大气腐蚀性能而对强度要求不高的零件及生活用具等。

工业纯铝的牌号有 L1、L2、L3、…（对应的新牌号为 1070、1060、1050、…）。"L"是铝字的汉语拼音字首，其后的顺序数字愈大，纯度愈低；含铝量高于 99.93% 的高纯铝，以 LG1 ~ LG5（对应的新牌号为 1A85 ~ 1A99）表示，顺序数字愈大，纯度愈高。如 LG5 的含铝量≥99.99%。

纯铝的强度低，不能用作承受载荷的结构件，故在铝中加入合金元素形成铝的合金，从而大大提高了材料的比强度。根据铝合金的成分及加工成型特点，常用的铝合金可分为变形铝合金和铸造铝合金两大类。

变形铝合金按性能和用途可分为防锈铝合金、硬铝合金、超硬铝合金和锻造铝合金四类。

常用的防锈铝合金牌号有 5A05、5A11、3A21 等；

常用的硬铝合金牌号有 2A01、2A11、2A12 等；

常用的超硬铝合金牌号有 7A04 等；

常用的锻造铝合金牌号有 2A50、2A70、2A14 等。

铸造铝合金是用于制造铝合金铸件的材料，按主要合金元素的不同，铸造铝合金分为铝硅合金、铝铜合金、铝镁合金和铝锌合金。

常用的铝硅合金牌号有 ZAlSi7Mg、ZAlSi12、ZAlSi9Mg、ZAlSi5Cu1Mg 等；

常用的铝铜合金牌号有 ZAlCu5Mn、ZAlCu10、ZAlCu4 等；

常用的铝镁合金牌号有 ZAlMg10、ZAlMg5Si1 等；

常用的铝锌合金牌号有 ZAlZn11Si7 等。

2. 铜及铜合金

纯铜呈紫红色，故又称紫铜，突出优点是导电及导热性好，其导电性在各种元素中仅次于银而居第二位，故纯铜的主要用途就是制作电工导体。工业纯铜的牌号由"T+数字"组成，"T"表示铜，其后的数字表示纯度，数字越大，纯度越低。纯铜的力学性能很低，不宜用作机械零件，所以常用合金化的方法来获得强度较高的铜合金。在纯铜中加入某些合金元素（如锌、锡、铝、铅、锰、硅、镍、磷等），就形成了铜合金。铜合金具有较好的导电性、导热性和耐腐蚀性，同时具有较高强度和耐磨性。根据成分不同，铜合金分为黄铜和青铜等。

1）黄铜是以锌为主要合金元素的铜合金。按照化学成分，黄铜分为普通黄铜和特殊黄铜两种。

①普通黄铜。普通黄铜是铜锌二元合金。由于塑性好，适于制造板材、棒材、线材、管

材及深冲零件，如冷凝管、散热管及机械、电器零件等。铜的平均含量为62%和59%的黄铜也可进行铸造，称为铸造黄铜。

②特殊黄铜。为了获得更高的强度、抗蚀性和良好的铸造性能，在铜锌合金中加入铝、硅、锰、铅、锡等元素，就形成了特殊黄铜。如铅黄铜、锡黄铜、铝黄铜、硅黄铜、锰黄铜等。

铅黄铜的切削性能优良，耐磨性好，广泛用于制造钟表零件，经铸造制作轴瓦和衬套等。

锡黄铜的耐腐蚀性能好，广泛用于制造船舶零件。

铝黄铜中的铝能提高黄铜的强度和硬度，提高在大气中的抗蚀性，铝黄铜用于制造耐蚀零件。

硅黄铜中的硅能提高黄铜的力学性能、耐磨性和耐蚀性，硅黄铜主要用于制造船舶零件及化工机械零件。

常用黄铜的牌号有 H70、H68、H62、H59、ZCuZn38、HSn62 – 1、HPb59 – 1、ZCuZn16Si4、ZCuZn40Pb2 等。

2）青铜是指铜锡合金。但工业上都习惯称含铝、硅、铅、铍、锰等的铜合金也为青铜，所以青铜实际上包括锡青铜、铝青铜、铍青铜、硅青铜、铅青铜等。青铜也分为压力加工青铜和铸造青铜两类。

①锡青铜。以锡为主要合金元素的铜基合金称锡青铜。工业中使用的锡青铜，锡含量大多在 3% ~14% 之间。锡含量小于 5% 的锡青铜适于冷加工使用；锡含量为 5% ~7% 的锡青铜适于热加工；锡含量大于 10% 的锡青铜适于铸造。锡青铜在造船、化工、机械、仪表等工业中广泛应用，主要用以制造轴承、轴套等耐磨零件和弹簧等弹性元件以及抗蚀、抗磁零件等。

②铝青铜。以铝为主要合金元素的铜基合金称铝青铜。铝青铜的力学性能比黄铜和锡青铜高。实际应用的铝青铜的铝含量在 5% ~12% 之间，含铝为 5% ~7% 的铝青铜塑性最好，适于冷加工使用。铝含量大于 7% ~8% 后，强度增加，但塑性急剧下降，因此多在铸态或经热加工后使用。铝青铜的耐磨性以及在大气、海水、碳酸和大多数有机酸中的耐蚀性，均比黄铜和锡青铜高。铝青铜可制造齿轮、轴套、涡轮等高强度抗磨零件以及高耐蚀性弹性元件。

③铍青铜。以铍为主要合金元素的铜合金称铍青铜。铍青铜的含铍量为 1.7% ~2.5%。铍青铜的弹性极限、疲劳极限都很高，耐磨性和抗蚀性优异，具有良好的导电性和导热性，还具有无磁性、受冲击时不产生火花等优点。铍青铜主要用于制作精密仪器的重要弹簧、钟表齿轮、高速高压下工作的轴承、衬套以及电焊机电极、防爆工具、航海罗盘等重要机件。

常用青铜的牌号有 QSn4 –3、QSn6.5 – 0.4、ZCuSn10Zn2、ZCuSn10Pb1、QAl7、QBe2等。

3. 轴承合金

轴承合金是用来制造滑动轴承中的轴瓦及轴衬的耐磨材料。滑动轴承支承着轴工作，当轴高速旋转时，轴瓦表面承受一定的交变载荷并与轴之间产生强烈的摩擦。由于轴是重要的零件，制造工艺复杂，成本较高，因此应确保轴受到最小的磨损，而主要磨损轴瓦，必要时可更换价钱较便宜的轴瓦。

常用的轴承合金按主要成分可分为锡基、铅基、铜基、铝基等，应用最广的是锡基和铅基轴承合金（又称巴氏合金），其牌号以"铸"字汉语拼音字首"Z"开头，表示方法为：Z+基本元素符号+主加元素符号+主加元素含量+辅加元素符号+辅加元素含量。例如，ZSnSb11Cu6 即表示含 11% 锑和 6% 铜的锡基铸造轴承合金。

常用轴承合金的牌号有 ZSnSb12Pb10Cu4、ZSnSb11Cu6、ZSnSb8Cu4、ZPbSb16Sn16Cu2、ZPbSb15Sn10、ZPbSb10Sn6、ZCuPb30 等。

1.3 常用非金属材料

非金属材料是金属材料以外一切材料的泛称，主要有高分子材料（包括工程塑料、橡胶等）、陶瓷材料和复合材料。

1.3.1 高分子材料

高分子材料包括塑料、橡胶、合成纤维、合成胶粘剂等。绝大多数高分子材料是人工合成的有机化合物。这类材料具有较高的强度、弹性、耐磨性、抗腐蚀性和绝缘性等优良性能，在机械、仪表、电机、电气等行业得到了广泛的应用。

1. 工程塑料

塑料是以各种合成树脂为基础，加入一些可以改善性能的添加剂（如填充料、增塑剂、防老化剂等）而制成的工程材料。根据树脂在加热和冷却时所表现的性能，可以将塑料分为热塑性塑料和热固性塑料。热塑性塑料加热时软化、熔融，冷却后变硬，若再加热又可软化。故热塑性塑料可以反复加热重塑成不同形状的制品，而且其性能基本不变。其成型工艺简便，生产率高，且具有一定的力学性能。但其耐热性与刚性较差，使用温度一般低于120℃。聚乙烯、聚丙烯、聚氯乙烯、ABS、有机玻璃、尼龙等都是热塑性塑料。热固性塑料在加热时软化，塑制成型、冷却固化后成为坚硬的制品，固化后的制品不能再软化重塑。这类塑料受压不易变形，能在较高温度下使用，但其强度不高，脆性较大，成型工艺复杂，生产率不高。酚醛树脂、氨基树脂、环氧树脂、有机硅树脂、不饱和聚酯树脂等都是热固性塑料。

根据塑料的应用范围不同，可分为通用塑料、工程塑料和高温塑料。通用塑料是用来制作生活用品、包装材料及一般零件的聚氯乙烯、聚乙烯、聚丙烯等。工程塑料具有很好的强度、韧性和刚性，在各种环境下（如高温、低温、腐蚀等）仍然能保持良好的性能，是制造工程结构、机器零件和各种设备的一类新型结构材料。尼龙、聚甲醛、ABS、聚碳酸脂、氯化聚醚等热塑性塑料是常用的工程塑料。而高温塑料可以在 150℃ 以上工作，典型的有氟塑料、有机硅树脂、聚酰亚胺、芳香尼龙等。

2. 橡胶

室温时的弹性模量为 $0.1 \sim 1 \ N/mm^2$ 的高分子材料称为橡胶。橡胶在较小的外力作用下就能产生很大的弹性变形，具有优良的伸缩性和可贵的积储能量的能力。同时，橡胶还有良好的耐磨性，隔音性和阻尼特性。在机械工程中常用作密封件、减振防振件、传动件及运输胶带。橡胶可分为天然橡胶及合成橡胶两大类，合成橡胶又可分为通用橡胶和特种橡胶。天然橡胶是从热带的橡胶树的浆汁中制取的，主要成分是聚异戊二烯。天然橡胶的弹性和力学性能较高，但产量远不能满足现代工业的需要。所以，目前广泛应用的是通过化学合成的方法制取的合成橡胶。工业生产中常用的合成橡胶有丁苯橡胶、顺丁橡胶、丁腈橡胶、氯丁橡胶等。

1.3.2 陶瓷材料

陶瓷是一种无机非金属材料，是金属和非金属元素间的化合物。陶瓷材料具有硬度高、高熔点、耐磨性好、高温强度高、化学稳定性好和抗酸碱盐及其他介质腐蚀的能力强、绝缘性能优越等特点，在现代工业中应用越来越广泛。

陶瓷按原料不同分为普通陶瓷与特种陶瓷；按用途不同分为工业陶瓷和日用陶瓷。

普通陶瓷是以天然的硅酸盐矿物质（如粘土、长石、石英等）为原料。这类陶瓷又称为硅酸盐陶瓷，如日用陶瓷、绝缘陶瓷、建筑陶瓷、化工陶瓷等均属于这类陶瓷。

特殊陶瓷的原料是用人工提炼的纯度较高的金属化合物、碳化物、氮化物等化合物，经成型和高温烧结而成。这类陶瓷具有一些独特的性能，可满足工程结构和工具材料的特殊需要。属于这类陶瓷的有压电陶瓷、高温陶瓷、高强度陶瓷等。

1.3.3 复合材料

由两种或两种以上物理性质与化学性质不同的物质经人工组合而成的多相固态材料，称为复合材料。复合材料可以改善或克服单一材料的弱点，充分发挥优点，得到单一材料不易具备的性能与功能。人工合成的复合材料一般是由高韧性、低强度的基体材料与硬度高、脆性大的增强材料所构成。复合材料与单一材料比较，具有强度高、弹性模量高、抗疲劳性好、减振性能强、高温性能好和断裂安全性高等优点。复合材料按基体来分有塑料或树脂基复合材料、金属基复合材料和陶瓷基复合材料三类；按增强体来分有纤维增强复合材料、粒子增强复合材料和层状复合材料等。

目前纤维增强复合材料以及金属基的复合材料发展最快，在航天、航空和汽车等工业领域中得到了广泛的应用。

1.4 材料处理技术

1.4.1 金属热处理

热处理是指采用适当的方法将金属在固态下通过加热、保温和冷却，以获得预期组织结构，从而改变金属性能的一种工艺方法。在热处理过程中，通过控制加热温度、保温时间和冷却速度来改变金属材料的组织结构、力学性能与工艺性能。

在机械制造中，热处理是一种非常重要的工艺方法。切削加工之前，对零件进行预备热处理，可以改善切削加工性能，提高切削效率，改善加工质量；欲使零件达到使用性能指标，应该根据图纸的技术要求进行最终热处理；为了稳定零件的形状和尺寸，可以制定合适的热处理工艺方法来消除金属内部的应力。在机械制造中绝大多数的零件都要进行热处理，例如，机床工业中60%～70%的零件要进行热处理，汽车、拖拉机工业中70%～80%的零件要进行热处理，各种量具、刀具、模具和滚动轴承几乎100%要进行热处理。所以，热处理是现代机械制造中改善加工条件、保证产品质量、节约能源和节省材料的一项极为重要的工艺方法。

热处理的工艺方法很多，在机械制造中常见的热处理方法有退火、正火、淬火与回火等常规热处理，还有表面淬火与化学热处理（渗碳、渗氮、碳氮共渗等）等表面热处理。

1. 退火

将钢材加热到适当的温度并保温一定的时间，然后随炉缓慢冷却的处理工艺称为退火。退火时，钢材的加热温度一般为 800~900℃ 范围，低碳钢的退火加热温度较高，而高碳钢的退火加热温度较低。保温时间的长短主要取决于零件的尺寸大小和同炉装入工件的数量。退火是缓迟冷却，退火以后得到平衡组织，经过退火的钢件内部晶粒细小，组织均匀，降低了硬度和消除了应力，切削加工性能得到了改善。退火主要适应于含碳较高的碳钢和各类合金钢。根据钢的成分和目的的不同，退火又分为完全退火、球化退火、均匀化退火和去应力退火等。

1）完全退火。完全退火是将钢件加热到临界温度以上 30~50℃，在炉中缓慢冷却到 500~600℃ 时出炉空冷。其目的是改善组织、细化晶粒、便于切削加工，主要用于消除中、低碳钢和合金钢的铸、锻件的缺陷。

2）球化退火。球化退火是将钢件加热到临界温度以上 20~40℃，在炉中缓慢冷却到室温或快速冷却到 500~600℃ 保温后出炉空冷。其目的是使钢中的网状渗碳体及珠光体中的片状渗碳体球化，以降低硬度，改善切削加工性、改善组织、提高塑性等，主要用于高碳钢和合金工具钢。

3）均匀化退火。均匀化退火是将铸锭、铸件或锻坯加热到高温（钢熔点以下 100~200℃），并长时间保温，然后缓慢冷却，以达到化学成分和组织均匀化为目的的退火工艺。主要用于要求质量高的合金钢铸锭和铸件。

4）去应力退火。去应力退火是将钢件加热到 500~650℃，保温一定时间后缓慢冷却的工艺方法。其目的是为了去除由于塑性变形加工、焊接、机械加工等所产生的残余应力以及铸件内存在的残余应力。

2. 正火

正火是将工件加热到临界温度以上的适当温度，保温之后从炉中取出置于空气中冷却的热处理工艺。钢材的正火加热温度与钢的化学成分有关，通常在 820~950℃ 范围，正火的冷却速度比退火快。正火之后工件的硬度比退火略高，而正火消除应力的效果不如退火彻底。

在实际生产中，正火处理的目的与退火相似，而正火后钢材的组织更为细小，低碳钢和中碳钢通过正火后更适合于切削加工。所以，正火多用于改善钢材切削加工性能的预备热处理。对于普通要求的机械零件，正火也可以作为达到使用性能的最终热处理工艺。

3. 淬火

淬火是将工件加热到临界温度以上的适当温度，保温之后快速冷却的热处理工艺方法。淬火的主要目的在于提高钢的硬度。各种工具、模具、量具和滚动轴承等都需要通过淬火来提高硬度和耐磨性。淬火是最常用的一种热处理工艺，是决定产品质量的关键。

钢材的淬火加热温度也是由它的化学成分来决定，一般为 780~890℃。淬火处理之后，再进行适当的回火处理，能改善零件的使用性能和延长使用寿命。淬火操作时要使钢材实现快速冷却，必须选择具有足够冷却能力的淬火冷却介质，常用的冷却介质为水和矿物油。水是最便宜而且冷却能力很强的一种冷却介质，主要用于一般碳钢零件的淬火冷却剂。如果在水中加入少量盐，则其冷却能力可以进一步提高，这对于一些大尺寸碳钢件淬火冷却很有益处。油的冷却能力比水低，工件在油中淬火冷却的速度较慢，但可以避免出现淬火缺陷，合金钢适宜于采用矿物油作淬火冷却剂。

淬火冷却的速度极快，淬火后钢材的内部组织为非平衡组织，存在较大的应力和脆性，工件淬火之后应该立即进行回火处理才能使用。

4. 回火

将淬火后的工件加热到一定的温度，保温一段时间，然后冷却下来，称为回火。回火的主要作用在于减小和消除淬火工件的应力与脆性，防止零件产生变形或开裂，并且通过回火过程调整零件的力学性能，使之符合使用要求。

根据回火加热温度不同，回火分为低温回火、中温回火和高温回火三种。

1）低温回火。低温回火的加热温度为 150~250℃。在较低的温度下回火，可以部分消除淬火应力、降低脆性，提高韧性。同时，使工件保持淬火后的高硬度与高耐磨性。低温回火适用于要求硬度高、耐磨损的刀具、量具、模具以及各种耐磨零件。主要用于各种高碳的刃具、模具、量具、滚动轴承及渗碳和表面淬火件等。钢材低温回火后，硬度可达 55~64 HRC。

2）中温回火。中温回火的加热温度为 350~500℃。淬火工件经中温回火之后，应力与脆性基本消除，零件具有较高的强度与一定的韧性，而且弹性良好。中温回火主要用于处理弹簧和弹性零件，中温回火后硬度一般为 35~50 HRC。

3）高温回火。高温回火的加热温度为 500~650℃。由于回火温度较高，不仅可以使淬火应力与脆性全部消除，而且可以赋予零件良好的综合力学性能，即零件的强度、硬度与塑性、韧性具有良好的配合。高温回火主要是用于齿轮、轴、连杆和要求较高综合力学性能的各种结构件。习惯上把淬火与高温回火相结合的热处理工艺称为调质处理，调质件的硬度为 200~330 HBS。

5. 表面热处理

表面热处理是指仅对工件表面进行热处理以改变其组织和性能的工艺，一般只对一定深度的表层进行强化，而心部基本上保持处理前的组织和性能，因而可获得"表硬里韧"的效果。如齿轮、链轮、轴、轧辊等的热处理。

表面淬火是以极快的速度将零件表面加热到淬火温度，然后快速冷却下来，使表面组织发生转变、表面硬度得到提高。由于只对表面进行快速加热和快速冷却，故零件心部组织和性能并不发生变化。中碳钢和合金调质钢常采用表面淬火方法来提高表面硬度。钢的表面淬火有火焰加热表面淬火、感应加热表面淬火、激光加热表面淬火等多种方法。

1）火焰加热表面淬火。火焰加热表面淬火是利用氧气—乙炔火焰将工件表层迅速加热到淬火温度，随后立即用水或合成介质进行冷却，使表层淬硬。火焰加热表面淬火设备简单，成本低，但不易于控制淬火质量，淬火之后表面硬度不够均匀，一般主要用于单件或小批量生产中。

2）感应加热表面淬火。感应加热表面淬火是利用交流电通过导体的集肤效应来加热工件。将工件放在空心铜管制成的感应线圈中，交流电通过导体时，在靠近导体表面部位电流密度大，而中心部位电流密度几乎为零。并且，交流电频率越高，则电流密度分布不均匀的现象越显著。利用电磁感应的方法在零件中产生感应电流即可实现加热淬火操作。高频电流在感应圈内形成强大电磁场，工件处于感应圈内的部分由于表面层感生强大的涡流而迅速发热，很快达到淬火湿度，位于感应圈下部的喷液套立即喷出冷却水（或合成冷却介质）进行冷却，使工件表层淬硬。工件心部则并无涡流加热，所以不会变硬。淬火操作时，感应圈和喷水套固定不动，工件在感应圈内旋转并向下移动，使表面淬火连续进行。这种表面淬火效果好，应用比较广泛。

3）激光加热表面淬火。激光加热表面淬火是在工件表面进行激光照射和扫描产生高温，随着激光束的离开，工件表面的热量迅速向四周扩散后自行快速冷却的工艺，适用于其他表面淬火方法难于做到的复杂形状的工件，如拐角、沟槽、盲孔和深孔等的热处理。

6. 化学热处理

化学热处理是将工件置于一定温度的活性介质中保温，使介质中一种或几种活性原子渗入工件表层，从而通过改变表层的化学成分和组织来改变其性能的一种热处理工艺。与表面淬火相比，化学热处理不仅改变其表层的组织，而且还改变其化学成分。根据渗入的元素不同，化学热处理可分为渗碳、渗氮、碳氮共渗、渗硼、渗铬、渗铝和渗钒等。

1）渗碳。常用的渗碳方法有固体渗碳和气体渗碳两种，生产中广泛应用的是气体渗碳。气体渗碳是将工件装入专用的气体渗碳炉中，加热到 880～920℃ 长时间保温，并且不断滴入渗碳剂（煤油、酒精或丙酮等），液态渗碳剂在高温下裂解产生活性碳原子，这些活性碳原子吸附在工件表面并不断地向表层渗入，渗入速度为 0.15～0.20 mm/h，一般工件应保温 6～10 h，零件经过渗碳后表层获得高碳组织。渗碳以后的零件还要进行淬火和低温回火处理，才能使表层得到高硬度和高耐磨的性能。适合于渗碳的钢是低碳钢和合金渗碳钢。

2）渗氮。渗氮又叫氮化处理。气体渗氮是最常用的方法，用于气体渗氮的井式炉其结构类似于气体渗碳炉，在渗氮时不滴入煤油，而是通入氨气（NH_3），渗氮时的加热温度一般为 560℃ 左右。渗氮处理一般是零件加工的最后一道工序，渗氮之前一般应进行调质处理。经过渗氮的零件表面硬度高、耐磨损、抗腐蚀能力强，使用时寿命显著提高。氮化用钢多为合金钢，38CrMoAl 是典型的氮化钢。

1.4.2 表面处理技术

1. 电镀

电镀是指在含有欲镀金属的盐类溶液中，以被镀基体金属为阴极，通过电解作用，使镀液中欲镀金属的阳离子在基体金属表面沉积出来，形成镀层的一种表面加工方法。镀层性能不同于基体金属，具有新的特征。根据镀层的功能，可将镀层分为防护性镀层、装饰性镀层及其他功能性镀层。如在内燃机的汽缸套、活塞环上镀铬可以获得很高的耐磨性；镀铜可提高材料的导电性；在航空、航海及无线电器材上镀锡，可提高材料的焊接性；在仪器制造及无线电工业材料中镀银可提高导线的导电性能，避免接触点的氧化和减少接触电阻。

2. 化学镀

化学镀是在没有外加电流通过的情况下，利用化学方法使溶液中的金属离子还原为金属并沉积在基体表面，形成镀层的一种表面加工方法。被镀件浸入镀液中，化学还原剂在溶液中提供电子使金属离子还原沉积在镀件表面。Ni、Co、Pd、Pt、Cu、Au 和某些合金镀层如 Ni – P、Ni – Mo – P 等都可用化学镀获得。化学镀在电子、石油、化学化工、航空航天、核能、汽车和机械等工业中得到广泛的应用。

1.4.3　热喷涂

热喷涂是利用各种热源，将涂层材料加热熔化，再以高速气流将其雾化成极细的颗粒，喷射到工件表面形成涂覆层。热喷涂的常用热源有燃气火焰（如氧—乙炔火焰等）、电弧和等离子弧等。其中火焰喷涂的有效温度在 3000℃ 以下，粉粒速度最高可达 150～200 m/s；电弧喷涂的有效温度可达 5000℃，粉粒速度为 150～200 m/s；等离子喷涂的有效温度高达 16000℃，能熔化目前已知的所有工程材料，粉粒速度可达 300～500 m/s。喷涂材料可以是金属线材、金属或非金属粉末等。

复习思考题

1. 金属材料常用力学性能指标有哪些？各代表什么意义？各用什么符号表示？
2. 根据用途，下列材料属于哪类钢？其中的数字和符号各代表什么意义？
   Q235A、08F、45、T10A、40Cr、50CrVA、W18Cr4V、1Cr18Ni9Ti、ZG200 – 400
3. 什么是退火？退火的目的是什么？退火和正火有什么不同？
4. 什么叫淬火？淬火的目的是什么？
5. 什么是调质处理？调质处理的目的是什么？
6. 什么是回火？淬火钢为什么要进行回火？回火有哪几种？各适用于哪些零件？

第 2 章　机械制造工程系统

学习重点

➢ 了解机械产品的制造工艺及流程
➢ 了解产品质量的概念以及在生产过程中对质量控制的要求
➢ 掌握零件加工精度和表面粗糙度的内容和表示符号
➢ 掌握常用量具及其使用方法和使用范围

2.1　机械制造业的地位与现状

2.1.1　制造业、制造系统与制造技术

制造业是将可用资源、能源与信息技术通过制造过程，转化为可供人们使用或利用的工业品或生活消费品的行业。人类的生产工具、消费产品、科研设备、武器装备等，没有哪一样能离开制造业，没有哪一样的进步能离开制造业的进步，这些产品都是由制造业提供的，可以说制造业是国民经济的装备部，是国民经济产业的核心，是工业的心脏，是国民经济和综合国力的支柱产业。

制造过程是制造业的基本行为，是将制造资源转变为有形财富或产品的过程。制造过程涉及国民经济的大量行业，如机械、电子、轻工、化工、食品、军工、航空、航天等。因此，制造业对国民经济有显著的带动作用。

制造系统是制造业的基本组成实体。制造系统是由制造过程及其所涉及的硬件、软件和制造信息等组成的具有特定功能的有机整体，其中的硬件是指人、生产设备、材料、能源和各种辅助装置，软件包括制造理论和制造技术。制造系统覆盖了全部产品生命周期，即设计、制造、装配、市场销售乃至回收的全过程。在这一全过程中，所存在的物质流（主要指由原材料到产品的有形物质的流动）、信息流（主要指生产活动的设计、规划、调度与控制）和能源流构成了整个制造系统。

广义而言，制造技术是按照人们所需，运用主观掌握的知识和技能，操作可以利用的客观物质工具和采用有效的方法，使原材料转化为物质产品的过程所施行的手段总和。制造技术与投资和熟练劳动力一起将创造新的企业、新的市场和新的就业。制造技术是制造业的支柱，而制造业又是工业的基石，所以说制造技术是一个国家经济持续增长的根本动力。

2.1.2　机械制造业在国民经济中的地位

机械制造的主要任务就是机械产品的决策、设计、加工、装配、销售、售后服务及后续处理等，其中包括对半成品零件的加工技术、加工工艺的研究及其工艺装备的设计制造。机

械制造业肩负着为国民经济建设提供生产装备的重任，为国民经济各行业提供各种生产手段，其带动性强，涉及面广，产业技术水平的高低直接决定着国民经济其他产业竞争力的强弱，以及今后运行的质量和效益；机械制造业也是国防安全的重要基础，为国防提供所需武器装备，世界军事强国无一不是装备制造业的强国；机械制造业还是高科技产业的重要基础，机械制造业为高科技的发展提供各种研究和生产设备，世界高科技强国无一不是装备制造业的强国。世界机械制造业占工业的比重，从 1980 年以来，已上升至超过 1/3。

机械制造业的发展不仅影响和制约着国民经济与各行业的发展，而且还直接影响和制约着国防工业和高科技的发展，进而影响到国家的安全和综合国力。美国在第二次世界大战后，曾一度提出"制造业是夕阳产业"的观点，忽视了对制造业的重视和投入，以至工业生产下滑，出口锐减，工业品进口陡增，第二、第三产业的比例严重失调，经济空前滑坡，物质生产基础遭到严重削弱。严重的后果在各方面都有体现：汽车生产从过去的大量出口转变为大量进口；微电子工业是美国首创的，但到 1987 年，美国的半导体生产只占世界总量的 40%；家用电器也是美国首先发展起来的，但美国的家电市场已经被日本等国外产品所占有；美国过去曾经是一个机床出口大国，但到 1986 年，美国有 50% 的机床依靠进口，机床产量仅为高峰期的一半；1987 年美国贸易赤字高达 1610 亿美元，主要赤字来自于工业。美国麻省理工学院组织多位专家对美国工业的衰退问题进行了系统调查研究，调查了汽车、民用飞机、半导体和计算机、家用电器、机床等 8 个工业部门，经多年研究写成了《美国制造业的衰退及对策——夺回生产优势》一书，指出"振兴美国经济的出路在于振兴美国的制造业"，认为"经济的竞争归根到底仍然是制造技术和制造能力的竞争"，主张必须重视和发展机械制造业。美国在中东战争后提出的应当给予扶持的"对于国家繁荣与国家安全至关重要"的 22 项关键技术中，就有材料加工、计算机一体化制造技术、智能加工设备和纳米制造技术等 4 项直接与机械制造业有关的关键技术。

2.1.3 我国的机械制造业

现在我国的机械制造业已经具有了相当雄厚的实力，为国民经济、国防和高科技提供有力的支持，我国的机械制造业为汽车、火车、农业机械、火箭、宇宙飞船、飞机、电站、造船、计算机、家用电器、电子及通信设备等行业提供了生产装备。机械制造业是我国实现经济腾飞，提升高科技与国防实力的重要基础。

从机床生产能力可以看出一个国家的机械制造业水平。我国能自主设计、生产各种普通机床、小型仪表机床、重型机床以及各种精密的、高自动化的、高效率的、数字控制的机床。产品品种较齐全，大部分达到 20 世纪 90 年代国际水平，部分达到国际先进水平。当前，国际数控机床正向着高速度、高精密、复合和智能化发展。目前我国生产的数控机床与此趋势基本一致，国产数控机床在质量和品种上都取得了较大的进步，市场占有率逐步提高。但在高技术机床方面，我国与发达国家还存在相当差距，20 世纪 90 年代中期以来，随着我国机械工业的发展，相继进口了较多的数控机床，致使我国成为机床进口大国。

我国机械制造业目前面临的主要任务是必须平稳地完成从计划经济向市场经济的过渡，以及从粗放型经营向集约型经营的过渡，并在科技水平、管理水平上有明显提高，逐步接近并最终达到发达国家水平。

2.1.4 制造业面临的挑战

传统的制造业是建立在规模经济的基础上，靠企业规模、生产批量、产品结构和重复性来获得竞争优势的，它强调资源的有效利用，以低成本获得高质量和高效率。其生产盈利是靠机器取代人力、复杂的专业加工代替人的技能来获得的。在此条件下，却难以满足市场对产品花色品种和交货期的要求。

随着消费多样化、经济全球化和贸易自由化、科技进步和信息社会的到来以及国际社会对人类赖以生存的资源和环境的高度重视，都促使世界各国更加重视制造业的社会地位和作用，重新审视其生产方式，对制造业的发展提出了更高的要求和制约条件。在知识经济时代，制造业面临着新的历史性发展机遇和更加严峻的挑战。

人类社会已进入 21 世纪，社会与政治环境、市场需求、技术创新预示着制造业将发生巨大变化。制造业面临着六大挑战：

（1）快速响应市场能力的挑战——全部制造环节并行实现；
（2）打破传统经营面临的组织、地域及时间壁垒的挑战——技术资源的集成；
（3）信息时代的挑战——信息向知识的转变；
（4）日益增长的环保压力的挑战——可持续发展；
（5）制造全球化和贸易自由化的挑战——可重组工程；
（6）技术创新的挑战——全新制造工艺及产品的开发。

2.2 机械制造过程及机械制造系统

2.2.1 机械制造过程

在现代化的制造工业中，机械产品的生产过程是一个大的系统工程。该过程根据内容的不同可分为三个阶段：第一阶段是产品的决策阶段；第二阶段是产品的设计和研究阶段；第三阶段是产品的制造阶段。机械产品的生产过程如图 2 - 1 所示。

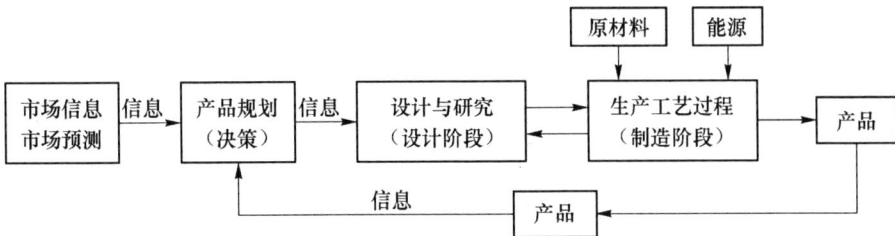

图 2 - 1　机械产品的生产过程

产品的制造阶段就是把原材料转变为成品的过程，这一过程包括原材料的运输和仓储、生产准备、毛坯制造、机械加工、装配与调试、质量检验、涂装及成品包装等不同的工作。在这一过程中，运输、仓储、准备、包装、检验等称为辅助过程，而毛坯制造、机械加工、热处理、装配等直接改变毛坯或零件的形状尺寸、材料性能的过程称为生产工艺过程或工艺过程。

生产工艺过程中的机械加工、装配调试等称为机械制造工艺过程，这一过程的工作是把已通过铸造、焊接、锻造等方法得到的毛坯进行机械切削等加工，并装配成机器。

2.2.2　机械制造工艺与流程

机械制造工艺与流程如图 2-2 所示，由以下环节组成：

图 2-2　机械制造工艺流程

1. 原材料和能源供应

机械工业生产的原材料主要包括钢铁为主的金属结构材料（如棒、板、管、线材型材等）；金属原材料（生铁、废钢、钢锭等）；各种特种合金、金属粉末、工程塑料、复合材料等。机械工业应用的能源主要有电力、焦炭、可燃气体、重油、蒸汽、压缩空气等。

2. 毛坯和零件成型

金属毛坯和零件的成型方法一般有铸造、压力加工、焊接等。其他材料（粉末材料、工程材料、复合材料、工程陶瓷等）另有各自的特种成型方法。随着复合工艺的出现，采用两种以上方法制造毛坯的铸-锻、铸-焊、冲-焊、铸-锻-焊结构零件也不断出现。

3. 零件机械加工

零件机械加工是指采用切削、磨削、特种加工等加工方法，逐步改变毛坯形态（形状、尺寸及表面质量），使其成为合格零件的过程。

4. 材料改性与处理

材料改性与处理通常指热处理以及电镀、涂装、热喷涂等表面保护工艺，用以改变零件的整体、局部或表面的金相组织及物理、力学性能，使其具有复合要求的强韧性、耐磨性、耐腐蚀性及其他特种性能。材料改性与处理根据需要可在机械加工的不同阶段进行。

5. 装配与包装

装配是把零件按一定的关系和要求连接或组合成部件和整台机械产品的工艺过程，它包括零件的固定、连接、检验、调试和试验等工作。

6. 搬运与储存

搬运与储存统称物流，是合理安排生产过程中各种物料（原材料、工件、成品、工具、辅助材料、废品废料等）的流动与中间储存技术，它贯穿于从原材料进厂到产品出厂的全过程。

7. 检验与质量监控

检验与质量监控是保证工艺过程的正确实施和产品质量所使用的一切质量保证控制措施，也贯穿于整个机械制造工艺过程。

2.2.3　机械制造系统

在产品的机械制造过程中，大部分工作是机械加工。机械加工主要是指通过金属切削的方法改变毛坯的形状、尺寸的过程。虽然随着加工技术的发展，电火花加工、激光加工、电解加工及快速成型法等新的特种加工方法开始被用来进行金属的加工，但目前仍然主要是应用金属切削机床和切削刀具来进行切削加工。图2-3是一个典型的金属切削机床。由图可知，机床通过夹具装夹工件，同时也夹持切削刀具。加工时，机床根据选好的切削参数提供工件与刀具的相对运动即产生切削加工。

这里，机床（夹具）—刀具—工件组成了机械加工工艺系统。

随着机械制造技术、计算机技术、信息科学的发展，以及为了能更有效地对机械制造过程进行控制，大幅度提高加工质量和加工效率，人们在机械加工工艺系统的基础上提出了机械制造系统的概念。机械制造系统由各种机床、刀具、自动装夹搬运装置及制造的工艺方案等组成。输入系统的是一定的材料毛坯及信息等，而输出则为加工后的零件、部件或机械产品。图2-4为单台机床组成的机械制造系统。其中机床用来向制造过程提供刀具与工件之间的相对位置和相对运动，为改变工件形状、表面质量提供能力。机床可看成是由三个子系统组成：定位子系统用来建立刀具与工件的相对位置（可通过夹具）；运动子系统为加工提供切削速度和进给量；能量子系统为加工提供能量。刀具则与定位子系统相连，并通过运动子系统与工件产生相对运动。输出的零件信息可反馈给控制装置，以便使加工不断地进行。

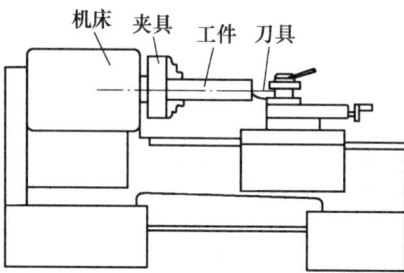

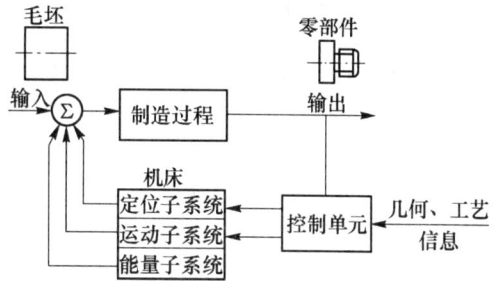

图2-3 机械切削机床　　　　　　　图2-4 单台机床的机械制造系统

随着机械工业和科学技术的迅速发展，机械制造的概念由狭义到广义，由局部到整体，由断续零散到成套系统，使现代的制造概念进一步演变成以整个制造过程为服务对象，以提高质量、效率、效益、竞争力为目标的系统，即机械制造系统是直接输入原材料和毛坯，通过各种加工、检验、装配、储运等基本活动，最后输出成品的系统（见图2-5）。机械制造系统也可看成是由物料流和信息流两部分组成的系统，物料流是指原材料转变、储存、运输的过程；信息流是指围绕制造过程所用到的各种知识、信息和数据的处理、传递、转换和利用。从图2-5中可知，它基本上包含了技术和生产管理两个方面。首先从产品图纸上获得的信息和数据是整个制造过程的依据，是制造活动的初始信息源。为了进行产品的制造，系统还必须通过工艺设计，确定用什么方法和手段，对制造过程进行技术组织和管理，编制工艺规程，设计夹具量具，确定时间定额和工序费用，并给出机床的数控数据。与此同时，为了使制造过程有条不紊地进行，还必须建立生产计划与控制系统，根据下达的生产任务与系统资源的利用情况，对生产作业作出合理安排。

为了提高机械制造系统的自动化加工程度，采用计算机对加工过程进行控制，并配有质量监测等手段，同时对加工过程进行先进的、科学的管理。目前，常见的机械制造系统有：加工中心单级制造系统、多台机床组成的多级计算机集成制造系统。随着制造技术的进一步发展，机械制造系统的概念将扩展为更先进的无人车间或无人工厂。

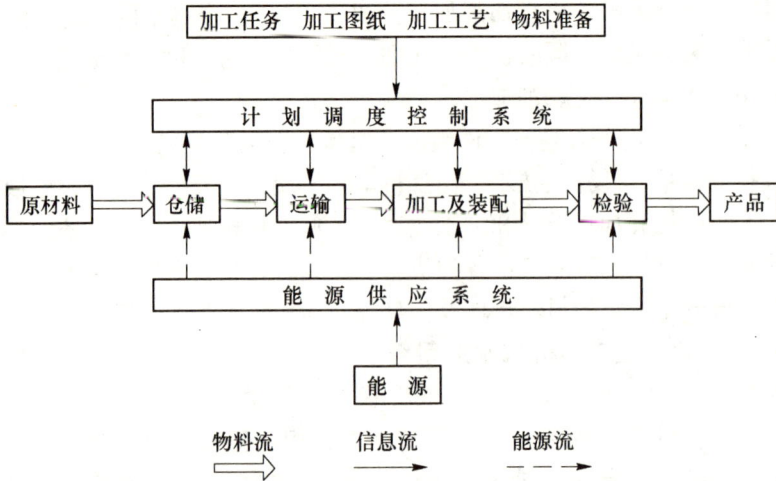

图 2-5　机械制造系统的组成

2.2.4　生产过程与组织

机械制造的任务就是为各行业提供满足需求的产品。一个产品的生产过程可以划分为新产品开发、产品制造、产品销售与服务三个阶段。

产品开发主要在于市场导向,根据技术的发展和企业的资源特征,通过设计、试制、生产准备等活动,推出有市场前景的产品。它保证了企业的良性发展。

产品的制造活动主要是根据市场和订单所决定的批量,把开发的产品加工和装配出来。制造活动包括了零件毛坯的制造、粗精加工、热处理、表面处理、部件与整机的装配和检验,包装储运等,它涉及了制造过程的规划、调度与控制。

产品销售与服务,主要指把生产出的产品通过一定的渠道推向市场,把产品变为企业实际的利润。在现代社会,售后服务也是一个重要方面,越来越多的企业把产品的售后服务质量的提升视作企业核心竞争力提升的重要因素之一。

1. 产品开发

（1）产品开发的重要性

科学技术的发展与进步,为满足人类的更高消费提供了许多新的产品方案。消费者随着生活水平的提高及社会环境的进步,对产品功能、质量、外观、价格提出了新的需求,这些都要求企业不断地开发出新的产品。同时,企业处于一个国际、国内的竞争环境中,利润较高的适销产品,势必吸引大批竞争者不断加入市场、争夺市场。企业为了赢得竞争,也需要不断推出新产品。随着科技的发展和消费的个性化趋势,使产品的市场寿命越来越短,新产品的开发也越来越重要,越来越需要大的资金投入。

（2）新产品开发的决策

新产品可分为全新产品、换代产品、改进产品、仿制产品四大类。

开发什么样的产品,必须来源于详细的市场调查、认真的评价分析、科学的决策。如果说产品开发的决策、技术开发、中试、生产上市几个阶段的资金投入比例可能是 1：10：100：1000,但它们对该产品是否成功,即市场前景和企业效益的影响则可能是 7：1：1：1,正确的决策是至关重要的。

新产品开发决策的依据是开发调研。开发调研可从科技调研、市场调研、竞争环境调研、企业内部调研几个方面进行。

对于拟开发的某一新产品，可以从技术（先进性、成熟度、技术独占度、质量指标）、适用性（与原有技术兼容性、现行设备可用性、现有人力资源可用性、现有销售渠道可用性）、竞争能力（市场宽度、可达市场占有率、与发展政策关系、环境保护）等方面进行评估。以上评价结果可作为决策的依据，每一个要素的权重值可根据企业的经营战略来确定。

（3）新产品开发的实施

新产品开发的途径有独立开发、合作开发、技术引进等。

新产品开发的顺序是概念设计、方案设计、施工设计、样机试制与评审、新产品鉴定、试销、生产准备、批量生产。

产品的设计以图样或软件的形式确定下来。由于计算机在制造业的广泛应用，计算机辅助设计（CAD）得到了越来越普遍的应用；在以普通机床为主的企业中，二维计算机绘图是传递设计信息的主要手段；在以数控加工为主的企业、实现 CIMS 管理的企业中，三维CAD 的应用较为广泛。

基于 CAD/CAM/CAE 以及多媒体技术发展起来的虚拟制造技术可以大大加速产品的开发过程。虚拟制造可以用计算机软件模拟产品的装配运行和使用，在设计阶段及早发现问题，减少试制、运行测试、改进设计的多次反复过程，也节约了开发费用。快速成型制造技术可以以较低的费用、很短的时间完成开发时单机或小批量的试制，是现代产品快速开发的主要技术。

2. 制造过程与生产组织

（1）制造活动

制造活动包括了设计、材料选择、计划、加工、质量保证等活动。制造活动输入的是原料、信息、能源、设备、人力以及政策和法规，输出的是产品。

（2）生产类型与组织方式

产品的用途不同，决定了其市场需求量是不同的，因此不同的产品有不同的生产批量。需求的批量不同，形成了不同的生产类型，生产组织方式及相应的工艺过程也大不相同。

大批量生产往往是由自动生产线、专用生产线来完成的，单件、小批量生产通常采用通用设备靠人的技术或技艺来完成产品加工，数控技术及机器的智能化改善了这一状况，使单件小批量生产也接近大批生产的效率和成本。

产品的制造过程实际上包括了零件、部件、整机的制造。部件和整机的制造一般是装配的过程。

企业组织产品的生产可以有多种模式：

1）生产全部零部件、组装机器；

2）生产部分关键零部件，其余的由其他企业供应；

3）完全不生产零部件，只负责设计和销售。

第一种模式的企业，必须拥有加工所有零件、完成所有工序的设备及人力资源，形成大而全、小而全的工厂。当市场发生变化时，适应性差；难以做到设备负荷的平衡，而且固定资产利用率低，在岗人员也有忙闲不均的情况，影响管理和全员的积极性。

第三种模式具有场地占用少、固定设备投入少、转产容易等优点，比较适应市场变化快的产品生产。但对于核心技术和工艺应该自己掌握时，或大批量生产附加值比较大的零部件生产，这一模式就有不足之处。许多高新技术开发区"两头在内、中间在外"的企业均是这种方式。

许多产品复杂的大工业多采用第二种模式,如汽车、摩托车制造业。美国的三大汽车公司周围密布着数以千计的中小企业,承担汽车零配件和汽车生产所需的专用工具、专用设备的生产供应。日本的汽车工业也是如此,汽车厂家只控制整车、车身和发动机的设计和生产。

对第二、第三种模式来说,零部件供应的质量是非常重要的。保证质量的措施可以采取主机厂有一套完善的质量检测手段,对供应零件进行全检或按数理统计方法进行抽检。

3. 零件的制造过程

零件的制造过程实际上是获得具有一定几何特征和物理、化学、力学性能零件的过程。使零件具有一定几何形状的工艺方法很多,主要有:

(1)材料成型工艺:包括铸造、锻压、焊接、注塑、粉末冶金等方法;

(2)机械加工工艺:主要指车、铣、刨、磨、钻、齿轮加工等方法;

(3)特种加工:包括电解加工、电火花加工、激光加工、超声波加工等;

(4)热处理工艺:包括退火、正火、淬火、回火及表面处理等,使零件获得一定的力学性能、物理、化学等特性。

一个具体零件的制造过程,需要采用什么工艺方法主要取决于它的材料性能、技术要求和生产数量及加工条件等。

2.3 制造技术与经济的关系

技术进步,特别是机械制造技术的发展,为人类更好地利用自然、创造物质财富、提高产品质量和劳动效率,以及人们更好地生活提供了更为有利的手段和条件。它是推动经济发展的重要基础和支柱,对促进国民经济发展和改善人民的物质生活都有着十分重要的意义。在研究机械制造技术问题时,要从经济方面对它提出要求和指出方向,以取得尽可能大的经济效果,在考虑经济发展时,应为促进制造技术的进步开辟新的领域,尽可能采用先进的技术手段和加工方法,以发挥最大的技术效果,更好地促进经济的发展。正确处理好技术先进和经济合理两者之间的关系,使机械制造的发展做到既在技术上先进、又在经济上合理,而且是在技术先进下的经济合理,在经济合理基础上的技术先进,这就要求制造企业的工程技术人员要有经济头脑,而经营管理人员要懂工程技术。

在市场竞争日趋激烈的今天,搞好企业的经营管理,特别是提高经营决策水平是增强企业竞争力和保障企业生存发展的关键。而经营决策的实现所依赖的一个重要方面就是加强企业的生产管理,生产管理的结果(产品质量、成本、交货期等)最直接地影响着产品的市场竞争力。另外,根据当代企业所面临的诸多新课题,在经营决策中十分关注新产品的研究与开发以及生产系统的选择、设计与调整。而现代生产管理,为了更有效地控制生产系统的运行,适时适量地生产出能够满足市场需求的产品,也必然要参与到产品的开发和生产系统的选择、设计与调整中去,以便使生产系统的运行能够得到保障。

由此可见,在现代企业中,生产活动和经营活动,生产管理和经营管理之间的联系越来越密切,并相互渗透,其界限也越来越模糊,两者构成一个完整的有机整体,以便能够更加灵活适应环境的变化和要求。

现代工业生产必须采用先进的生产技术,同时应采用现代科学管理方法,两者结合起来才能获得最佳的生产经营效果。经济管理类专业开设工业生产技术课程，是为了使未来的经营管理人员掌握必需的工业生产技术知识，具有较高的工程素质，以适应现代社会的需要，在未来的经营管理工作中能够按照生产过程本身的客观规律有效地组织生产和经营活动。

2.4 产品质量与常用量具

2.4.1 产品质量

产品的质量及成本直接影响产品在市场上的竞争力，关系到企业的生存和发展。最经济地满足用户需要的优质产品，是企业及其员工努力的目标。产品的质量是顾客对产品和服务的满意程度。产品质量是除了产品所具有的使用价值以外，还与产品实用性、可维护性和满足用户某些需要的特征有关。产品的质量体现在其所具备的适用性、可靠性和经济性之中。

任何机械产品都是由零件装配而成的，每个零件又都是由各种几何体组成，并具有各种不同的形面。为保证机械产品的性能和使用寿命，设计时应根据零件在产品中的不同作用、零件的工作情况，对制造质量提出相应的要求。这些要求称为零件的技术要求，包括加工质量（如表面粗糙度、尺寸精度、形状精度、位置精度、零件材料的性能及热处理工艺等）和装配质量。尺寸精度、形状精度、位置精度统称为零件的加工精度。表面粗糙度和加工精度是由切削加工决定的，设计时必须合理地选择，既要保证零件的使用要求，又要考虑加工的经济性。

2.4.2 零件的加工质量

零件的加工质量由切削加工来保证，主要包括加工精度和表面粗糙度两方面。

1. 加工精度

零件的加工精度是指零件的实际几何尺寸与理想几何尺寸之间相符合的程度。加工精度分为尺寸精度、形状精度和位置精度。

（1）尺寸精度

尺寸精度是指零件加工后实际尺寸与理想尺寸的符合程度。实际尺寸与理想尺寸之间存在一个变动量（即尺寸公差），零件的尺寸精度是由尺寸公差来控制，尺寸公差等于最大极限尺寸和最小极限尺寸之差的绝对值。《公差与配合》国家标准规定尺寸精度为 20 级，即 IT01，IT0，IT1，…，IT18。从前向后，公差等级逐渐降低，IT01 公差等级最高，IT18 等级最低。对同一基本尺寸，公差等级越高，公差值越小；对不同的基本尺寸，若公差等级相同，则尺寸精度相同。

（2）形状精度

形状精度是指加工后零件上点、线、面的实际形状与理想形状的符合程度。由形状公差来控制，形状公差是对单一要素形状精度的要求。国家标准规定的形状公差有六项，以控制加工出的零件形状的准确度。形状公差的项目和符号见表 2－1。

（3）位置精度

位置精度是指加工后零件上的点、线、面的实际位置与理想位置的符合程度。它是由位置公差来控制的。国家标准规定的位置公差有八项，以控制加工出的零件各要素的位置精度。形状公差和位置公差的项目和符号见表 2－1。

表 2 –1 形状公差和位置公差的项目及符号

形状公差	项目	直线度	平面度	圆度	圆柱度	线轮廓度	面轮廓度
形状公差	符号	—	▱	○	⌭	⌒	⌓

位置公差	分类	定 向			定 位			跳 动	
位置公差	项目	平行度	垂直度	倾斜度	位置度	对称度	同轴度	圆跳动	全跳动
位置公差	符号	∥	⊥	∠	⊕	═	◎	↗	↗↗

形状公差和位置公差习惯称为形位公差,常用形位公差的项目和标注见表 2 – 2。

表 2 – 2　常用形状公差、位置公差的项目和标注示例

形状公差		位置公差	
直线度	φ20h8 圆柱面上任一母线的直线度公差值为 0.015 mm	垂直度	被测端面对基准轴线 A 的垂直公差值为 0.03 mm
圆 度	φ40H7 孔轮廓表面的圆度公差值为 0.02 mm	平行度	被测平面对基准平面 A 的平行度公差值为 0.02 mm
平面度	被测表面上任意 100×100 的面积上平面公差值为 0.02 mm	同轴度	被测圆柱面的轴线对基准 A、B 公共轴线的同轴度公差值为 φ0.02 mm
圆柱度	φ40h6 圆柱表面的圆柱度公差值为 0.02 mm	圆跳动	被测端面对基准轴线 A 的圆跳动公差值为 0.03 mm

32

2. 表面粗糙度

在切削加工中，由于加工痕迹、工艺系统的振动以及刀具和工件表面之间的摩擦等原因，在工件的已加工表面上不可避免地要产生一些微小的峰谷，用这些微小峰谷的高低程度和间距大小来描述零件表面的微观特征称为表面粗糙度，也称微观不平度，如图2-6所示。国家标准规定了表面粗糙度的评定参数及其数值，其中最常用的是轮廓算术平均偏差 R_a，单位为 μm。影响表面粗糙度的主要因素是切削残余面积、刀具上的积屑瘤和工艺系统的振动等。

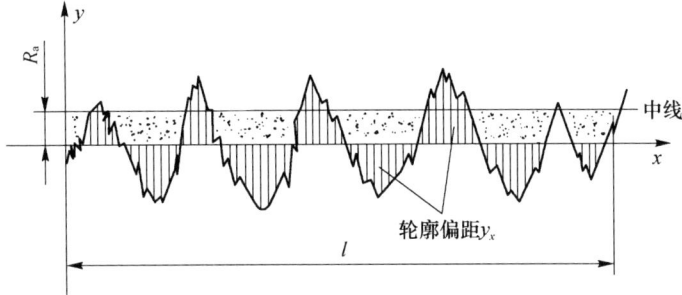

图 2-6　表面粗糙度表示方法示意图

轮廓算术平均偏差 R_a 的计算公式为：

$$R_a = \frac{1}{l} \int_0^l |\, y(x)\,|\, \mathrm{d}x$$

或采用下式进行近似计算：

$$R_a = \frac{1}{n} \sum_{i=1}^n |\, y_i\,|$$

表面粗糙度的标注方法和含义见表2-3。

表 2-3　表面粗糙度的标注符号和含义

符　号	意　　义
✓	基本符号，单独使用此符号无意义
✓	表示表面粗糙度是用去除材料的方法得到，例如：车、铣、钻、磨、剪切、抛光、电火花加工等
✓	表示表面粗糙度是不用去除材料的方法得到，例如：铸造、锻造、冲压、热轧、粉末冶金等，或者保持上道工序的状态
3.2 ✓	用任何方法获得的表面，R_a 最大允许值为 3.2 μm
3.2 ✓	用去除材料的方法获得的表面，R_a 最大允许值为 3.2 μm
3.2 ✓	用不去除材料的方法获得的表面，R_a 最大允许值为 3.2 μm
3.2 1.6 ✓	用去除材料的方法获得的表面，R_a 最大允许值（$R_{a\max}$）为 3.2 μm，最小允许值（$R_{a\min}$）为 1.6 μm

机械零件在加工过程中，根据零件对质量的要求，采用各种不同的加工方法。不同加工方法能获得的公差等级、表面粗糙度及应用见表 2 – 4。

表 2 – 4　加工方法对应的公差等级、表面粗糙度及应用

加工方法	公差等级	表面粗糙度 R_a/μm	应　用
精密加工，如研磨、抛光	IT0—IT2		量块、量仪的制造
	IT3—IT5	0.008 ~ 0.100	各种精密件的光整加工
精磨、精铰、精拉	IT5—IT6	0.2 ~ 0.4	一般精密配合，在机床、较精密的机械制造、仪器制造中应用最广泛
粗磨、粗拉、粗铰、精车、精铣、精镗、精刨	IT7—IT8	0.8 ~ 1.6	
粗拉、半精车、半精铣、半精镗、压铸件	IT9—IT10	3.2 ~ 6.3	中等精度的各种表面的加工
粗车、粗铣、粗镗、粗刨、钻孔	IT11—IT13	12.5 ~ 25.0	粗加工
冲压	IT14	50	非配合零件加工
铸造、锻造、焊接、气割	IT15—IT18		

2.4.3　常用量具及测量

产品在制造过程中，为保证被加工零件的各项技术参数符合设计要求，都必须经过检验。量具是用于加工前后及加工过程中，对毛坯、工件及零件进行检测的工具。生产中所用量具种类很多，常用的有：游标卡尺、百分尺、千分尺、百分表、万能角度尺、塞尺、刀口形直尺等。

1. 游标卡尺

游标卡尺是带有测量卡并采用游标进行读数的精密量尺。游标卡尺结构简单，可直接测量出工件或零件的内径、外径、深度和高度尺寸。其测量精度可分为 0.1 mm，0.05 mm，0.02 mm 三个量级，测量范围有 0 ~ 150 mm，0 ~ 200 mm，0 ~ 300 mm，0 ~ 500 mm 等多种规格。

图 2 – 7 所示的是测量精度为 0.02 mm 的游标卡尺，其测量尺寸范围为 0 ~ 150 mm。它由主尺和副尺（游标）两部分组成。主尺的刻度线间距为 1 mm，当两卡贴合时，游标上的 50 等分格正好等于主尺身上的 49 mm，即游标上每格为：49 ÷ 50 = 0.98（mm），表示主尺与游标每格相差 0.02 mm。

测量时，先在主尺上读出副尺零刻度线所对左边的整毫米数，然后找出副尺上与主尺刻线对准的刻线，读出数值乘以 0.02（结果为小数）。主尺上的整数加上副尺上的小数即为测量的尺寸。图中的读数为：23 + 12 × 0.02 = 23.24（mm）。

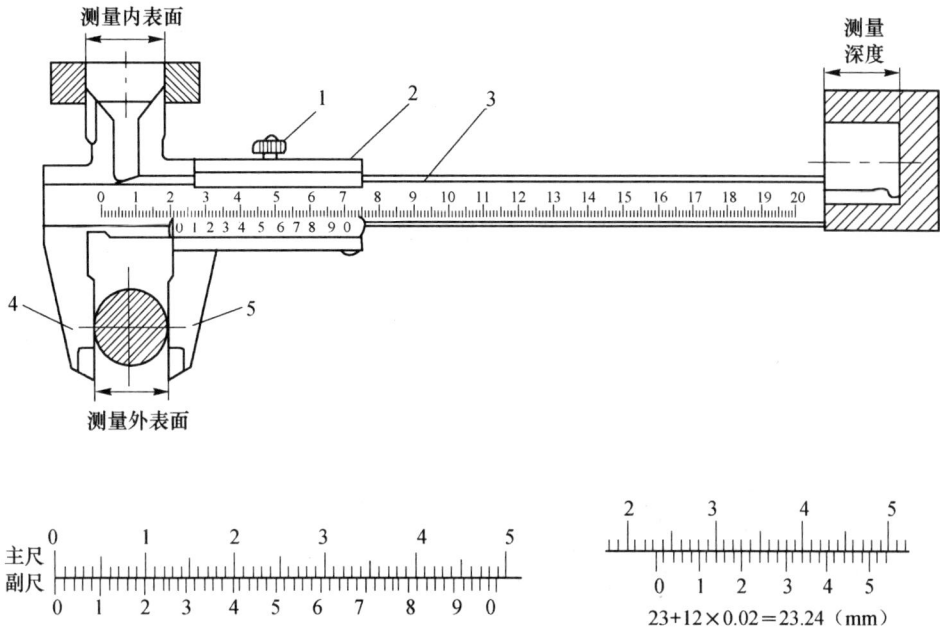

图 2-7　游标卡尺及读数方法
1-制动螺钉　2-游标　3-主尺　4-固定卡脚　5-活动卡脚

2. 百分尺

百分尺是一种测量精度比游标卡尺高的量具，测量精度为 0.01 mm。百分尺有外径百分尺、内径百分尺和深度百分尺等。外径百分尺测量范围有 0～25 mm、25～50 mm 和 50～75 mm 等多种规格。

外径百分尺是以固定套筒和活动套筒组成的。图 2-8 所示为 0～25 mm 外径百分尺，活动套筒上有 50 等分的刻度线，活动套筒旋转一周，带动测微螺杆移动 0.5 mm，故活动套筒上每一小格的读数为：0.5÷50＝0.01（mm）。

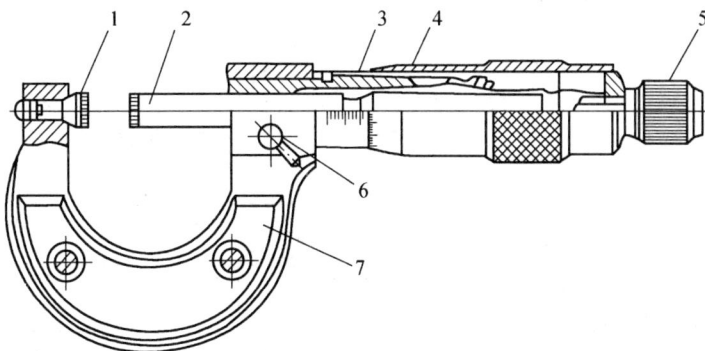

图 2-8　百分尺
1-固定测砧　2-测微螺杆　3-固定套筒　4-活动套筒　5-测力装置　6-锁紧装置　7-尺架

百分尺测量尺寸为固定套筒上的读数（为 0.5 mm 的整数倍）加上固定套筒中线对准的微分套筒上的格数乘以 0.01 mm。图 2-9 的读数分别是：12＋4×0.01＝12.04（mm）和 32.5＋35×0.01＝32.85（mm）。

12+0.04=12.04（mm） 32.5+0.35=32.85（mm）

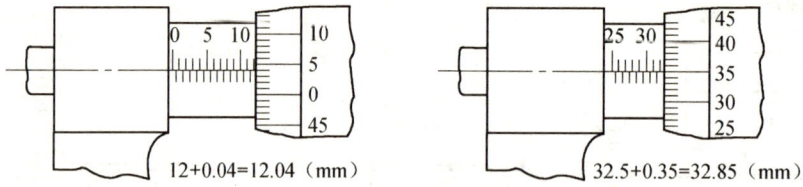

图2-9　百分尺的读数方法

3. 千分尺

千分尺的读数原理与百分尺读数原理基本相同，所不同的是对微分套筒刻度进一步细分，其读数精度为 0.001 mm。

4. 百分表

百分表的刻度值为 0.01 mm，是一种精度较高的比较测量仪器。它只能读出相对的值，主要用来检验零件的形状误差和位置误差，也常用于装夹工件时进行精密找正。图2-10 为百分表的示意图，当测量头向上和向下移动 1 mm 时，大指针回转一圈，小指针转一格。小指针的刻度范围为百分表的测量范围。

5. 万能角度尺

万能角度尺是利用游标读数来测量任意角度的量尺，如图2-11 所示。扇形板带动游标可沿扇形主尺的弧线移动，角尺可用卡块紧固在扇形板上，可移动的刀口直尺则用卡块固定在角尺上，基尺与主尺连成一体。

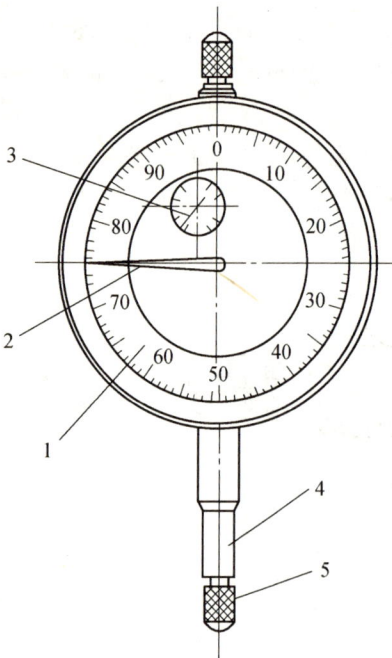

图2-10　百分表
1-刻度盘　2-大指针　3-小指针
4-测量杆　5-测量头

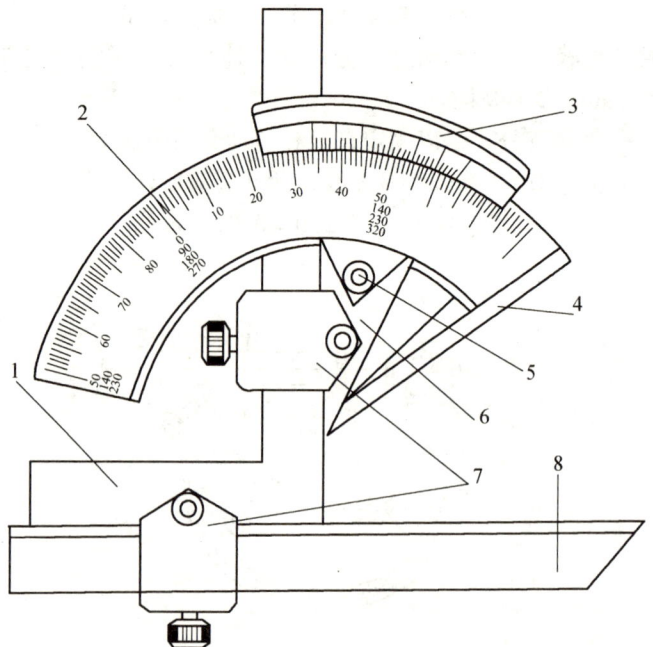

图2-11　万能角度尺
1-角尺　2-主尺　3-游标　4-基尺
5-制动螺钉　6-底尺　7-调节块　8-直尺

万能角度尺主尺上两刻线之间的夹角为 1°，主尺上的 29° 与游标上的 30 格对应，游标每格为 29°÷30＝58′，主尺与游标每格相差 2′，是万能角度尺读数精度。测量时通过改变基

36

尺、角尺和直尺之间的相互位置，能测 0° ~ 320° 范围内的任意角度。

6. 塞尺

塞尺是一种用于测量间隙大小的量具，如图 2 - 12 所示。它由一组厚度不等的薄钢片组成，其厚度印在每片钢片上。使用时根据被测间隙插入钢片，塞入的最大厚度即为被测间隙值。

7. 刀口形直尺

刀口形直尺是用光隙法检验直线度和平面度的量具，又称为刀口尺或刃口尺，如图 2 - 13 所示。根据刀口形直尺与工件表面间的间隙，可判断误差状况，也可用塞尺检验间隙的大小。

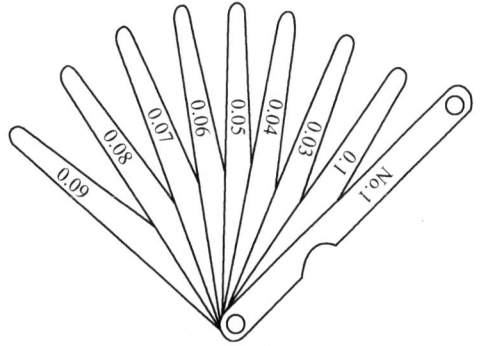

图 2 - 12　塞尺

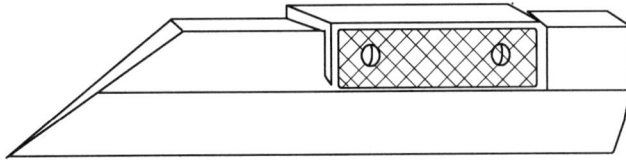

图 2 - 13　刀口形直尺

复习思考题

1. 机械产品的制造过程分为哪几个阶段？
2. 举例说明机械产品制造工艺过程。
3. 零件的加工质量主要包括哪几个方面？
4. 什么是形状位置精度？它包括哪些项目？
5. 什么是零件的表面粗糙度？零件的表面粗糙度越小越好吗？为什么？
6. 常用量具有哪些？试说明游标卡尺和百分尺读数规则。

第二篇　材料成型技术训练

第3章 铸 造

学习重点

➤ 了解铸造加工工艺过程、特点及应用
➤ 了解型砂、芯砂等材料的性能及组成，了解型芯的作用、结构和制作方法
➤ 掌握手工两箱造型的特点及应用，了解三箱、刮板、地坑等造型方法，了解机器造型的特点及造型机的工作原理
➤ 了解熔炼设备、浇注系统的组成、作用及浇注工艺
➤ 了解铸件的落砂清理及常见的铸造缺陷及产生的原因

3.1 铸造技术概述

铸造是指熔炼金属，制造铸型，并将熔融金属浇入铸型，经凝固和冷却后获得一定形状和性能的铸件的成型方法。铸造成型实质上是利用熔融金属的流动性能实现成型，属于金属液态成型工艺。铸件的轮廓尺寸小到几毫米，大到几十米，重量轻至几克，重到上百吨。如北京大钟寺内保存的一个青铜大钟，它是明朝永乐年间制造的，它重达 46.5 t，高 6.75 m，钟唇厚 22 cm，外径 3.30 m。

3.1.1 铸造生产在机械制造中的作用

在一般机械中，铸件约占整个机械重量的 40% ~ 90%，在农业机械中为 40% ~ 70%，金属切削机床中为 70% ~ 80%，重型机械、矿山机械、水力发电设备中的为 85% 以上。在国民经济其他各个领域中，也广泛采用各种各样的铸件。

1. 铸造的特点

1) 铸件的形状可以十分复杂，铸造不仅可以获得十分复杂的外形，也能获得一般机械加工设备难以形成的复杂型腔。如箱体、汽缸体、机床床身等。

2) 机械零件常用的材料，如钢、铁、铜、铝等均能铸造。

3) 在生产中金属废料可以回收利用，铸造过程中往往产生很多缺陷，如气孔、缩孔、裂纹等，把带有缺陷的这些铸件回炉，可以使成本大大降低。

4) 铸件的生产数量不受限制，它可以单件小批量生产，也可以大批量生产。

2. 铸造的缺点

1) 铸造生产过程工序较多，铸件质量不够稳定，又由于铸造是液态成型，铸件冷却凝固过程中，其内部较易产生缺陷。

2) 铸件的内部组织粗大、脆性大、塑性差，铸件和同样尺寸、形状的锻件相比，能承受的力量较小，铸造生产劳动强度大、劳动条件差等。

铸造的方法很多，主要有砂型铸造、金属型铸造、压力铸造、熔模铸造等，其中以砂型铸造应用最广泛、最普遍，其生产的铸件约占铸件总量的80%以上。我们把除砂型铸造以外的各种铸造方法统称为特种铸造，砂型铸造主要是铸造铸铁、铸钢，特种铸造主要是铸造有色金属。

3.2　砂型铸造

3.2.1　砂型铸造的工艺过程

砂型铸造的工艺过程如图3－1所示。其中，造型和造芯两道工序对铸件的质量和铸造的生产率影响最大。

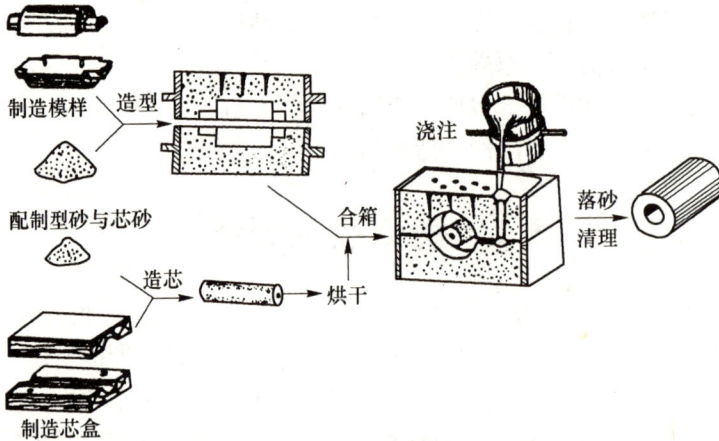

图3－1　砂型铸造的工艺过程

3.2.2　铸型

铸型是用型砂、金属材料或其他耐火材料制成，包括形成铸件形状的空腔、芯子和浇冒口系统的组合整体。用型砂制成的铸型称为砂型。砂型用砂箱支撑时，砂箱也是铸型的组成部分，它是形成铸件形状的工艺装置。

图3－2为两箱造型时的铸型结构示意图。

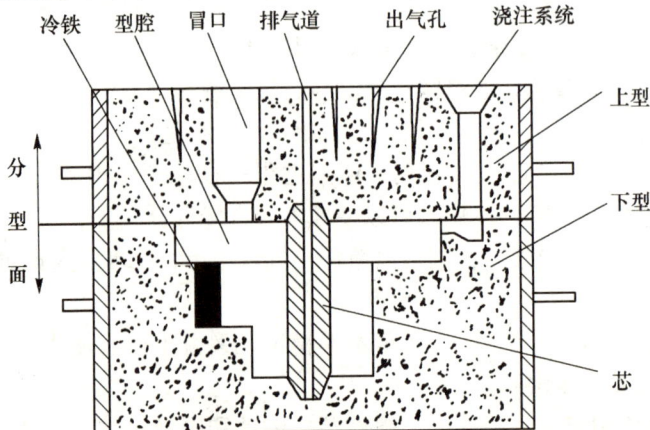

图3－2　铸型的组成

表 3 – 1 为砂型各组成部分的名称与作用。

表 3 – 1　砂型各组成部分的名称与作用

组元名称	作　用
上型（上箱）	浇注时铸型的上部组元
下型（下箱）	浇注时铸型的下部组元
分型面	各铸型组元间的接合面，每一对铸型间都有一个分型面
型　砂	按一定比例配制的造型材料，经过混制，符合造型要求的混合料
浇注系统	金属液流入型腔的通道，通常由浇口杯、直浇道、横绕道和内绕道组成
冒　口	供补缩用的铸型空腔，有些冒口还起观察、排气和集渣的作用
型　腔	铸型中由造型材料所包围的空腔部分，也是形成铸件的主要空间
排气道	在铝型或芯中，为排除浇注时形成的气体而设置的沟槽或孔道
型　芯	为获得铸件的内腔或局部外形，用芯砂或其他材料制成的，安装在型腔内部的铸型组元
出气孔	在砂型或砂芯上，用针或成型扎气板扎出的通气孔，用以排气
冷　铁	为加快铸件局部的冷却速度，在砂型、型芯表面或型腔中安放的金属物

3.2.3　型砂和芯砂

砂型铸造用的造型材料主要是型砂和芯砂。铸件的砂眼、夹砂、气孔及裂纹等均与型砂和芯砂的质量有关。

1. 型砂的组成

型（芯）砂一般由原砂、粘结剂、附加物和水按一定配比混制而成，如图 3 – 3 所示。

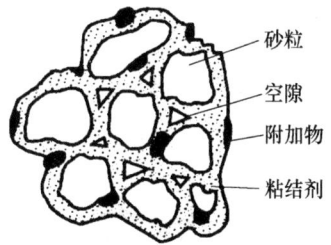

图 3 – 3　型砂的结构

1）原砂：原砂是组成型砂的主体，主要成分是石英，一般来自山地、河床的天然砂，以圆形、粒度均匀、含杂质少为佳。

2）粘结剂：主要作用是使砂粒粘结成具有一定可塑性及强度的型砂。常用的有粘土、膨润土、水玻璃以及桐油（多用于制造复杂型芯）等，其中粘土和膨润土价廉易得，故应用很广泛。

3）附加物和水：常用附加物有锯末、煤粉等。

加入锯末可增加砂型的透气性和退让性；加入煤粉可使铸件表面光洁、防止粘砂；水起调和作用，使砂粒表面形成合理的粘结膜。

此外，为了提高砂型的耐火性，通常还要在砂型和型砂表面涂刷一层涂料，铸铁件可涂刷石墨粉浆，铸钢件涂刷石灰粉浆。

2. 型砂的性能

型砂的性能对铸件的质量影响很大，铸件缺陷约有 50% 的是由质量不合格而引起的。

为了保证铸件的质量和满足铸造的工艺要求，型砂应具备以下性能：

1）强度：指型（芯）砂抵抗外力破坏的能力。强度过低，易造成塌箱、冲砂、砂眼等缺陷；强度过高，易使型（芯）砂透气性和退让性变差。粘土砂中粘土含量越高，砂型紧实度越高，砂子的颗粒越细，强度越高。含水量过多或过少均使型（芯）砂的强度变低。

2）可塑性：指型砂（芯）在外力作用下变形，去除外力后能完整地保持已有形状的能力。可塑性好，造型操作方便，制成的砂型形状准确、轮廓清晰。可塑性与含水量、粘结剂的材质及数量有关。

3）透气性：指气体通过型砂中空隙的能力。若透气性不好，易在铸件内部形成气孔等缺陷。型（芯）砂的颗粒粗大、均匀，且为圆形，粘土含量少，型（芯）砂舂得不过紧，均可使透气性提高。含水量过多或过少均可使透气性降低。

4）耐火性：指型（芯）砂抵抗高温热作用的能力。耐火性差，铸件易产生粘砂，增加清理和切削的困难，严重时会使铸件报废。

5）退让性：指铸件在冷凝时，型（芯）砂可被压缩的能力。退让性不好，铸件易产生内应力或开裂。型（芯）砂越紧实，退让性越差。在型（芯）砂中加入木屑等物可以提高退让性。

6）溃散性：型砂和芯砂在浇注后，容易溃散的性能。溃散性对清砂效率和劳动强度有显著影响。

此外，型（芯）砂还要具有好的流动性、不粘模性、保存性和耐用性以及低的吸湿性、发气性等。选择型（芯）砂时还必须考虑它们的资源与价格等问题。

3. 型（芯）砂的配制及检验

型（芯）砂质量的好坏，取决于原材料的性质及其配比和配制方法。

目前，工厂一般采用混砂机配砂，如图3-4所示。混砂工艺是先将新砂、旧砂、粘结剂和辅助材料等按配方加入混砂机，干搅拌2~3 min后再加水搅拌5~12 min，性能符合要求后出砂。使用前要过筛并使砂松散。

型（芯）砂的性能可用型砂性能试验仪（如锤击式制样机、透气性测定仪、SQY液压万能强度试验仪等）检测。单件小批生产时，可用手捏法检验型砂性能，如图3-5所示。

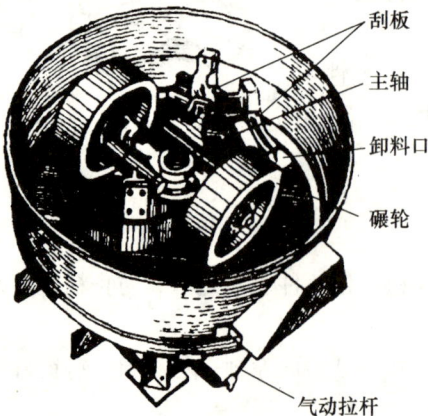

图3-4 碾轮式混砂机

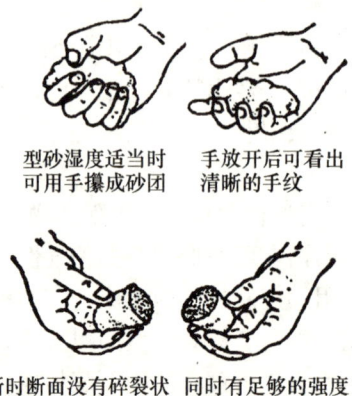

刮板
主轴
卸料口
碾轮
气动拉杆

型砂湿度适当时
可用手攥成砂团

手放开后可看出
清晰的手纹

折断时断面没有碎裂状

同时有足够的强度

图3-5 手捏法检验型砂

3.2.4 造型方法

造型方法分为手工造型和机器造型两类。

1. 手工造型

1）手工造型常用工具如图 3 - 6 所示。

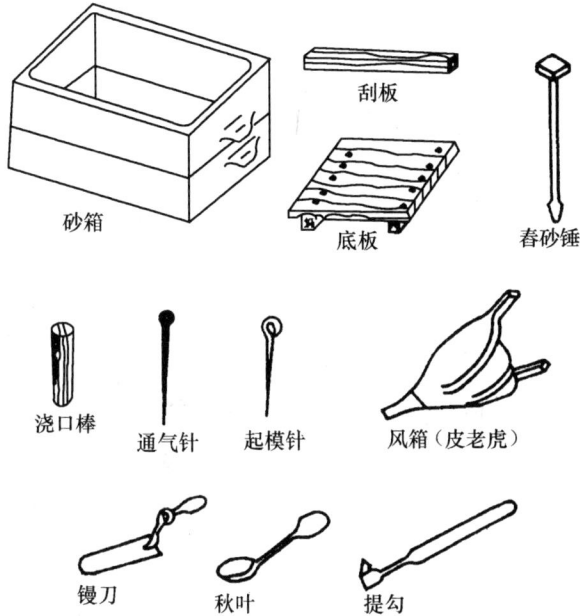

图 3 - 6 常用造型工具

砂箱——用来容纳和支承砂型。

底板——多用木材制成，用于放置模样。

春砂锤——两端形状不同，尖圆头主要是用于春实模样周围、靠近内壁砂箱处或狭窄部分的型砂，保证砂型内部紧实；平头板用于砂箱顶部砂的紧实。

通气针——用于在砂型上适当位置扎通气孔，以排除型腔中的气体。

起模针——用于从砂型中取出模样。

皮老虎——用于吹去模样上的分型砂和散落在砂型表面上的砂粒及其他杂物，使砂型表面干净平整。

镘刀——用于修整砂型表面或者在砂型表面上挖沟槽。

秋叶——用于在砂型上修补凹的曲面。

提勾——用于修整砂型底部或侧面，也可勾出砂型中的散砂或其他杂物。

刮板——主要用于刮去高出砂箱上平面的型砂和修平大平面。

浇口棒——用于制作浇注通道。

2）手工造型方法：常用的手工造型方法有整模造型、分模造型、挖砂造型和活块造型等。

①整模造型。整模造型的模样是一个整体。造型时模样全部在一个砂箱内。分型面是一个平面。这类模样的最大截面在端面，而且是一个平面。

整模造型不会产生错箱等缺陷，模样制造、造型都比较简便，适用于生产各种批量和形状简单的铸件，如齿轮坯、轴承等。整模造型过程如图 3-7 所示。

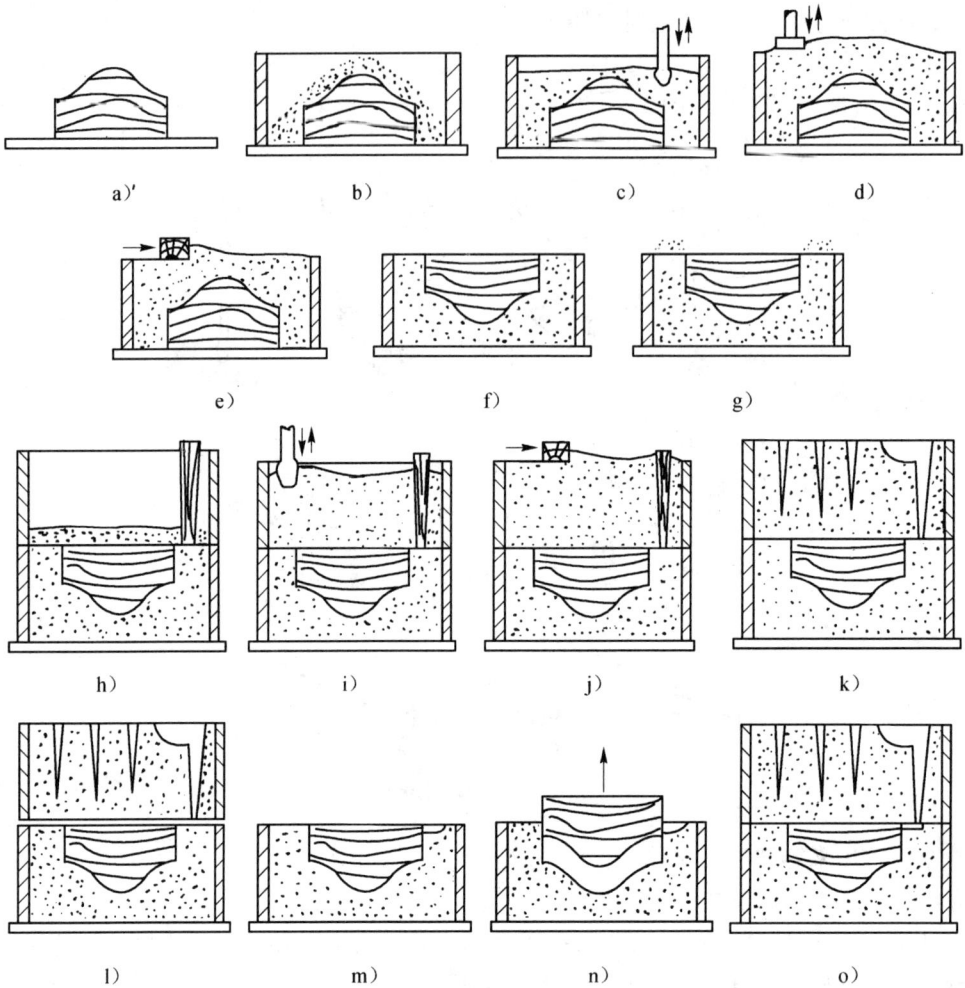

图 3-7 整模造型过程

a) 将模样放在底板上 b) 放好下砂箱后填砂 c) 逐层填砂并紧实 d) 舂紧最后一层砂

e) 刮去高出砂箱的型砂 f) 翻转下砂箱 g) 撒分型砂并吹去分模面上的分型砂

h) 放置上砂箱，放浇道口后填入型砂 i) 逐层填砂并舂紧 j) 上型紧实后刮去多余的型砂

k) 扎通气孔，取出浇口棒，开外浇口 l) 做好合型线，移开上砂箱，翻转放好

m) 修整分型面，挖内浇道 n) 起出模样 o) 合型

②分模造型。分模造型是把模样沿最大截面处分为两个半模，并将两个半模分别放在上、下箱内进行造型，依靠销钉定位。分模造型的分型面一般是一个平面，根据铸件形状分型面也可为曲面、阶梯面等。其造型过程与整模造型基本相同。图 3-8 为异口径管铸件分模造型的主要过程。

分模两箱造型时，型腔分别处在上型和下型中，因模样高度降低，起模、修型都比较方便。同时，对于截面为圆形的模样而言，不必再加拔模斜度，使铸件的形状和尺寸更精确。对于管子、套筒这类铸件，分模造型容易保证其壁厚均匀。因此，分模造型广泛用于回转体铸件和最大截面不在端部的其他铸件，如水管、箱体、曲轴等。分模造型时，要特别注意使上型对准下型并紧固，以免产生错箱，影响铸件质量，增加清理工时。

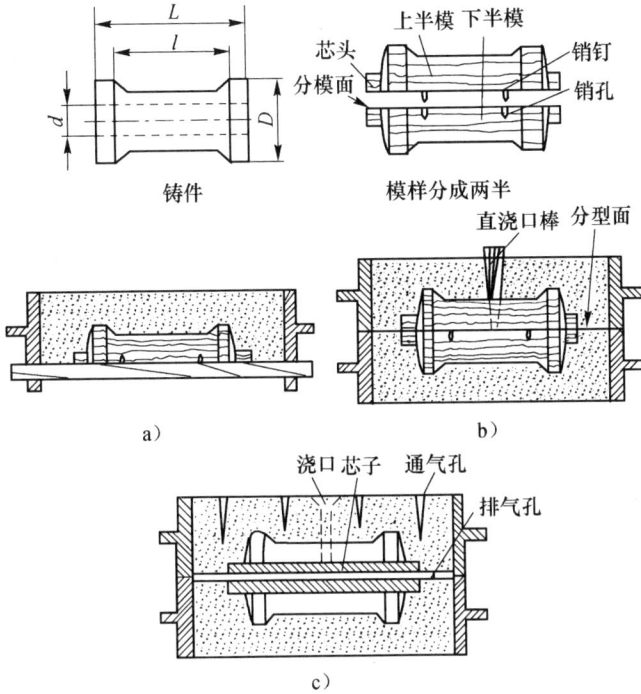

图 3-8　分模造型
a) 用下半模造下型　b) 用上半模造上型　c) 起模、放芯子、合箱

　　受铸件的形状限制或为了满足一定的技术要求，不宜用分模两箱造型时，可选用分模多箱造型。图 3-9a 所示槽轮铸件，中间的截面比两端小，用一个分型面如图 3-8 那样造型就不能满足其圆周方向上力学性能一致的要求。这时可以在铸件上选取 1、2 两个分型面，进行三箱造型。其造型的主要过程如图 3-9 所示。三箱造型要求中箱高度与模样的相应尺寸一致，造型过程繁琐、生产率低、易产生错箱缺陷，只适用于单件小批量生产。在成批大量生产中，可采用带外芯的分模两箱造型，如图 3-10 所示。如果槽轮较小，质量要求较高，也可用带外芯的整模两箱造型，如图 3-11 所示。

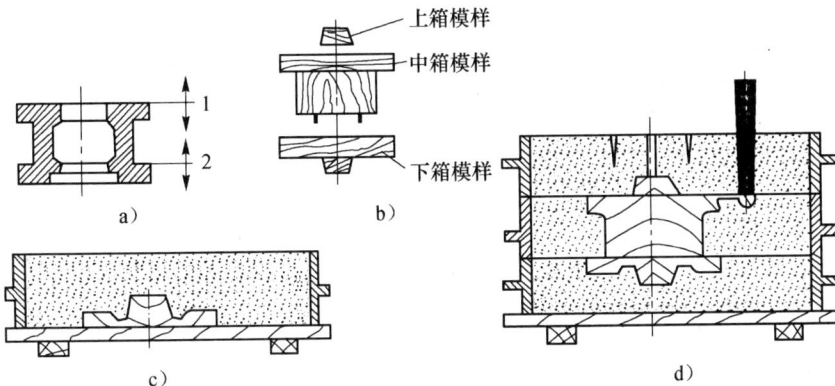

47

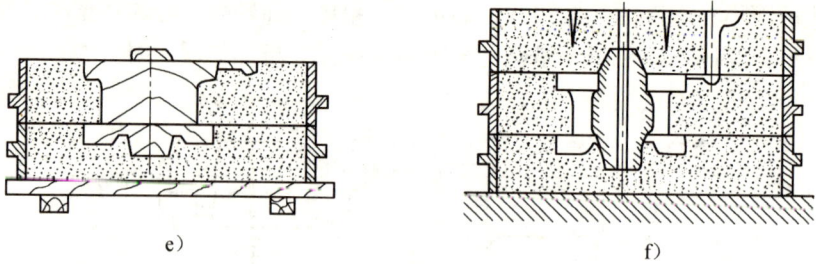

图 3-9 分模三箱造型
a) 铸件 b) 模样 c) 造下型 d) 造上型 e) 造中型 f) 起模、放芯子、合型

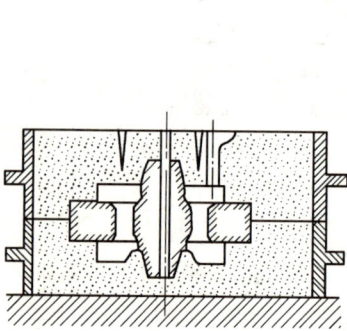

图 3-10 采用外芯的分模两箱造型

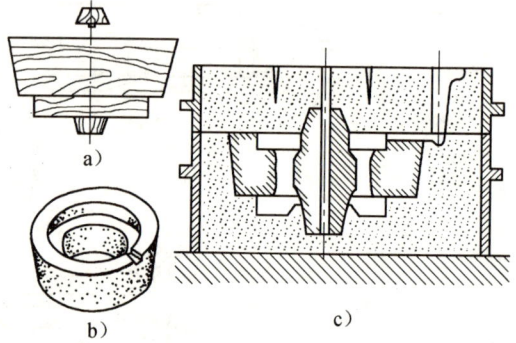

图 3-11 改用外芯的整模两箱造型
a) 模样 b) 外砂芯 c) 带外芯的整模两箱造型

③挖砂造型。铸件若按其结构形状来看，需要分模造型，但为了制造模样方便，或者将模样做成分模后很容易损坏或变形，这时仍将模样做成整体。为了使模样能从砂型中取出来，可采用挖砂造型，如图 3-12 所示。

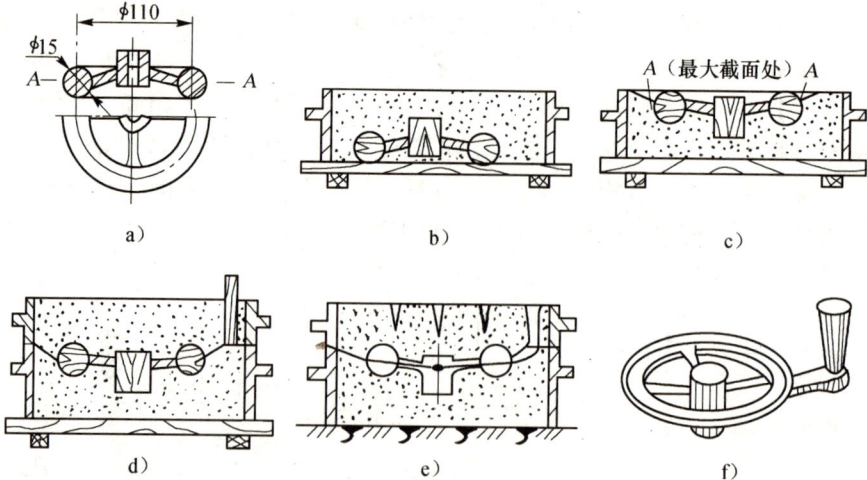

图 3-12 手轮的挖砂造型
a) 零件图 b) 造下型 c) 翻转下型，挖出分型面 d) 造上型 e) 起模后合型 f) 带浇注系统的铸件

挖砂造型一定要挖到模样的最大截面处。挖砂所形成的分型面应平整光滑，坡度不能太陡，以便于顺利地开箱。

挖砂造型要求工人的操作水平较高，且操作麻烦，生产率低，只适用于单件小批量生产。成批生产时，采用假箱造型。

假箱造型是在造型前先预做一个特制的成型底板（即假箱）来代替平面底板，并将模样放置在成型底板上造型，如图 3-13 所示。这样可省去挖砂操作，以提高生产率。成型底板可用木材制成或用粘土含量较多的型砂舂制紧实而成。

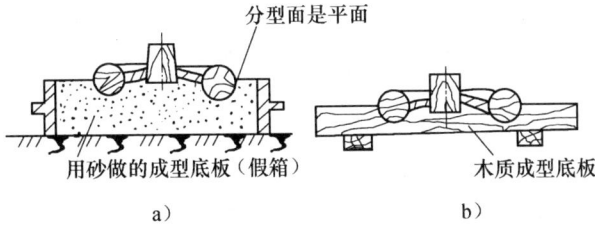

图 3-13　假箱造型
a）假箱　b）成型底板

④活块造型。活块造型是将整体模或芯盒侧面的伸出部分做成活块，起模或脱芯后，再将活块取出的造型方法，如图 3-14 所示。活块用销子或燕尾榫与模样主体连接。造型时应特别细心，舂砂时要防止舂坏活块或将其位置移动，起模时要用适当的方法从型腔侧壁取出活块。活块造型操作难度较大，取出活块要花费工时，活块部分的砂型损坏后修补较困难，故生产率低，且要求工人的操作水平高。活块造型只适用于单件小批量生产。成批生产时，可用外芯取代活块，如图 3-15 所示，以便于造型。

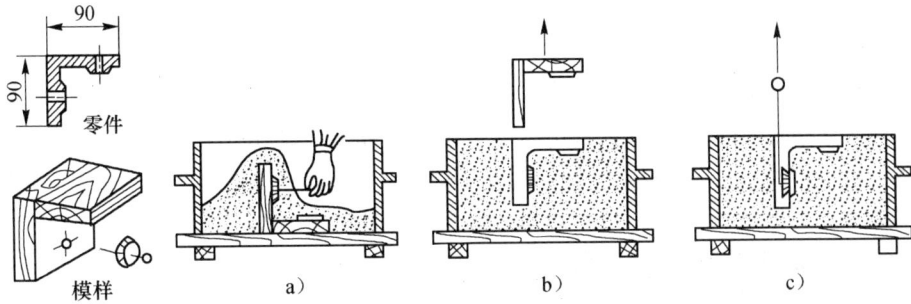

图 3-14　活块造型
a）造下型，拔出钉子　b）取出模样主体　c）取出活块

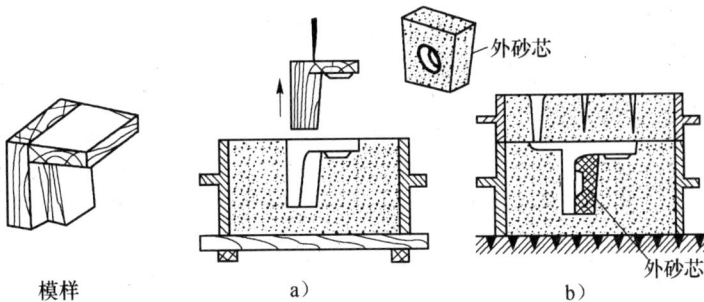

图 3-15　用外芯做成活块
a）取模、下芯　b）合型

⑤刮板造型。不用模样用刮板操作的造型和造芯方法。根据砂型型腔和砂芯的表面形状，引导刮板做旋转、直线或曲线运动，如图 3 - 16 所示。刮板造型能节省制模材料和工时，但对造型工人的技术要求较高，生产率低，只适用于单件小批量生产中制造尺寸较大的回转体或等截面形状的铸件。

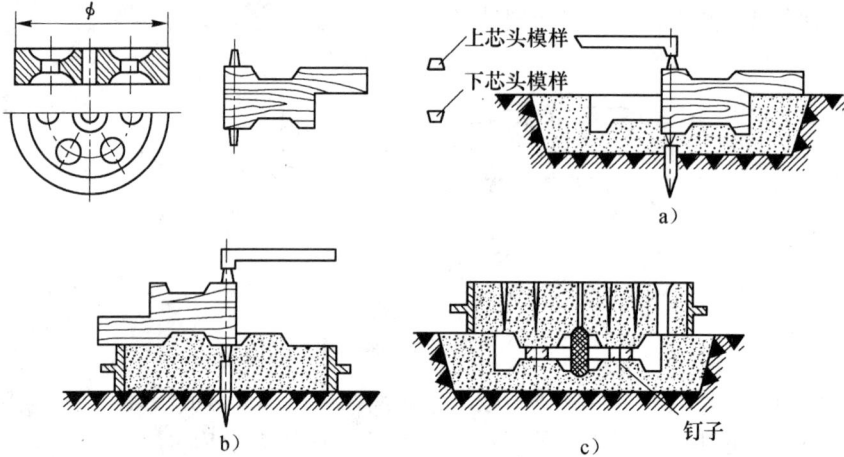

图 3 - 16　刮板造型

a) 刮制下型，用下芯头模样压出下芯头　b) 刮制上型，用上芯头模样压出上芯头　c) 下芯，合箱

手工造型的方法很多，每一种造型方法各有特点，以适应制造不同类型的铸件。同一铸件有多种造型方法，应根据铸件的结构形状、尺寸、数量及技术要求，结合生产条件综合分析，确定造型方法，以达到保证质量、提高生产效率、降低成本。

2. 机器造型

机器造型是用机器全部地完成或至少完成紧砂操作的造型工序，是现代化铸造生产的基本方式。与手工造型相比，机器造型可显著提高铸件质量和铸造生产率，改善工人的劳动条件。但是，机器造型用的设备和工装模具投资较大，生产准备周期较长，对产品变化的适应性比手工造型差，因此，机器造型主要用于成批大量生产。

机器造型紧实型砂的常用方法有：

1）振压紧实。振压紧实综合应用了振实和压实紧砂的优点，型砂紧实均匀，是目前生产中应用较多的一种。图 3 - 17 所示为振压造型机的紧砂过程。

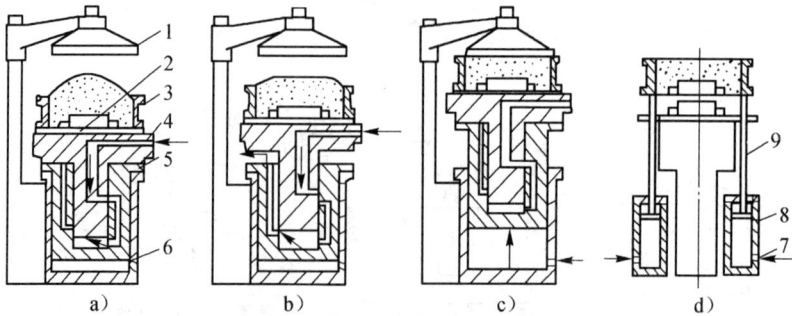

图 3 - 17　振压式造型机工作过程

a) 填砂　b) 振压　c) 压实　d) 起模

1 - 压头　2 - 模块　3 - 振压　4 - 振击活塞　5 - 压实活塞　6 - 压实汽缸

7 - 起模缸进气孔　8 - 起模缸　9 - 起模顶杆

50

振压造型机常常两台配对使用，分别造上型和下型，故这种机器造型只适用于两箱造型。为了提高生产率，采用机器造型的铸件应避免使用活块，尽可能不用或少用芯子。

2）微振压紧实。在高频率（700 ~ 1000 次/min）、低振幅（5 ~ 10 mm）振动下，利用型砂的惯性紧实作用，同时或随后加压的造型方法。它不仅噪声小，且型砂紧实度更均匀、更高。

3）射砂紧实。利用压缩空气将型（芯）砂高速射入砂箱（芯盒）而进行紧实的方法，填砂和紧实同时进行，故生产率高。目前主要用于制芯。

4）抛砂紧实。抛砂紧实是用离心力抛出型砂，使型砂在惯性力下完成填砂与紧实的方法。抛砂紧实生产率高，型砂紧实均匀，可用于大中型铸件的生产。砂箱尺寸应大于800 mm × 800 mm。

此外，还有无箱射压造型、多触头高压式造型、薄壳压膜式造型、负压造型、二氧化碳法造型、自硬砂造型、流态砂造型等。

3.2.5　造芯

用芯砂和芯盒制造芯子的过程称为造芯。芯子是用来形成铸件的内孔或局部外形的。芯子在浇注过程中受到液态金属的冲击，浇注后大部分被液态金属所包围。因此，对芯砂的性能要求更高。形状简单的芯子一般可用型砂制作。小而复杂的芯子，要用特殊的芯砂制作。为了便于芯子中的气体排出，形状简单的芯子可用气孔针扎通气孔，如图 3 - 18a 所示。形状复杂的芯子可在芯子中埋蜡线或草绳，如图 3 - 18b 所示。尺寸较大的芯子，为了提高芯子的强度和便于吊装，常在芯子中放置芯骨和吊环，如图 3 - 18c 所示。芯盒的空腔形状与铸件的内腔相似。按芯盒的结构特点，常用造芯方法有整体式芯盒造芯、分开式芯盒造芯和拆卸式芯盒造芯三种。最常用的是分开式芯盒造芯，如图 3 - 19 所示。

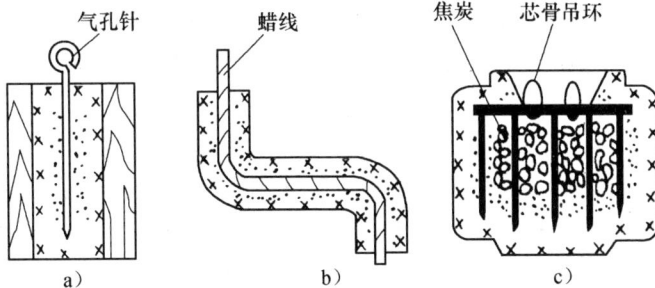

图 3 - 18　芯子的结构
a）圆形芯子　b）弯曲芯子　c）大型芯子

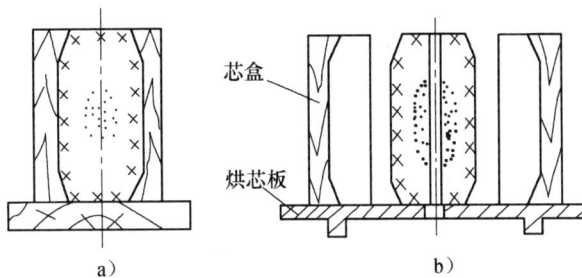

图 3 - 19　分开式芯盒造芯
a）舂砂　b）取开芯盒

3.2.6 浇注系统

1. 浇注系统的作用

浇注系统是铸型上引导金属液体流入铸型型腔和冒口而制作的一系列通道。浇注系统对铸件的质量影响较大，如果制作不当，可能产生浇不足、气孔、夹渣、砂眼、缩孔和裂纹等铸造缺陷。合理的浇注系统应具有以下作用：

1）调节金属液流速与流量，使其平稳流入以免冲坏铸型。

2）起挡渣作用，防止铸件产生夹渣、砂眼等缺陷。

3）调节铸件的凝固顺序，防止铸件产生缩孔等缺陷。

4）利于型腔的气体排出，防止铸件产生气孔等缺陷。

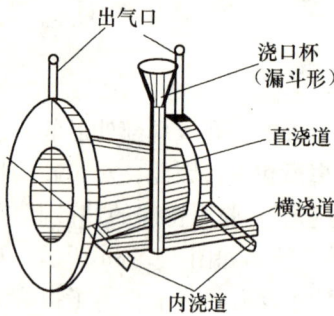

图 3-20 铸件的浇注系统

2. 浇注系统的组成

浇注系统包括外浇口、直浇道、横浇道、内浇道和冒口等，如图 3-20 所示。

1）外浇口。其作用是容纳浇入的金属液并缓解液态金属对砂型的冲击。小型铸件通常为漏斗状（称绕口杯），较大型铸件为盆状（称浇口盆）。

2）直浇道。连接外浇口与横浇道的垂直通道。改变直浇道的高度可以改变金属液的流动速度从而改善液态金属的充型能力。

3）横浇道。将直浇道的金属液引入内浇道的水平通道，一般开在砂型的分型面上。其主要作用是分配金属液进入内浇道并起挡渣作用。

4）内浇道。直接与型腔相连，其主要作用是分配金属液流入型腔的位置，控制流速和方向，调节铸件各部分的凝固顺序。内浇道一般在下型分型面上开设，并注意使金属液沿切向流入，不能正对型腔或型芯，以免将其冲坏。

5）冒口（出气口）。浇入铸型的金属液在冷凝过程中要产生体积收缩，在其最后凝固的部位会形成缩孔。冒口是浇注系统中储存金属液体补充型腔中金属液的收缩，消除铸件上可能出现的缩孔，使其缩孔转移到冒口中去。冒口应设在铸件壁较厚和铸件最高处或最后凝固的部位。有些冒口还有集渣和排气作用。

3. 浇注系统的类型

浇注系统的类型很多，根据合金种类和铸件结构不同，按照内浇道在铸件上的开设位置，最常用的为顶注式如图 3-21 所示。

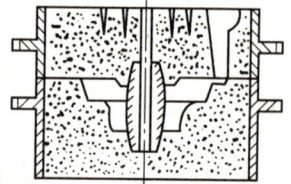

图 3-21 顶注式浇注系统

顶注式浇注系统的优点是易于充满型腔，型腔中金属的温度自下而上递增，因而补缩作用好，简单易做，节省金属液。但对铸型冲击较大，有可能造成冲砂、飞溅和加剧金属的氧化。所以这类浇注系统多用于重量小、高度低和形状简单的铸件。

3.3 铸造合金的熔炼与浇注

铸造合金的熔炼是一个比较复杂的物理化学过程。熔炼时，既要控制金属液的温度，又要控制其化学成分；在保证质量的前提下，尽量减少能源和原材料的消耗，减轻劳动强度，降低环境污染。常用的铸造合金是铸铁、铸钢、铸造铝合金和铸造铜合金，其中铸铁由于原材料丰富、价格便宜、铸造性能好、力学性能能满足一般要求而得到广泛应用。在一般工业生产和常用机器中，铸铁件占铸件总量的80%左右。

3.3.1 铸铁的熔炼

熔炼铸铁的主要设备是电炉和冲天炉，而以冲天炉应用最广泛，这是因为冲天炉结构简单、制造成本低，操作方便，可连续熔炼，生产效率高。

1. 冲天炉的结构

冲天炉主要由下面几部分组成，如图3-22所示。

1）烟囱。用于排烟，其上装有能扑灭火花的除尘器。

2）炉身。是冲天炉的主体，外部用钢板制成炉壳，其内砌上耐火炉衬。

3）炉缸。用于贮存熔融的金属。

4）前炉。用于贮存从炉缸中流出的铁水。

冲天炉还有称料、运料、上料、送风等辅助设备。

冲天炉的大小是以每小时熔炼的铁水量来表示的。常用的冲天炉每小时可熔炼$1.5 \sim 10$ t。考核冲天炉性能的主要技术经济指标是铁焦比，即冲天炉熔炼时，所熔化的铁料质量与消耗的焦炭质量之比。铁焦比一般为$8:1 \sim 12:1$。

2. 冲天炉的炉料

冲天炉的炉料是装入炉内材料的总称。它包括金属料、燃料和熔剂。

1）金属料。金属料包括新生铁、回炉铁（浇冒口、废铸件和废铁等）、废钢和铁合金（硅铁、锰铁和铬铁等）。新生铁又叫高炉生铁，是炉料的主要成分。利用回炉铁可以降低铸件成本。加入废钢可以降低铁水中的含碳量。各种铁合金的作用是调整铁水的化学成分或配制合金铸铁。

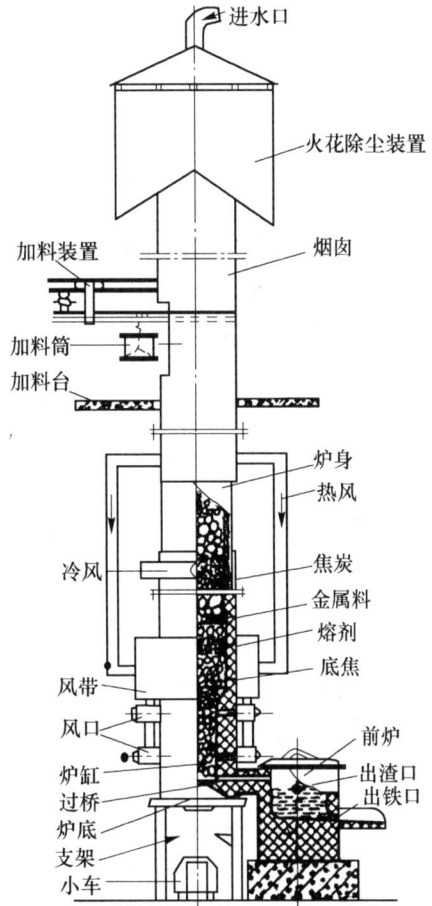

图3-22 冲天炉简图

2）燃料。其主要是焦炭。铸造用焦炭要求含灰及硫少，发热量高，强度高，块度适中。

3）熔剂。在冶炼过程中，用来降低熔渣的熔点，使熔渣流动性增加或便于扒渣的物质称为熔剂。常用的熔剂有石灰石（$CaCO_3$）或萤石（CaF_2），块度比焦炭略小，加入量为焦炭的$25\% \sim 30\%$。

3. 冲天炉的熔化原理

在冲天炉熔化过程中，炉料从加料口装入，自上而下运动，被上升的高温炉气预热，并在熔化区开始熔化。铁水在下落过程中又被高温炉气和炽热的焦炭进一步加热，温度可达1600℃左右，经过过桥进入前炉。此时温度稍有下降，最后出炉温度为1360～1420℃。从风口进入的风和底焦燃烧后形成的高温炉气，是自下而上流动的，最后变成废气从烟囱排出。所以，冲天炉是利用对流的原理来进行熔化的。

在冲天炉熔化过程中，炉内的铁水、焦炭和炉气之间要产生一系列物理、化学变化。一般情况下，铁水由于和炽热的焦炭接触，使含碳量有所增加。焦炭中的硫溶于铁水使含硫量增加约50%。硅、锰等合金元素的含量因烧损而下降。磷的含量基本不变。

影响冲天炉熔化的主要因素是底焦高度和送风强度等，必须合理控制。

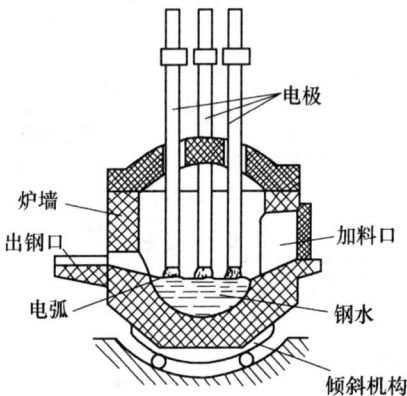

图 3 - 23　三相电弧炉

3.3.2　铸钢的熔炼

机械零件的强度、韧性要求较高时，可采用铸钢件制作。铸钢的熔炼设备有平炉、转炉、电弧炉以及感应电炉等。多采用三相电弧炉。

图 3 - 23 所示为典型的三相电弧炉。从上面垂直地装入三根石墨电极，通入三相电流后，电极与炉料间产生电弧，用其热量进行熔化、精炼。电弧炉的容量是以一次熔化金属量表示的。一般电弧炉的容量为2～10 t，国外最大的电弧炉达400 t。

电弧炉熔炼时，温度容易控制，熔炼质量好，熔炼速度快，开炉、停炉方便。它既可以熔炼碳素钢，也可以熔炼合金钢。小型铸钢件也可用高频或中频感应电炉熔炼。

3.3.3　有色合金的熔炼

有色合金有铜、铝及其合金等。

有色金属及其合金熔点低、化学性质活泼、容易吸气和被氧化，熔炼时金属料不与燃料直接接触，以减少金属的损耗，保持金属的纯洁。一般有色金属及其合金多采用坩埚炉来熔化。

3.3.4　浇注

将熔融金属从浇包注浇入铸型的过程，称为浇注。浇注是铸造工艺过程中的一个重要环节。浇注过程的好坏、浇注工艺是否合理，不仅影响到铸件质量，还涉及工人的安全。

1) 浇注前要准备足够数量的浇包，浇包内衬要修理光滑平整并烘干，保证浇注场地通畅，走道无积水。

2) 浇注时要严格遵守浇注的操作规程，控制好浇注温度和浇注速度。

3) 浇注温度要适中，浇注温度过高，铸件收缩大，粘砂严重，晶粒粗大；温度太低，会使铸件产生冷隔和浇不足等缺陷。应根据铸造合金的种类、铸件的结构和尺寸等合理确定浇注温度。铸铁件的浇注温度一般为1250～1350℃，铸钢的浇注温度一般为1500～1550℃，铝合金的浇注温度一般在700℃左右。

4) 浇注速度要适中，应按铸件形状决定。浇注速度太快，金属液对铸型的冲击力大，易冲坏铸型，产生砂眼或型腔中的气体来不及逸出而产生气孔，有时会产生假充满的现象，形成浇注不足的缺陷。浇注速度太慢，易产生夹砂或冷隔等缺陷。

5）铸型应加压铁或夹紧，防止浇注时抬箱跑火；浇注中不能断流，并始终保持浇口杯的充满状态；从铸型排气道、冒口排出的气体要及时引燃，防止现场人员中毒。浇注后，对收缩大的合金铸件要及时卸去压铁或夹紧装置，以免铸件产生铸造应力和裂纹。

3.4 铸件的落砂与清理

铸件浇注完毕并凝固冷却后，还必须进行落砂和清理。

3.4.1 落砂

铸件凝固冷却到一定温度后，将其从砂型中取出，并从铸件内腔中清除芯砂和芯骨的过程称为落砂。为了提高生产效率，希望尽早取出铸件。但若铸件取出过早，因其尚未完全凝固而易导致烫伤事故，并且会使铸件产生裂纹、变形等缺陷，铸铁件还会因急冷产生白口而难以切削加工。铸件在砂箱内的冷却时间，应根据铸件的大小和冷却条件来确定。对于形状简单、质量小于 10 kg 的铸件，一般在浇注后 1 h 左右即可落砂。

落砂方法有人工落砂和机械落砂两种。人工落砂是在浇注场地由人工用大锤、铁钩、钢钎等工具，敲击砂箱和捅落型砂，但不能直接敲打铸件本身，以免把铸件击坏。人工落砂生产率低、劳动强度大、劳动条件差，但不需特殊工具和设备，操作简便灵活，适用于单件小批量生产。机械落砂是利用机械方法使铸件从砂型中分离出来，常用的落砂机械有振动落砂机等。机械落砂方式能够减轻劳动强度，提高生产率，保护铸件表面；缺点是生产成本高，噪声也比较大，适用于大批量生产。

3.4.2 清理

落砂后的铸件还应进一步清理，除去铸件的浇注系统、冒口、飞翅、毛刺和表面粘砂等，以提高铸件的表面质量。报废的铸件不需清理。

1. 浇注系统和冒口的清理

浇注系统和冒口与铸件连在一起，落砂后成为多余部分，需要清除掉。小型铸铁件的浇注系统和冒口可直接敲掉；铸钢件的浇注系统和冒口一般用气割切除，也可用锯割切除；铝合金铸件的浇注系统和冒口一般用切削加工或锯割方式去除，清除浇注系统和冒口时要保证不伤及铸件本身，否则有可能使铸件受损。

2. 铸件表面的清理

铸件表面有粘砂、飞边、毛刺、浇口和冒口根部痕迹等，需通过手工用钢丝刷、錾子、锤子、锉刀、手提式砂轮机等工具对铸件表面进行清理，特别是复杂的铸件以及铸件内腔常需用手工方式进行表面清理，这种清理方式劳动强度大、效率低。

清理滚筒是铸件表面清理的常用设备，适用于小型铸件。当筒体慢慢转动时，装在滚筒内的铸件本身在不断滚动，铸件相互间不断碰撞与摩擦，从而起到清理铸件内外表面的目的。

对于比较大型的铸件如箱体，可用喷丸方式清理铸件表面。

3.5 特种铸造

砂型铸造因其适应性强、灵活性大、经济性好，得到了广泛的应用，但铸件质量不高，如铸件尺寸精度低、表面较粗糙、内在组织不够致密、不能浇铸薄壁件；铸型只能使用一次，造型工作量大、生产效率低；铸造工艺过程复杂、工作条件较差等。针对这些问题，人们通过改变造型材料或方法，改变浇注方法和凝固条件等，从而发展了一系列的特种铸造方法。所谓特种铸造，是指有别于砂型铸造方法的其他铸造工艺。目前特种铸造方法已发展到几十种，常用的有熔模铸造、金属型铸造、离心铸造、压力铸造、低压铸造、陶瓷型铸造、磁型铸造、石墨型铸造、差压铸造、连续铸造和挤压铸造等。

特种铸造方法一般都能提高铸件的尺寸精度和表面质量，或提高铸件的物理及力学性能；提高金属的利用率，减少原砂消耗量；有些方法适宜于高熔点、低流动性、易氧化合金铸件的铸造；有的明显改善劳动条件，并便于实现机械化和自动化生产。

3.5.1 熔模铸造

熔模铸造是用易熔材料（蜡或塑料等）制成精确的可熔性模样，并涂以若干层耐火材料，经干燥、硬化成整体型壳，在型壳中浇注铸件。熔模铸造铸件尺寸精度高，表面粗糙度值低，适用于各种铸造合金和生产批量。但其缺点是生产工序繁多，生产周期长，铸件不能太大。

熔模铸造特别适于难加工金属材料，难加工形状零件的生产，如铸造工具、涡轮叶片等。

3.5.2 金属型铸造

用铸铁、碳钢或低合金钢等金属材料制成铸型，铸型可反复使用。铸件组织致密，力学性能好，精度和表面质量好，液态金属耗量少，劳动条件好。适用于大批量生产有色合金铸件，如铝合金活塞、汽缸体、油泵壳体、铜合金轴瓦轴套等。

3.5.3 离心铸造

离心铸造是将金属液浇入旋转的铸型中，使其在离心力的作用下成型并凝固的铸造方法。铸件致密，无缩孔、缩松、气孔、夹渣等缺陷，力学性能好；铸造空心圆筒铸件时可不用型芯和浇注系统，简化了生产过程，节约了金属。适宜于浇注流动性较差的合金、薄壁铸件和双金属铸件。主要用于管类及一些盘类铸件。

3.5.4 压力铸造

在高压（20～60 kPa）的作用下，以很快的速度把液态或半液态金属压入金属铸型，并在压力下充型和凝固的方法叫做压力铸造。其基本特点是高压高速，压铸件有较高的尺寸精度和表面质量，强度和硬度也较高，尺寸稳定性好，生产率高。适用于大量生产有色合金的小型、薄壁、复杂铸件。铸件产量在3000件以上时可考虑采用。目前，压力铸造已广泛用于汽车、仪表、航空、电器及日用品铸件。

3.5.5 低压铸造

低压铸造是介于一般重力铸造和压力铸造之间的一种铸造方法。浇注时压力和速度可人为控制，故可适用各种不同的铸型；充型压力和时间易于控制，所以充型平稳；铸件在压力下冷却，自上而下顺序凝固，所以铸件致密，金属利用率高，铸件合格率高。

低压铸造主要用于要求致密性较好的有色合金铸件，如汽油机缸体、汽缸盖、叶片等。

3.6 常见铸造缺陷及分析

3.6.1 铸件的常见缺陷

铸造工艺比较复杂，容易产生各种缺陷，从而降低了铸件的质量和成品率。常见的铸件缺陷有：气孔、细孔、缩松、砂眼、渣孔、夹砂、粘砂、冷隔、浇不足、裂纹、错型、偏芯等（见表3-2），以及化学成分、力学性能、尺寸和形状不合格等。这些缺陷大多是在浇注和凝固冷却过程中产生的，主要与铸型、温度、冷却、工艺以及金属熔液本身特性等因素有关。有些缺陷是通过观察就可以发现的，有的则需通过检验查出。

表3-2 铸件常见缺陷的特征及其产生的主要原因

缺陷名称和特征	图　　例	缺陷产生的主要原因
气孔：分布在铸件表面或内部的孔眼，内壁光滑、形状为圆形或梨形等		1. 型砂水分过多 2. 春砂过紧或型砂透气性差 3. 通气孔阻塞 4. 金属液含气过多，浇注温度太低
砂眼：形状不规则的孔眼，孔内充塞砂粒，分布在铸件表面或内部	砂眼	1. 型腔内有散砂未吹净 2. 砂型或型芯强度不够，被金属液冲坏 3. 浇注系统不合理，金属液冲坏砂型或型芯
渣孔：一般位于铸件表面，孔形不规则，孔内充塞熔渣	渣孔	1. 浇注时，挡渣不良 2. 浇注温度过低，熔渣不易上浮
缩孔：形状不规则、内表面粗糙不平的孔洞，多产生于厚壁处	缩孔	1. 铸件结构设计不合理，壁厚不均匀 2. 冒口位置不合理或太小 3. 金属液温度太高或太低

57

続表

缺陷名称和特征	图 例	缺陷产生的主要原因
裂纹：热裂纹，形状曲折，表面氧化是蓝色；冷裂纹：细小平直，表面无氧化	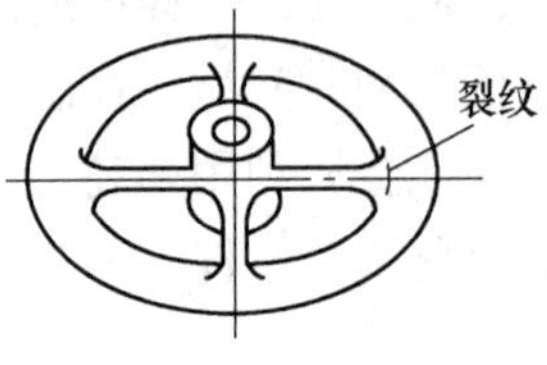 裂纹	1. 铸件壁厚相差太大 2. 铸件或型芯退让差 3. 浇注系统开设不当 4. 铸件落砂过早或过猛
粘砂：铸件表面粗糙，粘附砂粒	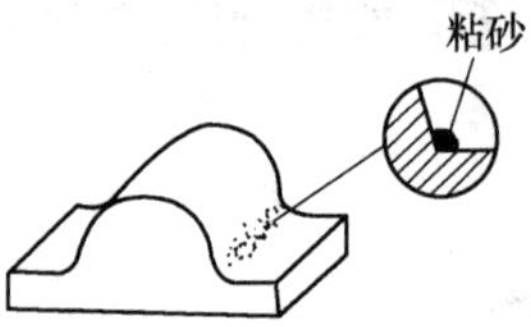 粘砂	1. 金属液浇注温度过高或型砂耐火性差 2. 砂型（芯）表面未刷涂料或刷得不够 3. 舂砂太松
冷隔：铸件上出现因未完全融合而形成的缝隙或坑注，交接处是圆滑的	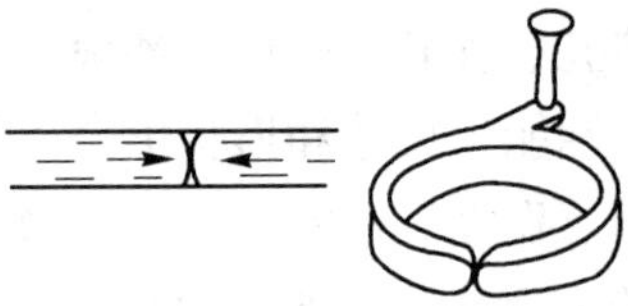	1. 金属液浇注温度过低或流动性太差 2. 浇注时，断流或浇注速度太慢 3. 浇道位置开设不当或太小
浇不足：金属液未充满型腔而使铸件不完整		1. 金属液浇注温度过低 2. 金属液流速太慢或浇注中断 3. 铸件壁厚太小 4. 浇注时，金属液不够用
错型：铸件在分型面上发生错位而引起变形	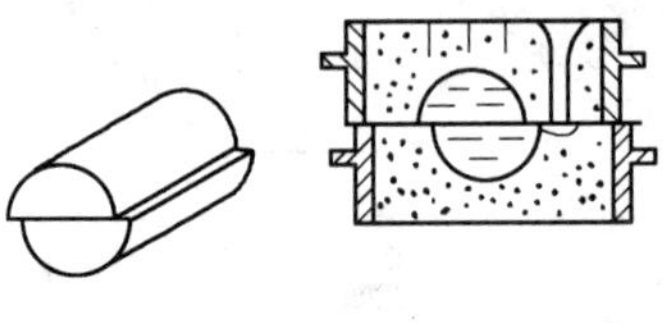	1. 上、下箱没对准或合箱线不准确 2. 上、下模样没对准
偏芯：型芯偏移，铸件内腔形状或孔的位置发生变化	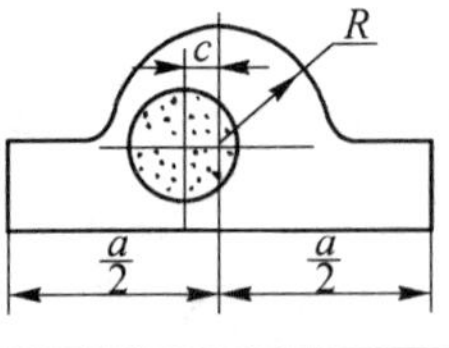	1. 芯座位置不准确 2. 型芯变形或放偏 3. 金属液冲偏型芯

3.6.2 铸造生产的技术经济分析

在生产过程中，技术性和经济性相辅相成、缺一不可。在保证产品质量的前提下，要从经济效益方面去考虑，铸造生产中，应注意以下几方面：

1）合理选择铸造方法。一般来说，砂型铸造生产成本低，但产品质量不易保证；特种铸造生产成本高，但产品质量好。所以应综合考虑，使用最佳方法。

2）节省材料。铸造生产过程要消耗大量材料，包括一些贵重材料，节约材料是降低铸造生产成本的一项重要措施：

58

①充分利用旧砂、合理使用新砂；

②充分利用回炉料，如浇道、冒口、铸件废品；

③估算好金属熔液的需要量，金属液的量过多或过少都会浪费。

3）尽量增大生产批量。中小批量铸件应集中浇注，一般只有达到一定批量的铸件才值得开一次炉。

4）降低废品率。要采取合理的技术和工艺措施减少铸件缺陷，某些有缺陷的铸件在不影响其使用要求的前提下可以修补使用，以减少废品数。

5）缩短生产周期，提高劳动生产率。在铸造生产过程中，加强管理，提高工作效率，节约劳动时间，特别要避免失误和返工，提高生产用品的利用率和使用寿命。

6）加强管理，认真进行成本核算。

7）严格检验每批铸件，把好质量关。管理好废次品，防止因其流入下道工序而引起新的经济损失。

复习思考题

1. 什么是铸造？简述砂型铸造的工艺过程。

2. 型砂由哪些材料组成？型砂应具备哪些性能？

3. 常用的造型方法有哪些？各适合哪类铸件的造型？

4. 什么是铸型？一般砂型由哪几部分组成？

5. 浇注系统由哪几部分组成？各有什么作用？

6. 冒口的作用是什么？冒口应安置在铸件的什么位置？

7. 冲天炉熔炼时所用炉料有哪些？各起什么作用？

8. 砂型铸造的铸件常见的铸造缺陷有哪些？

9. 常用的特种铸造方法有哪些？各有什么特点？各适合铸造哪类铸件？

10. 砂型铸造和特种铸造各有哪些优缺点？

第4章　金属压力加工

学习重点

➢ 了解锻压生产工艺过程、特点及应用
➢ 掌握自由锻造基本工序特点，了解自由锻造设备的结构和工作原理
➢ 了解冲压工艺特点及冲模结构
➢ 了解常见锻压缺陷及其产生的原因

4.1　金属压力加工概述

用一定的设备或工具，对金属材料施加外力使其产生塑性变形，从而生产出型材、毛坯或零件的加工方法，总称为金属压力加工。金属压力加工的种类较多，常用方法和应用见表4－1。锻造和冲压（简称锻压）是其中两类主要的加工方法。

表4－1　金属压力加工的分类

类型	图　例	特　点	适用范围
轧制	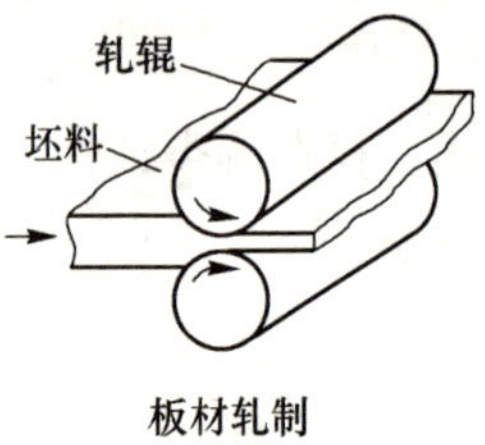 轧辊　坯料　板材轧制	用轧机和轧辊；加热状态或常温状态；减小材料截面尺寸或改变截面形状	批量生产钢管、钢轨、角钢、工字钢与各种板料等型材 趋势：高速轧制，精密轧制，提高尺寸精度及板形精度；轧锻复合生产钢球、齿轮、轴类、环类零件毛坯，力求少或无切削
拉拔	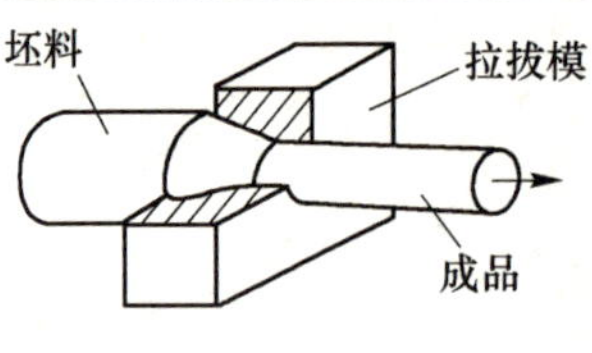 坯料　拉拔模　成品　拉丝	用拉拔机和拉拔模；常温或低温加热状态；减小坯料截面尺寸或改变坯料截面形状	批量生产钢丝、铜铝电线、漆包线、铜铝电排等丝、带、条状型材 趋势：高尺寸精度，低表面粗糙度
挤压	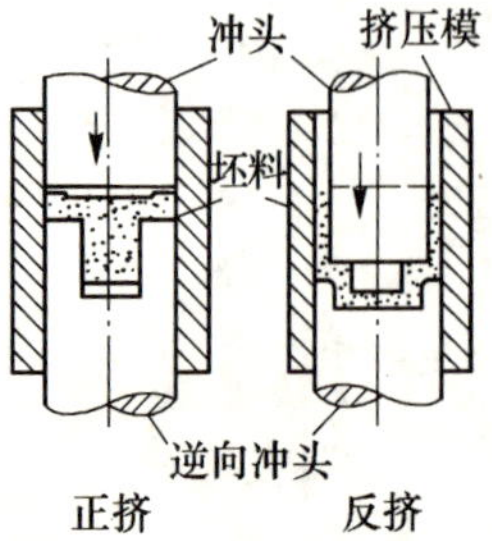 冲头　挤压模　坯料　逆向冲头　正挤　反挤	用挤压机和挤压模；常温或加热状态下，主要改变坯料截面形状	批量生产塑性较好的复杂截面型材，如铝散热片、齿轮、螺栓、铆钉、毛坯生产等。 趋势：高速精密，挤锻结合，如用挤锻机可自动、快速将棒料连续挤压成锥齿轮坯

续表

类型		图 例	特 点	适用范围
锻造	自由锻	 拔长　　冲孔	用自由锻锤或压力机和简单工具；一般在加热状态下使坯料成型	单件、小批生产外形简单的各种规格毛坯，如轧辊、大电机主轴等，以及钳工、锻工用的简单工具，也适用于修配场合 趋势：锻件大型化，提高内在质量；可生产5万吨级船用轴系锻件，全纤维船用曲轴锻件；操作机械化
	模锻	 开式模锻	用模锻锤或压力机和锻模；一般在加热状态下使坯料成型	批量生产中、小型毛坯（如汽车的曲轴、连杆、齿轮等）和日用五金工具（如扳手等） 趋势：少或无切削精密化，如精密模锻叶片、齿轮、锻件公差可达 0.05～0.2 mm，还可直接锻出 8～9 级精度的齿形
板料冲压		 拉深	用剪床、冲床和冲模；一般在常温状态下使板料分离或成型	批量生产日用品，如钢、铝制的碗、杯、勺等和电气仪表、汽车等工业领域用的零件或毛坯，如自行车链条片、汽车外壳、油箱等 趋势：自动化，精密化，精密冲裁尺寸公差可达 0.01 mm 之内，粗糙度 R_a 为 3.6～0.2 μm；非传统成型工艺发展较快，如旋压、超塑、爆炸成型等

　　锻压是指对坯料施加外力，使其产生塑性变形、改变尺寸和形状、改善性能，用以制造机械零件或毛坯的成型加工方法。它是锻造与冲压的总称。

　　锻压成型加工方法的特点如下：

　　1）锻压成型可以锻合铸造组织内部的气孔等缺陷，是金属获得细密的晶粒，并能合理地控制金属纤维方向，提高零件的力学性能。

　　2）金属塑性变形过程是金属在固态下体积重新分配的过程，与切削加工相比可节约原材料和加工工时。

　　3）金属的塑性变形一般可采用很高的变形速度，因此有较高的生产效率。

　　4）生产范围广泛，能加工各种类型和重量的产品。

　　主要缺点是锻件形状的复杂程度（尤其是内腔形状）不如铸件。

　　按所使用的设备或工具及成型方式的不同，锻造可分为自由锻和模锻，介于两者之间的过渡方式称为胎模锻。自由锻还可分为手工锻和机器锻。手工自由锻是传统的、原始的生产方式，在现实生产中已基本上为机器锻所取代，故本章只涉及机器锻。

冲压是使板料经分离或成型而得到工件的加工方法。冲压生产效率较高，冲压后一般不需切削加工，故成本低，互换性能好，外形美观。用于冲压的材料一般为塑性良好的各种低碳钢板、铜板、铝板等。有些非金属板料，如木板、皮革、硬橡胶、有机玻璃板、硬纸板等也可用于冲压。在汽车、拖拉机、仪器仪表、家电、国防等部门应用较为广泛。

4.2 自由锻

4.2.1 基本知识

自由锻是坯料在自由锻设备的上下砧铁间进行塑性变形，从而获得所需锻件的一种加工方法。

1. 金属的加热

锻造前要对金属坯料进行加热，目的在于提高塑性和降低其变形抗力。一般来说，随着温度的升高，金属材料的塑性提高，但加热温度太高，会使锻件质量下降，甚至造成废品（如热裂）。

各种材料锻造时，所允许的最高加热温度，称为该材料的始锻温度。坯料在锻造过程中，随着热量的散失，温度不断下降，塑性逐渐变差，变形抗力增大。温度降到一定程度后，不仅难以继续变形，反而易于锻裂，应及时停止锻造，重新加热。各种材料停止锻造的温度，称为该材料的终锻温度。

终锻温度与始锻温度之间的温度区间称为锻造温度范围。碳钢的锻造温度范围一般根据铁碳合金状态图来确定，常用材料的锻造温度范围见表4-2。

表4-2 常用材料的锻造温度范围

种类	牌号举例	始锻温度/℃	终锻温度/℃
低碳钢	20、Q235A	1200～1250	700
中碳钢	35、45	1150～1200	800
高碳钢	T8、T10A	1100～1150	800
合金钢	30Mn、40Cr	1200	800
铝合金	2A12、（LY12）	450～500	350～380
铜合金	HPb59-1	800～900	650

2. 自由锻设备（空气锤）

自由锻设备分为两类：一类是以冲击力使金属材料产生塑性变形的称为锻锤，如空气锤、蒸气—空气自由锻锤；另一类是以静压力使金属材料产生塑性变形的液压机，如水压机、油压机等。

空气锤是自由锻造的主要设备，由锤身、传动部分、落下部分、操纵配气机构及砧座等几部分组成，其外形及工作原理如图4-1所示。

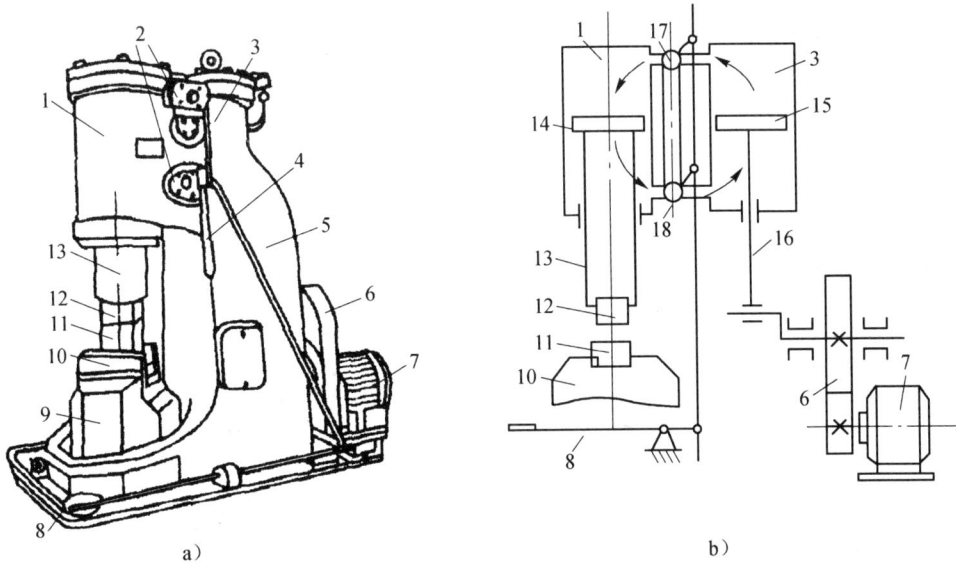

图 4 - 1 空气锤结构

a) 外形图　b) 工作原理图

1 - 工作缸　2 - 脚阀　3 - 压缩缸　4 - 手柄　5 - 锤身　6 - 减速机构　7 - 电动机
8 - 脚踏杆　9 - 砧座　10 - 砧垫　11 - 下砧铁　12 - 上砧铁　13 - 锤杆
14 - 工作活塞　15 - 压缩活塞　16 - 连杆　17 - 上旋阀　18 - 下旋阀

空气锤由电动机驱动，通过减速机构带动曲柄连杆机构使活塞在压缩缸内上、下往复运动。被压缩的空气分别经上、下旋阀进入工作缸内，迫使工作活塞在工作缸内上、下往复运动，以带动锤杆、上砧铁下落而产生锤击力。

锻造时，操纵旋阀控制手柄或踏杆使旋阀旋转角度，能使锤头完成空转、上悬、下压、单次打击、连续打击等动作，并使锤头产生不同的锤击力。

空气锤的规格以落下部分（上砧铁、锤头、锤杆和活塞）的质量来表示。常用空气锤的规格为 0.4～7.5 kN，适用于中小型锻件的生产。

3. 自由锻工具

自由锻常用工具有铁砧、手锤、大锤、夹钳、摔子、剁刀、漏盘等，如图 4 - 2 所示。

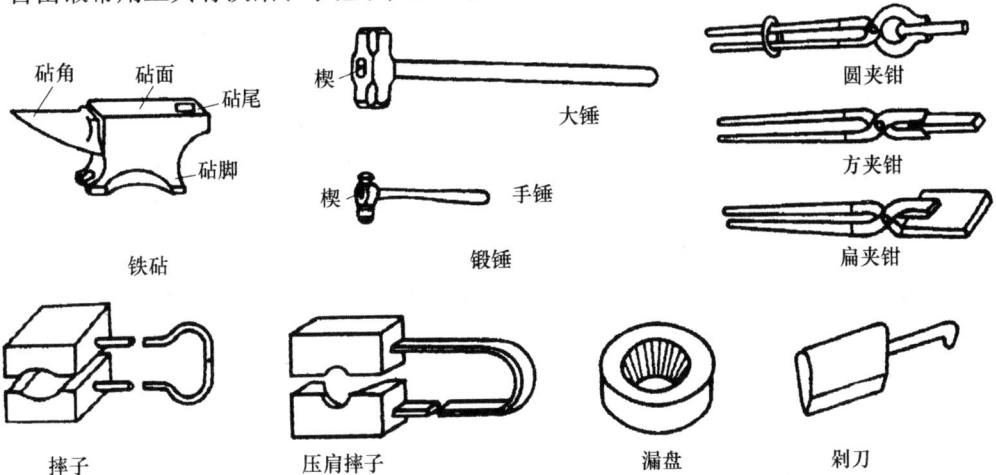

图 4 - 2 自由锻常用工具

4.2.2 基本操作

自由锻造时，锻件的形状和尺寸是通过一些基本变形工序，将坯料逐渐锻打而成型的。自由锻造的基本工序主要有镦粗、拔长、冲孔、弯曲和切断等。

1. 镦粗

镦粗是使坯料高度减小，横截面积增大的操作工序。常用于锻造齿轮、法兰盘等盘形零件的毛坯，也可作为提高锻件力学性能的预备工序。镦粗分为完全镦粗和局部镦粗，如图4-3所示。

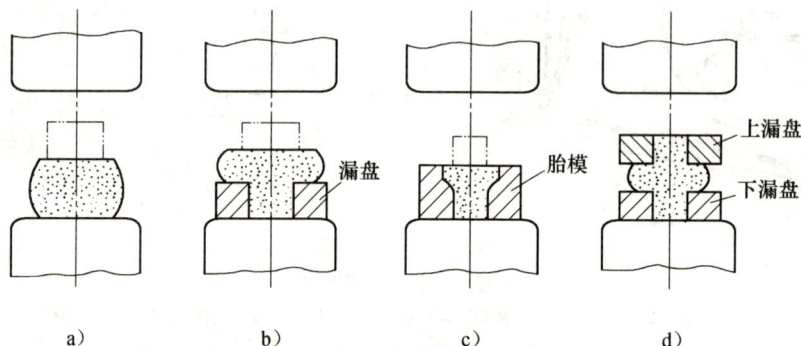

图4-3 镦粗

a）完全镦粗 b）端部镦粗 c）端部镦粗 d）中间镦粗

镦粗的一般原则及注意事项：

1）为防止坯料在微粗时产生弯曲，坯料原始高度应小于其直径的2.5倍，否则会锻弯，如图4-4a所示。锻弯后应将坯料放平，轻轻锤击矫正，如图4-4b所示。

2）镦粗时，坯料端面应平整并与轴线垂直，锤击要重而且要正，否则会镦歪，如图4-5a所示。矫正镦歪的方法一般是将坯料斜立，轻打镦歪的斜角，如图4-5b所示。然后放正继续锻打。

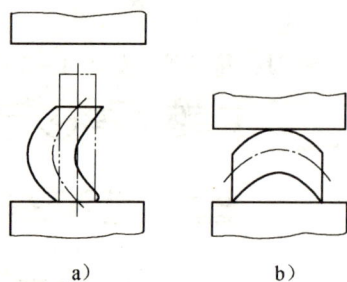

图4-4 镦弯及其矫正

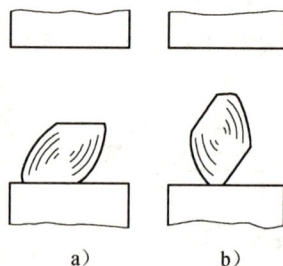

图4-5 镦歪及其矫正

3）镦粗时，如果坯料的高度与直径之比较大，或锤击力不足，就可能产生双鼓形，如图4-6a所示，如果不及时矫正，继续锻打时可能形成折叠，使锻件报废，如图4-6b所示。

2. 拔长

拔长是使坯料长度增加，横截面减小的锻造工序，如图4-7所示。

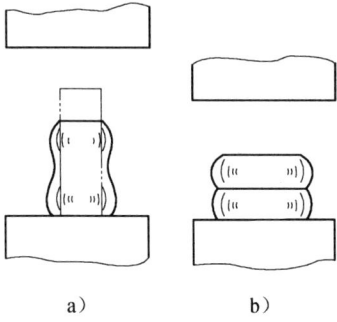

图 4 - 6 双鼓形及折叠

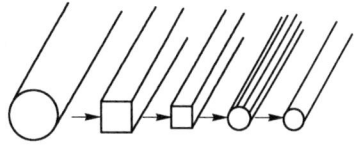

图 4 - 7 圆形截面的拔长过程

拔长的一般原则及注意事项：

1）送进。拔长时坯料应沿砧铁的宽度方向送进，每次送进量 L 应为砧铁宽度 B 的 0.3～0.7 倍，如图 4 - 8a 所示。送进量太大，坯料主要向宽度方向流动，反而降低拔长效率，如图 4 - 8b 所示。送进量太小，又容易产生夹层，如图 4 - 8c 所示。

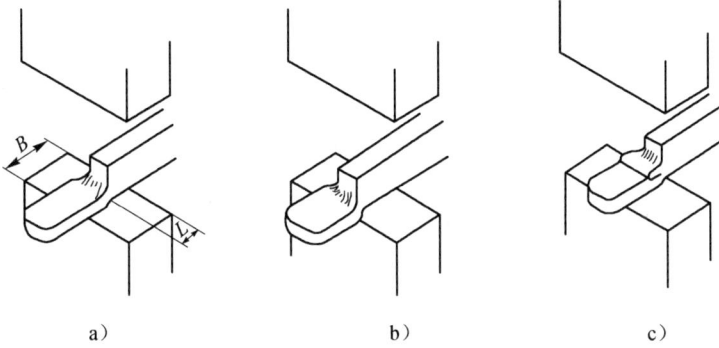

图 4 - 8 拔长时的送进方向及送进量
a）送进量合适 b）送进量太大，拔长效率低 c）送进量太小，产生夹层

2）滚打。将圆截面坯料拔成小直径的圆截面时，必须先将坯料锻成方形截面，在拔长到接近直径时，锻成八角形，然后滚打成圆形，如图 4 - 7 所示。

3）翻转。拔长过程中坯料应不断地翻转，使其截面基本保持近于方形。翻转方法，如图 4 - 9 所示。

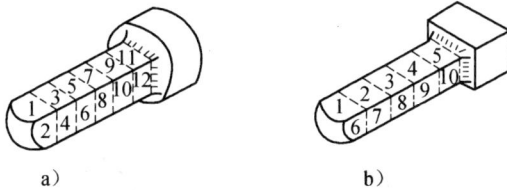

图 4 - 9 拔长时锻件的翻转方法
a）重量较小的锻件来回翻转 90° b）重量较大的锻件，打完一面后翻转 90°

3. 冲孔

分双面冲孔和单面冲孔，单面冲孔适用于坯料较薄的工件，双面冲孔适用于坯料较厚的工件，如图 4 - 10 所示。当需冲的孔径较大时（一般≥400 mm），用空心冲头冲孔。

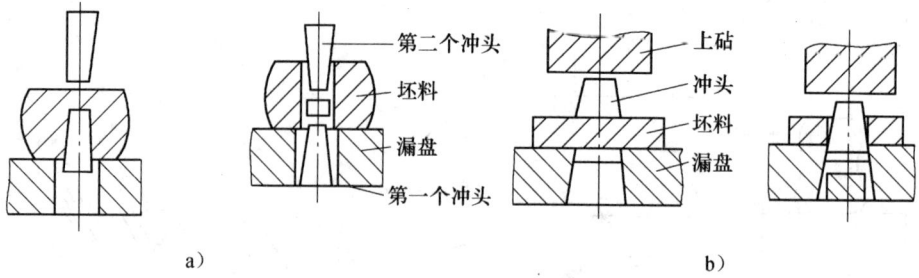

图 4 – 10　冲孔

a) 双面冲孔　b) 单面冲孔

4. 切割

　　切割方截面坯料时，先用剁刀截入工件至快断时，将工件翻转 180°，再用小剁刀将工件断开。切割圆截面坯料时，应在砧铁上放上剁垫，然后将工件放在剁垫上，用剁刀沿工件的圆周逐渐截入剁断，如图 4 – 11 所示。

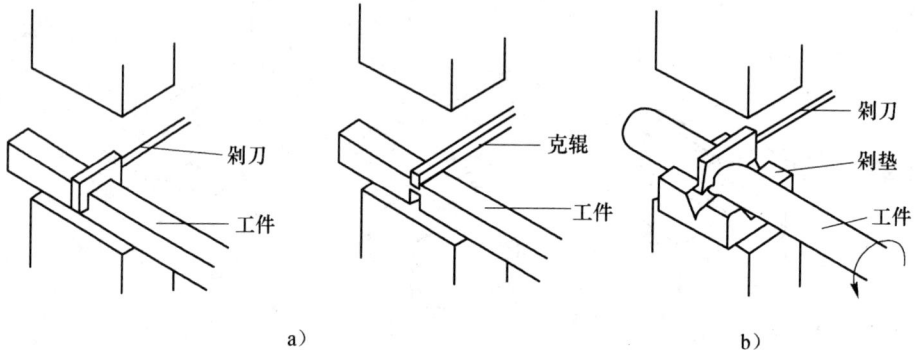

图 4 – 11　切割

a) 方料的切割　b) 圆料的切割

5. 弯曲

　　弯曲是将坯料弯成所规定外形的锻造工序，如图 4 – 12 所示。坯料弯曲时为了保证质量，加热部分不易过长，最好仅加热弯曲段，而且加热要均匀，当锻件需多处弯曲时，一般应首先弯曲端部，其次再弯与直线相连的部分，然后再弯其余部分。

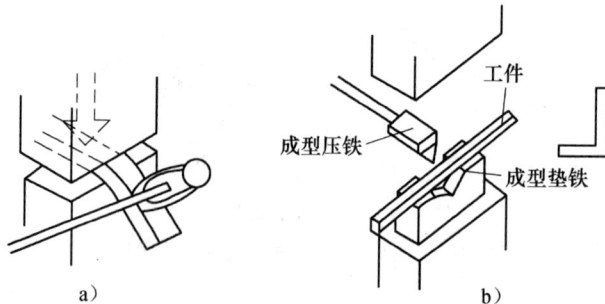

图 4 – 12　弯曲

a) 角度弯曲　b) 成型弯曲

66

4.3 模　锻

模锻既不同于自由锻造，也不同于胎模锻造，它是利用模具使坯料变形而获得锻件的锻造方法。模锻可以在模锻锤、摩擦压力机、热模锻曲轴压力机等多种设备上进行，目前以在模锻锤上进行的模锻应用最广。

蒸汽—空气模锻锤是使用广泛的一种模锻设备，其结构如图 4-13 所示。它的砧座比自由锻锤大，而且砧座与锤身连成一个封闭的整体，锤头与导轨之间的配合比自由锻锤精密，因而锤头运动精度高，在锤击中能保证上下锻模对准，从而保证锻件几何形状和尺寸的精度。

模锻工作情况如图 4-14 所示。上模和下模分别安装在锤头下端和砧垫上的燕尾槽内，用楔铁对准和紧固。锻模由专用的模具钢加工制成，具有较高的热硬性、耐磨性和耐冲击性能。根据锻件形状和模锻工艺的需要，在模块上加工出一定形状的凹腔，称为模腔。有些比较复杂的锻件不能一次锻造成型，则需根据工艺需要在锻模上作出制坯模腔和模锻模腔，最后终锻模腔的形状与热锻件的形状和尺寸一致。模腔内与分模面垂直的表面部有 5°~10° 的斜度，称为模锻斜度，其作用是便于锻件出模。所有面与面之间的交角都要加工成圆角，以利于金属充满模腔及防止由于应力过大使模腔开裂。

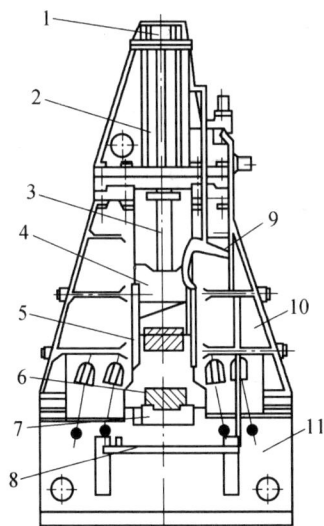

图 4-13　模锻锤

1-保险汽缸　2-汽缸　3-锤杆　4-锤头
5-上模　6-下模　7-砧垫　8-踏杆
9-操作机构　10-锤身　11-砧座

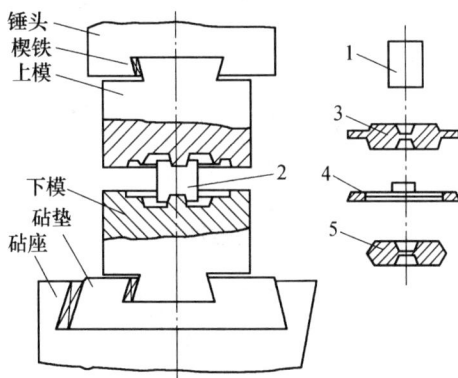

图 4-14　模锻工作示意图

1-坯料　2-锻造中的坯料
3-带飞边和连皮的锻件
4-飞边　5-带连皮的锻件

为了防止锻件尺寸不足及上、下锻模直接撞击，模锻件下料时，除考虑烧损量及冲孔损失外，还使坯料的体积稍大于锻件。因此模腔的边缘需加工出飞边槽以容纳多余金属。锻完后将飞边用切边模加工掉。模锻的工艺过程为四道工序：制坯是按需要的长度切割坯料；模锻是从加热坯料开始一直到校正为止（如锻件不易变形时则无须校正）；完成包括热处理和清除氧化皮（滚筒清理、喷丸清理等）；检验是清除不合格的锻件或废品。

模锻广泛地应用在大批量的生产中。在一些机械制造业中，如机车、飞机中模锻件的比重日益增加。此外，在仪器制造业和日常消费品的生产中，模锻也起着很重要的作用。

模锻件与自由锻件的主要区别：模锻件形状复杂，加工余量小，与分模面垂直的面上有脱模斜度角，锻件四周有飞边。而自由锻件形状简单，便于锻造，加工余量大。

4.4 板料冲压

板料冲压是利用装在冲床上的冲模，使板料经分离或成型而得到工件的加工方法。板料冲压件的厚度一般都较小，不需加热，故又称为薄板冲压或冷冲压。

4.4.1 冲床

冲压设备主要有冲床和剪板机。冲床是板料冲压的基本设备，其外形与工作原理如图4-15所示。工作时，电动机通过带传动使飞轮转动。踩下踏板，离合器使曲轴与飞轮结合，曲轴转动再通过连杆带动装有上模的滑块，做上下往复运动，从而实现冲压动作。松开踏板，离合器使曲轴与飞轮脱开，此时飞轮空转。制动器可使曲轴迅速停止转动，滑块和上模便停在最高位置。

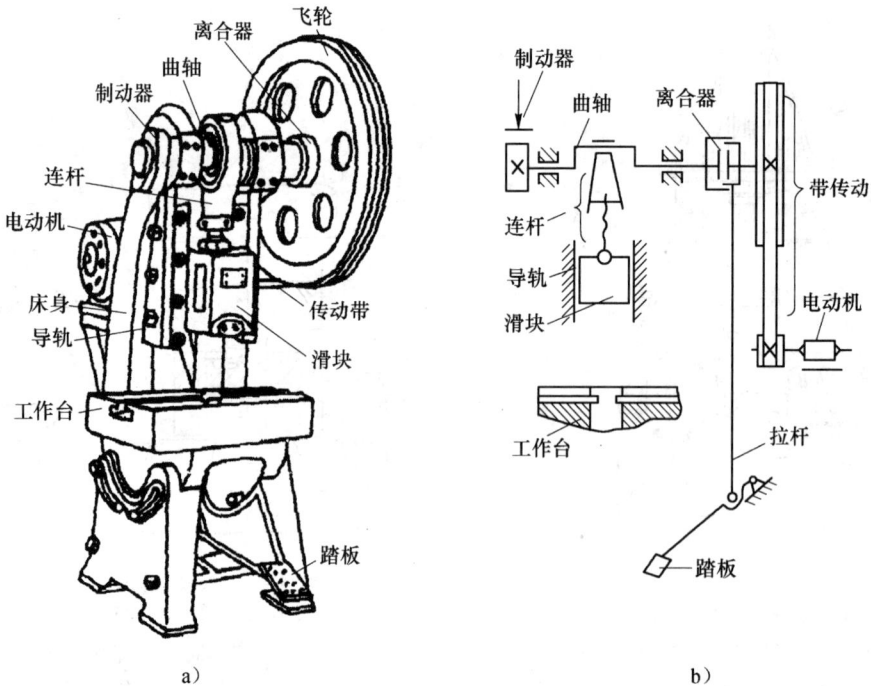

图 4-15 冲床

a) 外形图 b) 原理图

冲床的规格以产生的冲压力来表示，该压力是指滑块距离下死点某一位置时，允许的最大冲压力，单位符号为 kN。

68

4.4.2 冲模

冲模是使板料产生分离或变形的模具，按其工作特点可分为冲裁模和成型模两大类。如图 4-16 所示为常用的冲裁模，上模板通过模柄固定在冲床的滑块上，下模板用螺钉固定在工作台上。冲模的工作部分是冲头（凸模）和凹模，凸模和凹模分别固定在上、下模板上，在上、下模板上分别装有导套和导柱，以便冲压时，保证上、下模对中。工作时冲头下移，将放在凹模上的板料压入凹模，达到部分板料分离的目的。

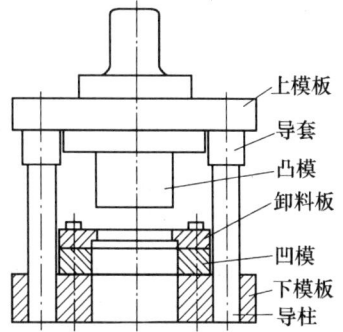

图 4-16 冲模

4.4.3 冲压基本工序

冲压的主要工序有冲孔、落料、拉深、弯曲等，下面简要介绍冲孔和落料。

1. 冲孔

冲孔是将冲压坯内的材料以封闭的轮廓分离开来，得到带孔制件的一种冲压方法。冲孔后的周边是工件，冲落部分是废料，如图 4-17 所示。

2. 落料

落料是利用冲裁取得一定外形的制件或坯料的冲压方法。其冲落部分是工件或坯料，周边是废料，如图 4-18 所示。

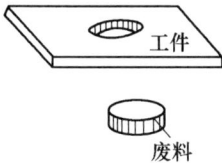

图 4-17 冲孔

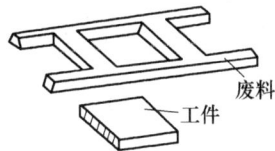

图 4-18 落料

4.5 锻压件常见缺陷及控制

4.5.1 锻件质量及控制

1. 钢锻件常见的缺陷

原材料质量不良和锻造工艺不正确往往引起锻件的各种质量问题。不仅影响锻件的成型，而且影响锻件的组织和性能。

1）原材料存在的缺陷，如毛细裂纹、折叠、结疤、非金属夹杂、白点等，锻造前若不去掉，可能引起锻件裂纹、锻件折叠、表面缺陷、分层破裂、锻造开裂等。

2）毛坯剪切和气割产生的缺陷，如剪切端部裂纹、气割裂纹等，在锻造时裂纹会进一步扩展。

3）加热不当产生的缺陷，如过热、过烧、裂纹等，引起锻件机械性能降低甚至报废。

4）锻造工艺不当，可能产生粗大晶粒、晶粒不均匀、冷硬、龟裂、折叠、裂纹。

5）锻后冷却不当可能产生裂纹等。

6）锻后热处理工艺不当，可能产生硬度过高或硬度不够、硬度不均等。

所以，要保证获得高质量的锻件，必须进行锻件质量检验和锻件质量分析。

2. 钢锻件质量检验和分析

锻件检验包括锻件尺寸、形状、表面质量和内部质量等几方面。

锻件质量的控制，为保证锻件质量，在锻件技术标准、生产工艺和技术管理制度上，都要有相应的措施加以保证。如材料复验制度，即发现原材料有裂纹、夹杂、白点等缺陷，应及时去除，合格后才能投产。锻件定型和更改制度，即制定合理的工艺规程，锻件工艺定型后才能投入批量生产，工艺定型后不得随意更改。生产中合理组批，即锻件每批验收，应由同一图号、同一原材料批号和同一投产批号的锻件组成。

锻件质量分析时，调查原始情况，弄清质量问题，依靠各种检验方法和检测技术进行分析，提出解决措施。

4.5.2 冲压件质量及控制

冲压件常见的缺陷有冲裁件的变形、毛刺等；弯曲件的裂口、翘曲、表面擦伤、角变形等；拉深件的凸缘皱折、拉深壁起皱、拉深壁损伤、拉破等；翻边裂纹、胀形不匀等。

产生缺陷的原因：冲压工艺不当，冲压件结构工艺性不合理，冲压模具结构、精度不符合要求等。

防止和消除缺陷的方法：模具设计要有合理的凸、凹模间隙值、圆角半径、加工精度等。设计弯曲模时，要采取有效措施减小回弹，防止弯裂。拉深时采用压边圈防止起皱，采用适当润滑，以防止模具黏着或拉深壁损伤。

复习思考题

1. 简述锻压成型技术在机械制造中的作用及特点。

2. 锻造前金属坯料加热的目的和作用是什么？

3. 锻造有哪些类型？何谓自由锻？机器自由锻主要使用哪些设备？

4. 自由锻的主要工序有哪些？

5. 拔长时为什么要不断翻转坯料？翻转方法有哪些？

6. 冲压的基本工序有哪些？

7. 冲孔和落料有何不同？

8. 常见的锻造缺陷有哪些？产生的原因是什么？如何解决？

9. 常见的冲压缺陷有哪些？产生的原因是什么？如何解决？

第5章 焊接

学习重点

➢ 了解焊接工艺过程、特点及应用
➢ 了解常用焊接设备，焊条的组成、性能及作用，掌握手工电弧焊的基本操作方法
➢ 熟悉手工电弧焊焊接工艺参数及其对焊接质量的影响，了解常见焊接接头形式、坡口形式及焊缝空间位置
➢ 了解气焊设备的组成及作用，熟悉气割原理及金属气割条件
➢ 了解其他焊接方法的特点及应用
➢ 了解常见焊接缺陷产生的原因及其防止措施

5.1 概 述

5.1.1 焊接的特点

焊接是通过加热或加压，或两者并用，并且用或不用填充材料，使焊件达到原子结合的一种加工方法。焊接不仅可以使金属材料永久地连接起来，而且也可以使某些非金属材料达到永久连接的目的，如玻璃、塑料等。

焊接是现代工业中用来制造或修理各种金属结构和机械零件、部件的主要方法之一。作为一种永久连接的加工方法，它已基本取代铆接工艺。与铆接相比，它具有节省材料，减轻结构质量，连接强度高，简化加工与装配工序，接头密封性好，能承受高压，易于实现机械化、自动化，提高生产率等一系列特点。

但是，焊接是一个不均匀的加热和冷却过程，因此，焊接件易产生应力和变形。在焊接过程中，必须采取一定的工艺措施予以防止。

5.1.2 焊接的分类

焊接的种类很多，按焊接过程的工艺特点，通常将焊接方法分为熔化焊（如气焊、手弧焊等）、压力焊（如电阻焊、摩擦焊等）和钎焊（如锡焊、铜焊等）三大类。

1. 熔化焊

将焊件接头处加热至熔化状态，不加压力，并熔入填充金属，经冷却凝固后形成牢固的接头的方法。它目前是应用最广泛的一类焊接方法。

2. 压力焊

在焊接过程中，不论加热与否，都要在焊接处施加一定的压力，使两个结合面紧密接触，以获得两个焊件间牢固连接的方法。

3. 钎焊

采用比焊件熔点更低的金属材料作钎料,将焊件和钎料加热到高于钎料熔点,且低于焊件熔点的温度,利用液态钎料润湿母材,填充接头间隙,并与母材相互扩散,实现连接焊件的方法。

5.1.3 焊接的应用

焊接目前已广泛应用于航空、车辆、船舶、建筑及国防工业等部门,主要表现在:
1)制造金属结构:如船体,桥梁,房架,机床床身,壳体,各种容器,管道等。
2)制造机器零件或毛坯:如轧辊,飞轮,大型齿轮,电站设备中的重要部件,切削刀具等。
3)连接电气导线:如电子管和晶体管电路,变压器绕组以及输电线路中的导线等。
4)在修理工作中的应用:如铸(钢、铁)件的缺陷补焊等。

据有关资料显示,世界上发达工业国家每年制造的焊接机构的总量约占钢产量的45%左右,由此可见焊接的生产应用十分广泛。我国在焊接结构的制造方面也取得了较大发展,例如,成功地焊制了万吨水压机的横梁和立柱 12.5 万 kW 气轮机转子,30 万 kW 和 60 万 kW 的电站锅炉,209 m 的电视塔,直径 15.7 m 球罐,5 万吨远洋油轮等,以及原子能反应堆、火箭、人造卫星等尖端产品。近年来在上海黄浦江畔高耸的东方明珠塔和高度位于世界前列的金茂大厦的建成以及国家体育馆鸟巢的建成,充分说明了我国焊接结构制造的辉煌成就。

5.2 手工电弧焊

电弧焊是利用电弧产生的热量使焊件结合处的金属成熔化状态,互相融合,冷凝后结合在一起的一种焊接方法。它包括手工电弧焊、埋弧焊和气体保护焊。使用的电源可以是直流电,也可以是交流电。所需设备简单,操作灵活,因此是生产中使用最广泛的一种焊接方法。

手工电弧焊是手工操纵焊条进行的电弧焊方法,又称焊条电弧焊。手工电弧焊所用的设备简单,操作方便、灵活,并适用于各种焊接位置和接头形式,所以应用极广。

5.2.1 焊接过程

焊接前,将焊钳和焊件分别接到由焊机输出端的两极,并用焊钳夹持焊条。焊接时,利用焊条与焊件间产生的高温电弧作热源,使焊件接头处的金属和焊条端部迅速熔化,形成金属熔池。电弧热还使焊条的药皮熔化、燃烧,被熔化的药皮与熔池金属发生物理化学反应,所形成的熔渣不断从熔池中浮起,对熔池加以覆盖保护;药皮受热分解产生大量 CO_2、CO 和 H_2 等保护气体,围绕在电弧周围并笼罩住熔池,防止空气中氧和氮的侵入。如图 5-1 所示。

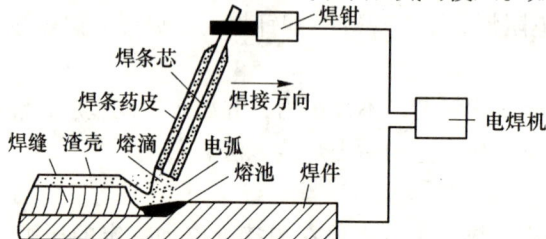

图 5-1 电弧焊焊接过程

当焊条向前移动时，随着新的熔池不断产生，先前的熔池不断冷却、凝固，形成焊缝，从而使两个分离的焊件焊成一体。

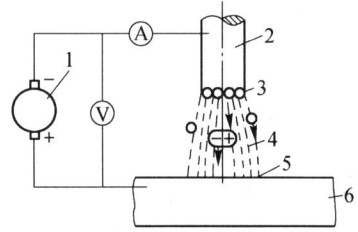

图 5 - 2　焊接电弧
1 - 电焊机　2 - 焊条　3 - 阴极区
4 - 弧柱　5 - 阳极区　6 - 焊件

5.2.2　焊接电弧

焊接电弧是在具有一定电压的两电极间，在局部气体介质中产生的强烈而持久的放电现象。产生电弧的电极可以是焊丝、焊条或钨棒以及焊件等。焊接电弧的构造如图 5 - 2 所示。

引燃电弧后，弧柱中就充满了高温电离气体，放出大量的热能和强烈的光。电弧的热量与焊接电流和电弧电压的乘积成正比，电流越大，电弧产生的总热量就越大。一般情况下，电弧热量在阳极区产生的较多，约占总热量的 43%；阴极区因放出大量的电子，消耗了一部分能量，所以产生的热量较少，约占总热量的 36%；其余 21% 左右的热量是由电弧中带电微粒相互摩擦而产生的。焊条电弧焊只有 65% ~ 85% 的热量用于加热和熔化金属，其余的热量则散失在电弧周围和飞溅的金属液滴中。

电弧阳极区和阴极区的温度因电极材料性能（主要是电极熔点）不同而有所不同。用钢焊条焊接钢材时，阳极区温度约 2600 K，阴极区温度约 2400 K，电弧中心区温度较高，可达到 6000 ~ 8000 K，因气体种类和电流大小而异。使用直流弧焊电源时，当焊件厚度较大，要求较大热量、迅速熔化时，宜将焊件接电源正极，焊条接负极，这种接法称为正接法；当要求熔深较小，焊接薄钢板及非铁金属时，宜采用反接法，即将焊条接正极，焊件接负极，如图 5 - 3 所示。

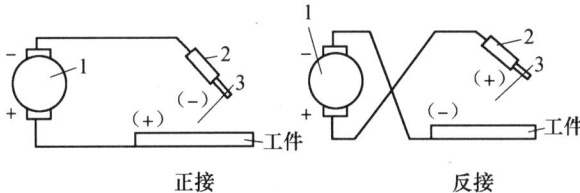

图 5 - 3　直流电弧的接法
1 - 弧焊整流器　2 - 焊钳　3 - 焊条

如果焊接时使用的是交流电焊机，因为电极每秒钟正负变化达 100 次之多，所以两极加热温度一样，都在 2500 K 左右，因而不存在正接和反接的区别。

5.2.3　电弧焊设备

电弧焊设备包括电焊机、连接电缆、电焊钳、尖头锤及钢丝刷等工具和面罩、手套等安全防护用具，其中电焊机是主要设备，它为焊接电弧提供电源，常用的电焊机有交流弧焊机和直流弧焊机两大类。

电焊机是电弧焊的电源，它必须满足以下性能：

1）焊接开始时，焊机能提供较高的空载电压（60 ~ 80 V），以便引弧。

2）焊接过程中，能提供稳定的低电压、大电流。

3）当焊条与工件短路时，能把短路电流限制在某一安全数值内（一般为焊机工作电流

73

的 1.5～2 倍），以保证焊机不致在短路时烧坏。

4）焊接电流的大小可根据需要进行调节。

1. 交流弧焊机

交流弧焊机又称为弧焊变压器，具有结构简单、噪声小、成本低等优点，但电弧稳定性较差。它可将工业用的 220 V 或 380 V 电压降到 60～90 V（焊机的空载电压），以满足引弧的需要。焊接时，随着焊接电流增加，电压自动下降至电弧正常工作时所需的电压，一般是 20～40 V。而在短路时，又能使短路电流不会过大而烧毁电路或变压器本身。

交流电焊机的电流调节要经过粗调和细调两个步骤。粗调是改变线圈抽头的接法选定电流范围如图 5-4 所示，接左边电极为 50～150 A，接右边电极为 175～430 A。细调是转动调节手柄，根据电流指示盘将电流调节到所需值。

交流电焊机的缺点是电弧的稳定性较差，但可通过焊条药皮成分来改善，因其结构简单，价格低廉，工作噪声小，效率高，维修方便，所以得到广泛应用。优先选用交流电焊，限于酸性焊条焊接。图 5-4 为 BX3-300 型交流电焊机外型。

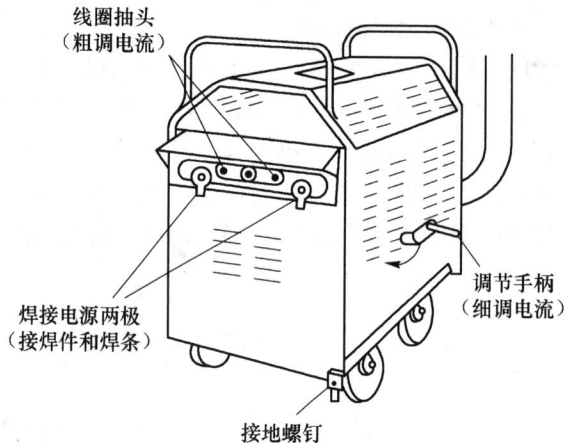

图 5-4　BX3-300 型交流电焊机

2. 直流弧焊机

直流弧焊机分为旋转式直流弧焊机和整流式直流焊机两类。

1）旋转式直流弧焊机如图 5-5 所示。它是由一台交流电动机和一台直流弧焊发电机组成。常用的型号有 AX7-500 型直流电焊机。

焊机的电流调节也分为粗调和细调。粗调是通过改变焊机接线板上的接线位置（即改变发电机电刷位置）来实现的；细调是利用装在焊机上端的可调电阻进行的。这种弧焊机引弧容易，电流稳定，焊接质量较好，并能适应各类焊条的焊接，但结构复杂，噪声较大，价格较贵。在焊接质量要求较高或焊接薄的碳钢件、有色金属铸件和特殊钢件时宜选用这种焊机。

2）整流式直流弧焊机（简称弧焊整流器）。它是通过整流器把交流电转变为直流电，既具有比旋转式直流弧焊机结构简单、造价低廉，效率高，噪声小，维修方便等优点，又弥补了交流弧焊机电弧不稳定的缺点，如图 5-6 所示。

74

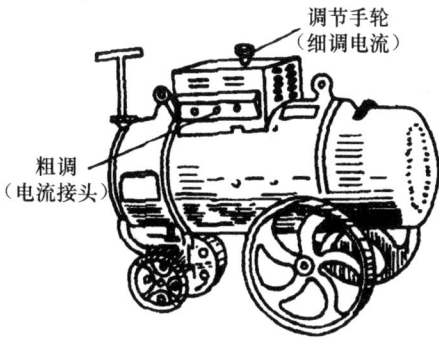

图 5-5 旋转式直流电焊机

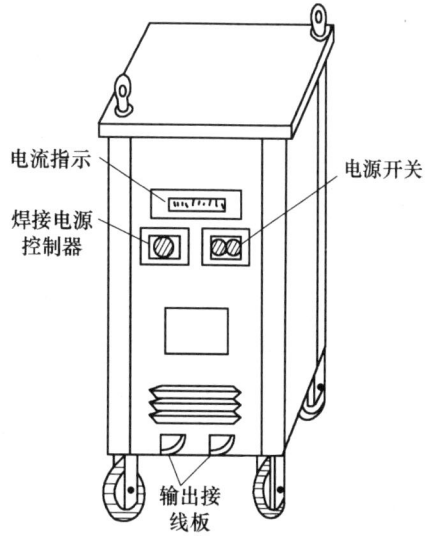

图 5-6 整流式直流弧焊机

直流弧焊机输出端有正负极之分，焊接时电弧两极极性不变。焊件接电源正极，焊条接电源负极的接线法称为正接，也称为正极性；反之称反接，也称为反极性。焊接厚板时，一般采用直流正接，焊接薄板时，一般采用直流反接。如果使用碱性焊条进行焊接时，均采用直流反接。

5.2.4　焊条

焊条是涂有药皮供手弧焊使用的熔化电极，由金属焊芯和药皮两部分组成，如图5-7所示。

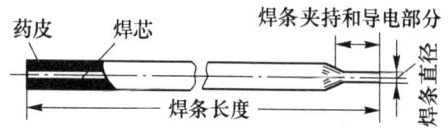

图 5-7　电焊条

1. 焊芯

焊芯是焊条内的金属丝。在焊接过程中起传导焊接电流、产生电弧和熔化后填充焊缝的作用。为保证焊缝金属具有良好的塑性、韧性和减少产生裂纹的倾向，焊芯必须经过专门冶炼，由具有低碳、低硅、低磷的金属丝制成。

焊条规格用焊芯的直径来表示，常用的直径为 2.0~6.0 mm，长度为 300~400 mm。

2. 药皮

药皮是压涂在焊芯表面上的涂料层，由矿石粉、有机物、铁合金粉和粘结剂等原料按一定比例配制而成。药皮的主要作用是：

1）稳定电弧。药皮中含有钾、钠等元素，能在较低电压下电离，既容易引弧又稳定电弧。

2）冶金处理。药皮中含有锰铁、硅铁等铁合金，在焊接冶金过程中起脱氧、去硫、渗合金等作用。

3）机械保护。药皮在高温下熔化，产生气体和熔渣，隔离空气，减少了氧和氮对熔池的侵入。

3. 焊条的种类与型号

焊条按用途不同分为若干类，如碳钢焊条、低合金钢焊条、不锈钢焊条等，其中应用最广泛的为碳钢和低合金钢焊条。

GB/T 5117—95 标准规定，碳素钢焊条型号以字母"E"加四位数字组成，按熔敷金属的抗拉强度、药皮类型、焊接位置和焊接电流种类划分。焊条型号中各部分含义为：

字母 E——表示焊条；

前面两位数字——表示熔敷金属的最低抗拉强度值；

第三位数字——表示焊条的焊接位置，其中

"0"和"1"表示焊条适用于全位置焊接；

"2"表示焊条适用于平焊或平角焊；

"4"表示焊条适用向下立焊；

第三位和第四位数字组合时——表示焊接电流种类和药皮类型，其中

"03"表示钛钙型药皮，交直流两用；

"05"表示低氢型药皮，只能用直流电源（反接法）焊接。

如 E4315 表示熔敷金属的最低抗拉强度为 430 MPa，全位置焊接，低氢钠型药皮，直流反接使用。

焊条按药皮熔渣化学性质分为酸性焊条和碱性焊条两类。

1）酸性焊条。熔渣中含有大量的酸性氧化物如 SiO_2、TiO_2 的焊条。酸性焊条适于交、直流焊机两用，焊接工艺性能较好，但焊缝的力学性能，特别是冲击韧度较差，适于一般的低碳钢和相应强度等级的低合金钢结构的焊接。

2）碱性焊条。熔渣中含有大量碱性氧化物如 CaO 和 CaF_2 的焊条。碱性焊条一般用于直流焊机，只有在药皮中加入较多稳弧剂后，才适于交直流电源两用。碱性焊条脱硫、脱磷能力强，焊缝金属具有良好的抗裂和力学性能，特别是冲击韧度很高，但工艺性能差。主要适用于低合金钢、合金钢及承受动载荷的低碳钢重要结构的焊接。

5.2.5 手弧焊工艺

焊前准备包括焊接接头形式的选择，开坡口，清理焊件表面氧化皮和油污及焊件装配固定，检查所用的各种工具及焊接线路，选择焊条直径，正确调节焊接电流，点固焊件等。

1. 接头形式和坡口形式

根据焊件厚度和工作条件的不同，需要采有不同的焊接接头形式。常用的有对接、搭接、角接和 T 形接几种，如图 5-8 所示。对接接头受力比较均匀，是用得最多的一种，重要的受力焊缝应尽量选用。

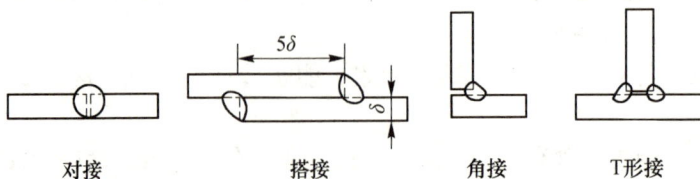

对接　　　搭接　　　角接　　　T 形接

图 5-8　焊接接头形式

坡口的作用是为了保证电弧深入焊缝根部，使根部能焊透，以便清除熔渣，获得较好的焊缝形成和高的焊接质量。

选择坡口形式时，主要考虑下列因素：是否保证焊缝焊透；坡口形式是否容易加工；尽可能提高劳动生产率、节省焊条；焊后变形小等，坡口的根部留约 2 mm 的钝边，以防止烧

穿。图5-9所示为对接接头坡口形式。

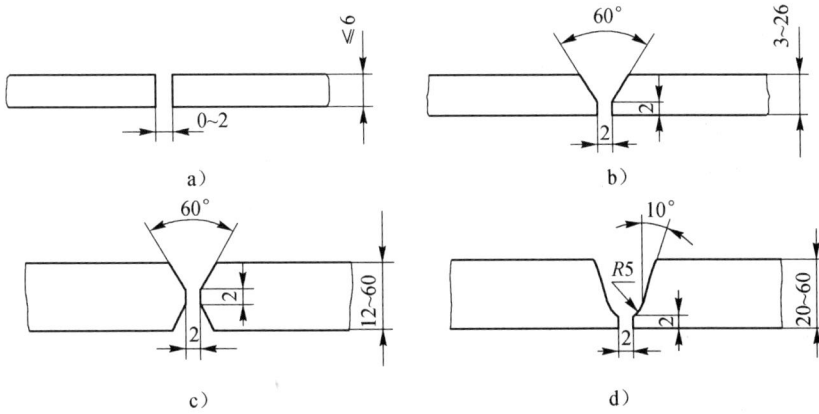

图5-9 对接接头坡口形式
a）I形坡口 b）V形坡口 c）X形坡口 d）U形坡口

2. 焊接的空间位置

按焊缝在空间的位置不同，可分为平焊、立焊、横焊和仰焊，如图5-10所示。其中平焊操作方便，可采用较大焊条和电流，效率高，劳动强度小，液体金属不会流散，易于保证质量，是最理想的操作空间位置，应尽可能地采用。而其他几种由于熔池铁水有向下坠落的趋势，操作难，质量不易保证，只能用小直径焊条，小电流施焊才能进行改善。

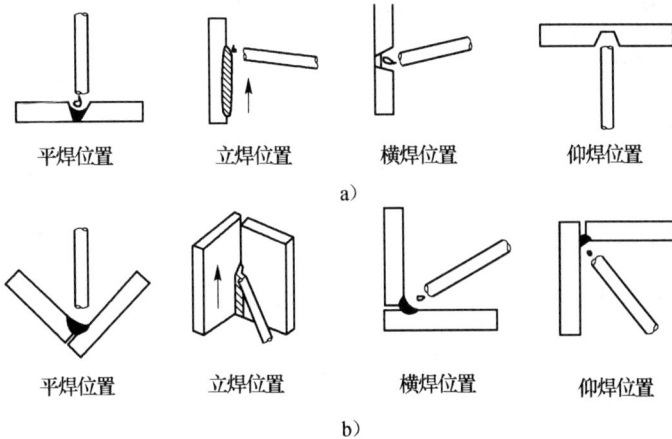

图5-10 焊缝的空间位置
a）对接 b）角接

3. 工艺参数及其选择

焊接时，为保证焊接质量而选定的诸物理量（如焊条直径、焊接电流、焊接速度和弧长等）的总称即为焊接工艺参数。

（1）焊条直径

焊条直径主要取决于焊件的厚度。焊件较厚，则应选较粗的焊条；焊件较薄，则相反。焊条直径的选择参见表5-1。立焊和仰焊时，焊条直径比平焊时细些。

77

表 5-1 焊条直径的选择

焊件厚度/mm	<2	2~4	4~10	12~14	>14
焊条直径/mm	1.5~2.0	2.5~3.2	3.2~4	4~5	>5

（2）焊接电流

焊接电流主要影响焊条熔化速度和输入熔池的热量，电流太大，金属熔化快，熔深大，易产生咬边、烧穿，电流太小，输入热量少，容易造成夹渣和未焊透。

焊接电流应根据焊条直径选择，平焊低碳钢时，焊接电流 I 和焊条直径 d 的关系为：

$$I = (30 \sim 60)d$$

上式求得的焊接电流只是一个初步数值，还要根据焊件厚度、接头形式、焊接位置、焊条种类等因素，通过试焊进行调整。采用直流焊时，焊接电流比交流小 10% 左右，横、立、仰焊时，焊接电流比平焊位置时小 10%~15%。

（3）焊接速度

焊接速度是指单位时间内完成的焊缝长度，它对焊缝质量影响很大。焊速过快，易产生焊缝熔深浅，焊缝宽度小，甚至可能产生夹渣和焊不透的缺陷；焊速过慢，焊缝熔深较深、焊缝宽度增加，特别是薄件易烧穿。手弧焊时，焊接速度由焊接操作人员凭经验掌握。一般在保证焊透的情况下，应尽可能增加焊接速度。

（4）弧长

弧长是指焊接电弧的长度。弧长过长，燃烧不稳定，熔深减小，空气易侵入产生缺陷。因此，操作时尽量采用短弧，一般要求弧长不超过所选择焊条直径，多为 2~4 mm。

5.2.6 焊接操作

（1）接头清理

焊接前应清除接头处的铁锈油污，便于引弧、稳弧和保证焊缝质量。

（2）引弧

常用的引弧方法有划擦法和敲击法，如图 5-11 所示，焊接时将焊条端部与焊件表面划擦或轻敲击后迅速将焊条提起 2~4 mm 的距离，电弧即被引燃。

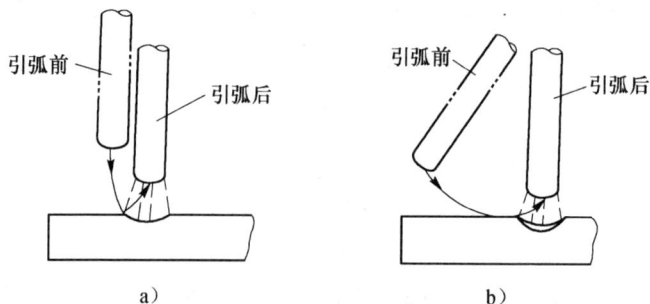

图 5-11 引弧方法
a）敲击法 b）摩擦法

（3）运条

引弧后，首先必须掌握好焊条与焊件之间的角度，如图 5-12 所示，并使焊条同时完成如图 5 – 13 所示的三个基本动作：①焊条沿其轴线向熔池送进；②焊条沿焊缝纵向移动；③焊条沿焊缝横向摆动（为了获得一定宽度的焊缝）。

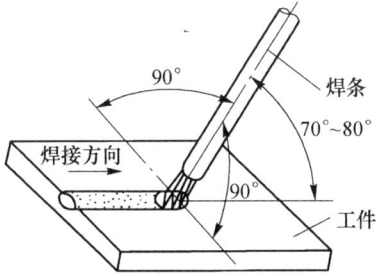

图 5 – 12　平焊时焊条角度

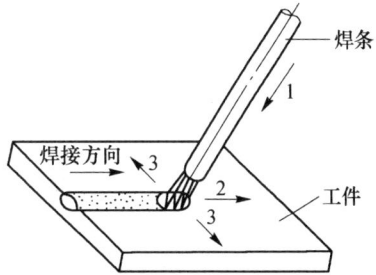

图 5 – 13　运条基本动作
1 – 向下送进　2 – 沿焊接方向移动　3 – 横向移动

（4）收尾

焊缝收尾时，要填满弧坑，为此焊条要停止前移，在收弧处画一个小圈并慢慢将焊条提起，拉断电弧。

5.3　气　焊

气焊是利用可燃气体与氧气混合燃烧的火焰所产生的高热熔化焊件和焊丝而进行金属连接的一种熔焊方法。可燃气体和氧气的混合是利用焊炬来完成的。气焊所用的可燃气体主要有乙炔、丙烷及氢气等，最常用的是乙炔，因为乙炔在纯氧中燃烧时放出有效热量最多，火焰温度高，如图 5 – 14 所示。乙炔是燃烧气体，氧气是助燃气体。

图 5 – 14　气焊

与电弧焊相比，气焊设备简单，操作灵活方便，不带电源。但气焊焰温度较低，且热量较分散，生产率低，工件变形严重，焊接质量较差，所以应用不如电弧焊广泛。主要用于焊接厚度在 3 mm 以下的薄钢板、铜、铝等有色金属及其合金，低熔点材料以及铸铁焊补和野外操作等。

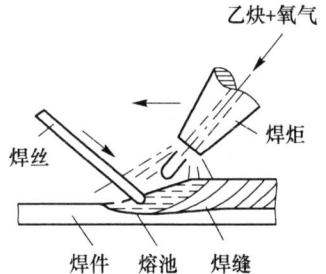

5.3.1　气焊设备

气焊所用的设备及气路连接，如图 5 – 15 所示。

（1）氧气瓶

氧气瓶是运输和贮存高压氧气的钢瓶。其容积为 40 L，最高压力为 15 MPa，一般贮存 6 m^3 氧气，瓶体为天蓝色并用黑色标注"氧气"字样。

使用氧气瓶时要严格注意防止氧气瓶爆炸。直立放置必须平稳可靠，不与其他气瓶混放，不得靠近明火和其他热源，防止暴晒，严禁火烤，氧气瓶及其他通纯氧的设备、工具等均应严禁沾油。

（2）乙炔瓶

乙炔瓶是贮存溶解乙炔的钢瓶，如图 5 – 16 所示，瓶体为白色并用红色标注"乙炔"字样。瓶内装有浸满丙酮的多孔填充物（活性炭、木屑等）。丙酮对乙炔有良好的溶解能力,可使乙炔稳定而安全地贮存在瓶中。在乙炔瓶阀下面的填料中心部放着石棉,帮助乙炔从多孔填料中分解出来。乙炔瓶限压1.52 MPa,容积为40 L。

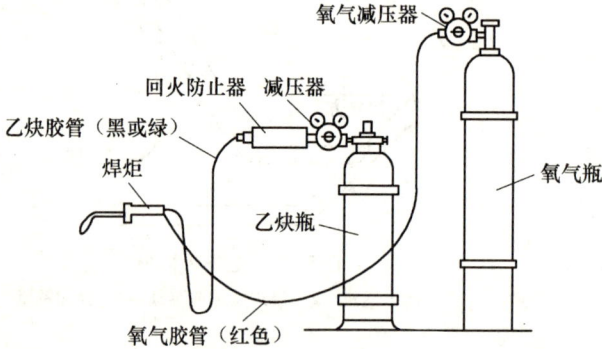

图 5 - 15　气焊设备及连接

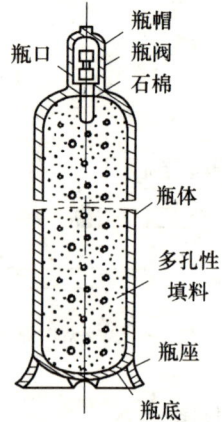

图 5 - 16　乙炔瓶

（3）减压器

减压器是用来将氧气瓶（或乙炔瓶）中的高压氧气（或乙炔），降低到焊炬需要的工作压力,并保持焊接过程中压力基本稳定的仪表,如图5-17所示。减压器使用时,先缓慢打开气瓶阀门,然后旋转减压器调压手柄,待压力达到所需要工作压力为止。停止工作时,先松开调压螺钉,再关闭气瓶阀门。

（4）回火防止器

回火防止器是装在乙炔减压器和焊炬之间防止火焰沿乙炔管道回烧的安全装置,如图5-18所示。正常气焊时,火焰在焊嘴外面燃烧,但当气体压力不足、焊嘴阻塞、焊嘴太热或焊嘴离焊件太近时,气体火焰进入喷嘴内逆向燃烧,这种现象称回火。如果火焰蔓延到乙炔瓶就会发生严重的爆炸事故,所以在乙炔瓶的输出管道上安装回火防止器。

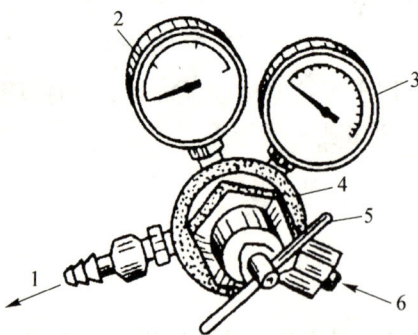

图 5 - 17　QD - 1 型单级反作用式减压表
1-出气接头　2-低压表　3-高压表
4-外壳　5-调压螺母　6-进气接头

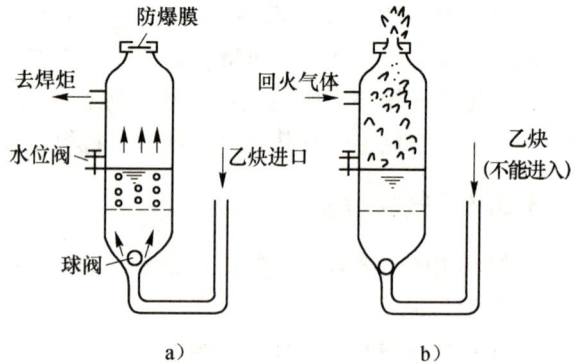

图 5 - 18　回火防止器工作示意图
a）正常工作时　b）回火时

（5）焊炬

焊炬是用于控制气体混合比、流量及火焰并进行焊接的工具,如图5-19所示。常用型号有 H01 - 2 和 H01 - 6 等。型号中"H"表示焊炬,"0"表示手工,"1"表示射吸式,"2"和"6"表示可焊接低碳钢板的最大厚度为2 mm 和6 mm。各种型号的焊炬均配有3~5

个大小不同的焊嘴，以便焊接不同厚度的焊件时选用。

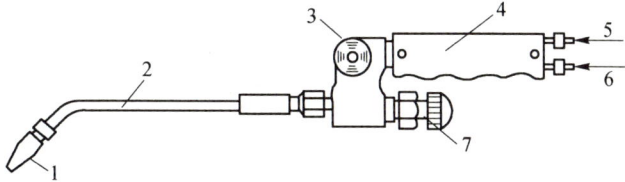

图 5-19　射吸式焊炬
1-焊嘴　2-混合管　3-乙炔阀门　4-手柄　5-乙炔气入口　6-氧气入口　7-氧气阀门

5.3.2　焊丝

气焊的焊丝是焊接时作为填充金属与熔化的母材一起形成焊缝的金属丝。焊丝的质量对焊件性能影响很大。焊接低碳钢常用的气焊丝为 H08 和 H08A。焊丝直径应根据焊件厚度来选择，一般为 2～4 mm。

除焊接低碳钢外，气焊时要使用气焊熔剂，它相当于电焊条的药皮，其作用是熔解和清除焊件上的氧化膜，并在熔池表面形成一层熔渣，保护熔池不被氧化，去除焊接过程中产生的气体、氧化物及其他杂质，增加液态金属的流动性等。

5.3.3　气焊火焰

改变乙炔和氧气的混合比例，可以得到三种不同的火焰，即中性焰、碳性焰和氧化焰，如图 5-20 所示。

（1）中性焰

当氧气和乙炔的体积比为 1.1～1.2 时，产生的火焰为中性焰，又称正常焰。它由焰心、内焰和外焰组成，靠近喷嘴处为焰心，呈白亮色，其次为内焰，呈蓝紫色，最外层为外焰，呈橘红色。火焰的最高温度产生在焰心前端约 2～4 mm 的内焰区，可达 3150℃，焊接时应以此区域加热工件和焊丝。

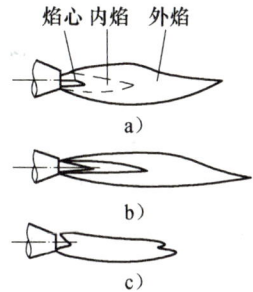

图 5-20　氧乙炔火焰
a）中性焰　b）碳化焰　c）氧化焰

中性焰用于焊接低碳钢、中碳钢、合金钢，紫铜和铝合金等材料，是应用最广泛的一种气焊火焰。

（2）碳化焰

当氧气和乙炔的体积比小于 1.1 时，则得碳化焰。由于氧气较少，燃烧不完全，整个火焰比中性焰长。当乙炔过多时，还会冒黑烟（碳粒）。

碳化焰用于焊接高碳、铸铁和硬质合金等材料。

（3）氧化焰

当氧气和乙炔的体积比大于 1.2 时，则得到氧化焰，由于氧气较多，燃烧剧烈，火焰明显缩短，焰心呈锥形，火焰几乎消失，并有较强的嘶嘶声。

氧化焰易使金属氧化，故用途不广，仅用于焊接黄铜，以防止锌在高温时蒸发。

5.3.4　气焊基本操作

（1）点火、调节火焰和熄火

点火时，先稍开一点氧气阀门，再开乙炔阀门，随后用明火点燃，然后逐渐开大氧气阀

81

门调节到所需的火焰状态。在点火过程中，若有放炮声或火焰熄灭，应立即减少氧气或放掉不纯的乙炔，再点火。熄火时，应先关乙炔阀门，后关氧气阀门，否则会引起回火。

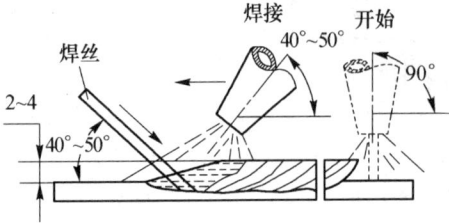

图 5-21　焊炬倾角

（2）平焊焊接

气焊时，右手握焊炬，左手拿焊丝。在焊接开始时，为了尽快地加热和熔化工件形成熔池，焊炬倾角应大些，接近于垂直工件；正常焊接时，焊炬倾角减小一些，一般保持在 30°~50° 范围内；当焊接结束时，倾角应适当减小，以便更好地填满弧坑和避免焊穿，如图 5-21 所示。

焊炬向前移动的速度应能保证工件熔化并保持熔池具有一定的大小。工件熔化形成熔池后，再将焊丝适量地点入熔池内熔化。

5.4　气　割

金属切割除机械切割外，常用的有气割、等离子切割等。

气割是利用气体火焰（如氧、乙炔火焰）以热能将工件切割处预热到一定温度后，喷出高速切割氧流，使其燃烧并放出热量实现切割的方法，如图 5-22 所示。在切割过程中金属不熔化，与纯机械切割相比，气割具有效率高、适用范围广等特点。

手工气割的割炬如图 5-23 所示，和焊炬相比，增加了输出切割氧气的管路和控制切割氧气的阀门，割嘴的结构与焊嘴也不同，气割用的氧气是通过割嘴的中心通道喷出，而氧-乙炔的混合气体则通过割嘴的环形通道喷出。

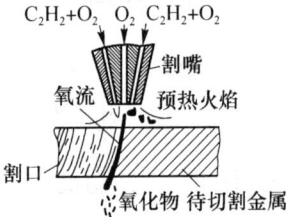

图 5-22　气割过程

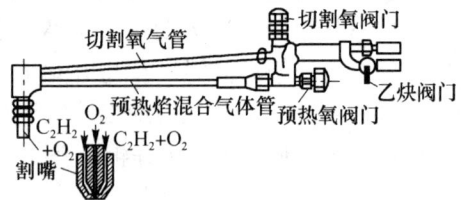

图 5-23　割炬

1. 氧气切割过程

气割过程实际上是被切割金属在纯氧中的燃烧过程，并不是熔化过程。先用氧-乙炔焰将待切割处的金属预热至燃点，然后打开切割氧气阀门，送出氧气，将高温金属燃烧成氧化渣；与此同时，氧化渣被切割氧气流吹走，从而形成割口。金属燃烧时，产生的热量以及氧-乙炔火焰同时又将割口下层的金属预热至燃点，切割氧气又使其燃烧，生成的氧化渣又被切割氧气流吹走，这样割炬连续不断地沿切割方向以一定的速度移动，即可形成所需的割口。

2. 金属氧气切割的条件

金属材料只有满足下列条件，才能采用氧气切割：

1）金属材料的燃点必须低于其熔点，这是保证切割是在燃烧过程中进行的基本条件。否则，切割时金属先熔化，变为熔割过程，使割口过宽，而且凹凸不平。如低碳钢燃点约

1350℃，熔点约 1500℃，故可气割。

2）燃烧生成的金属氧化物的熔点，应低于金属本身的熔点，同时流动性要好。否则，就会在割口表面形成固态氧化物，阻碍氧气流与下层金属的接触，使切割过程不能正常进行。

3）金属燃烧时，能放出大量的热，而金属本身的导热性要低。这是为了保证下层金属有足够的预热温度，使切割过程能连续进行。

常用材料中，低碳钢、中碳钢及低合金高强度结构钢都符合气割的条件，而含碳大于0.7%的高碳钢、铸铁和非铁金属及合金则不能进行气割。

5.5 其他常用焊接方法

5.5.1 埋弧自动焊

埋弧自动焊是电弧在焊剂层下燃烧，利用机械自动控制焊丝送进和电弧移动的一种焊接方法。它以连续送进焊丝代替手工电弧焊的更换焊条，以颗粒状的焊剂代替焊条药皮。焊接时，电弧在焊剂下使焊丝、接头及焊剂熔化形成熔池，并在焊剂下凝固成焊缝。埋弧自动焊是一种高效率的焊接方法，具有许多独特的优点，被广泛用在容器、锅炉、造船等工业部门。

埋弧焊具有以下特点：

①生产率高。埋弧焊不存在焊条发热问题，允许采用大电流焊接，焊接电流高达1000 A以上；熔敷率大、焊速高，盘状焊丝无须频繁更换焊条，节省焊接辅助时间。

②熔深大。由于在焊剂层下焊接，热能利用率高，加之电流大，不开坡口一次可焊透20~25 mm 厚的钢板，大大减少坡口加工量，同时节省大量的焊接金属和电能消耗。

③质量高。电弧和熔池被封闭在液态熔渣中，空气难以侵入；焊接规范自动控制，焊接过程稳定，故焊缝成形美观，力学性能好。

④劳动条件好。埋弧焊弧光不外露，焊接烟尘小，生产过程易实现机械化和自动化。

埋弧焊适用于焊接中、厚板（6~60 mm）的焊接。可焊接碳素钢、低合金钢、不锈钢、耐热钢和紫铜等。埋弧自动焊只适于平焊位置的对接和角接的平直长焊缝，或较大直径的环缝平焊；不能焊空间位置与不规则的焊缝。

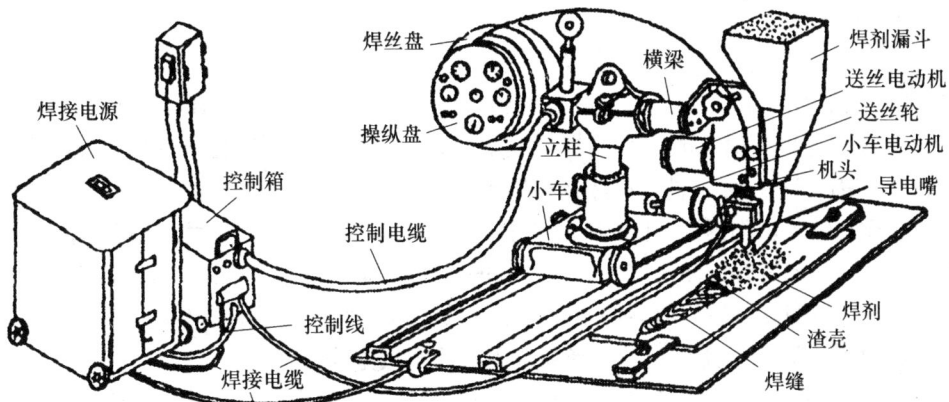

图 5-24 埋弧自动焊机

埋弧自动焊机由焊接电源、控制箱和焊车三部分组成，如图 5 - 24 所示。MZ - 1000 型埋弧自动焊机是一种常用的埋弧自动焊机，"M"表示埋弧焊机，"Z"表示自动焊机，"1000"表示额定焊接电流为 1000 A。

5.5.2 气体保护焊

气体保护焊是用外加气体作为电弧介质并保护电弧和焊接区的电弧焊。常用的保护气体有氩气和二氧化碳气体等，根据被焊材料及其要求选择。

气体保护焊的优点是电弧可见，焊接对中容易，易实现全位置焊接；电弧在气流的压缩下热量较集中，焊速较快，熔池小，热影响区窄，工件的焊接变形较小，易实现焊接生产过程自动化。

1. CO_2 气体保护焊

CO_2 气体保护焊焊接设备如图 5 - 25 所示。CO_2 气体保护焊的成本只有手工电弧焊和埋弧焊的 40% ~ 50%；电弧穿透力强，熔深及焊丝熔化率高，熔敷速度快，生产率比手弧焊高 1 ~ 4 倍；抗锈力强，抗裂性能好；可用于焊接低碳钢、低合金钢、耐热钢和不锈钢等。

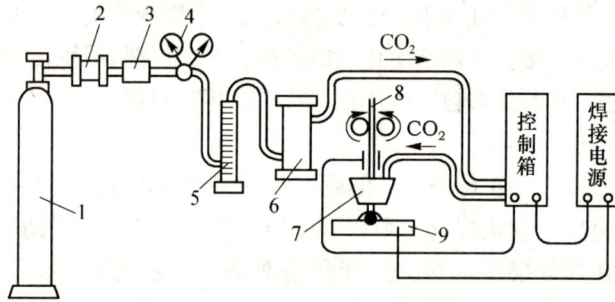

图 5 - 25　CO_2 气体保护焊设备示意图

1 - 气瓶　2 - 预热器　3 - 高压干燥器　4 - 减压表　5 - 流量计
6 - 低压干燥器　7 - 喷嘴　8 - 焊丝　9 - 焊件

由于 CO_2 气体是氧化性气体，高温时可分解成 CO 和原子氧，因此造成合金元素烧损、焊缝吸氧，导致电弧稳定性差、金属飞溅等缺点。所以 CO_2 气体保护焊多配用含 Mn、Si 元素的焊丝进行脱氧和渗合金，并使用直流电源，使电弧稳定。

2. 氩弧焊

氩弧焊与其他焊接方法相比，有以下特点：

1）由于有氩气保护，氩气不与液态金属发生冶金反应，且氩气比空气重，形成的保护气氛好；电弧稳定，金属飞溅很小，焊缝成型好，故特别适合焊接化学性质比较活泼的金属及其合金，如铝、镁、钛、铜及其合金和奥氏体不锈钢。

2）由于气流的压缩作用，电弧热量集中，因此焊接速度快，熔深大，热影响区小，焊后工件变形也小，又无渣壳，便于实现焊接过程的机械化和自动化。但由于氩气价格高，焊接成本比手弧焊和埋弧焊高，故一般只用于有色金属及不锈钢和高强度钢等重要结构的焊接。

按所用电极不同，氩弧焊可分为钨极氩弧焊和熔化极氩弧焊。

①钨极氩弧焊。利用钨极与工件间产生电弧，以氩气作为保护气体的非熔化极气体保护焊。焊接过程中须另加焊丝。其手工钨极氩弧焊焊接如图 5 - 26a 所示。

钨极氩弧焊主要用于焊接 4 mm 以下的薄板和管子。

②熔化极氩弧焊。用焊丝作电极并兼作填充金属，焊丝由送丝滚轮送进，如图 5 - 26b 所示。其特点是熔深大、熔敷速度快、劳动生产率高；电弧热量集中，可减少焊接变形。由于电极是焊丝，故焊接电流可大大增加，可焊接中厚板。

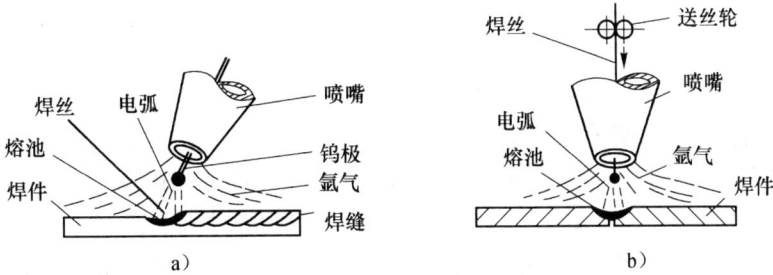

图 5 - 26　氩弧焊
a）钨极氩弧焊　b）熔化极氩弧焊

5.5.3　电阻焊

电阻焊是利用电流直接通过工件本身和工件之间的接触面所产生的电阻热，将工件接触面局部加热到塑性状态或熔融状态，同时加压而完成焊接过程的一种方法。焊接时不需外加焊接材料和焊剂，易实现焊接过程的机械化和自动化。电阻焊对低碳钢、低合金钢、不锈钢、耐热钢和铝、铜及其合金都具有良好的焊接性，所以在航空、汽车、车辆、量具刃具、无线电等工业中都得到广泛应用。

按工艺特点，电阻焊可分为点焊、缝焊和对焊三种，如图 5 - 27 所示。

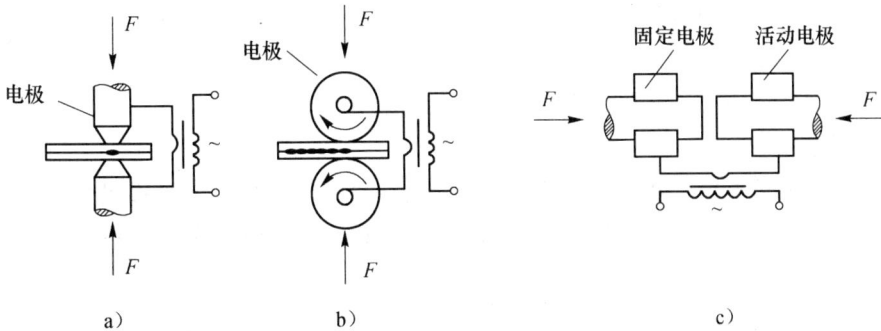

图 5 - 27　电阻焊
a）点焊　b）缝焊　c）对焊

1. 点焊

点焊是焊件装配成搭接接头，并压紧在两柱状电极之间，利用电阻热熔化母材金属，形成焊点的电阻焊方法。

点焊适用于薄板冲压件搭接、薄板与型钢构架和蒙皮结构的焊接，网和空间构架及交叉钢筋的焊接等。被焊材料的厚度相等或相近，厚度比不超过 1 : 3，适合采用点焊的最大厚度，低碳钢为 2. 5 ~ 3 mm，小型构件为 5 ~ 6 mm，特殊情况可达 10 mm。

2. 缝焊

缝焊与点焊相似，它以旋转的滚轮代替点焊的圆柱形电极，焊件在旋转滚轮的带动下前进。当电流断续（或连续）地通过焊件时，形成彼此重叠的焊点，缝焊具有良好的密封性。因缝焊所需焊接电流较大，所以只用于焊接厚度为 3 mm 以下的薄板搭接件，主要用于有气密性要求的焊件，如油箱、管道等。

3. 对焊

将两焊接件的端面紧密接触，利用自身电阻加热并迅速加压达到焊接的方法。根据操作方式的不同，对焊可分为电阻对焊和闪光对焊。

1）电阻对焊是先施加顶锻压力，使焊件接头紧密接触，然后通电，利用焊件接触面上的电阻热迅速升温到塑性状态，接着断电，同时增大顶锻力，使两焊件焊合成一体。这种焊接方法操作简单，接头比较光洁，但由于接头内部残留杂物，因此强度不高。

2）闪光对焊在焊件未接触之前先接通电源，然后使焊件逐渐接触。因端面个别点的接触，电阻热迅速使之升温熔化，熔化的金属在电磁力的作用下形成火花溅出，造成闪光。连续闪光一定时间后，焊件端面形成一熔化层和塑性层，此时断电，并加压顶锻，将熔化层挤出，焊件焊合成一体。

闪光对焊常用于重要工件的焊接，不仅能焊接相同金属，且能焊接异种材料（如铝－钢、铜－钢、铝－铜等），如棒料、管子、板材、型材、钢筋、钢轨、钻杆、锚链、刀具等均可闪光对焊。

这种焊接方法对接头顶端的加工清理要求不高，由于接触面间的氧化物杂质得以清除，接头质量较高，得到普遍应用。但金属消耗较多，且接头表面较粗糙。

5.5.4 钎焊

钎焊是用钎料熔入焊件金属间隙来连接焊件的方法。其特点是只有钎料熔化，而焊件金属处于固态；熔化的钎料靠润湿和毛细管作用吸入并保持在焊件间隙内，依靠液态钎料和固态焊件金属间原子的相互扩散而达到连接。

按所用钎料的熔点不同，钎焊分为软钎焊和硬钎焊两类。

1. 软钎焊

软钎焊的钎料熔点低于450℃，接头强度一般不超过70 MPa，常用锡铅合金作钎料（俗称锡焊），松香、氯化锌溶液等作钎剂。锡焊工艺性好，广泛应用于受力不大的仪表、导电元件与线路的焊接。

2. 硬钎焊

硬钎焊的钎料熔点高于450℃，接头强度可达500 MPa，常用的钎料有铜基、银基和铝基合金。钎剂是硼砂、硼酸和碱性氟化物等。硬钎焊适用于受力较大、工作温度较高的钢、铜、铝合金机件以及某些工具的焊接。

钎焊的接头形式多采用板料搭接和套管镶接，这样焊件间有较大的结合面以弥补钎料强度的不足。

钎焊的主要优点有：钎焊温度低，焊件的组织和力学性能变化很小，焊接应力和变形小，容易保证焊件的形状和尺寸精度。钎焊可用来焊接性能悬殊的异种金属。整体加热时，可同时焊合多条焊缝，生产率高。在电子工业和仪表制造中，钎焊甚至是唯一可能的连接方法。

钎焊应用范围极广。可焊性优良的材料有碳钢、低合金钢、铜、黄铜和青铜；可焊性良好的材料有碳素工具钢、高速钢、硬质合金、不锈钢、高温合金、钛及钛合金等。

5.6 常见的焊接缺陷

因焊接工艺不合理，操作不当，在焊接接头中产生不符合设计或工艺文件要求的缺陷称为焊接缺陷。常见的焊接缺陷的名称、产生原因及预防措施，见表5-2所示。

表5-2 常见的焊接缺陷

缺陷类型	图例	特征	产生原因	预防措施
夹渣		焊缝内部和熔合区内存在非金属夹杂物	前道焊缝除渣不干净；焊条摆动幅度过大；焊条前进速度不均匀；焊条倾角过大等	①应彻底除锈、除渣；②限制焊条摆动宽度；③采用均匀一致的焊速；④减小焊条倾角
气孔		焊缝内部（或表面）的孔穴	焊件表面生锈、有油污、水分；焊条药皮中水分过多；电弧拉得过长；焊接电流太大；焊接速度过快等	①清除焊件表面及坡口内侧的污染；②在焊前烘干焊条；③尽量采用短电弧；④采用适当的焊接电流；⑤降低焊接速度
裂纹		焊缝、热影响区内部或表面缝隙	熔池中含有较多C、S、P等有害元素以及较多的氢；焊件结构刚性大；接头冷却速度太快等	①在焊前进行预热；②限制原材料中C、S、P的含量；③尽量降低熔池中氢的含量；④采用合理的焊接顺序和方向
未焊透		焊缝金属与焊件之间或焊缝金属之间的局部未熔合	焊接速度太快；坡口钝边太厚；装配间隙过小；焊接电流过小等	①正确选择焊接电流和焊接速度；②正确选用坡口尺寸
烧穿		焊缝出现穿孔	焊接电流过大；焊接速度过小；操作不当等	①选择合理的焊接工艺规范；②操作方法正确、合理
咬边		焊缝与焊件的交界处被烧熔而形成的凹陷或沟槽	焊接电流过大；电弧过长；焊条角度不当；运条不合理等	①选用合适的电流，避免电流过大；②操作时，电弧不要拉得过长；③焊条角度适当；④运条时，坡口中间的速度稍快，而边缘的速度要慢些
未熔合		母材与焊缝或焊条与焊缝未完全熔化结合	焊接电流过小；焊接速度过快；热量不够；焊缝处有锈蚀等	①选较大电流，放慢焊速；②运条合理；③焊缝要清理干净

焊接缺陷必然影响接头的力学性能和其他使用上的要求（如气密性、耐蚀性等）。对于重要的接头，上述缺陷一经发现，必须修补，否则，可能产生严重的后果。缺陷如不能修复，会造成产品的报废。对于不太重要的接头，个别的小缺陷，如不影响使用，可以不必修补。但在任何情况下，裂纹和烧穿都是不能允许的。

复习思考题

1. 什么是焊接？焊接与其他金属连接方法相比，有哪些特点？
2. 手工电弧焊焊条由哪几部分组成？各有什么作用？
3. 手工电弧焊焊接规范有哪些？如何选择？
4. 常见焊接接头形式有哪些？坡口的作用是什么？
5. 简述气焊与气割设备的组成及各部分的作用。
6. 金属气割需具备哪些条件？
7. CO_2 气体保护焊有什么优点？适用于哪些场合？
8. 电阻焊的基本形式有哪几种？各有什么特点？适合焊接哪些金属材料？
9. 常见的焊接缺陷有哪些？产生的原因及防止措施有哪些？

第6章 非金属材料成型加工

学习重点

➤ 了解塑料制品成型的主要方法及成型特点

➤ 了解橡胶制品成型的主要方法及成型特点

➤ 了解陶瓷制品成型的主要方法及成型特点

➤ 了解复合材料成型的主要方法及成型特点

金属材料是目前应用最广泛的工程材料，但随着原子能、航空航天、电子、海洋开发等现代工业的发展，对材料提出了更高的要求。非金属材料作为新型的工程材料近几十年来发展很快，从早期的橡胶、水泥、玻璃等，到20世纪中期开始出现的高分子材料，一直到20世纪末出现的工程陶瓷和复合材料。非金属材料因其比强度高、加工性好，并具有特殊性能（如耐热、耐磨、耐腐蚀、绝缘等），已成为现代社会发展不可缺少的物质基础。

非金属材料包括有机高分子材料和无机材料两大类。有机高分子材料主要成分为碳和氢，主要有塑料、橡胶、合成纤维。无机材料统称陶瓷，是指不含碳、氢的化合物。以非金属材料为重要组成部分的复合材料具有很大的发展前途，它具备一般材料所没有的优异性能。

本章简要介绍常用非金属材料中工程塑料和橡胶以及工程陶瓷和复合材料的成型工艺及加工技术。

6.1 工程塑料成型

塑料来源丰富，成本低廉，而且比强度高、弹性大、绝缘、稳定、耐磨，在工程技术领域和日常生活中得到广泛应用。塑料是一种以天然或合成高分子化合物为主要成分，加入适量的填充剂、增塑剂、稳定剂，在一定温度、压力下可塑制成型，在常温下能保持其形状稳定的材料。

塑料按成型性能或加热时的特点可分为热塑性塑料和热固性塑料两大类。热塑性塑料分子结构呈线型或枝链型结构，受热时软化或熔融，可反复成型加工，成型性较好，但耐热性和刚性较差。热固性工程塑料在开始受热时具有线型或枝链型结构，可以软化或熔融，但固化成型后转变为网状结构，不会再软化和熔化，只可一次成型。这类塑料耐热性好，抗压强度大，但韧性较差。

塑料制品的成型加工是指将塑料按其性能及要求，用各种成型方法制作成有一定形状、尺寸及用途的塑料件。塑料制品的成型方法很多，常用的有注射成型、挤出成型、模压成型、中空吹塑成型、发泡成型、压铸成型等。

常用的工程塑料成型方法的成型过程、成型特点等见表6-1。

表6-1　工程塑料成型方法

成型方法	成型原理	塑料类型	成型特点	成型设备
注射成型	利用注射机将熔化的塑料快速注入闭合的模具并固化获得所需塑料制品	热塑性塑料及部分热固性塑料	生产周期短，效率高，成型范围广，成型设备及模具复杂，投资大	注塑机及注塑模具
挤出成型	利用挤出机把热塑性塑料连续加工成各种截面形状制品	热塑性塑料及部分热固性塑料	生产过程连续，效率高，产品密实，工艺易控制，设备投资少	塑料挤出机
压制成型	将粉末、粒状等塑料放入加热模腔中加热和加压，使塑料流动充满模腔，再冷却固化成型	热固性塑料及部分热塑性塑料	产品密度高，性能好，成本低，但生产周期长效率低，对壁厚和有深孔的复杂制品不适宜	液压和螺旋压力机模具结构比较简单，投资小
浇铸成型	将处于流动的液态单体材料注入特定的模具中，在一定的条件下使之反应固化，从而得到与模具型腔相一致的制品	热固性塑料	成型周期短，能成型高，薄带有嵌件的复杂制品，制品精度高，缺点是物料消耗多	模具结构复杂，制造成本高

6.2　橡胶成型

橡胶是在室温下处于高弹态的高分子材料，最大的特性是高弹性，其弹性模量很低，只有 1~10 MPa；弹性变形量很大，可达 100%~1000%；具有优良的伸缩性和积储能量的能力。此外，还有良好的耐磨性、隔音性、阻尼性和绝缘性。

橡胶在工业上应用相当广泛，可用于制作轮胎、动静态密封件（如旋转轴、管道接口密封件）、减振防振件（如机座减振垫片、汽车底盘橡胶弹簧）、传动件（如三角胶带、传动滚子）、运输胶带、管道、电线、电缆、电工绝缘材料和制动件等。

橡胶按原料来源分为天然橡胶与合成橡胶；按用途分为通用橡胶和特种橡胶。

橡胶制品是以生胶为基础加入适量的配合剂制成的。

生胶。未加配合剂的天然或合成的橡胶统称生胶。天然橡胶综合性能好，但产量不能满足日益增长的需要，而且实际应用中也需具有某些特殊性能要求，因此合成橡胶获得了迅速发展。

配合剂。为了提高和改善橡胶制品的各种性能而加入的物质称为配合剂。配合剂种类很多，其中主要是硫化剂，其作用类似于热固性塑料中的固化剂。它使橡胶分子链间形成横链，适当交联，成为网状结构，从而提高橡胶的力学性能和物理性能。常用的硫化剂是硫磺和硫化物。

为提高橡胶的力学性能、比强度、硬度、耐磨性和刚性等，还需加入填料。使用最普遍的是碳黑，以及作为骨架材料的织品、纤维，甚至是金属丝或金属编织物。填料的加入还可减少胶用量，降低成本。

橡胶制品的成型方法有压制成型、压铸成型、注射成型及挤出成型等。其成型方法、原理及特点见表6-2。

表 6-2　橡胶制品的成型方法

成型方法	成型原理	成型特点
压制成型	将混炼成一定形状的半成品胶料直接放入模腔中,在平板硫化机中加压、加热,使胶料硫化成型	设备和模具简单,成本低,通用性和适应性强,操作简单方便
压铸成型	将混炼过的形状简单的一定量的胶料放入压铸模腔中,将胶料挤压进模具型腔中硫化成型	能成型薄壁、超长、超厚的制品,生产效率高,能增加橡胶与金属嵌件的结合力,模具不易损坏
挤出成型	将胶料加热和塑化,通过螺杆的旋转,把胶料不断地向前挤压,通过模具而制成各种截面形状连续的型材	操作简单,效率高,设备及模具结构简单、造价低,只能形成简单的直形型材和半成品
注射成型	通过注塑机的螺杆或活塞,使预热的胶料经喷嘴进入模具型腔中硫化成型	成型时间短,效率高,适宜大型及几何形状复杂的制品

6.3　陶瓷成型

陶瓷是由金属和非金属元素组成的无机化合物材料。性能硬而脆,比金属材料和工程塑料更能抵抗高温环境的作用,已成为现代工程材料的三大支柱之一。

陶瓷种类繁多,工业陶瓷大致可分为普通陶瓷和特种陶瓷两大类。

陶瓷制品的生产过程一般要经过四个步骤,即坯料制备、成型、坯体干燥和烧结。成型是造就制品形状的手段,根据陶瓷制品的形状、大小的不同,以及坯料、产量和质量的不同,其成型方法不同。陶瓷的成型方法根据坯料含水量分为可塑成型、注浆成型、压制成型等。陶瓷制品的成型方法、原理及特点见表 6-3。

表 6-3　陶瓷制品的成型方法、原理及特点

成型方法	成型原理	成型特点
可塑成型	在坯料中加入适量的水或塑化剂使之成为料团,利用刀具或模具使可塑坯料发生塑性变形而制成坯体	坯料制备方便,对模具要求低,操作简便,但坯料含水量高,干燥时耗热大,容易出现变形和开裂等缺陷
压制成型	坯体含有一定水分和添加剂的粉料,在金属模具中压制成型。粉料含水量为3%~7%时为干压成型	易实现自动化和机械化,坯体强度高,变形小,烧结后收缩小,精度高;缺点是模具损耗大,制品形状简单
注浆成型	将泥浆注入模型中保持一定时间后,在模具的表面逐渐形成泥层,达到所需厚度倒去多余泥浆,等注件干燥后脱模取出注件	不需设备,在陶瓷生产中应用广泛,但生产周期长,石膏模用量大

6.4　复合材料

所谓复合材料,是指由两种或多种不同性能的材料用某种工艺方法合成的多相材料。复合材料既保持组成材料各自的特性,又具有复合后的新特性,其性能往往超过组成材料的性

能之和或平均值。例如玻璃纤维的断裂能仅有 75×10^{-5} J，常用树脂亦只有 22.6×10^{-3} J，而由两者复合成的玻璃钢的断裂能高达 17.6 J。由此可见，"复合"是开发新材料的重要途径。

复合材料的成型工艺与其他材料不同，也不同于传统的工程材料，材料设计与制品成型是同时完成的。常用的树脂基复合材料的主要成型方法有手糊法、模压法、缠绕法和喷射法。金属基复合材料的主要成型方法有粉末冶金法、压铸法、喷涂法等。

复习思考题

1. 塑料的成型方法主要有哪些？各有什么特点？
2. 橡胶的成型方法主要有哪些？各有什么特点？
3. 陶瓷的成型方法主要有哪些？各有什么特点？
4. 复合材料的成型方法主要有哪些？

第三篇　表面切削加工技术训练

第7章 切削加工基础

学习重点

➢ 了解切削加工的特点

➢ 掌握主运动、进给运动和切削用量的概念

➢ 掌握刀具切削部分的结构、刀具几何角度的定义及其作用

➢ 掌握刀具材料应具备的基本性能及常见刀具材料的应用特点

➢ 掌握常见的机床代号

7.1 切削加工概述

切削加工是利用切削工具从工件上切去多余材料，以获得符合图样规定的形状、尺寸和表面粗糙度等技术要求的零件的加工过程。

7.1.1 切削加工的分类

切削加工分为机械加工和钳工加工两大类。

钳工加工是指工人手持工具或利用工具进行的切削加工。钳工的工作内容一般包括划线、锯削、錾削、锉削、刮削、研磨、钻孔、扩孔、铰孔、攻螺纹、套螺纹、机械装配和设备修理等。

机械加工是指通过工人操纵机床对工件进行的切削加工。其主要加工方法有车削、铣削、刨削、钻削、磨削等。

7.1.2 切削加工的特点

1. 加工精度宽

切削加工的精度和表面粗糙度的范围广泛，且可获得很高的加工精度和很低的表面粗糙度。目前切削加工的尺寸公差等级为 IT 12 ~ IT 3，甚至更高；表面粗糙度 R_a 值为 25 ~ 0.008 μm。其范围之广，尺寸精密程度和表面平整程度之高，是目前其他加工方法难以达到的。

2. 加工适应面广

切削加工零件的材料、形状、尺寸和重量的范围较大。切削加工多用于金属材料的加工，如各种碳钢、合金钢、铸铁、有色金属及其合金等，也可用于某些非金属材料的加工，如石材、木材、塑料、复合材料和橡胶等。对于零件的形状和尺寸一般不受限制，只要能在机床上实现装夹，大都可进行切削加工。加工的表面既可是常见的外圆、内圆、锥面、平

面、螺纹和齿形，也可以加工不规则的空间曲面，且被加工的零件重的可达数百吨，如葛洲坝一号船闸的闸门，高约30 m，重600 t；轻的只有几克，如微型仪表零件，加工范围相当广泛。

3. 切削加工的生产率较高

在常规条件下，切削加工的生产率一般高于其他加工方法。只是在少数特殊场合，其生产率低于精密铸造、精密锻造和粉末冶金等方法。

4. 切削过程中的切削力

刀具和工件均须具有一定的强度和刚度，且刀具材料的硬度必须大于工件材料的硬度。为此，它限制了切削加工在细微结构和高硬高强等特殊材料加工方面的应用，从而给特种加工留下了生存和发展的空间。

7.1.3 切削加工的发展方向

随着科学技术和现代工业日新月异的飞速发展，切削加工也正朝着高精度、高效率、自动化、柔性化和智能化方向发展，主要体现在以下三方面：

1）加工设备朝着数控技术、精密和超精密、高速和超高速方向发展。

数控技术、精密和超精密加工技术将进一步普及和应用。普通加工、精密加工和超精密加工的精度可分别达到1 μm、0.01 μm和0.001 μm（毫微米，即纳米），向原子级加工逼近。

2）刀具材料朝超硬刀具材料方向发展。

目前我国常用刀具材料是高速钢和硬质合金，正将逐步跨入超硬刀具材料的应用时代，陶瓷、聚晶金刚石（PCD）和聚晶立方氯化硼（PCBN）等超硬材料将被普遍应用于切削刀具，使切削速度可高达每分钟数千米。

3）生产规模由目前的小批量和单品种大批量向多品种变批量的方向发展，生产方式由目前的手工操作、机械化、单机自动化、刚性流水线自动化向柔性自动化和智能自动化方向发展。

21世纪的切削加工技术必将面临未来自动化制造环境的一系列新的挑战，它必然要与计算机、自动化、系统论、控制论及人工智能、计算机辅助设计与制造、计算机集成制造系统等高新技术及理论相融合，向着精密化、柔性化和智能化方向发展，并由此推动其他各新兴学科在切削理论和技术中的应用。

7.2 切削运动及切削用量

7.2.1 零件表面的形成

1. 工件表面的形状

如图7-1所示的机械零件上的各种表面，不论其形状如何复杂，都可分解为几个基本表面的组合，如平面、圆柱面、圆锥面、螺旋面及各种成型表面等，这些表面都属于"线性表面"。

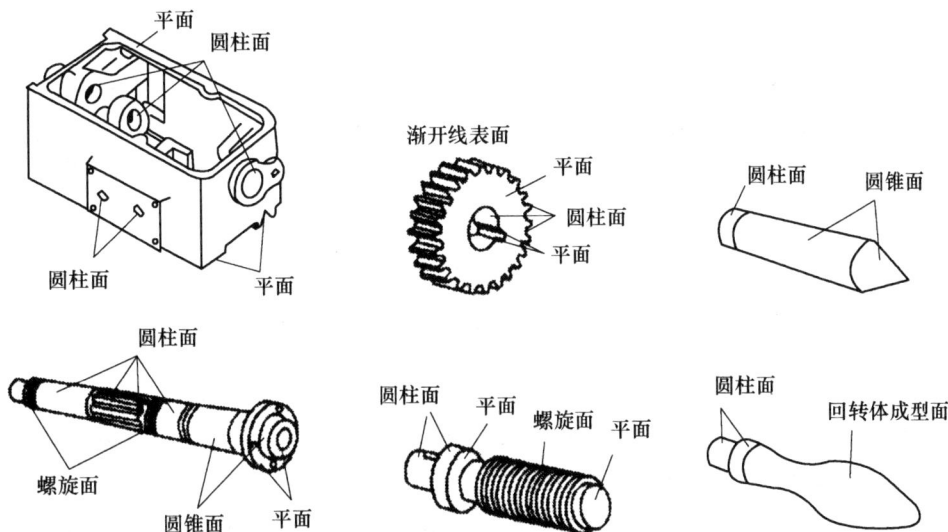

图 7-1　构成机械零件外形轮廓的常用表面

2. 工件表面的形成方法

所谓线性表面，是指该表面是由一条线（直线或曲线）沿着另一条线（直线或曲线）运动而形成的轨迹。前一条线称为母线，后一条线称为导线，母线和导线统称为发生线。外圆面和孔可认为是以一直线为母线、以圆为轨迹作旋转运动所形成的表面。平面是以一直线为母线、以另一直线为轨迹作平面运动所形成的表面。成型面可认为是以曲线为母线、以圆或直线为轨迹作旋转或平移运动所形成的表面。如图 7-2 所示为得到不同表面的形成方法。

7.2.2　切削运动

在机械加工中，形成不同表面所需的母线及其运动，是通过各种机床上工件与刀具作相对运动来实现的，该运动即切削运动。按其作用又可以分为主运动和进给运动。

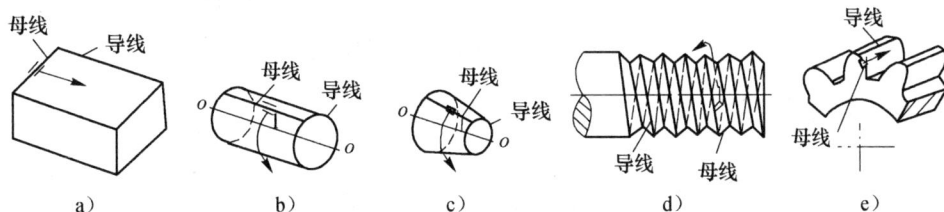

图 7-2　零件表面的形成

1. 主运动

主运动是指直接切除毛坯上多余的材料并使之成为切屑，以形成新表面的运动。在各种切削过程中，主运动都是指速度最快、消耗机床功率最多的运动。在图 7-3 中，车削的主运动是工件的旋转运动；铣削和磨削的主运动分别是铣刀和砂轮的旋转运动；刨削的主运动是刨刀的往复直线运动；钻削的主运动是钻头的旋转运动。

97

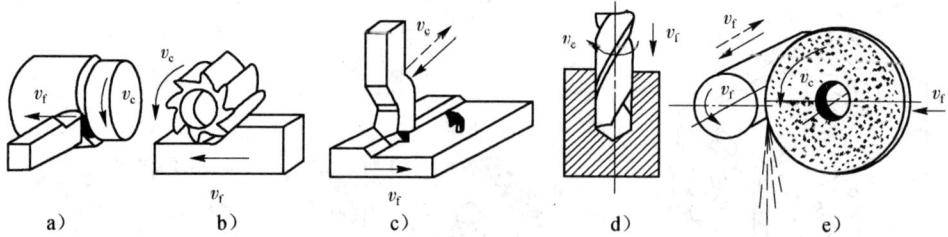

图7-3 切削运动
a) 车削 b) 铣削 c) 刨削 d) 钻削 e) 磨削

2. 进给运动

进给运动是使金属层不断投入切削过程，从而形成加工表面的运动，其特点是速度小、消耗功率少。在图7-3中，车刀、钻头的移动，铣削时工件的移动，牛头刨床刨削水平面时工件的间歇运动，磨削外圆时工件的旋转和往复的轴向移动及砂轮周期性横向移动均为进给运动。

在机械加工中，主运动只能有一个，进给运动则可能是一个或几个，主运动和进给运动可以由刀具和工件分别完成，也可以由刀具单独完成。

7.2.3 切削加工中的表面

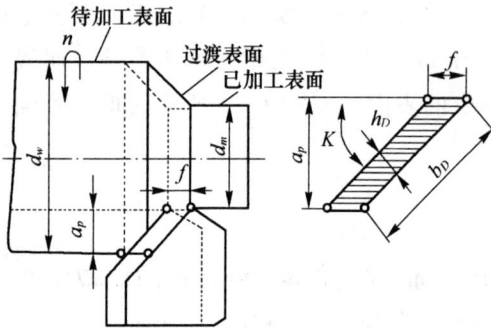

图7-4 车削时的切削要素

在切削加工的过程中，工件上会形成三个位置不断变化的表面，即待加工表面、过渡表面和已加工表面，统称为工件表面，如图7-4所示。

待加工表面——工件上即将被切除的表面。

已加工表面——工件上被刀具切削后形成的新表面。

过渡表面——工件上由切削刃正在切削着的面，也称为加工表面。它是待加工表面与已加工表面的连接表面。

7.2.4 切削用量

在切削加工中，仅仅定性地了解主运动和进给运动的形式是远远不够的，还必须准确地对切削运动进行定量表示，这样才能更好地指导生产实践。

切削用量是指切削速度、进给量以及切削深度三者的总称，又称为切削用量三要素，是切削加工技术中十分重要的工艺参数，如图7-4所示。这些参数的选取是否合理，直接影响着产品质量及生产效益。

1. 切削速度 v_c

主运动量化后得到的参数是切削速度 v_c，它是指切削刃上选定点相对于工件主运动的瞬时速度，单位为 m/s 或 m/min。

若主运动为旋转运动，切削速度一般为其最大线速度，v_c 按下式计算：

98

$$v_c = \frac{\pi D n}{1000}$$

式中　D——工件或刀具上的最大直径，单位为 mm；

　　　n——工件或刀具的转速，单位为 r/s 或 r/min。

若主运动为往复直线运动（如刨削、插削），则常以其平均速度为切削速度，v_c 按下式计算：

$$v_c = \frac{2L n_r}{1000}$$

式中　L——为刀具往复运动行程长度，单位为 mm；

　　　n_r——为刀具每秒或每分钟往复次数，单位为 str/s 或 str/min。

2. 进给量

进给运动量化后得到的参数是进给量。它是指在主运动的一个循环内，执行进给运动的刀具或工件沿进给运动方向上的位移量。不同的加工方法，由于所用刀具和切削运动形式不同，进给量的表述和度量方法也不同。

用单齿刀具（如车刀、刨刀等）加工时，进给量常用刀具或工件每转或每往复行程刀具在进给运动方向上相对工件的位移量来度量，称为每转进给量或每往复行程进给量，以 f 表示，单位为 mm/r 或 mm/str。

用多齿刀具（如铣刀、钻头等）加工时，进给运动的瞬时速度称为进给速度，以 v_f 表示，单位为 mm/s 或 mm/min。刀具每转或每行程中每齿相对工件在进给运动方向上的位移量，称为每齿进给量，以 f_z 表示，单位为 mm/z。

f、v_f、f_z 之间有如下换算关系：

$$v_f = f \cdot n = f_z \cdot z \cdot n$$

3. 切削深度 α_p

切削深度又称为背吃刀量，是指工件上待加工表面和已加工表面之间的垂直距离，单位是 mm。它会影响加工质量、切削的效率、刀具的磨损、切削力和切削热等诸多方面。

车削加工的切削深度可按下式计算：

$$\alpha_p = \frac{d_w - d_m}{2}$$

式中　d_w——工件待加工表面直径，单位为 mm；

　　　d_m——工件已加工表面直径，单位为 mm。

4. 切削用量选择

选择合理的切削用量，要综合考虑生产率、加工质量和加工成本。一般粗加工时，由于要尽量保证较高的金属切除率和必要的刀具耐用度，应优先选择较大的背吃刀量，其次选择较大的进给量，最后根据刀具耐用度、机床功率，确定合适的切削速度。精加工时，由于要保证工件的加工质量，应选用较小的进给量和背吃刀量，并尽可能选用较高的切削速度。

实际生产中，切削用量是根据工艺文件的规定、查手册和操作者的实际经验来选取的。

7.3 刀具的几何参数及刀具材料

刀具是直接实现切削过程的重要器件，其性能的好坏直接影响着切削加工的质量和效率。影响刀具性能的因素很多，其中最主要的因素是刀具的材料和刀具的结构。

7.3.1 刀具结构

金属切削刀具有多种形式和结构，按加工方法可分为车刀、铣刀、钻头等；按切削刃可分为单刃刀具、多刃刀具、成型刀具；按刀具材料可分为高速钢刀具、硬质合金刀具、陶瓷刀具等；按结构可分为整体刀具、镶片刀具、复合刀具等；按是否标准化可分为标准刀具和非标准刀具。

切削刀具的种类虽然很多，但它们切削部分的结构要素和几何角度有着许多共同的特征。从图 7-5 可以看出，各类刀具在切削的时候，其切削部分都与外圆车刀的切削部分类似，因此下面以外圆车刀为例来讨论刀具的结构和几何角度。

1. 外圆车刀的组成

外圆车刀包括切削部分和夹持部分，如图 7-6 所示。切削部分担负着切削工作，夹持部分则用来把刀具夹在刀架上。切削部分包括以下几个部分：

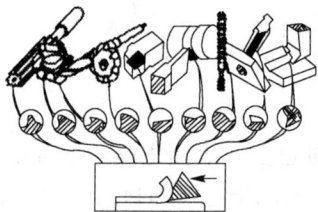

图 7-5 各类刀具切削部分形状

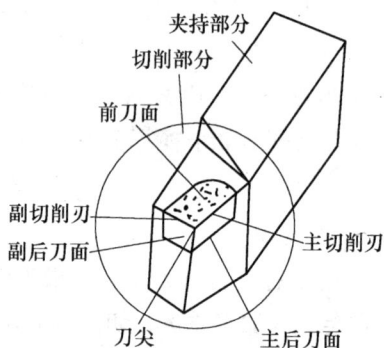

图 7-6 车刀的结构

（1）前刀面——切屑流出时经过的刀面。

（2）主后刀面——与工件加工表面（过渡表面）相对的面。

（3）副后刀面——与工件已加工表面相对的面。

（4）主切削刃——前刀面和主后刀面的相交线，它担负主要切削工作。

（5）副切削刃——前刀面和副后刀面的相交线，它配合切削刃完成切削工作并形成已加工表面。

（6）刀尖——它是指切削刃和副切削刃的交点，它可以是一个点、直线或圆弧。

概括来说外圆车刀的切削部分是由"三面两刃一刀尖"组成。

2. 刀具的辅助平面

为了确定车刀切削刃及前后刀面在空间的位置，即确定车刀的几何角度，需要建立一个静止参考系作为标注、刃磨和测量刀具角度的基准。该参考系是由以下三个辅助平面构成，如图 7 - 7 所示。

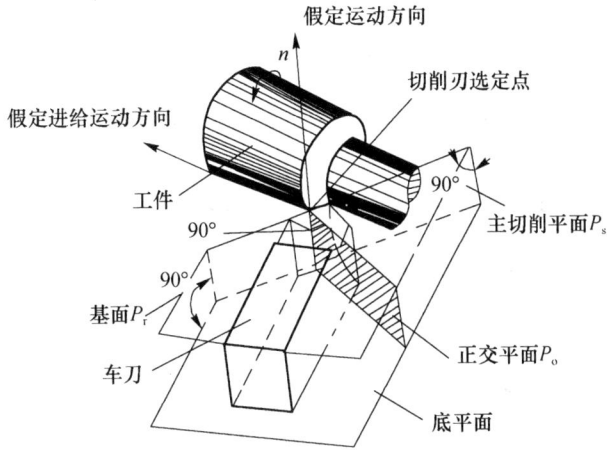

图 7 - 7　构成静止参考系的辅助平面

（1）基面 P_r——过切削刃上选定点垂直于假定主运动方向的平面。车刀的基面平行于刀杆底面。

（2）切削平面 P_s——过切削刃上选定点，包括切削刃或切于切削刃（曲线刃）且垂直于基面的平面。车刀的切削平面垂直于刀杆的底面。

（3）正交平面 P_o——通过主切削刃选定点并同时垂直于基面和切削平面。

3. 车刀的几何角度及选择原则

车刀的切削部分共有五个独立的基本角度，如图 7 -8所示。

（1）前角 γ_o。在正交平面中测量的基面与前刀面之间的夹角。增大前角可使刃口锋利，切削力减少，切削温度降低，工件表面质量好，但过大的前角会使刃口强度降低，容易崩刃。前角一般为 -5°～20°，加工塑性材料和精加工时选大值，加工脆性材料和粗加工时选较小值。

（2）后角 α_o。在正交平面中测量的主后刀面与切削平面的夹角，其作用是减小车削时主后刀面与工件的摩擦，后角一般为 6°～12°，粗加工选较小值，精加工选较大值。

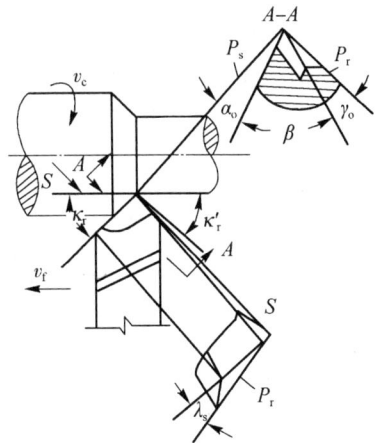

图 7 -8　刀具的静止几何角度

（3）主偏角 κ_r。在基面中测量的主切削刃在基面上的投影与进给方向之间的夹角。其作用影响切削刃工作长度、径向切削分力、刀尖强度和散热条件，如图 7 -9 所示。减小主偏角，切削刃工作长度增大，散热愈好，但刀具作用于工件径向切削分力增大，当工件刚性不足时，易引起工件弯曲和振动，所以车削细长轴时，为避免车刀顶弯工件，常选用 90°偏刀。车刀常用主偏角有 45°、60°、75°、90°。

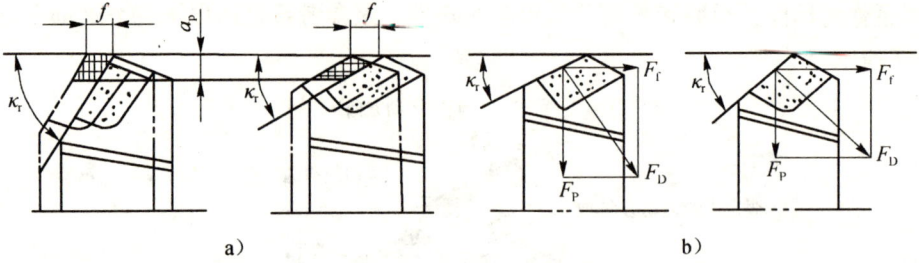

图7-9 主偏角对切削宽度、厚度及切削分力的影响
a) 对切削宽度和厚度的影响　b) 对切削分力的影响

（4）副偏角 κ_r'。在基面中测量的副切削刃在基面上的投影与进给反方向之间的夹角。其主要作用是减少副切削刃与已加工表面之间的摩擦，改善已加工表面的粗糙度。由图7-10可知，在相同背吃刀量的情况下，减小副偏角可以减少车削后的残留面积，但小的副偏角会增加副后刀面与已加工表面之间的摩擦。一般 κ_r' 为 $5° \sim 10°$。精加工时宜选用较小的 κ_r'，甚至可以采用圆弧状的过渡刃。

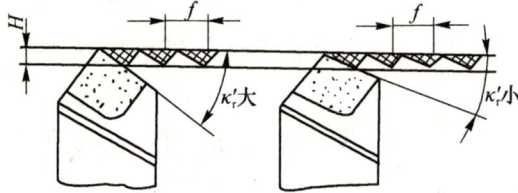

图7-10 副偏角对残留面积的影响

（5）刃倾角 λ_s。在主切削平面中测量的主切削刃与基面之间的夹角。其作用是控制切屑流动的方向及刀尖强度，如图7-11、图7-12所示。一般情况下 λ_s 为 $-5° \sim 5°$，精加工时取正值或零，粗加工或者有冲击时取负值。

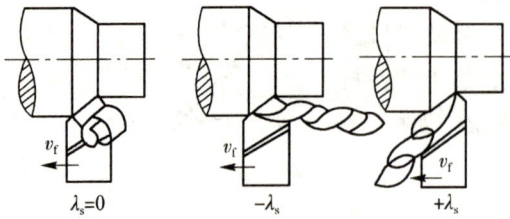

图7-11 刃倾角对排屑方向的影响

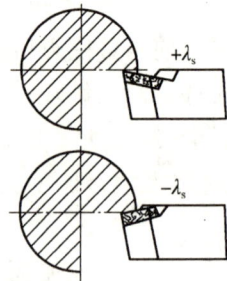

图7-12 刃倾角对刀尖强度的影响

7.3.2 刀具材料

1. 刀具材料的基本性能

影响刀具切削性能的另一项重要因素就是刀具材料。在切削过程中，刀具切削部分在具有强烈摩擦、高压和高温的恶劣条件下工作，同时还承受冲击和振动，因此刀具切削部分的材料应具备下列基本性能：

（1）足够高的硬度，在常温下硬度一般应高于 60 HRC；

102

（2）良好的耐磨性，以抵抗切削过程中的磨损，保持正确的刀具角度；

（3）足够的强度和韧度，以承受一定的切削力或冲击载荷；

（4）高的热硬性，即在高温下保持原有强度和硬度的能力，又称为红硬性；

（5）刀具材料还应具有良好的热物理性能、稳定的化学性能和良好的工艺性能。另外，经济性也应成为刀具材料的重要指标。

2. 常用刀具材料

常用刀具材料有：碳素工具钢、合金工具钢、高速钢、硬质合金钢、陶瓷和超硬刀具材料（立方氮化硼、人造金刚石）。目前使用最广泛的是高速钢和硬质合金。

高速钢是合金元素含量较高的合金工具钢。硬度在 63 HRC 以上，耐热 600℃，在普通加工中允许使用的切削速度约为 30 m/min，具有良好的抗弯强度和冲击韧度，刀具刃口锋利，切削性能好，用于制作各种刀具，特别是形状复杂的刀具。

硬质合金是由 WC、TiC、Co 等通过粉末冶金而制成，不属于合金范畴。其硬度很高，可达 80～93 HRA（相当于 74～81 HRC），耐热 800～1000℃，其切削性能优于高速钢。硬质合金的缺点是韧性较差，不耐冲击。一般制成各种形状的刀片，用焊接或者机械方式夹固在刀体上使用。

常用硬质合金分为钨钴类（YG 类）和钨钴钛类（YT 类）两大类。YG 类硬质合金较 YT 类硬质合金硬度略低，韧度稍好一些，一般用于加工铸铁件，YT 类硬质合金耐热性、耐磨性好，常用来加工钢件。常用刀具材料的牌号、性能及用途见表 7－1。

表 7－1　常用刀具材料的牌号、性能及用途

种类	硬　度	热硬温度 /℃	抗弯强度 ×10³ MPa	工艺性能	常用牌号		应用范围
碳素工具钢	60～64 HRC	200	2.5～2.8	可冷热加工成型，切削加工和热处理性能好	T8A T10A T12A		仅用于少数手动刀具，如锉刀、手用锯条等
合金工具钢	60～65 HRC	250～300	2.5～2.8	同上	9SiCr CrWMn		用于手动或低速机动刀具，如锉刀、手用条等
高速钢	62～70 HRC	540～600	2.5～4.5	同上	W18Cr4V W6Mo5Cr4V2		用于形状复杂的机动刀具，如钻头、铣刀、铰刀、齿轮刀具等
硬质合金	89～94 HRA	800～1000	0.9～2.5	不能切削加工，只能粉末压制烧结成型，磨削后即可使用，不能热处理	钨钴类	YG8 YG6 YG3	用于车刀刀头、刨刀刀头、铣刀刀头；其他如钻头、滚刀等为镶片使用；钨钴类用于加工铸铁、有色金属与非金属等脆性材料，钨钛钴类用于加工钢件等塑性材料
					钨钛钴类	YT30 YT15 YT5	

7.4　金属切削机床的分类及型号

7.4.1　机床的分类

金属切削机床的种类很多，规格不一，为了便于设计、制造、使用和管理，需要进行适当的分类。根据机床的运动形式、加工性质和使用刀具的不同，目前我国机床分为车床、铣床、刨床、钻床、磨床等十二大类。

除了上述基本分类方法之外，还可按机床具有的特性进行分类，如根据加工精度分类，机床分为普通机床、精密机床和高精密机床；根据通用化程度分类，机床分为通用机床、专门化机床和专用机床；根据自动化程度分类，机床分为手动机床、机动机床、半自动机床和自动机床；根据机床的重量分类，机床分为仪表机床、中小型机床（自重在 10 t 以下）、大型机床（自重在 10～30 t 之间）、重型机床（自重在 30 t 以上）等。

7.4.2　机床的型号及表示方法

机床型号是机床产品的代号，用以简明地表示机床的类型、主要技术参数、性能和结构特点等。我国的机床型号是按 1994 年颁布的标准 GB/T 15375—94《金属切削机床型号编制方法》编制的。此标准规定，机床型号由汉语拼音字母和数字按一定的规律组合而成，它适用于新设计的各类通用机床、专用机床和回转体加工自动线（不包括组合机床、特种加工机床）。机床的型号由基本部分和辅助部分组成，中间用"/"隔开，读作"之"。基本部分需统一管理，辅助部分纳入型号与否由厂家自定。表示方法如下：

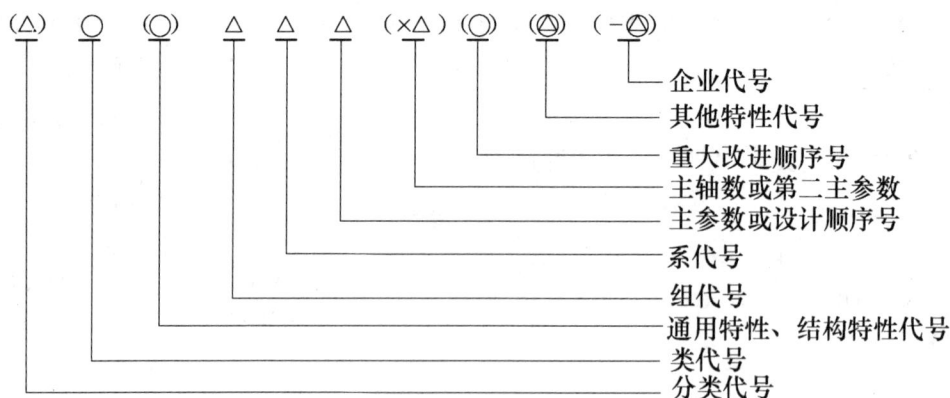

机床型号的组成

注：①有"（　）"的代号或数字，当无内容时，则不表示；若有内容则不带括号。

②有"○"符号者，为大写的汉语拼音字母。

③有"△"符号者，为阿拉伯数字。

④有"⬡"符号者，为大写的汉语拼音字母，或阿拉伯数字，或两者兼有之。

1. 机床的类别代号

机床的类别用汉语拼音字母表示，各类机床的代号见表 7－2。

表7-2 机床分类及代号

机床类型	车床	钻床	镗床	磨床			齿轮加工机床	螺纹加工机床	刨插床	拉床	铣床	电加工机床	切断机床	其他机床
代号	C	Z	T	M	2M	3M	Y	S	B	L	X	D	G	Q
参考读音	车	钻	镗	磨	二磨	三磨	牙	丝	刨	拉	铣	电	割	其

2. 机床的特性代号

为了表示某机床的结构特性和通用特性，在类别代号后加一个汉语拼音字母以区别于同类的普通型机床，其特性代号见表7-3。

表7-3 机床特性代号

特性	精密	高精密	自动	半自动	轻型	万能	仿型	简式或经济型	数控	柔性加工单元	数显	高速	加工中心
代号	M	G	Z	B	Q	W	F	J	K	R	X	S	H

3. 机床的组和系代号

随着机床工业的发展，每类机床按用途、结构及性能划分为若干组和系，用两位阿拉伯数字表示于类别代号和特性代号之后，首一位数字表示组，后一位数字表示系。

4. 机床的主参数

机床主参数是反映机床规格大小的参数。主参数在型号中位于组系代号之后用数字表示，其数字是实际值（单位，mm）或为实际值的1/10、1/100。

5. 机床的重大改进序号

当机床的性能和结构有重大改进，并按新的机床产品重新试制鉴定时，分别用汉语拼音字母A，B，C，…在原机床型号的最后表示设计改进的次序（但字母I和O不允许选用）。

下面举例说明型号中各部分的含义。

例1：

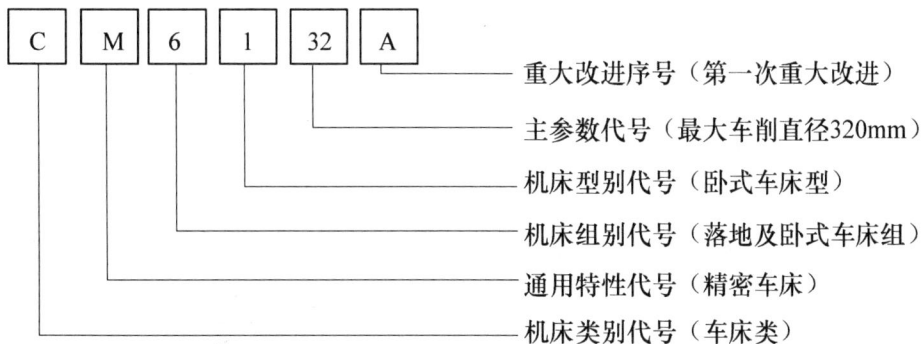

C M 6 1 32 A

重大改进序号（第一次重大改进）
主参数代号（最大车削直径320mm）
机床型别代号（卧式车床型）
机床组别代号（落地及卧式车床组）
通用特性代号（精密车床）
机床类别代号（车床类）

例2:

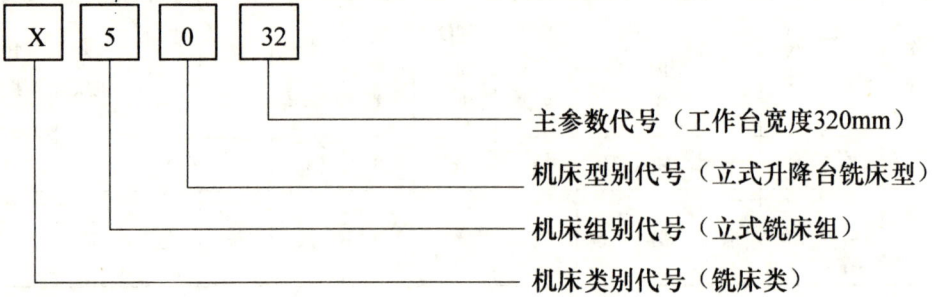

主参数代号（工作台宽度320mm）

机床型别代号（立式升降台铣床型）

机床组别代号（立式铣床组）

机床类别代号（铣床类）

复习思考题

1. 什么是切削加工？其特点是什么？
2. 零件表面有哪些类型？可以通过何种运动关系来实现？
3. 什么是主运动和进给运动？试分析车削外圆和牛头刨床刨平面时的切削运动。
4. 常见的切削用量有哪些？各是什么意义？
5. 外圆车刀切削部分有哪几个主要角度？各角度对切削加工有哪些影响？
6. 刀具材料应具备哪些基本性能？常见刀具材料有哪些？将其牌号各举出一例。
7. 请例举三个常见的机床代号，并写出各符号的含义。

第8章 车削加工

学习重点

➤ 熟悉普通车床的组成、运动、用途及传动系统

➤ 了解车削加工工艺过程的特点及应用

➤ 了解车刀的种类及常用车刀的使用

➤ 掌握车外圆、端面、钻孔、镗孔、切槽及切断等基本操作，了解车削锥面、螺纹、滚花等加工方法

➤ 熟悉常用车床附件的使用

8.1 概　述

车削加工是指在车床上利用工件的旋转运动和刀具的移动来改变毛坯形状和尺寸，将其加工成所需零件的一种切削加工方法。其中工件的旋转为主运动，刀具的移动为进给运动。

车削加工主要用于加工各种回转体表面，加工精度达 IT11 ~ IT6，表面粗糙度 R_a 值达 12.5 ~ 0.8 μm。

车削加工应用范围很广泛，它可完成的主要工作如图 8 - 1 所示。

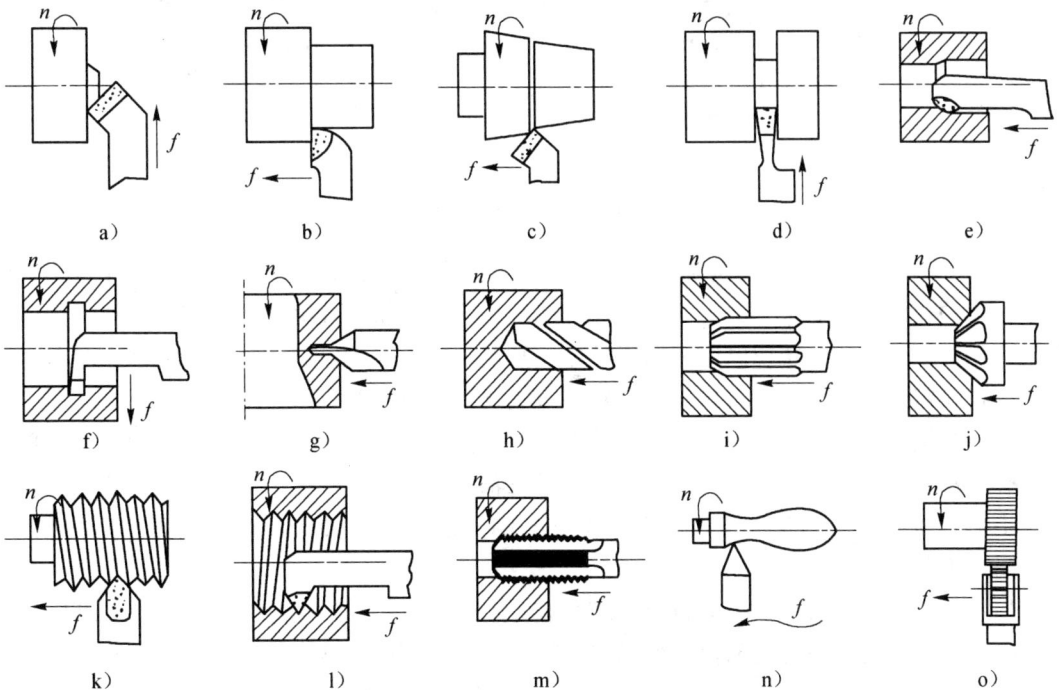

图 8 - 1　车床完成的主要工作

a) 车端面　b) 车外圆　c) 车外锥面　d) 切槽、切断　e) 镗孔　f) 切内槽　g) 钻中心孔
h) 钻孔　i) 铰孔　j) 锪锥孔　k) 车外螺纹　l) 车内螺纹　m) 攻螺纹　n) 车成型面　o) 滚花

8.2 车床的组成与传动

车床是金属切削机床中数量最多的一种，大约占机床总数的一半。按其结构特点及用途可分为卧式车床、转塔车床、立式车床、仪表车床、数控车床及其他自动、半自动车床等多种类型，其中大部分为卧式车床。

8.2.1 卧式车床

车床的型号很多，下面主要介绍常用的 C6132 型卧式车床。

1. C6132 型卧式车床的组成

C6132 型卧式车床的主要组成部分有床身、变速箱、主轴箱、进给箱、光杠和丝杠、溜板箱、刀架和尾座，如图 8-2 所示。

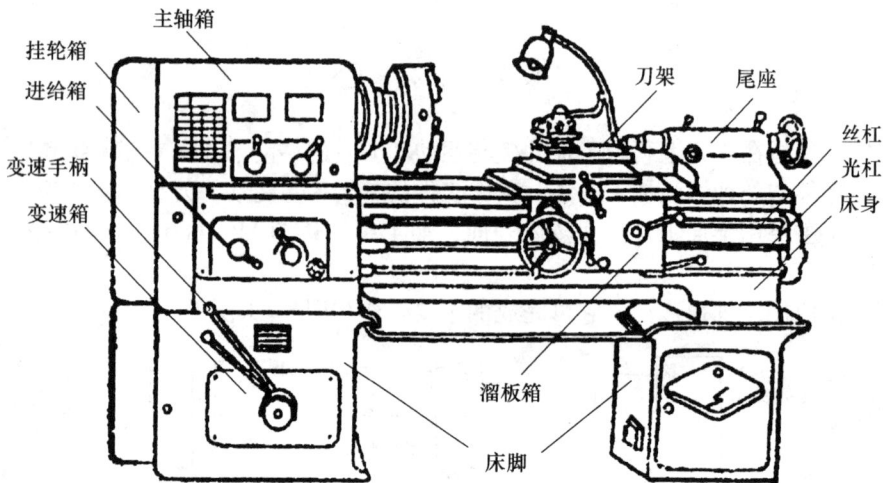

图 8-2　C6132 型车床

1）床身。床身是车床的基础零件，用来支承和连结各主要部件并保证各部件之间有严格、正确的相对位置。床身的上面有内、外两组平行的导轨。外侧的导轨用以大拖板的运动导向和定位，内侧的导轨用以尾座的移动导向和定位。床身的左右两端分别支承在左右床脚上，床脚固定在地基上。左右床脚内分别装有变速箱和电气箱。

2）主轴箱（床头箱）。它用于支承主轴，由主轴带动工件实现旋转（主运动）。主轴箱内装有一根空心的主轴及部分变速机构，通过主轴箱内的变速机构，可改变主轴的转速和转向。主轴的通孔中可以放入工件棒料，主轴右端（前端）的外锥面用来装夹卡盘等附件，内锥面用来装夹顶尖。

3）变速箱。电动机的运动通过变速箱内的变速齿轮，可变化成六种不同的转速从变速箱输出，经皮带轮传递至主轴箱。车床主轴的变速主要在这里进行。这样的传动方式称为分离传动，其目的在于减小机械传动中产生的振动及热量对主轴的不良影响，提高切削加工质量。

4）进给箱（走刀箱）。它将主轴的旋转运动经过挂轮架上的齿轮传给光杠或丝杠。通过其内部的齿轮变速机构可改变光杠和丝杠的转速，使刀具获得不同的进给量。

5）溜板箱（拖板箱）。它把光杠或丝杠的运动传给刀架。接通光杠时，可使刀架作纵向或横向进给。接通丝杠和闭合开螺母可车削螺纹。溜板箱中设有互锁机构，使两者不能同时使用。

6）刀架。刀架是用来夹持刀具的，刀架能够带动刀具作多个方向的进给运动。为此，刀架做成多层结构，从下往上分别是大拖板、中拖板、转盘、小拖板和四方刀架（见图8-3）。

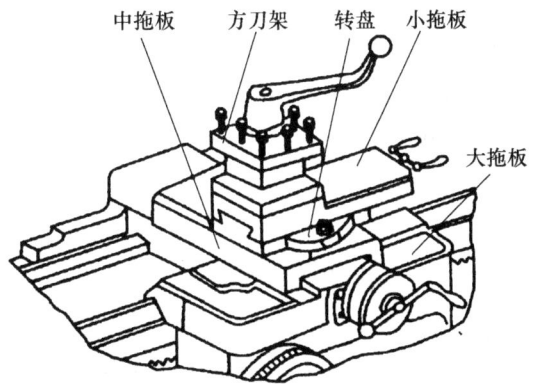

图8-3 刀架的组成

①大拖板。又称纵溜板，它与溜板箱连接，带动车刀沿床身上的导轨做纵向移动。

②中拖板。又称横溜板，带动车刀沿大拖板上的导轨（与床身上导轨垂直）作横向运动。

③转盘。与中拖板用螺栓相联，松开螺母，转盘可在水平面内转动任意角度。

④小拖板。可沿转盘上的导轨做短距离移动。当转盘转过一个角度，其上导轨亦转过一个角度，此时小拖板便可以带动刀具沿相应的方向作斜向进给运动。

⑤方刀架。专门夹持车刀，最多可装四把车刀。逆时针松开锁紧手柄可带动方刀架旋转，选择所用刀具，顺时针旋转时方刀架不动，但将方刀架锁紧，以承受加工中各种力对刀具的作用。

7）尾座。尾座装在床身内侧导轨上，可以沿导轨移动到所需位置。其结构如图8-4所示。尾座由底座、尾座体、套筒等部分组成。套筒装在尾座体上。套筒前端有莫氏锥孔，用于安装顶尖支承工件或用来装钻头、铰刀、钻夹头。套筒后端有螺母与一轴向固定的丝杠相连接，摇动尾座上的手轮使丝杆旋转，可以带动套筒向前伸或向后退。当套筒退至终点位置时，丝杆的头部可将装在锥孔中的刀具或顶尖顶出。移动尾座及其套筒前均须松开各自锁紧手柄，移到位置后再锁紧。松开尾座体与底座的固定螺钉，用调节螺钉调整尾座体的横向位置，可以使尾座顶尖中心与主轴顶尖中心对正，也可以使它们偏离一定距离，用来车削小锥度长锥面。

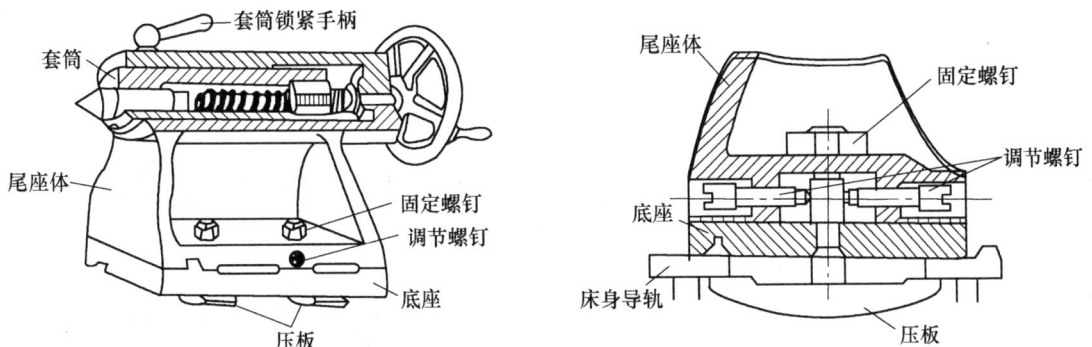

图8-4 尾座

109

2. C6132 车床的主要技术规格

车削工件的最大直径	ϕ 320 mm
两顶尖最大距离	750 mm
主轴最高转速	1980 r/min
主轴最低转速	45 r/min
纵向进给量	0.06 ~ 3.34 mm/r
横向进给量	0.04 ~ 2.47 mm/r
电动机	功率 4.5 kW 转速 1440 r/min
车制螺纹规格	17 种米制螺纹（螺距为 0.5 ~ 9 mm）
	32 种英制螺纹（38 ~ 2 牙/吋）

3. C6132 车床的传动系统

C6132 车床的传动系统如图 8 - 5 所示，它是由主运动传动系统和进给运动传动系统两部分组成，见框图 8 - 6。

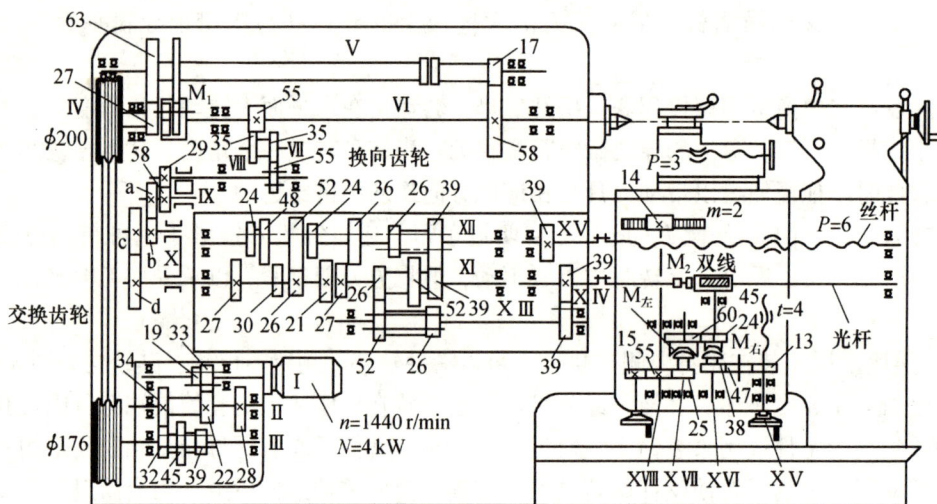

图 8 - 5 C6132 车床传动系统

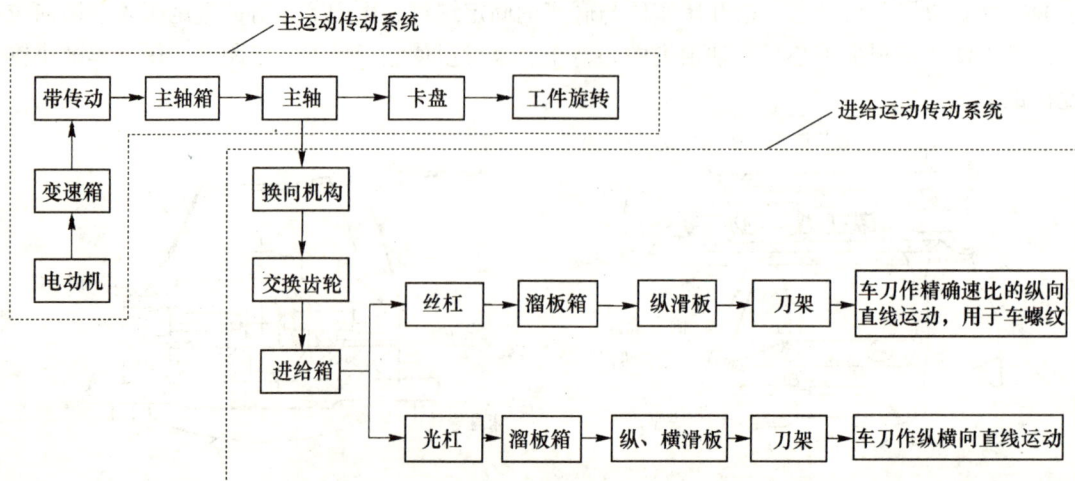

图 8 - 6 C6132 机床传动系统框图

4. C6132 车床的调整及手柄的使用

车床工作的调整主要是通过相应的手柄位置实现的，如图 8-7 所示。

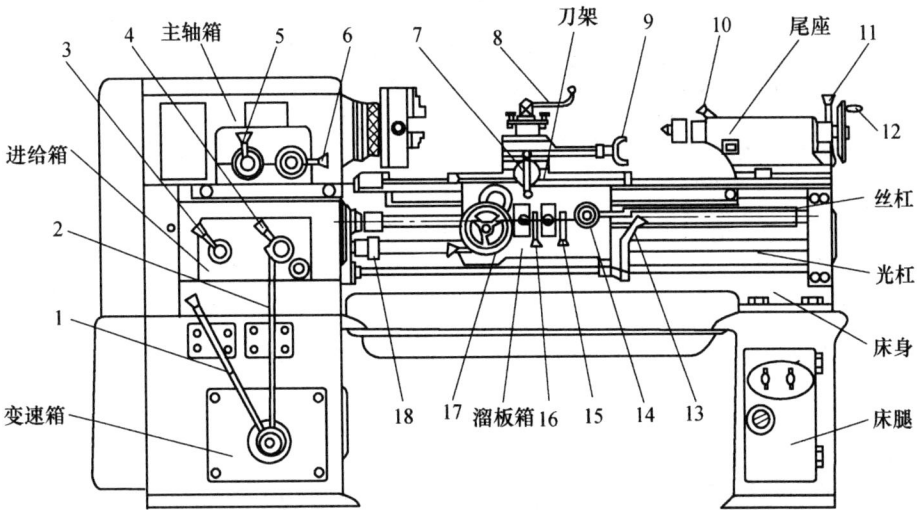

图 8-7   C6132 车床的调整手柄

变速手柄：主运动变速手柄为 1、2、6，进给运动手柄为 3、4，根据需要扳至相应位置即可。注意主轴变速时必须先停车后调整手柄，变速进给箱手柄位置要在低速时进行。

锁紧手柄：车刀锁紧手柄为 8，尾座锁紧手柄为 11，套筒锁紧手柄为 10。

移动手柄：刀架纵向移动手柄为 17，刀架横向移动手柄为 7，小刀架移动手柄为 9，尾座移动手柄为 12。

启停手柄：主轴正反转及停止手柄为 13，向上扳则主轴正传，向下扳则主轴反转，中间位置则主轴停止转动。刀架纵向自动手柄为 16，刀架横向自动手柄为 15，向上扳为启动，向下扳为停止。开合螺母手柄为 14，向上扳为开，向下扳为闭合。

换向手柄：刀架左右移动的换向手柄为 5，可根据指示使用。

离合器：光杆与丝杆换向使用的离合器为 18，向右拉为光杆旋转，向左推为丝杠旋转。

8.2.2   其他机床

在生产上，为满足不同形状、不同尺寸和不同生产批量的零件的加工需要，除了使用普通卧式车床外，还常使用下列几种车床。

1. 六角车床

六角车床有转塔式六角车床和回轮式六角车床。如图 8-8 所示为转塔式六角车床，其结构与卧式车床相似，但没有丝杠，并且由可转动的六角刀架代替尾座。六角刀架可以同时装夹六把（组）刀具，既能加工孔，又能加工外圆和螺纹。这些刀具按零件加工顺序装夹。六角刀架每转 60°就可以更换一把（组）刀具。四方刀架上亦可以装夹刀具进行切削。机床上设有定程挡块以控制刀具的行程，操作方便迅速。

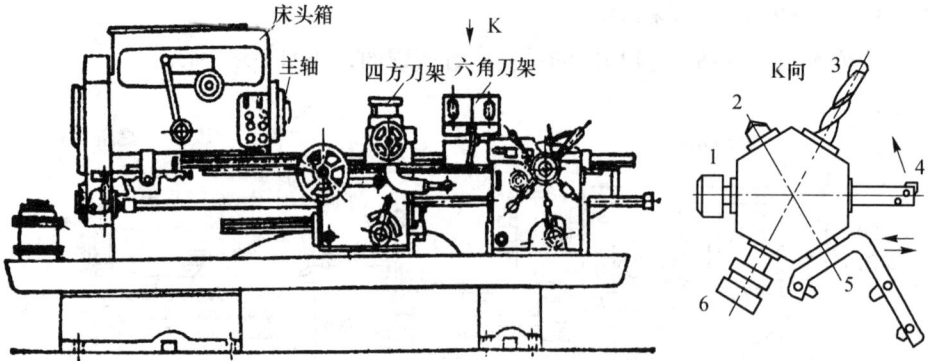

图 8 - 8 六角车床

六角车床主要用在成批生产中加工轴销、螺纹套管以及其他形状复杂的工件，生产率高。

2. 立式车床

立式车床的外形如图 8 - 9 所示。装夹工件用的工作台绕垂直轴线旋转。在工作台的后侧立柱上装有横梁和一个横刀架，它们都能沿立柱上的导柱上、下移动。立刀架溜板可沿横梁左、右移动。溜板上有转盘，可以使刀具斜成需要的角度，立刀架可作竖直或斜向进给。立刀架上的转塔有五个孔，可以装夹不同的刀具。旋转转塔，即可以迅速准确地更换刀具。利用立刀架可进行车内、外圆柱面，内、外圆锥面，车端面、切槽，还可以进行钻孔、扩孔和铰孔等加工。横刀架上的四方刀台夹持刀具，可沿立柱导轨和刀架滑座导轨作竖直或横向进给，完成车外圆、端面、切外沟槽和倒角等工作。

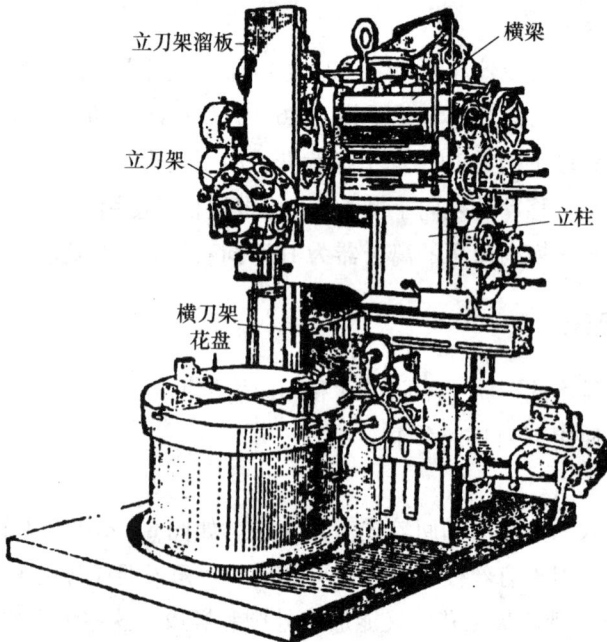

图 8 - 9 立式车床外形图

112

由于工作台面处于水平位置，工件的装夹、找正和夹紧都比较方便。立式车床适用于径向尺寸大、横向尺寸相对较小及形状复杂的大型和重型工件的加工。

3. 落地车床

落地车床与普通卧式车床不同的是只有主轴箱、溜板和刀架，没有床身和尾座。落地车床有一个直径很大的花盘，为了避免花盘中心过高，常把机床安装在地坑中，故称为落地车床，如图 8-10 所示。落地车床也是用于直径大而长度短的圆盘类工件加工。

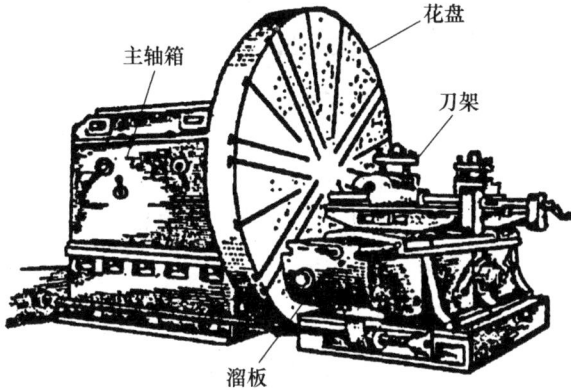

图 8-10　落地车床外形

4. 半自动、自动车床

半自动、自动车床经过调整后不需要人工操作便可以自行完成零件加工任务。不需要人工装卸工件的称为自动车床，否则称为半自动车床。

多刀半自动车床有单轴、多轴、卧式和立式之分。单轴卧式的布局形式与普通车床相似，但两组刀架分别装在主轴的前、后或上、下，用于加工盘、环和轴类工件，其生产率比普通车床提高 3~5 倍。

数控车床以电脑为控制中心，操作者按照加工零件的工艺要求编制、输入相应的加工程序，由电脑按指令操作车床做出相应动作来完成加工任务。

8.3　车　刀

8.3.1　车刀的分类

车刀的种类很多，按用途的不同可分为外圆车刀、螺纹车刀、内孔镗刀等多种，如图 8-11 所示。根据工件和被加工表面的不同，合理地选用不同种类的车刀不仅能保证加工质量，而且还能提高生产率，降低生产成本，延长刀具使用寿命。

按车刀结构的不同，又可分为如图 8-12 所示四种类型，其特点及用途见表 8-11。按车刀刀头材料的不同，还可分为常用的高速钢车刀和硬质合金车刀等。

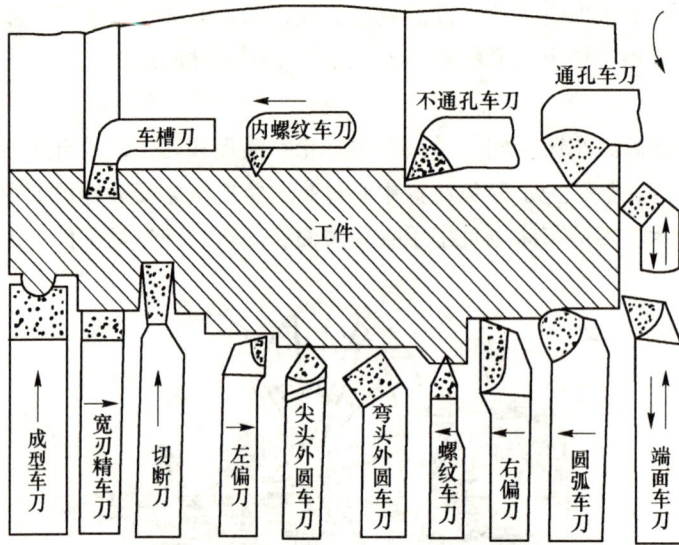

图 8-11 车刀的种类

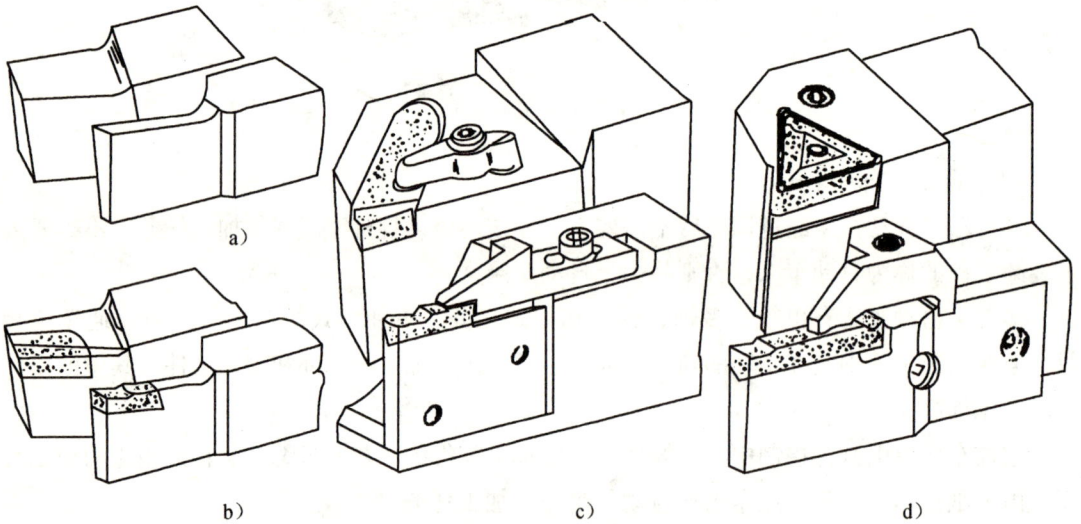

图 8-12 车刀的结构类型
a) 整体式　b) 焊接式　c) 机夹式　d) 可转位式

表 8-1 车刀结构类型特点及用途

名　称	特　点	适用场合
整体式	用整体高速钢制造、刃口可磨得较锋利	小型车床或加工有色金属
焊接式	焊接硬质合金或高速钢刀片,结构紧凑,使用灵活	各类车刀,特别是小刀具
机夹式	避免了焊接产生的应力、裂纹等缺陷,刀杆利用率高,刀片可集中刃磨获得所需参数,使用灵活方便	外圆、端面、镗孔、割断、螺纹车刀等
可转位式	避免了焊接刀具的缺点,切削刃磨钝后刀片可快速转位,无须刃磨刀具,生产率高,断屑稳定,可使用涂层刀片	大中型车床加工外圆、端面、镗孔,特别适用于自动线、数控机床

114

8.3.2　车刀的刃磨

未经使用的新刀或用钝后的车刀需要进行刃磨，以得到所需的锋利刀刃后才能进行车削。车刀的刃磨一般在砂轮机上手工刃磨，也可以在车刀磨床上或工具磨床上进行，以便磨出所需要的形状和几何角度。刃磨高速钢车刀应选用白色氧化铝砂轮（白刚玉），刃磨硬质合金车刀应选用绿色碳化硅砂轮。外圆车刀刃磨包括刃磨三个刀面和刀尖圆弧，其步骤如图 8-13 所示：

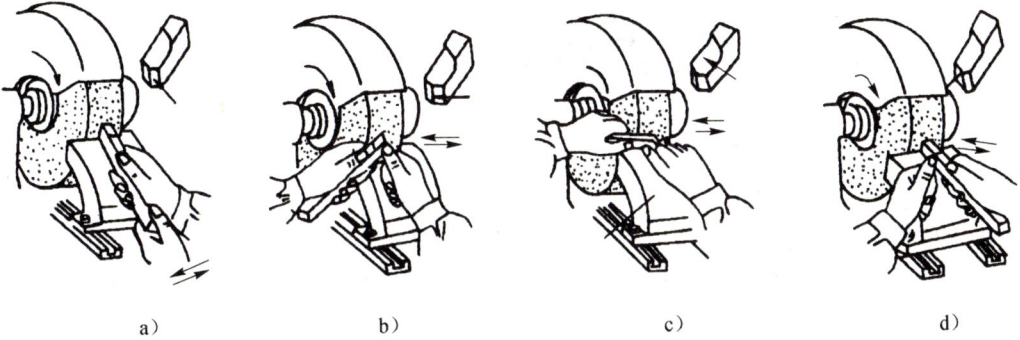

図 8-13　车刀刃磨步骤
a）磨主后刀面　b）磨副后刀面　c）磨前刀面　d）磨刀尖圆弧

（1）磨主后刀面：磨出车刀的主偏角 κ_r 和后角 α_o。
（2）磨副后刀面：磨出车刀的副偏角 κ'_r 和副后角 α'_o。
（3）磨前刀面：磨出车刀的前角 γ_o 及刃倾角 λ_s。
（4）磨刀尖圆弧：在主、副刀刃之间磨刀尖圆弧。

经过刃磨的车刀，可用油石加少量机油对切削刃进行研磨，可以提高刀具的耐用度和加工工件的表面质量。

刃磨车刀时应注意下列事项：

（1）启动砂轮或刃磨车刀时，磨刀者应站在砂轮侧面，以防砂轮破碎伤人。

（2）刃磨时，两手握稳车刀，刀具轻轻接触砂轮，接触过猛会导致砂轮碎裂或手拿车刀不稳而飞出。

（3）被刃磨的车刀应在砂轮圆周上左、右移动，使砂轮磨耗均匀，避免产生沟槽。切忌在砂轮侧面用力粗磨车刀。

（4）刃磨高速钢车刀时，发热后应将刀具置于水中冷却，以防车刀升温过高而回火软化，而磨硬质合金车刀时不能沾水，以免产生热裂纹。

8.3.3　车刀的装夹

车刀应正确地装夹在车床刀架上，这样才能保证刀具有合理的几何角度，从而提高车削加工质量。车刀的装夹正、误对比，如图 8-14 所示。

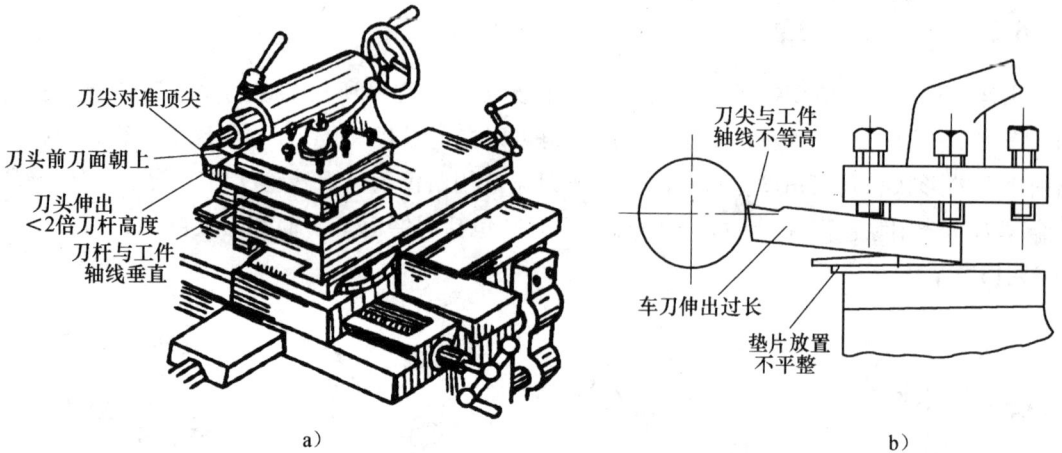

刀尖对准顶尖
刀头前刀面朝上
刀头伸出
<2倍刀杆高度
刀杆与工件
轴线垂直

刀尖与工件
轴线不等高
车刀伸出过长
垫片放置
不平整

a)   b)

图 8 - 14   车刀的装夹

车刀装夹的基本要求如下:

（1）车刀刀尖应与车床的主轴轴线等高，可根据尾架顶尖的高度来进行调整。

（2）车刀刀杆应与车床轴线垂直，否则将改变主偏角和副偏角的大小。

（3）车刀刀体悬伸长度一般不超过刀柄厚度的两倍，否则刀具刚性下降，车削时容易产生振动。

（4）刀柄下面的垫片应平整并与刀架对齐，垫片一般使用 2～3 片，太多会降低刀柄与刀架的接触刚度。

（5）螺钉应交替拧紧，至少压紧两个螺钉。

（6）车刀装夹好后，应检查车刀在工件的加工极限位置时是否会产生运动干涉或碰撞。

8.4   车床附件及工件的装夹

车削加工之前，工件要在车床上进行安装，由于工件的形状、大小和加工表面不同，安装工件的方法也不同，安装工件的主要要求是工件的位置准确、装夹牢固，以保证加工质量和提高生产效率。车床上常用的装夹附件有：三爪自动定心卡盘、四爪单动卡盘、顶尖、中心架、跟刀架、心轴、花盘等。

8.4.1   三爪卡盘装夹工件

三爪卡盘是三爪自定心卡盘的简称，它是在车床上最常用的附件，其构造如图 8 - 15 所示。

三爪卡盘能自动定心，因此工件装夹方便，但其定心精度不高（准确度为 0.05～0.15 mm），工件上同轴度要求较高的表面，应尽可能在一次装夹中车出。三爪卡盘适合装夹轴、套、盘类或六角形等零件。

工件用三爪卡盘装夹时必须装正夹牢，夹持长度一般 ≥10 mm。在车床开动时，工件不能有明显的摇摆、跳动，否则要重新装夹或找正，如图 8 - 16 所示为装夹的几种形式。

116

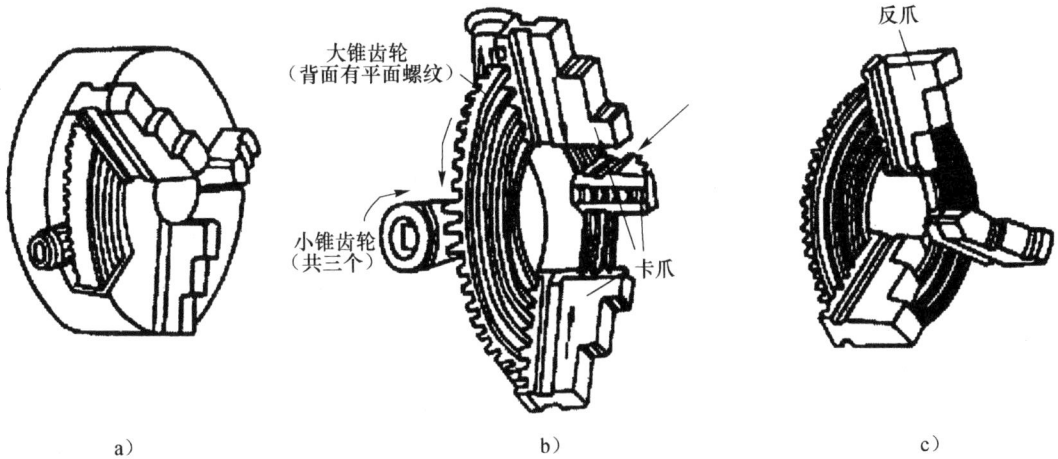

图 8 - 15　三爪自定心卡盘
a) 外形　b) 构造　c) 反爪

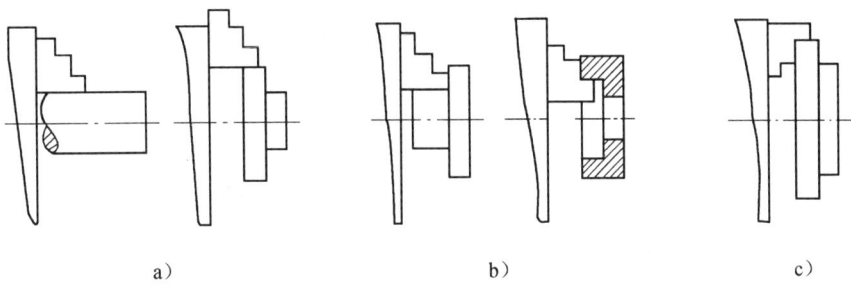

图 8 - 16　三爪自定心卡盘装夹工件举例
a) 正爪装夹　b) 正爪装夹，轴向定位　c) 反爪装夹

使用三爪卡盘装夹工件的步骤如下：

①将工件轻轻夹持在三个爪之间；

②开动机床，使主轴低速回转，检查工件有无偏摆，若出现偏摆则在停车后用小锤轻敲校正，然后加紧工件；

③检查刀架是否与卡盘或工件在行程内有碰撞，并注意每次使用卡盘扳手后及时取下扳手，以免开车时飞出伤人。

8.4.2　四爪卡盘装夹工件

四爪卡盘是四爪单动卡盘的简称，其结构如图 8 - 17 所示。四个卡爪可独立移动，它们分别装在卡盘体的四个径向滑槽内，当扳手插入某一方孔内转动时，就带动该卡爪径向移动。

由于四爪卡盘的各卡爪是独立的，因此不具备自定心功能，装夹工件时需四个卡爪分别调整，来保证加工面轴线与机床主轴轴线同轴。常用的找正方法有划针盘找正或百分表找正，当使用百分表找正时，定位精度可达 0.01 mm（见图 8 - 18）。

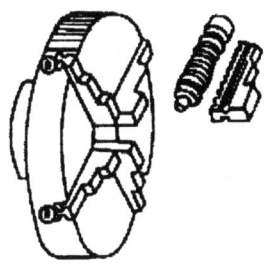

图 8 - 17　四爪单动卡盘

117

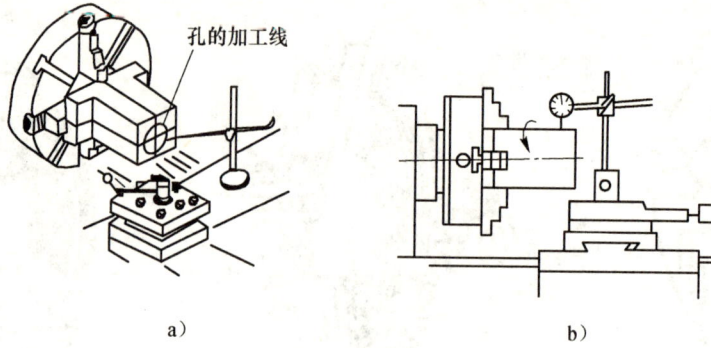

图 8-18 用四爪单动卡盘装夹工件时的找正
a) 用划针盘找正　b) 用百分表找正

四爪卡盘比三爪卡盘夹紧力大、精度高，但安装调整困难，效率低。它适合装夹方形、椭圆形及形状不规则的较大工件。

8.4.3 用顶尖装夹工件

在车床上加工较长或工序较多的轴类零件时，为了保证加工表面的位置精度，通常采用工件两端的中心孔作为统一的定位基准，用两顶尖来装夹工件。如图 8-19 所示，把轴安装在前后两个顶尖上，前顶尖一般是固定顶尖，安装在主轴锥孔内和主轴一起旋转；后顶尖一般是回转顶尖，装在尾座的套筒内，轴由卡箍夹紧，由安装在主轴端部的拨盘带动卡箍一起旋转。

生产中有时用一段钢料夹在三爪自定心卡盘中车成 60°圆锥体作前顶尖，用三爪自定心卡盘代替拨盘，卡箍则通过卡爪带动旋转，如图 8-20 所示。

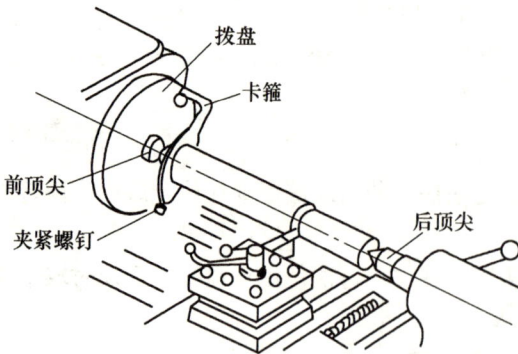

图 8-19 用顶尖安装工件

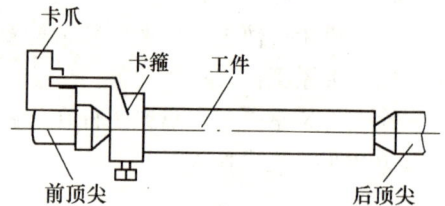

图 8-20 用三爪定心卡盘代替拨盘

1. 顶尖的选用与装夹

常用的顶尖有死顶尖和活顶尖两种，如图 8-21 所示。车床上的前顶尖装在主轴锥孔内随主轴及工件一起旋转，与工件无相对运动，采用死顶尖。为了防止高速切削时后顶尖与工件中心孔摩擦发热过多而磨损或烧坏，后顶尖常采用活顶尖。活顶尖能与工件一起旋转。由于活顶尖的准确度不如死顶尖高，一般用于粗加工或半精加工。轴的精度要求比较高时，后顶尖也应该用死顶尖，但要合理选用切削速度。当工件轴端直径很小不便钻中心孔时，可将工件轴端车成 60°圆锥，反顶在顶尖的中心孔中，如图 8-21a 所示。

118

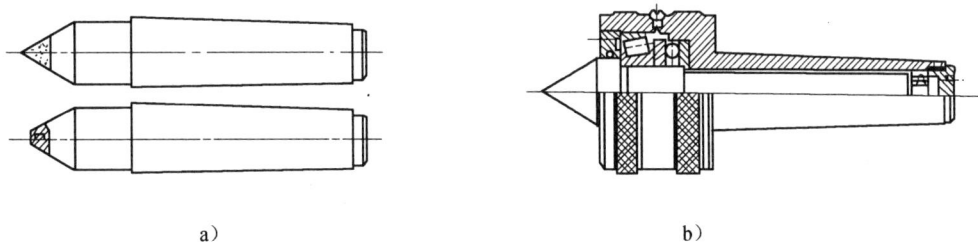

图 8 - 21　顶尖

a）死顶尖　b）活顶尖

顶尖是利用尾部的锥面与主轴或尾座套筒的锥孔配合而装紧的，因此，安装顶尖时必须擦净锥孔和顶尖，然后用力推紧，否则装不牢或装不正。

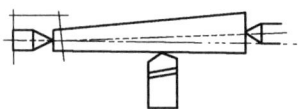

图 8 - 22　轴线不重合将车出锥体

顶尖装牢后必须检查前后两个顶尖的轴线是否重合，如果两顶尖不重合，加工出的工件会出现锥度，如图 8 - 22 所示，此时可横向调节尾座体，使之符合要求（见图 8 - 23）。

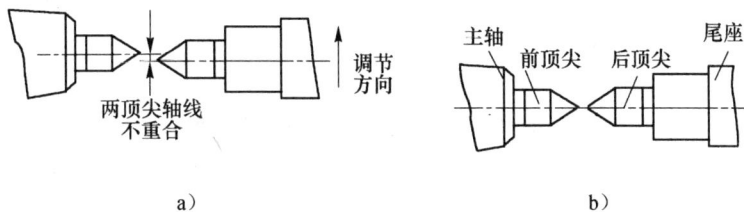

图 8 - 23　校正顶尖

a）调整双顶尖轴线　b）调整后双顶尖轴线重合

对于精度要求较高的轴，加工前只凭眼睛观察来校正顶尖是不行的。这时可采用边加工、边度量、边调整的方法来校正。

2. 工件的装夹步骤

工件在装夹时先将靠近主轴箱的一端装上卡箍。如果尾座一端用死顶尖支承，还须涂上黄油。装夹过程如图 8 - 24 和图 8 - 25 所示。

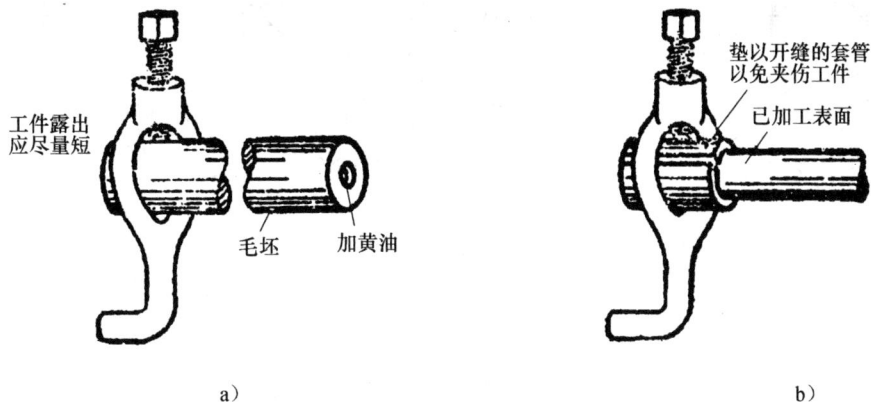

图 8 - 24　装卡箍

a）夹毛坯表面　b）夹已加工表面

119

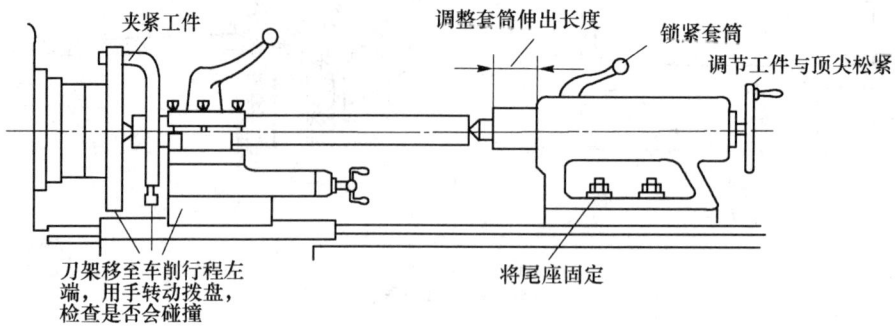

图 8-25 顶尖间装夹工件

顶尖装夹工件时，与工件的配合松紧应当适度。过松会导致定心不准，甚至工件飞出；太紧会增加与后顶尖的摩擦，并可能将细长工件顶弯。当加工温度升高时，应将后顶尖稍许松开一些。对于较重工件的粗车、半精车可采用一端卡盘、一端顶尖的装夹方法。

8.4.4　中心架和跟刀架

中心架和跟刀架是切削加工的辅助支承，加工细长轴（长径比大于10）时，为了防止工件被车刀顶弯或防止工件振动，需要用中心架或跟刀架增加工件的刚性，减少工件的变形。

如图 8-26 所示，中心架固定在车床导轨上，三个爪支承于预先加工的外圆面上，一般多用于阶梯轴、长轴车端面、打中心孔及加工内孔等。

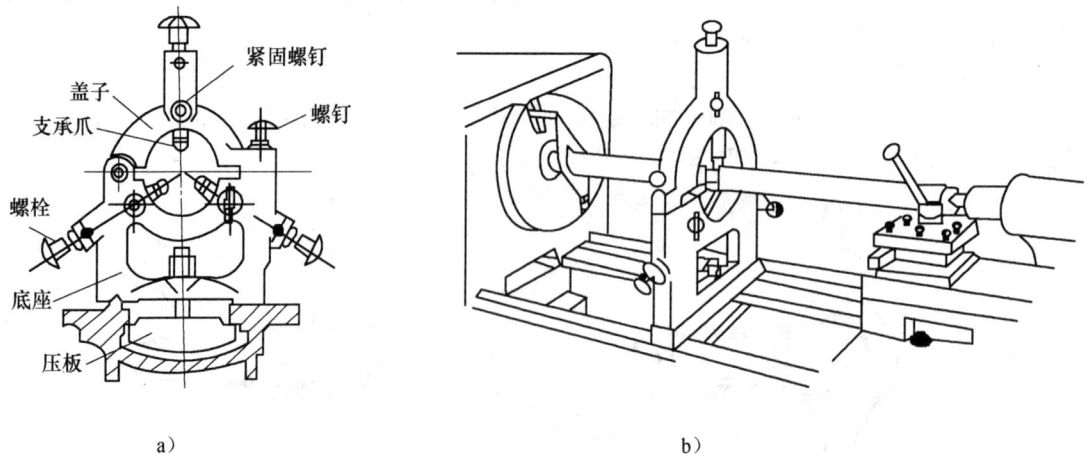

a)　　　　　　　　　　　　　　　　b)

图 8-26　中心架及其应用
a）中心架　b）应用中心架车长轴

跟刀架使用时固定在床鞍上，并随床鞍一起做纵向移动，跟刀架多用于加工细长的光轴和长丝杠等工件，如图 8-27 所示。

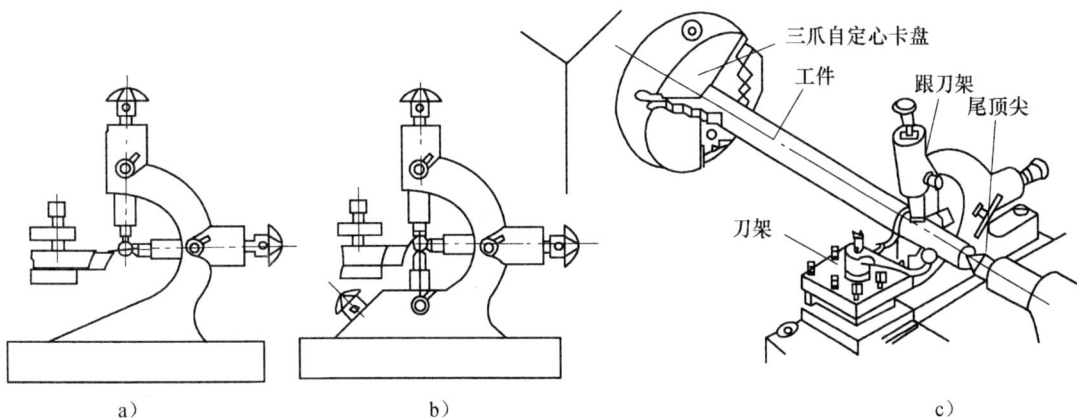

图 8 - 27　跟刀架及其应用

a）二爪跟刀架　b）三爪跟刀架　c）跟刀架的应用

使用跟刀架和中心架时，工件被支承部分应是加工过的外圆表面，并要加润滑油，工件的转速不能很高，以防止工件与支承爪之间摩擦过热而烧坏或磨损支承爪。

8.4.5　心轴装夹工件

盘、套类零件的外圆和端面对内孔常有同轴度及垂直度要求，若相关表面无法在三爪卡盘的一次装夹中与孔同时精加工，则需在孔精加工后再以孔定位，即将工件装到心轴上再加工其他有关表面，以保证上述要求。作为定位面的孔，即精度不应低于 IT8，表面粗糙度值 R_a 不应大于 1.6 μm。心轴在前后顶尖上的装夹方法与轴类零件相同。

心轴的种类很多，可根据工件的形状、尺寸、精度要求以及加工数量的不同选择不同结构的心轴。最常用的有锥度心轴、圆柱心轴和可胀心轴。

1. 圆柱心轴

当工件的长度比孔径小时，常用圆柱心轴装夹，如图 8 - 28a 所示。工件装入圆柱心轴后，加上垫圈用螺母锁紧，其夹紧力较大，但由于孔与心轴之间有一定的配合间隙，所以对中性比锥度心轴差。要减小孔与心轴的配合间隙可提高加工精度。圆柱心轴可一次装夹多个工件，从而实现多件加工。

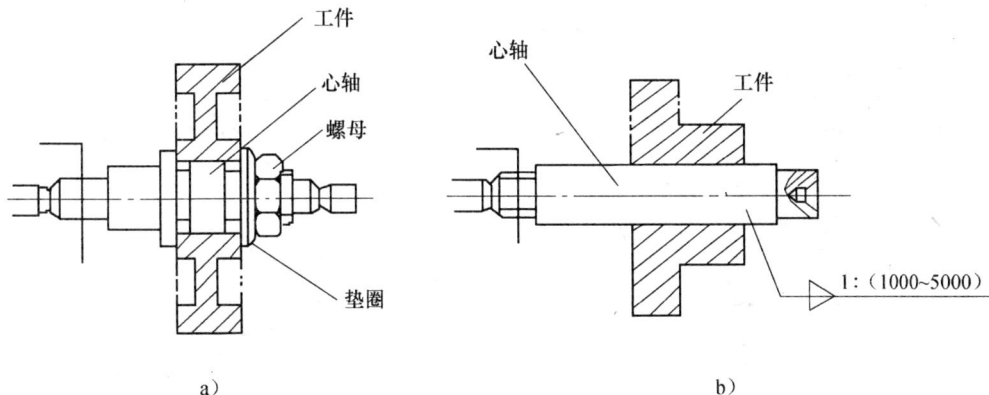

图 8 - 28　用心轴装夹工件

a）圆柱心轴　b）锥度心轴

121

2. 锥度心轴

锥度心轴见图 8-28b，其锥度为 1:1000～1:5000。工件压入后，靠摩擦力与心轴紧固。锥度心轴对中准确，装卸方便，但由于切削力是靠心轴锥面与工件孔壁压紧后的摩擦力传递的，所以切削加工深度不宜太大，锥度心轴主要用于单个工件的装夹及精车。

3. 可胀心轴

可胀心轴如图 8-29 所示。工件装在可胀锥套上，利用锥套沿锥体心轴的轴向移动使其胀开，撑住工件内孔。

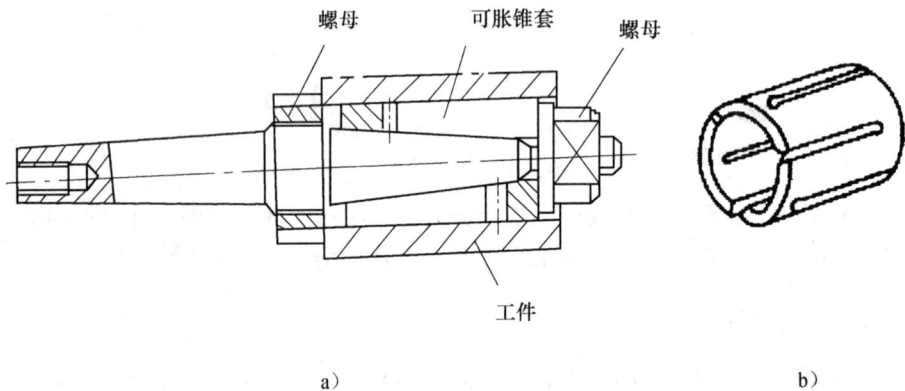

图 8-29　可胀心轴

a）可胀心轴　b）可胀轴套

8.4.6　花盘和弯板装夹工件

花盘是装夹在车床主轴上的大直径铸铁圆盘，盘面上有许多长槽用来穿入压紧螺栓，花盘端面平整并与其轴线垂直，其结构如图 8-30 所示。

花盘适合装夹待加工平面与装夹面平行、待加工孔的轴线与装夹面垂直或平行的工件，以及某些形状不规则的或刚性较差的大型工件等。利用花盘或花盘弯板装夹工件时，也需仔细找正，同时，为减少质量偏心引起的振动，应加平衡铁，如图 8-31 所示。

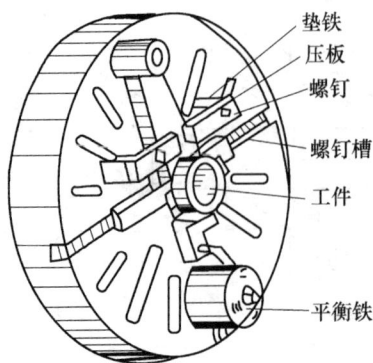

图 8-30　在花盘上安装工件

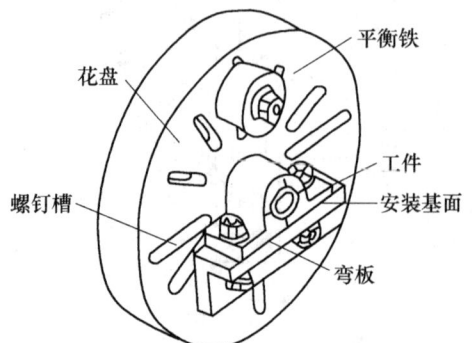

图 8-31　在花盘弯板上安装工件

8.5 基本车削方法

8.5.1 车外圆

将工件车成圆柱形表面的加工称为车外圆，这是最常见、最基本的车削加工。常见的外圆车削方法见图8-32。

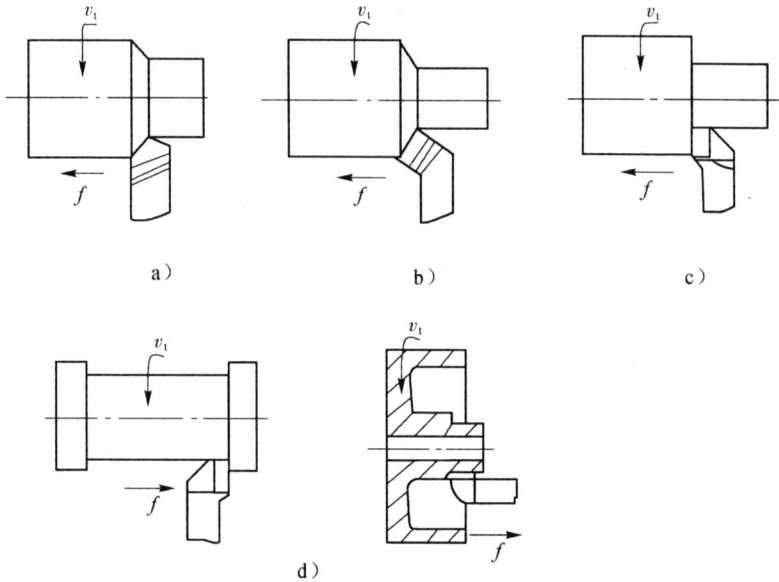

图8-32 车外圆

a) 尖刀车外圆 b) 弯头刀车外圆 c) 右偏刀车外圆 d) 左偏刀车外圆

1. 常用的外圆车刀

尖刀主要用于粗车外圆和车削没有台阶或台阶不大的外圆，见图8-32a。

45°弯头刀既可车外圆，见图8-32b，又可车端面，还可用于45°倒角，应用较为普遍。

右偏刀主要用来车削带直角台阶的外圆，见图8-32c。由于右偏刀切削时产生的径向力小，常用于车细长轴。

左偏刀车外圆，主要用以需要从左向右进刀、车削右边有直角台阶的外圆，以及右偏刀无法车削的外圆，见图8-32d。

刀尖带有圆弧的车刀一般用来车削母线带有过渡圆弧的外圆表面。这种刀车外圆时，残留面积的高度小，可以降低工件表面粗糙度。

2. 车削外圆时径向尺寸的控制

1）刻度盘手柄的使用。要准确地获得车削外圆的尺寸，必须正确掌握好车削加工的背吃刀量 a_p，车外圆的背吃刀量是通过调节中滑板横向进给丝杠获得的。刻度盘与丝杠连为一体，中滑板与螺母连为一体。刻度盘转一周，则螺母带动中滑板和刀架沿横向移动一个丝杠导程。由此可知，中滑板进刀手柄刻度盘每转一格，刀架沿横向的移动距离 s 为：

$$s = 丝杠导程 \div 刻度盘总格数$$

123

对 C6132 车床，此值为 0.02 mm/格。所以，车外圆时当刻度盘顺时针转一格，横向进刀 0.02 mm，工件的直径减小 0.04 mm。这样就可以按背吃刀量 a_p 决定进刀格数。

车外圆时，如果进刀超过了应有的刻度，或试切后发现车出的尺寸太小而须将车刀退回时，由于丝杠与螺母之间有间隙，刻度盘不能直接退回到所要的刻度线，应按图 8-33 所示的方法进行纠正。

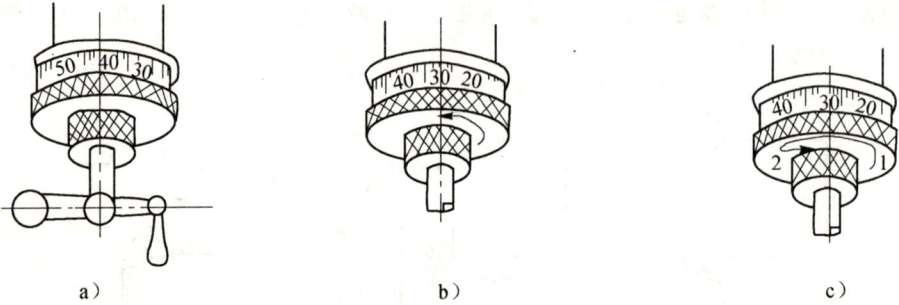

图 8-33 手柄摇过后的纠正方法
a) 要求转至 30，但摇过头成 40　b) 错误：直接退到 30　c) 正确：反转约一圈后，再正转至 30

2）试切法调整加工尺寸。工件在车床上装夹后，要根据工件的加工余量决定进给的次数和每次进给的背吃刀量。因为刻度盘和横向进给丝杠都有误差，在半精车或精车时，往往不能满足进刀精度要求。为了准确地确定吃刀量，保证工件的加工尺寸精度，只靠刻度盘进刀是不行的，这就需要采用试切的方法。试切的方法与步骤见图 8-34。

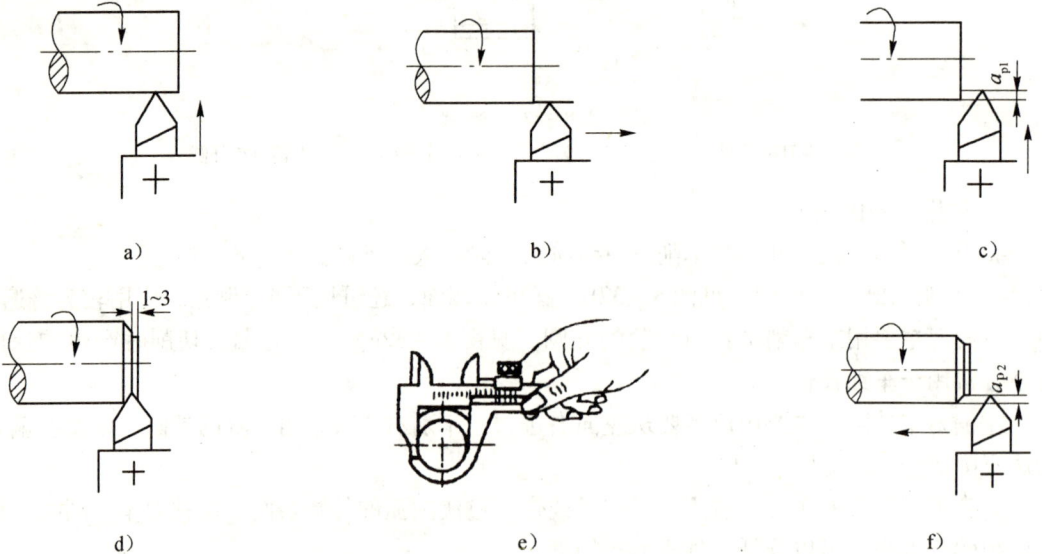

图 8-34 车外圆试切法
a) 开车对刀，使车刀和工件轻微接触　b) 向右退出　c) 按要求横向进给 a_{p1}
d) 试切 1~3 mm　e) 向右退出，停车，测量　f) 调整背吃刀量至 a_{p2} 后，自动进给

如果按照背吃刀量 a_{p1} 的试切后的尺寸合格，就按 a_{p1} 车出整个外圆面。如果尺寸还大，要重新调整背吃刀量 a_{p2} 进行试切，如此直至尺寸合格为止。

124

8.5.2 车端面

轴、套、盘类工件的端面常用来作轴向定位或测量的基准，因此车削加工时，一般都先将端面车出。端面的车削加工方法见图 8 – 35。

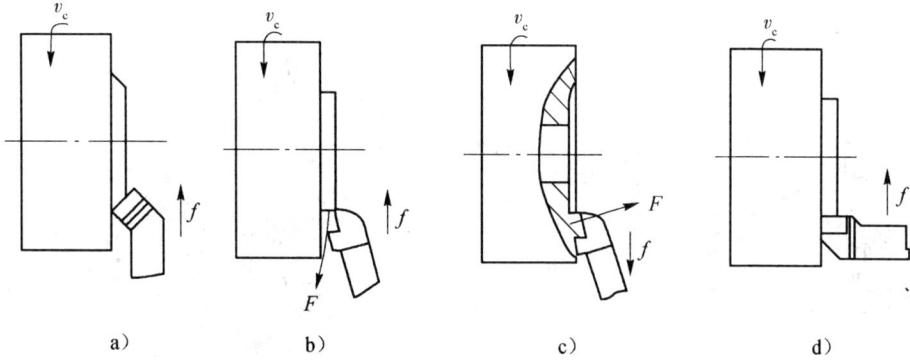

图 8 – 35　车端面
a）弯头刀车端面　b）右偏刀车端面（由外向中心）　c）右偏刀车端面（由中心向外）　d）左偏刀车端面

其中图 8 – 35a 是用弯头刀车端面，可采用较大背吃刀量，切削顺利，表面光洁，大小平面均可车削，应用较多；图 8 – 35b 是用 90°右偏刀从外向中心进给车端面，适宜车削尺寸较小的端面或一般的台阶面；图 8 – 35c 是用 90°右偏刀从中心向外进给车端面，适宜车削中心带孔的端面或一般的台阶端面；图 8 – 35d 是用左偏刀车端面，刀头强度较好，适宜车削较大端面，尤其是铸、锻件的大端面。

车端面时应注意以下几点：

①车刀的刀尖就对准工件的回转中心，否则会在端面中心留下凸台。

②工件中心处的线速度较低，为获得整个端面上较好的表面质量，车端面的转速比车外圆的转速高一些。

③直径较大的端面车削时应将大拖板锁紧在床身上，以防由大拖板让刀引起的端面外凸或内凹。此时用小拖板调整背吃刀量。

④精度要求高的端面，亦应分粗、精加工。

8.5.3 车台阶

台阶面是由一定长度的圆柱面和端面的组合，很多轴、套、盘类工件都有台阶面。台阶的高、低由相邻两段圆柱体的直径所决定。台阶高度小于 5 mm 的低台阶，加工时用正装的 90°偏刀在车外圆时车出；高度大于 5 mm 的高台阶，用主偏角大于 90°右偏刀在车外圆时，分层、多次横向走刀车出，见图 8 – 36。

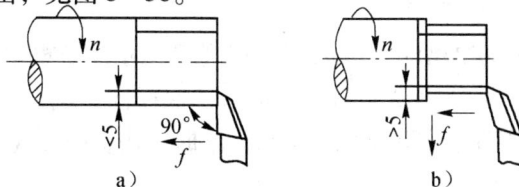

图 8 – 36　车台阶
a）一次走刀　b）多次走刀

台阶长度的确定：在单件生产时，用钢直尺测量，用刀尖划线来确定；成批生产时，用样板控制台阶的长度，见图 8 - 37。准确长度可用游标卡尺或深度尺获得，进刀长度可用床鞍刻度盘或小滑板刻度盘控制。如果大批量生产或台阶较多，可用行程挡块来控制进给长度，见图 8 - 38。

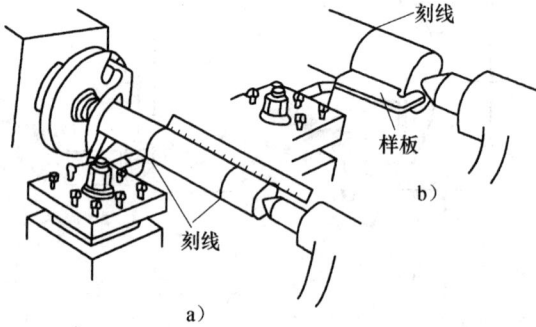

图 8 - 37　台阶位置的确定

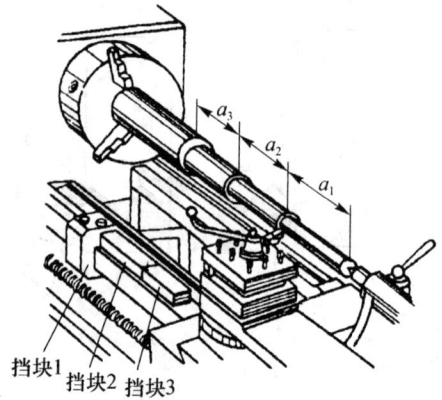

图 8 - 38　挡块定位车台阶

8.5.4　车槽和切断

1. 车槽

在工件表面上车削出沟槽的方法称为车槽，车槽的形状及加工如图 8 - 39 所示。轴上的外槽和孔的内槽多属于退刀槽，其作用是车削螺纹或进行磨削时便于退刀，否则无法加工。同时往轴上或孔内装配其他零件时，便于确定其轴向位置，端面槽的主作用是为了减轻重量。有些槽还可以卡上弹簧或装上密封圈等。切槽使用切槽刀，如图 8 - 40 所示，切槽和车端面很相似，如同左右偏刀并在一起同时车左右两个端面。

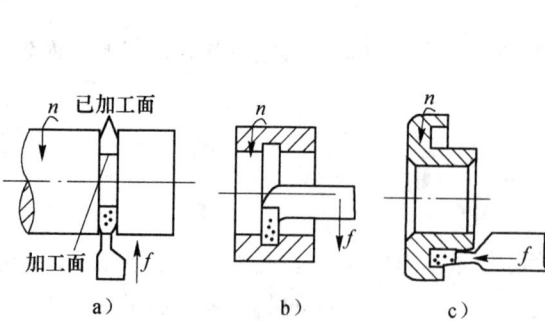

图 8 - 39　车槽的形式
a) 车外槽　b) 车内槽　c) 车端面槽

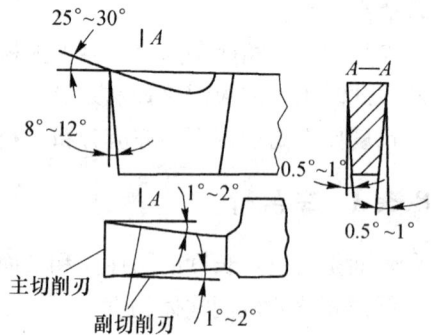

图 8 - 40　车槽刀及其角度

车削宽度为 5 mm 以下的窄槽时，可采用主切削刃尺寸与槽宽相等的切槽刀一次车出，宽度大于 5 mm 时，一般采用分段横向粗车，最后一次横向切削后，再进行纵向精车的方法，如图 8 - 41 所示。当工件上有几个同一类型的槽时，槽宽应一致，以便用同一把刀具切削，提高效率。

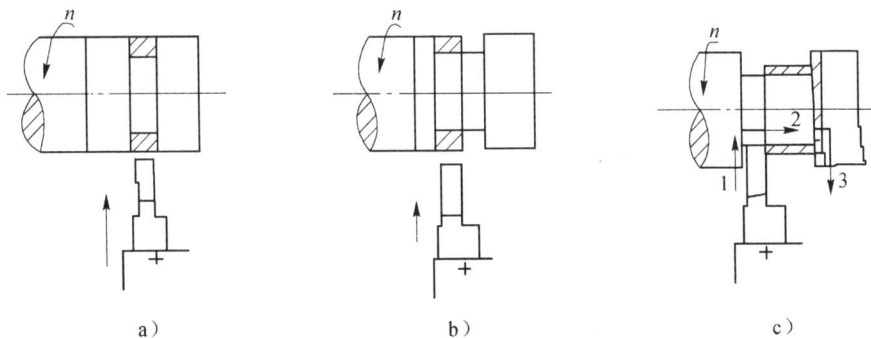

图 8 - 41   车宽槽
a）第一次横向进给   b）第二次横向进给   c）末一次横向进给后再做纵向进给精车底部

2. 切断

切断是将坯料或工件从夹持端上分离下来，主要用于圆棒料按尺寸要求下料或把加工完毕的工件从坯料上切下来，如图 8 - 42 所示。常用的切断方法有直进法和左右借刀法两种。

切断要选用切断刀，切断刀的形状与切槽刀相似，只是刀头更加窄长，所以刚性也更差，容易折断，切断时应注意以下几点：

①切断时，刀尖必须与工件等高，否则切断处将留有凸台，也容易损坏刀具。

②切断处应靠近卡盘，增加工件刚性，减小切削时的振动。

③切断刀伸出不宜过长，以增强刀具刚性。

④切断时，切削速度要低，采用缓慢均匀的手动进给，即将切断时，须放慢进给速度，以免折断。

⑤切断钢件应适当使用切削液，加快切断过程的散热。

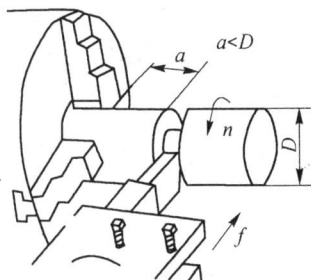

图 8 - 42   切断

8.5.5   孔加工

车床上孔的加工方法有钻孔、扩孔、铰孔和镗孔。

1. 钻孔

在车床上钻孔时，工件的回转运动为主运动，尾座上的套筒推动钻头所作的纵向移动为进给运动。车床上的钻孔加工如图 8 - 43 所示。

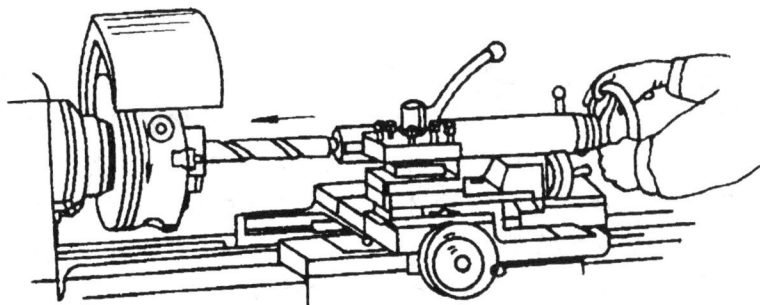

图 8 - 43   车床上钻孔

钻孔所用的刀具为麻花钻。麻花钻的结构参见 11.2.5 章节。

车床上钻孔，孔与工件外圆的同轴度比较高，与端面的垂直度也较高。

车床钻孔的步骤如下：

①车平端面。为便于钻头定心，防止钻偏，应先将工件端面车平。

②预钻中心孔。用中心孔钻在工件中心处先钻出麻花钻定心孔或用车刀在工件中心处车出定心小坑。

③装夹钻头。选择与所钻孔直径对应的麻花钻，麻花钻工作部分长度略长于孔深。如果是直柄麻花钻，则用钻夹头装夹后插入尾座套筒。锥柄麻花钻用过渡锥套或直接插入尾座套筒。

④调整尾座纵向位置。松开尾座锁紧装置，移动尾座直至钻头接近工件，将尾座锁紧在床身上。此时要考虑加工时套筒伸出不要太长，以保证尾座的刚性。

⑤开车钻孔。钻孔是封闭式切削，散热困难，容易导致钻头过热，所以，钻孔的切削速度不宜高，通常取 $v_c = 0.3 \sim 0.6$ m/s。开始钻削时进给要慢一些，然后以正常进给量进给。钻盲孔时，可利用尾座套筒上的刻度控制深度，亦可在钻头上做深度标记来控制孔深。孔的深度还可以用深度尺测量。对于钻通孔，快要钻通时应减缓进给速度，以防钻头折断。钻孔结束后，先退出钻头，然后停车。

钻孔时，尤其是钻深孔时，应经常将钻头退出，以利于排屑和冷却钻头。钻削钢件时，应加注切削液。

2. 镗孔

镗孔是利用镗孔刀对工件上铸出、锻出或钻出的孔作进一步的加工。图 8-44 所示为车床上镗孔加工。

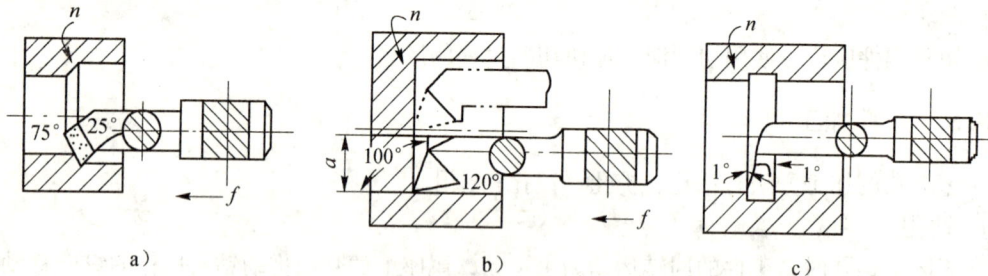

图 8-44 车床上镗孔
a) 车通孔 b) 车盲孔 c) 车内环形孔

在车床上镗孔，工件旋转作主运动，镗刀在刀架带动下作进给运动。镗孔可以纠正原来孔的轴线偏斜，提高孔的位置精度。镗刀的切削部分与车刀是一样的，形状简单，便于制造。但镗刀要进入孔内切削，尺寸不能大，故镗刀杆比较细，刚性差。因此加工时背吃刀量和走刀量都选得较小，走刀次数多，生产率不高。镗削加工的通用性很强，应用广泛。镗孔加工的精度接近于车外圆加工的精度。

车床镗孔的尺寸获得与外圆车削基本一样，也是采用试切法，边测量，边加工。孔径的测量也是用游标卡尺。精度要求高时可用内径百分尺或内径百分表测量孔径。在大批量生产时，工件的孔径可以用量规来进行检验。

镗孔深度的控制与车台阶及车床上钻孔相似。孔深度的测量可以用游标卡尺或深度尺进行测量。

由于镗孔加工是在工件内部进行的，操作者不易观察到加工状况，所以操作比较困难。在车床上镗孔时应注意下列事项：

①镗孔时镗刀杆应尽可能粗一些，但在镗不通孔时，镗刀刀尖到刀杆背面距离必须小于孔的半径，否则孔底中心部位无法车平（见图8-44b）。

②镗刀装夹时，刀尖应略高于工件回转中心，以减少加工中颤振和扎刀现象，也可以减少镗刀下部碰到孔壁的可能性，尤其在镗小孔的时候。

③镗刀伸出刀架的长度应尽量短些，以增加镗刀杆的刚性，减少振动，但伸出长度不得小于镗孔深度。

④镗孔时因刀杆相对较细，刀头散热条件差，排屑不畅，易产生振动和让刀，所以选用的切削用量要比车外圆小些。其调整方法与车外圆基本相同，只是横向进刀方向相反。

⑤开动机床镗孔前使镗刀在孔内手动试走一遍，确认无运动干涉后再开车切削。

车床上的孔加工主要是针对回转体工件中间的孔。对非回转体上孔可以利用四爪单动卡盘或花盘装夹在车床上加工，但更多的是在钻床和镗床上进行加工。

8.5.6　螺纹加工

机械结构中带有螺纹的零件很多，如机器上的螺钉、车床的丝杆。按不同的分类方法可将螺纹分为多种类型：按用途可分为联接螺纹与传动螺纹；按标准分为公制螺纹与英制螺纹；按牙型分为三角形螺纹、梯形螺纹、矩形（方牙）螺纹等（见图8-45）。其中公制三角螺纹应用最广泛，称为普通螺纹。

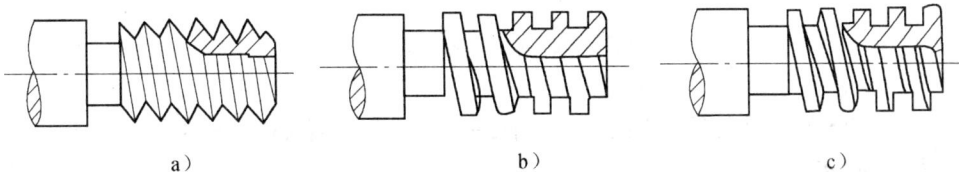

图8-45　螺纹的种类

a）三角形螺纹　b）方形螺纹　c）梯形螺纹

车床上加工螺纹主要是用车刀车削各种螺纹。对于小直径螺纹也可用板牙或丝锥在车床上加工。这里只介绍普通螺纹的车削加工。

1. 螺纹车刀

各种螺纹的牙型都是靠刀具切出的，所以螺纹车刀切削部分的形状必须与将要车的螺纹的牙型相符。这就要求螺纹车刀的刀尖角 ε_y（即两切削刃的夹角）与螺纹的牙型角 α 相等（用对刀板检验）。车削普通螺纹的螺纹车刀几何角度如图8-46所示，刀尖角 $\varepsilon_y = 60°$，其前角 $\gamma_o = 0°$，以保证工件螺纹牙型角的正确，否则将产生形状误差。粗加工螺纹或螺纹精度要求不高时，其前角

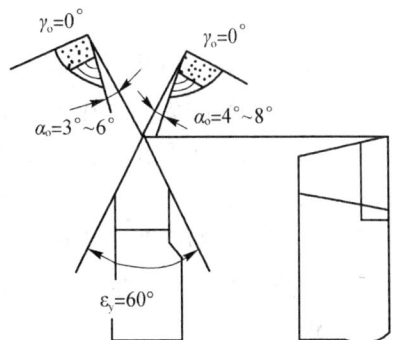

图8-46　螺纹的角度

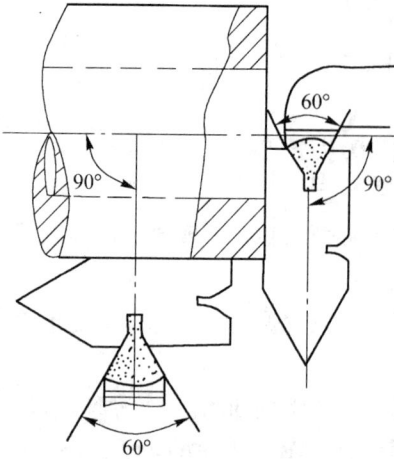

图 8-47　螺纹车刀的对刀方法

$\gamma_。$取 5°～20°。

螺纹车刀装夹时，刀尖必须与工件中心等高，并用样板对刀，保证刀尖角的角平分线与工件轴线垂直，以保证车出的螺纹牙型两边对称，如图 8-47 所示。

2. 车床的调整

螺纹的直径可以通过调整横向进刀获得，螺距则需要由严格的纵向进给来保证。所以，车螺纹时，工件每转一周，车刀必须准确而均匀地沿进给运动方向移动一个螺距或导程（单头螺纹为螺距，多头螺纹为导程）。为了获得上述关系，车螺纹时应使用丝杠传动。因为丝杠本身的精度较高，且传动链比较简单，减少了进给传动误差和传动积累误差。图 8-48 所示为车螺纹的进给传动系统。

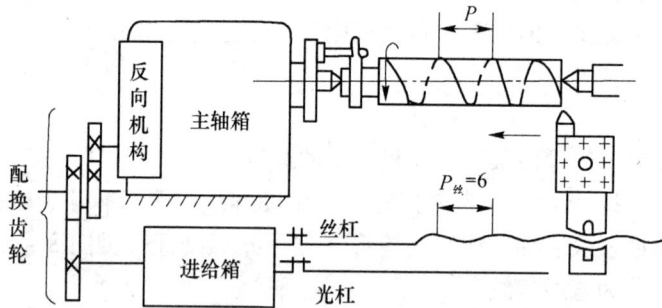

图 8-48　车螺纹的进给系统

标准螺纹的螺距可根据车床进给箱的标牌调整进给箱手柄获得。对于特殊螺距的螺纹有时需更换齿轮才能获得。

与车外圆相比，车螺纹时的进给量特别大，主轴的转速应选择得低，以保证进给终了时，有充分的时间退刀停车。否则可能会造成刀架或溜板与主轴箱相撞的事故。刀架各移动部分的间隙应尽量小，以减少由于间隙窜动所引起的螺距误差，提高螺纹的加工精度。

3. 车削螺纹的方法与步骤

以车削外螺纹为例，在正式车削螺纹之前，先按要求车出螺纹外径，并在螺纹起始端车出倒角。通常还要在螺纹末端车出退刀槽，退刀槽比螺纹槽略深。螺纹车削的加工余量比较大，为整个牙型高度，因此应分几次走刀切完，每次走刀的背吃刀量由中拖板上刻度盘来控制。精度要求高的螺纹应以单针法或三针法边测量边加工。对于一般精度螺纹可以用螺纹环规进行检查。图 8-49 所示为正、反车法车削螺纹的步骤，此法适合于车削各种螺纹。

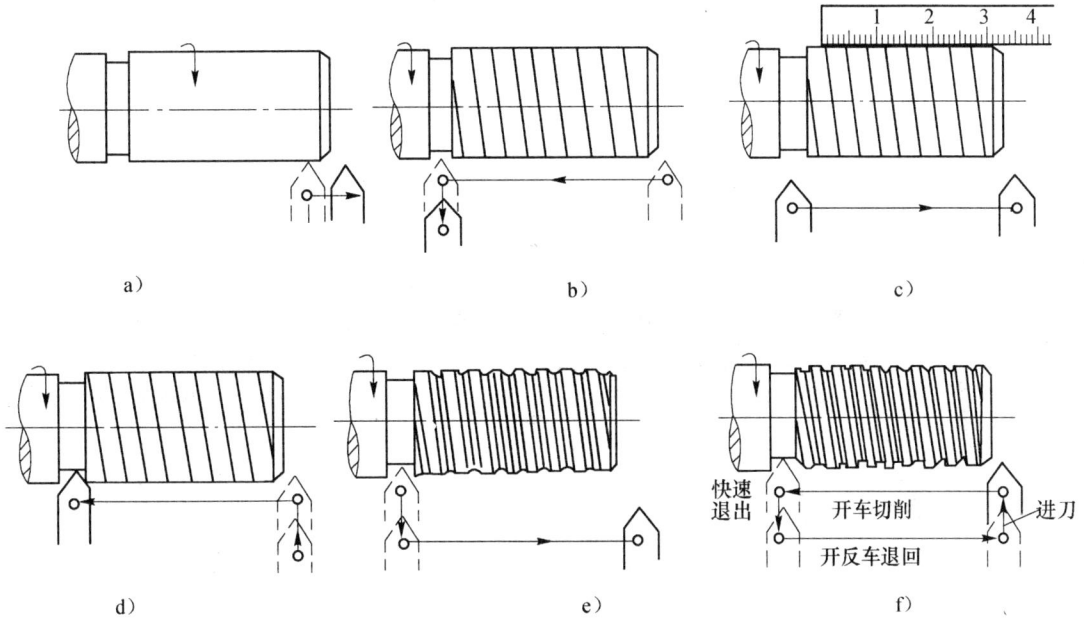

图8-49 螺纹车削方法与步骤

a）开车，使车刀与工件轻微接触记下刻度盘读数，向右退出车刀　b）合上对开螺母，在工件表面上车出一条螺旋线，横向退出车刀，停车　c）开反车使车刀退到工件右端，停车，用钢尺检查螺距

d）利用刻度调整 a_p，开车切削　e）车刀将至行程终了时，应做好退刀停车准备，先快速退出车刀，然后停车，开反车退回刀架　f）再次横向进 a_p，继续切削，其切削过程的路线如图所示

另外一种车螺纹的方法为抬闸法，即利用开合螺母的压下或抬起来车削螺纹。这种方法操作简单，但容易出现乱扣（即前后两次走刀车出的螺旋槽轨迹不重合），只适于加工与车床丝杠螺距成整数倍的螺纹。与正、反车法的主要不同之处是车刀行至终点时，横向退刀后不开反车返回起点，而是抬起开合螺母手柄使丝杠与螺母脱开，手动纵向退回，再进刀车削。

车削螺纹的进刀方式主要有以下三种，如图8-50所示：

①直进法。用中拖板垂直进刀，两个切削刃同时进行切削。此法适用于小螺距或最后精车。

②左、右切削法。除用中拖板垂直进刀外，同时用小拖板使车刀左、右微量进刀。由于是左右刀刃交替切削，因此车削比较平稳。此法适用于塑性材料和大螺距螺纹的粗车。

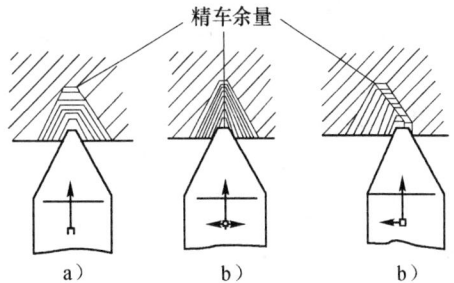

图8-50 车螺纹时的进刀方式

a）直进法　b）左、右切削法　c）斜进法

③斜进法。车螺纹除了用中溜板横向进刀外，小溜板也同时向一个方向进给。由于是单面切削，所以不容易扎刀，而且散热和排屑方便，适用于粗车。车削内螺纹时先车出螺纹内径，螺纹本身切削的方法与车外螺纹基本相同，只是横向进给手柄的进退刀手柄转向不同。车削左旋螺纹时，需要调整换向机构，使主轴正转，丝杠反转，车刀从左向右走刀切削。

4. 车削螺纹的注意事项

①车螺纹时，每次走刀的背吃刀量要小，通常只有 0.1 mm 左右，并记住横向进刀的刻度，作为下次进刀时基数。特别要记住刻度手柄进、退刀的整数圈数，以防多进一圈导致背吃刀量太大，刀具崩刃损坏工件。

②应该按照螺纹车削长度及时退刀。退刀过早，使得下次车至末端时背吃刀量突然增大而损坏刀尖，或使螺纹的有效长度不够。退刀过迟，会使车刀撞上工件，造成车刀损坏，工件报废，甚至损坏设备。

③当工件螺纹的螺距不是丝杠螺距的整数倍时，螺纹车削完毕之前不得随意松开开合螺母。加工中需要重新装刀时，必须将刀头与已有的螺纹槽仔细吻合，以免产生乱扣。

④车削精度较高的螺纹时应适当加注切削液，减少刀具与工件的摩擦，降低螺纹表面的粗糙度数值。

8.5.7 锥面的车削

车削锥面的方法常用的有宽刀法、小刀架转位法、偏移尾座法、靠模法和数控法。

1. 宽刀法

宽刀法就是利用刀具的刃形（角度及长度）横向进给切出所需圆锥面的方法，如图 8-51 所示，此时，切削刃的长度要略长于圆锥母线长度，切削刃与工件回转中心线成半锥角。此加工方法方便、迅速，能加工任意角度的内、外圆锥面，车床上倒角实际就是宽刀法车圆锥。但此方法径向切削力大，易引起振动，适合加工刚性好、锥面长度短的圆锥面，且适用于批量生产。

2. 小滑板转位法

如图 8-52 所示，松开固定小滑板的螺母，使小滑板随转盘转动半锥角，然后紧固螺母。车削时，转动小滑板手柄，使车刀沿着锥面的母线移动，从而加工出所需圆锥面。这种方法简单，不受锥度大小的限制，但由于受小滑板行程的限制不能加工较长的圆锥面，且表面粗糙度值的大小受操作技术影响，精度不高。

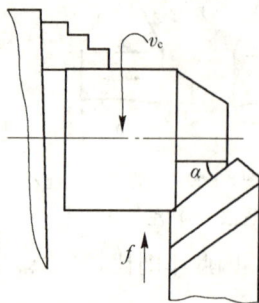

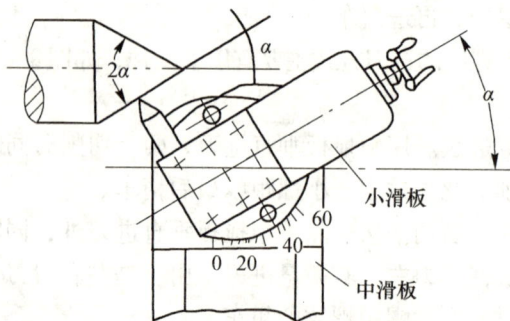

图 8-51 宽刀法   图 8-52 小滑板转位法

3. 偏移尾座法

将工件安装在前后顶尖上，松开尾座底板的紧固螺母，将其横向移动一个距离 A，如图 8-53 所示，使工件轴线与主轴轴线的交角等于锥面的半锥角 α。

尾座偏移量 $$A = L\sin\alpha$$

当 α 很小时：

$$A = L\tan\alpha = L(D - d)/2l$$

式中　L——前后顶尖距离，mm；

　　　l——圆锥长度，mm；

　　　D——锥面大端直径，mm；

　　　d——锥面小端直径，mm。

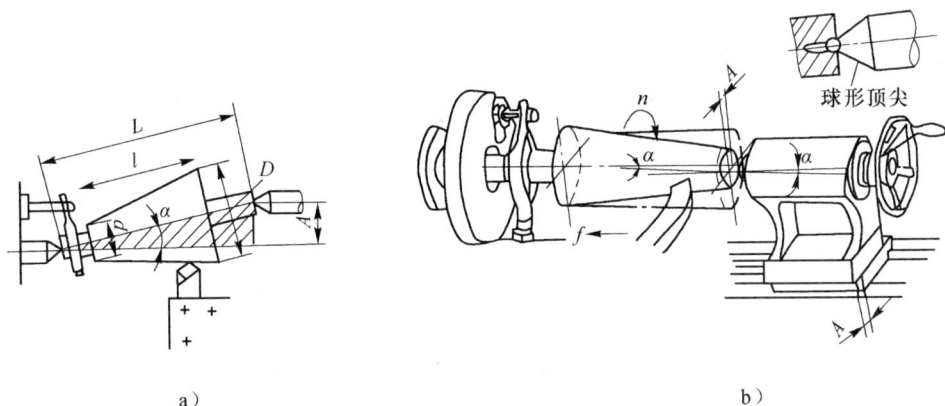

图 8 - 53　偏移尾座法

a）原理图　b）工作图

　　为克服工件轴线偏移后中心孔与顶尖接触不良的状况，采用球形头的顶尖。偏移尾座法能切削较长的圆锥面，并能自动走刀，但由于受到尾部偏移量的限制，只能加工小锥角（小于8°）的圆锥。

　　4. 靠模法

　　如图 8 - 54 所示，在大批量生产中，常用靠模装置控制车刀进给方向，车出所需圆锥。靠模上的滑块可以沿靠模滑动，而滑块通过连接板与拖板连接在一起，中滑板上的丝杠与螺母脱开，小滑板转过90°，背吃刀量靠小滑板调节。当滑板作纵向自动进给时，滑块就沿着靠模滑动，从而使车刀的运动平行于靠模板，车出所需锥面。靠模法可以加工锥角小于12°的长圆锥面，加工进给平稳，工件表面质量好，生产效率高。

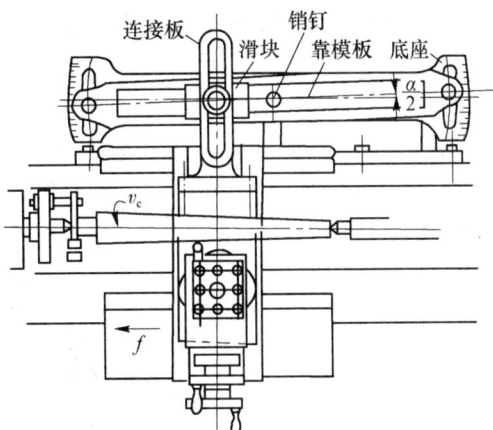

图 8 - 54　靠模法车锥面

8.5.8　成型面车削

　　在回转体上有时会出现母线为曲线的回转表面，如手柄、手轮、圆球等，这些表面称为成型面。成型面的车削方法有手动法、成型刀法、靠模法、数控法等。

　　1. 手动法

　　如图 8 - 55 所示，操作者双手同时操纵中拖板和小拖板手柄移动刀架，使刀尖运动的轨迹与要形成的回转体成型面的母线尽量相符合。车削过程中还经常用成型样板检验，如图8-56所示。通过反复的加工、检验、修正，最后形成要加工的成型表面。手动法加工简单方便，但对操作者技术要求高，而且生产效率低，加工精度低，一般用于单件小批生产。

图8-55　双手控制法车成型面

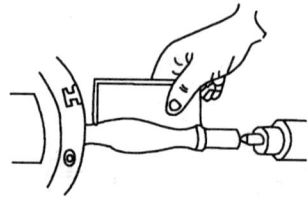

图8-56　用成型样板度量

2. 成型车刀法

利用切削刃形状与工件表面形状一致的成型车刀（样板刀）进行的车削加工。用成型车刀切削时，只要作横向进给就可以车出工件上的成型表面，如图8-57所示。用成型车刀车削成型面，工件的形状精度取决于刀具的精度，加工效率高，但由于刀具切削刃长，加工时的切削力大，加工系统容易产生变形和振动，要求机床有较高的刚度和切削功率。成型车刀制造成本高，且不容易刃磨。因此，成型车刀法宜用于成批、大量生产。

3. 靠模法

用靠模法车成型面与靠模法车圆锥面的原理一样。只是靠模的形状是与工件母线形状一样的曲线，如图8-58所示。大拖板带动刀具作纵向进给的同时靠模带动刀具作横向进给，两个方向进给形成的合运动产生的进给运动轨迹就形成工件的母线。靠模法加工采用普通的车刀进行切削，刀具实际参加切削的切削刃不长，切削力与普通车削相近，变形小，振动小，工件的加工质量好，生产效率高，但靠模的制造成本高。靠模法车成型面主要用于成批或大量生产。

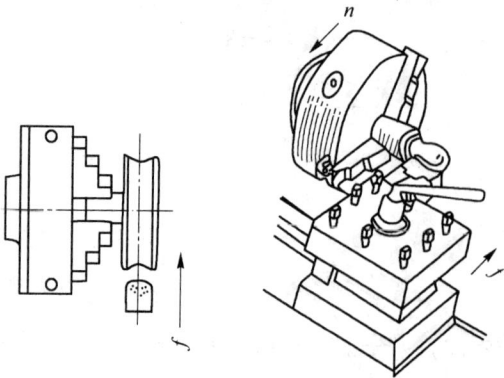

图8-57　用成型车刀车成型面

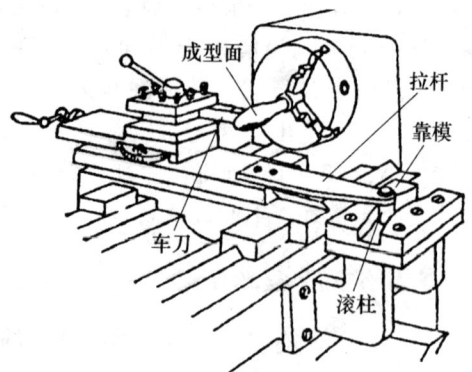

图8-58　靠模法车成型面

8.5.9 滚花

许多工具和机器零件的手握部分，为了便于握持和增加美观，常常在表面滚压出各种不同的花纹，如百分尺的套管、铰杠扳手及螺纹量规等。这些花纹一般都是在车床上用滚花刀滚压而成的，如图 8 – 59 所示。

滚花的实质是用滚花刀在原本光滑的工件表面挤压，使其产生塑性变形而形成凸凹不平但均匀一致的花纹。由于工件表面一部分下凹，而另一部分凸出，从大的范围来说，工件的直径有所增加，因此，滚花前须将滚花部分的直径车得小于工件所需尺寸 0.15 ~ 0.8 mm。滚花时工件所受的径向力大，工件装夹时应使滚花部分靠近卡盘，必要时可用尾顶尖顶住。在滚花刀接触工件开始吃刀时，必须用较大的径向压力，等到吃到一定深度后，再纵向自动进给。滚花时工件的转速要低，并且要有充分的润滑，以减少塑性流动的金属对滚花刀的摩擦和防止产生乱纹。

滚花的花纹有直纹和网纹两种，滚花刀也分直纹滚花刀（见图 8 – 60a）和网纹滚花刀（见图 8 – 60b、c）。花纹亦有粗细之分，工件上花纹的粗细取决于滚花刀上滚轮花纹的粗细。

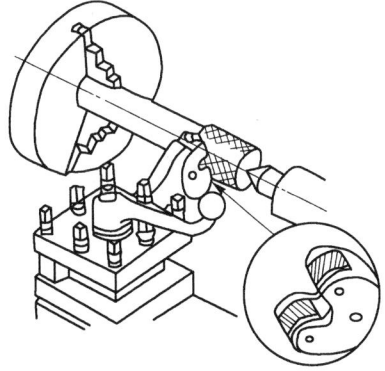

图 8 – 59　滚花

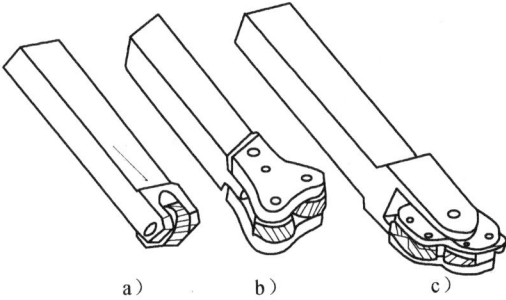

图 8 – 60　滚花刀
a）单轮滚花刀　b）双轮滚花刀　c）三轮滚花刀

8.6　典型零件车削工艺

8.6.1　零件加工工艺概念

零件加工工艺是零件加工的方法和步骤。由于零件都是由多个表面组成的，在生产中往往需经过若干个加工步骤才能把毛坯加工成成品，零件形状愈复杂，精度、表面粗糙度要求愈高，需要加工的步骤也就愈多，因此在制定零件的加工工艺时，必须综合考虑，合理安排加工步骤。

制定零件的加工工艺，一般要考虑以下几个方面问题：

1）确定毛坯的种类。根据零件的形状、结构、材料和数量确定毛坯的种类（如棒料、锻料、铸件等）。

2）确定零件的加工顺序。根据零件的精度、表面粗糙度等全部技术要求，以及所选用的毛坯确定零件的加工顺序，除粗、精加工外，还要包括热处理方法的确定及安排。

3）确定工艺方法及加工余量。确定每一工序使用的机床，工件装夹方法、加工方法、度量方法及加工尺寸（包括为下道工序所留的加工余量）。单件小批生产中、小型零件的加工余量，可按下列数值选用（均指单边余量）。毛坯尺寸大的，取大值；反之，取小值。总余量：手工造型铸件约 3 ~ 6 mm；自由锻件约 3.5 ~ 7 mm；圆钢料约 1.5 ~ 2.5 mm。加工余量：半精车约 0.8 ~ 1.5 mm；高速精车约 0.4 ~ 0.5 mm；低速精车约 0.1 ~ 0.3 mm；磨削约 0.15 ~ 0.25 mm。

8.6.2 典型零件车削加工示例

下面例子为典型零件中短轴（材料：低碳钢）的车削加工方法。图 8 - 61 所示为零件图，毛坯取棒料，其车削加工工艺过程见表 8 - 2。

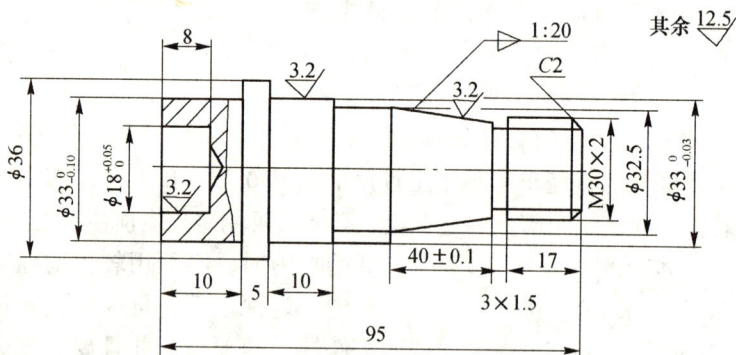

材料：低碳钢

图 8 - 61 短轴

表 8 - 2 短轴车削步骤

序号	加工内容	刀具、量具	加工简图
1	用三爪自定心卡盘夹住工件，伸出长度 0.8 ~ 1.5 mm，车端面，车平，切深 2 ~ 3 mm，再打中心孔	45°弯头车刀、中心钻及钻夹头	
2	工件掉头，用三爪自定心卡盘夹住工件，伸出长度为 30 ~ 40 mm	三爪自定心卡盘	
(1)	车端面到尺寸 95 mm	45°弯头车刀	
(2)	车外圆 $\phi 33^{0}_{-0.10}$ mm，长度为 10 mm	右偏刀、游标卡尺	

序号	加工内容	刀具、量具	加工简图
(3)	车外圆ϕ36 mm，长度为10 mm，即从端面量起为20 mm，并在离端面15 mm处，用刀尖刻印痕	右偏刀、游标卡尺	
(4)	钻孔，深6 mm	麻花钻ϕ15 mm	
(5)	车孔，孔径为ϕ18$_0^{+0.05}$ mm，R_a为3.2 μm，孔深8 mm	镗刀、游标卡尺	
3	工件再掉头，夹住外圆d_2，另一端用活顶尖顶住	三爪自定心卡盘、活顶尖	
(1)	粗车外圆ϕ35 mm，然后用刀尖刻出各轴段长度印痕	45°弯头车刀、游标卡尺	
(2)	粗车外圆ϕ30.5 mm，长20 mm	右偏刀、游标卡尺	
(3)	粗车外圆ϕ32.5 mm	右偏刀	
(4)	粗车外圆ϕ33.5 mm，留余量0.5 mm	右偏刀	

序号	加工内容	刀具、量具	加工简图
(5)	依次精车外圆 $\phi 30^{-0.10}_{-0.15}$ mm，$\phi 32$ mm、$\phi 33^{0}_{-0.03}$ mm	右偏刀、千分尺	
(6)	车圆锥	右偏刀	
(7)	切槽，倒角	切槽刀、45° 弯头车刀或螺纹车刀	
(8)	车螺纹 M30 × 2	螺纹车刀	
(9)	去毛刺	锉刀	

复习思考题

1. C6132 车床有哪三个箱体？它们的主要作用各是什么？

2. 刀架由哪几部分组成？其中小刀架的功能是什么？

3. C6132 车床所能加工零件的最大回转直径是多少？

4. 尖刀、弯头刀和偏刀的用途有什么异同？

5. 简述三爪卡盘和四爪卡盘的结构原理及应用。

6. 车削外圆柱面时常用哪些装夹方法？各有什么特点？

7. 试切的目的和步骤是什么？

8. 如何改正操纵进给刻度盘中的错误？

9. 车床上能够完成哪些工作？

10. 车床上钻孔怎样安装钻头？

11. 车螺纹时能否使用光杠代替丝杠工作？为什么？

12. 车床主轴变速是否需要停车？

13. 在方刀架上安装车刀要注意什么？

14. 怎样使刀尖对准工件轴心线？

15. 车端面时产生凹面的原因是什么？怎样才能不产生凹面？

16. 采用什么方法车台阶？

17. 一个轴孔中有一个内环槽，试选择加工方法。
18. 采用偏移尾架法车锥面有什么局限性？
19. 怎样在车床上加工中心孔？
20. 试述车螺纹的步骤。

第9章 铣削加工

学习重点

➤ 了解铣削加工的特点及常用铣床的种类、结构
➤ 熟悉常用的铣刀、附件的类型、名称和用途
➤ 了解铣削适合加工的表面、可达到的经济加工精度及表面粗糙度
➤ 掌握铣削平面、沟槽及分度表面的方法

9.1 概 述

在铣床上用铣刀加工工件的过程叫做铣削。铣削主要用来加工各类平面，沟槽和成型面，与分度头配合还可以进行分度加工，此外还可在铣床上进行钻孔、镗孔加工。常见的铣削加工如图 9 – 1 所示。

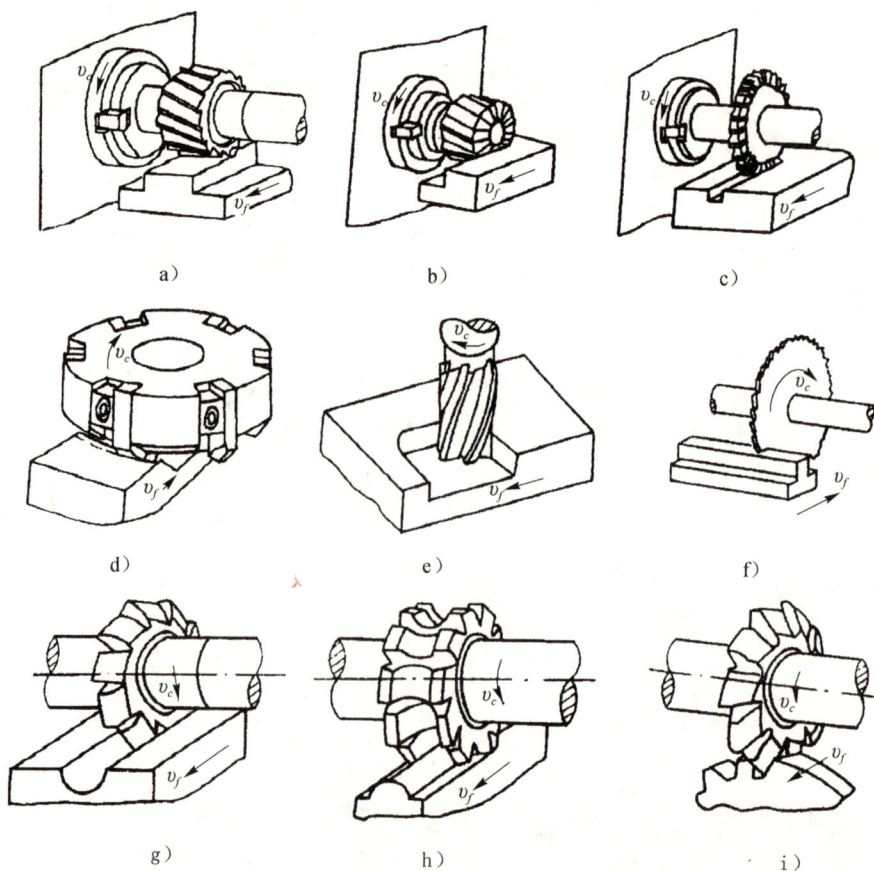

a)   b)   c)

d)   e)   f)

g)   h)   i)

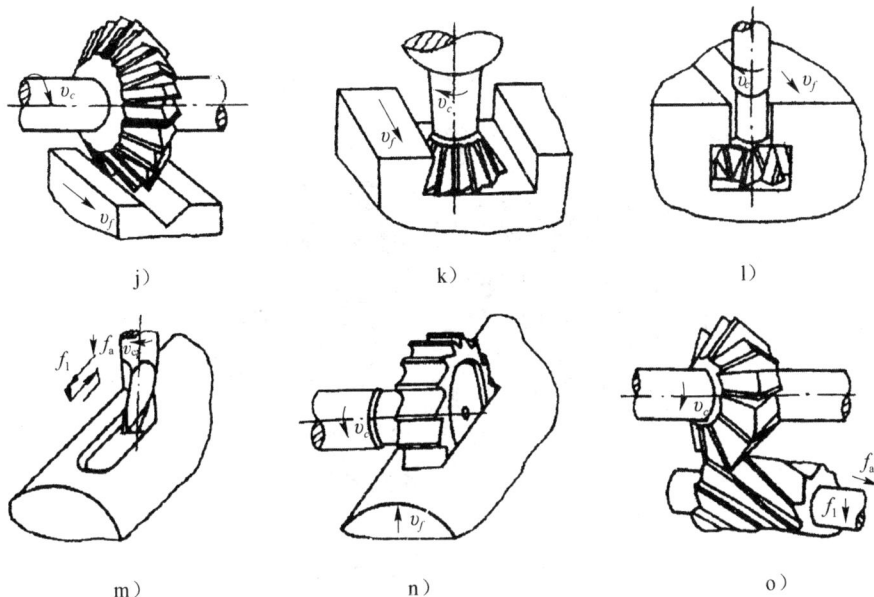

图 9-1 铣削加工举例

a）圆柱铣刀铣平面　b）套式面铣刀铣台阶面　c）三面刃铣刀铣直角槽　d）面铣刀铣平面
e）立铣刀铣凹平面　f）锯片铣刀切断　g）凸半圆铣刀铣凹圆弧面　h）凹半圆铣刀铣凸圆弧面
i）齿轮铣刀铣齿轮　j）角度铣刀铣V形槽　k）燕尾槽铣刀铣燕尾槽　l）T形槽铣刀铣T形槽
m）键槽铣刀铣键槽　n）半圆键槽铣刀铣半圆键槽　o）角度铣刀铣螺旋槽

铣削加工的尺寸公差等级一般可达 IT10~IT8，表面粗糙度值一般为 6.3~1.6 μm。

铣削加工具有如下特点：

①铣削时，由于铣刀是旋转的多齿刀具，每个刀具是间歇进行切削，刀刃的散热条件好，可提高切削速度，故生产率高。

②铣刀的种类很多，铣削的加工范围很广。

③由于铣刀刀齿的不断切入和切出，使切削力不断地变化，易产生冲击和振动。

9.2　铣　床

在现代机器制造中，铣床约占金属切削机床的25%，铣床的种类很多，最常用的是万能卧式铣床和立式铣床。这两类铣床适用性强，主要用于单件、小批生产中加工尺寸不太大的工件。此外，还有龙门铣床、工具铣床等。

9.2.1　万能卧式铣床

万能卧式铣床的主要特点是主轴轴线与工作台平面平行。工作台可沿纵、横、垂直三个方向移动，并可在水平面内转动一定的角度，以适应不同的加工需要。现以 X6132（旧型号为 X62W）万能卧式铣床为例，介绍铣床的组成及其功用。

X6132 万能铣床（外形如图 9-2 所示）的主要组成部分及作用如下：

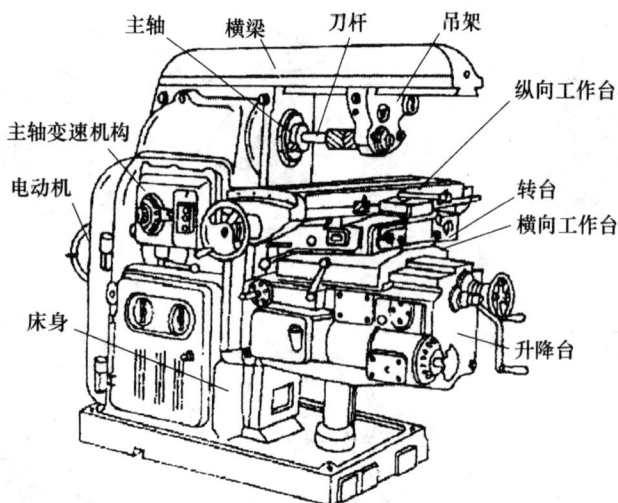

图 9 - 2　X6132 万能卧式铣床

①床身。它用来固定和支承铣床上所有的部件。电动机、主轴及主轴变速机构等安装在它的内部。

②横梁。上面装有吊架，用来支承刀杆外伸的一端，以增加刀杆的刚度。并可根据工作要求沿水平导轨移动，以调整其伸出的长度。

③主轴。用以安装铣刀杆并带动铣刀旋转。主轴是空心轴，前端有锥度为 7:24 的精密锥孔。

④纵向工作台。用来安装工件或夹具，并可沿转台上面的水平导轨作纵向移动。纵向移动有手动和机动两种。

⑤转台。它的作用是将纵向工作台在水平面内扳转一定的角度（最大为 ±45°），以便铣削螺旋槽等。

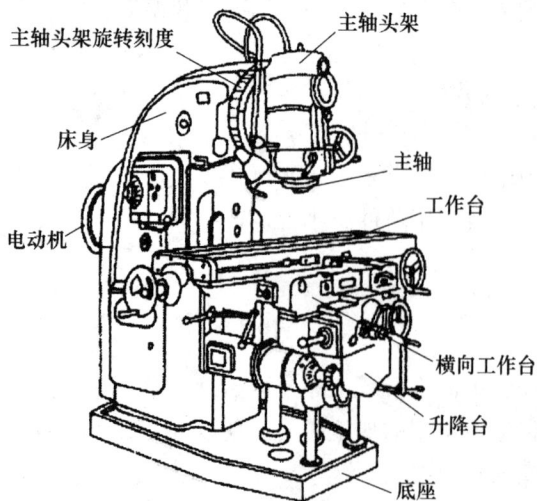

图 9 - 3　X5032 立式铣床

⑥横向工作台。它位于升降台上面的水平导轨上，可带动纵向工作台作横向移动。横向移动有手动和机动两种。

⑦升降台。可沿床身的垂直导轨上下移动，以调整工作台面到铣刀的距离，并作垂直进给。

9.2.2　立式铣床

立式铣床的主要特点是主轴轴线与工作台台面垂直。有时根据加工的需要，可以将立铣头（包括主轴）偏转一定角度，以便加工斜面。图 9 - 3 所示为 X5032 立式铣床（旧型号为 X52）。

142

立式铣床由于操作时观察、检查和调整铣刀位置等都比较方便，又便于装夹镶有硬质合金刀片的端铣刀进行高速铣削，因而生产率高，应用广泛。

9.2.3 龙门铣床

龙门铣床主要用于加工大型或较重的工件。它可以用几个铣头对工件的几个表面同时进行加工，故生产率高，适合成批和大量生产。

龙门铣床有单轴、双轴、四轴等多种形式，图9-4所示是四轴龙门铣床外形图。

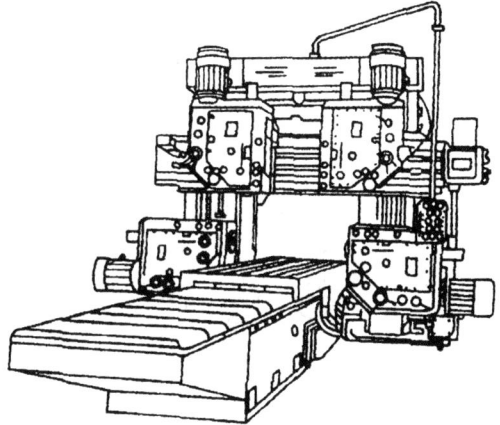

图9-4 四轴龙门铣床

9.3 铣 刀

9.3.1 铣刀

铣刀是一种多齿多刃回转刀具，种类繁多。按其装夹方式的不同可分为带孔铣刀和带柄铣刀两大类。采用孔装夹的铣刀称为带孔铣刀（见图9-5），一般用于卧式铣床。采用柄部装夹的铣刀称为带柄铣刀，有锥柄和直柄两种形式（见图9-6），多用于立式铣床。常用的铣刀形状和用途如下：

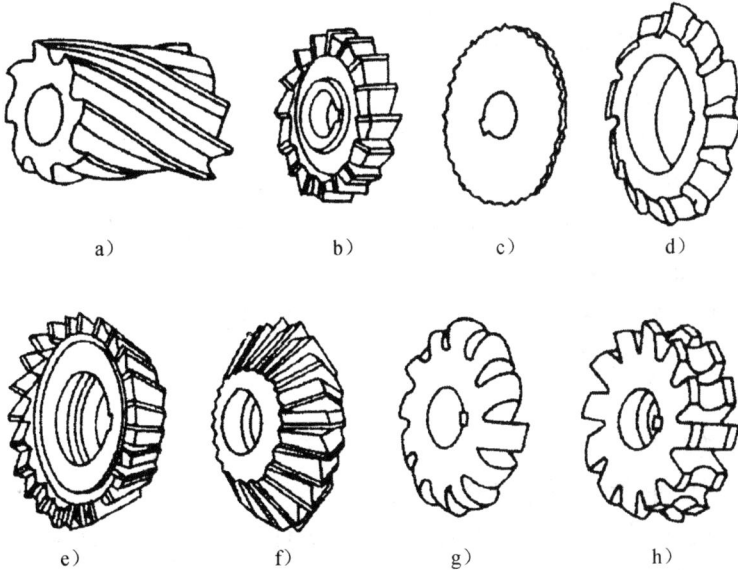

a) b) c) d)

e) f) g) h)

图9-5 带孔铣刀
a) 圆柱铣刀 b) 三面刃铣刀 c) 锯片铣刀 d) 模数铣刀
e) 单角铣刀 f) 双角铣刀 g) 凹圆弧铣刀 h) 凸圆弧铣刀

143

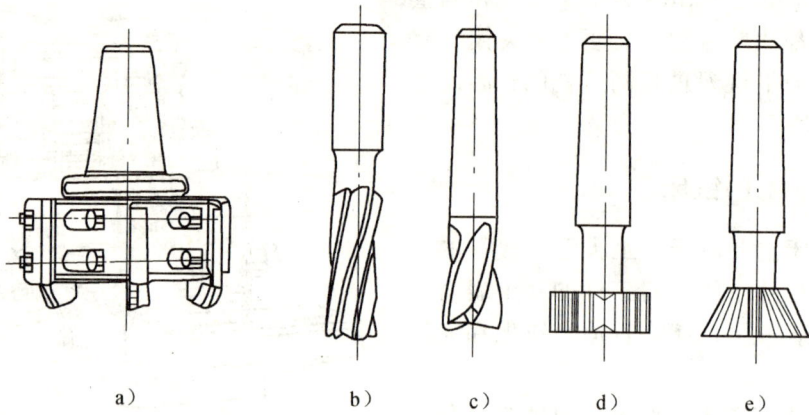

图 9 - 6 带柄铣刀

a) 镶齿面铣刀 b) 立铣刀 c) 键槽铣刀 d) T形槽铣刀 e) 燕尾槽铣刀

①圆柱铣刀。如图 9 - 5a 所示，圆柱铣刀主要用其圆柱面的刀齿铣削平面。

②三面刃铣刀和锯片铣刀。如图 9 - 5b、c 所示，三面刃铣刀主要用于加工不同宽度的直角沟槽、小平面和台阶面等。锯片铣刀主要用于切断工件或铣削窄槽。

③成型铣刀。如图 9 - 5d、g、h 所示，其刀齿切削刃呈曲线状，用以加工与切削刃相对应的成型面，如凸圆弧、凹圆弧、齿轮等。

④角度铣刀。如图 9 - 5e、f 所示，它具有各种不同的角度，用于加工各种角度的沟槽及斜面等。角度铣刀分为单角和双角，双角铣刀又分为对称双角铣刀和不对称双角铣刀。

⑤镶齿面铣刀。如图 9 - 6a 所示，通常刀体上装有硬质合金刀片，刀杆伸出部分短，刚性好，可用于平面的高速铣削。

⑥立铣刀。如图 9 - 6b 所示，它是一种带柄铣刀，有直柄和锥柄两种。适合于铣削端面、斜面、沟槽和台阶面等。

⑦键槽铣刀和T形槽铣刀。如图 9 - 6c、d 所示，键槽铣刀专门用于加工封闭式键槽。T形槽铣刀专门用于加工 T 形槽。

⑧燕尾槽铣刀。如图 9 - 6e 所示，燕尾槽铣刀专门用于加工燕尾槽。

9.3.2 铣刀的装夹

1. 带孔铣刀的装夹

带孔铣刀多用在卧式铣床上，使用刀杆装夹，如图 9 - 7 所示。装夹时，刀杆锥体一端插入机床主轴前端的锥孔中，并用拉杆穿过主轴将刀杆拉紧，以保证刀杆与主轴锥孔紧密配合；然后将铣刀和套筒的端面擦净套在刀杆上，铣刀应尽可能靠近主轴或吊架，以增加刚性，避免刀杆发生弯曲，影响加工精度；在拧紧刀杆压紧螺母之前，必须先装刀吊架，以防刀杆弯曲变形。

144

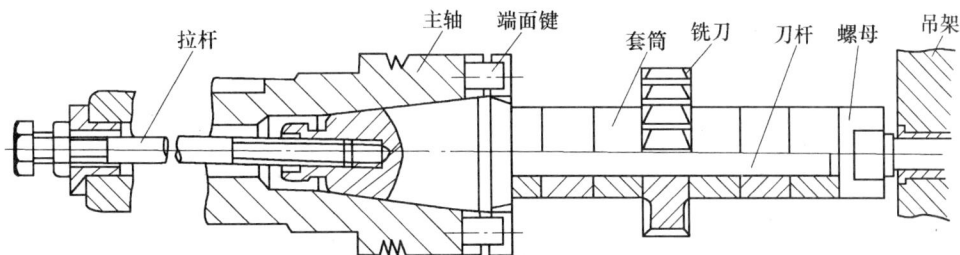

图 9-7　圆盘铣刀的装夹

2. 带柄铣刀的装夹

①锥柄立铣刀的安装。对于直径为 10 ~ 50 mm 的锥柄铣刀，根据铣刀锥柄尺寸（一般为 2 ~ 4 莫氏锥度），选择合适的变锥套，将各配合面擦净，装入机床主轴孔中，用拉杆拉紧，如图 9-8a 所示。

②直柄立铣刀的安装。如图 9-8b 所示，可用弹簧夹头装夹。铣刀的直柄插入弹簧套内，旋紧螺母，压紧弹簧套的端面，使弹簧套的外锥面受压而孔径缩小，夹紧直柄铣刀。这种夹头可以安装 $\phi 20$ 以内的直柄铣刀。

9.4　铣床附件及工件装夹

9.4.1　铣床附件

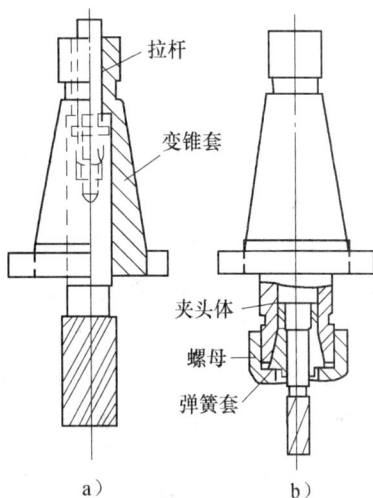

图 9-8　带柄铣刀的装夹
a）锥柄铣刀的装夹　b）直柄铣刀的装夹

1. 平口虎钳

如图 9-9 所示为带转台的平口虎钳，主要由底座、钳身、固定钳口、活动钳口、钳口铁以及螺杆等组成。底座下镶有定位键，装夹时将定位键放在工作台的 T 形槽内，即可在铣床上获得正确的位置。钳身上带有转动的刻度，松开钳身上的压紧螺母，钳身就可以扳转到所需的位置。

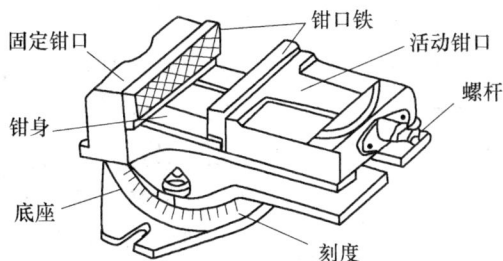

图 9-9　平口虎钳

工作时先校正平口虎钳在工作台上的位置，然后再夹紧工件。校正平口虎钳的方法如图 9-10 所示。校正的目的是保证固定钳口与工作台台面的垂直度、平行度。

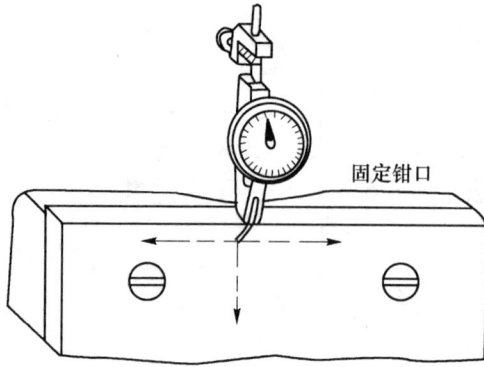

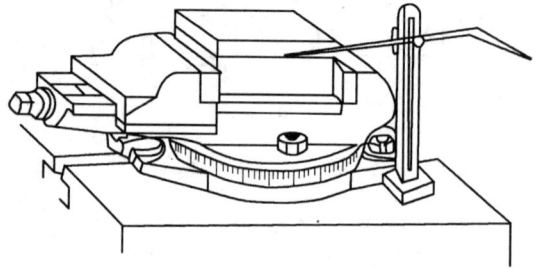

图9-10 百分表校正平口钳

2. 回转工作台

回转工作台又称转盘、平分盘或圆形工作台，其外形如图9-11所示。回转工作台内部有一副蜗轮蜗杆，手轮与蜗杆同轴连接，转台与蜗轮连接。转动手轮，通过蜗杆蜗轮传动，使转台转动。转台周围有0°~360°刻度，可用来观察和确定转台位置。转台中央的孔可以装夹心轴，用以找正和方便地确定工件的回转中心。

回转工作台一般用于零件的分度工作和非整圆弧面的加工。图9-12所示为在回转工作台上铣圆弧槽的情况，工件装夹在转台上，铣刀旋转，缓慢地摇动手轮，使转台带动工件进行圆周进给，铣削圆弧槽。

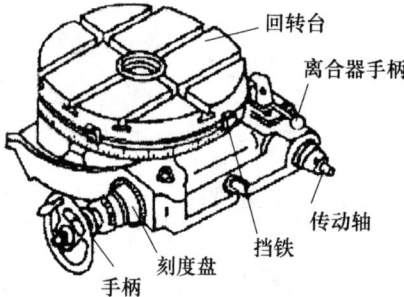

图9-11 回转工作台

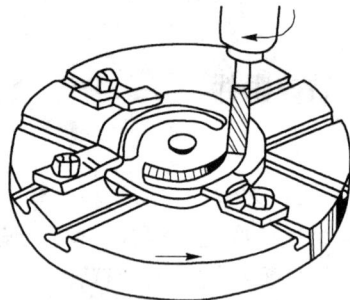

图9-12 在回转工作台上铣圆弧槽

3. 分度头

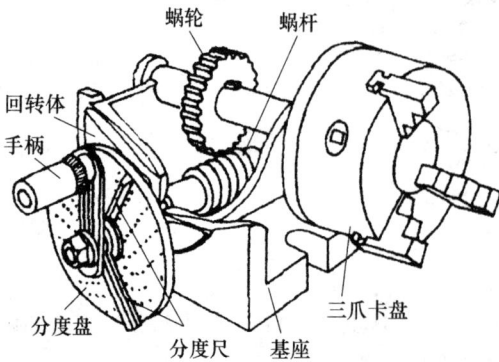

图9-13 分度头结构

在铣削加工中，铣削六方、齿轮、花键键槽等工件时，要求工件每铣过一个面或一个槽之后，转过一个角度，再铣下一个面或一个槽等。这种转角工作称为分度。分度头就是一种用来进行分度的装置，其中最常见的是万能分度头。

1）万能分度头的结构

万能分度头的结构如图9-13所示，在它的基座上装有回转体，分度头的主轴可随回转体转动，实现工件相对于工作台面的倾斜。主

146

轴的前端常装上三爪自定心卡盘或顶尖。分度时拔出定位销，转动手柄，通过蜗轮蜗杆带动分度头主轴旋转进行分度。

2）万能分度头的功用

分度头的功用有三个方面：①把工件安装成需要的角度，如图 9 – 14 所示；②进行分度；③铣削螺旋槽或凸轮时，能配合工作台的移动使工件连续旋转。图 9 – 15 所示为利用分度头铣削螺旋槽（图中 ω 为螺旋角）。

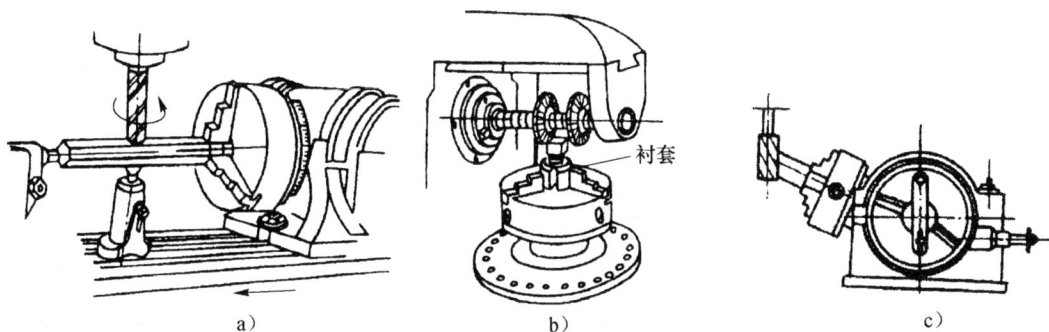

图 9 – 14　用分度头装夹工件

a）水平位置装夹　b）垂直位置装夹　c）倾斜位置装夹

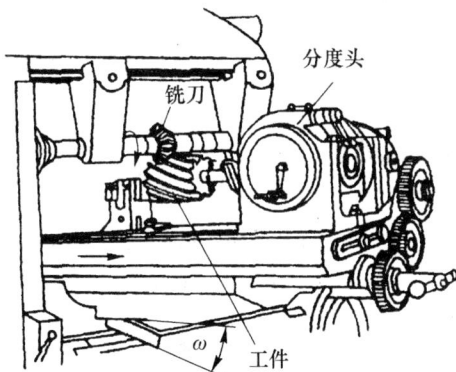

图 9 – 15　用分度头铣削螺旋槽

3）分度原理

分度头的传动系统如图 9 – 16a 所示。主轴上固定有齿数为 40 的蜗轮，与之相啮合的蜗杆头数为 1，当拔出定位销转动分度手柄时，通过齿数比为 1：1 的齿轮副传动，使蜗杆转动，从而带动蜗轮（主轴）进行分度。由其传动关系可知，当分度手柄（蜗杆）转一圈时，蜗轮带动主轴转 1/40 圈。若工件的等分数为 Z，则每次分度时，工件（主轴）转过 1/Z 圈，这时分度手柄所需转过的圈数可由下列比例关系推得：

$$1：40 = \frac{1}{Z}：n \quad 即 \ n = \frac{40}{Z}$$

式中　n——手柄转数；

　　　Z——工件等分数。

147

4）分度方法

用分度头分度的方法很多，有直接分度法、简单分度法、角度分度法和差动分度法等。这里仅介绍最常用的简单分度法。

简单分度法的计算公式为 $n = 40/Z$。

例如铣削齿数为 36 的直齿圆柱齿轮，每次分度时手柄转过的圈数为：

$$n = \frac{40}{Z} = \frac{40}{36} = 1\frac{1}{9}$$

也就是说，每分一齿手柄需转过 $1\frac{1}{9}$ 圈，而 $1\frac{1}{9}$ 圈是通过分度盘来控制的。一般分度头备有两块分度盘，分度盘的两面各钻有许多孔数不同的孔圈，如图 9-16b 所示。

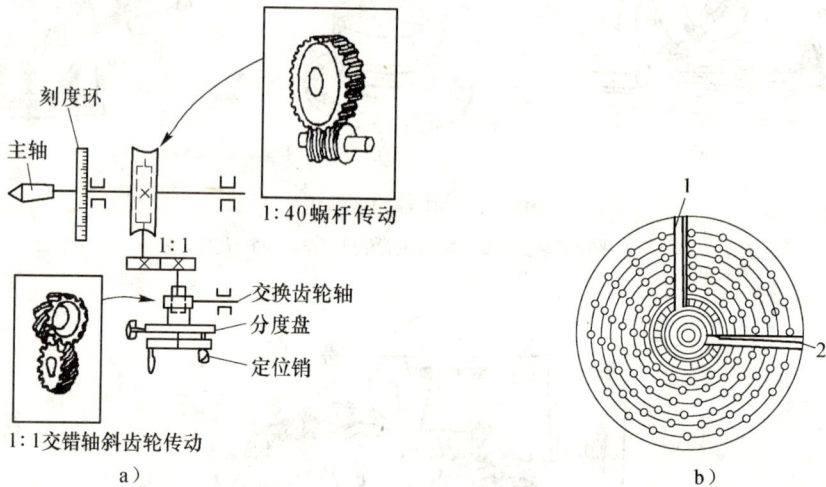

图 9-16 万能分度头的传动系统及分度盘
a）传动示意图 b）分度盘

国产 FW250 型分度头的两块分度盘上各圈孔数如下：

第一块正面：24、25、28、30、34、37；反面：38、39、41、42、43。

第二块正面：46、47、49、51、53、54；反面：57、58、59、62、66。

简单分度时，分度盘固定不动。将分度手柄上的定位销拔出，调整为孔数是 9 的倍数的孔圈上，即在孔圈数为 54 的孔圈上。分度时，手柄转 $1\frac{1}{9}$ 圈相当于 $1\frac{6}{54}$ 圈，即手柄转过一周后，再沿孔数为 54 的孔圈上转过 6 个孔间距即可。

为了避免每次数孔的繁琐确保手柄转的孔距数可靠，可调整分度盘上的分度叉之间的夹角，使之相当于欲分的孔间距数，这样依次进行分度时，就可以准确无误。

4. 万能铣头

为了扩大卧式铣床的工作范围，可在其上安装一个万能立铣头，见图 9-17a。铣头的主轴可以在相互垂直的两个平面内旋转，它不仅能完成立铣和卧铣的工作，还可以在工件的一次装夹中，进行任意角度的铣削（见图 9-17b、c）。

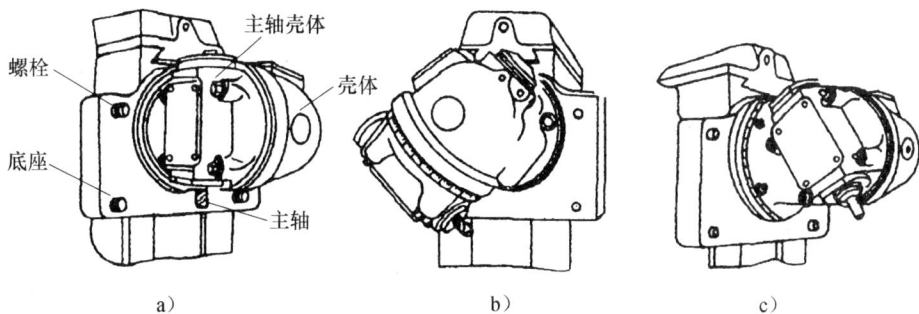

图 9 – 17 万能铣头

9.4.2 工件的装夹

1. 平口虎钳装夹工件

用平口虎钳装夹工件时应注意下列事项:

①工件的被加工面应高出钳口,必要时可用平行垫铁垫高工件(见图 9 – 18)。

②需将比较平整的表面紧贴固定钳口和垫铁,以防止铣削时工件松动。工件与垫铁间不应有间隙,故需一面夹紧,一面用木榔头或铜棒敲击工件上部(见图 9 – 19)。夹紧后用手挪动工件下的垫铁,如有松动,说明工件与垫铁之间贴合不好,应该松开平口虎钳,重新夹紧。

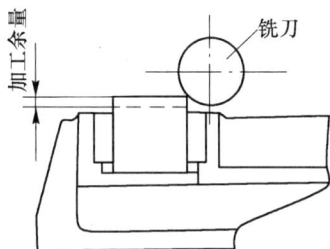

图 9 – 18 余量层高出钳口平面

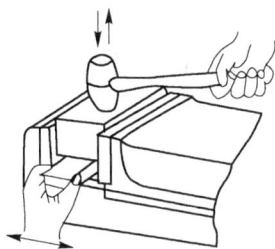

图 9 – 19 用平行垫铁装夹工件

③为防止工件已加工表面夹伤,往往在钳口与工件之间垫以软金属片。

④为保证铣削工件的两平面垂直,将基准面靠向固定钳口,在工件和活动钳口之间放一圆棒,通过圆棒将工件夹紧,这样能使基准面与固定钳口很好地贴合,如图 9 – 20 所示。

⑤刚性不足的工件需要撑实,以免夹紧力使工件变形。图 9 – 21 所示为框形工件的夹紧,中间采用调节螺钉撑实。

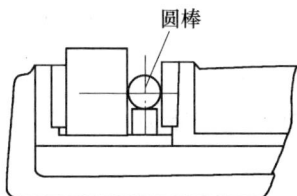

图 9 – 20 用圆棒夹持工件

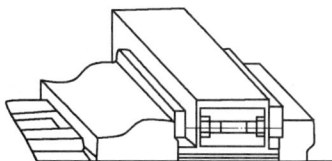

图 9 – 21 框形工件夹紧

149

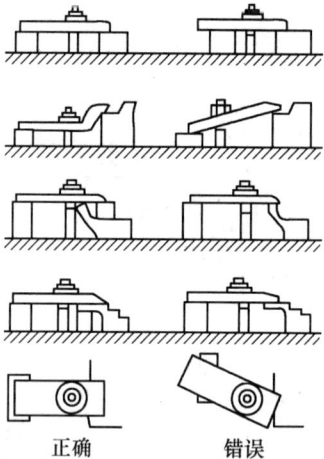

图 9-22 压板螺栓的使用

正确　　　　　错误

2. 压板螺栓装夹工件

用压板螺栓装夹工件注意事项:

①压板的位置要安排得当,压点要靠近切削面,压力大小要合适。如图9-22所示,为各种正确与错误的压紧方法的比较。

②压板必须压在垫铁处,以免工件因受夹紧力而变形。

③夹紧毛坯面时,应在工件和工作台间垫铜皮或垫铁;夹紧已加工面时,应在压板和工件表面间垫铜皮,以免压伤工作台面和工件已加工面。

④装夹薄壁工件,在其空心位置处要用活动支承件支撑住,如图9-23所示。否则工件因受切削力而产生振动和变形。

⑤工件夹紧后,要用划针复查加工线是否仍与工作台平行,避免工件在装夹过程中变形或走动。

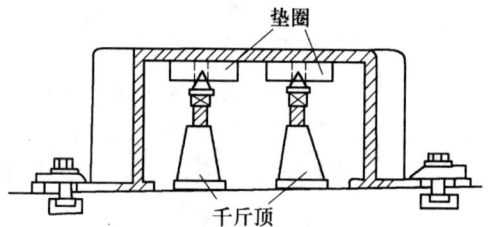

图 9-23 薄壁件的装夹

垫圈

千斤顶

3. 分度头装夹工件

分度头装夹工件的方法通常有以下几种:

①用三爪自定心卡盘和后顶尖夹紧工件(见图9-24a)。

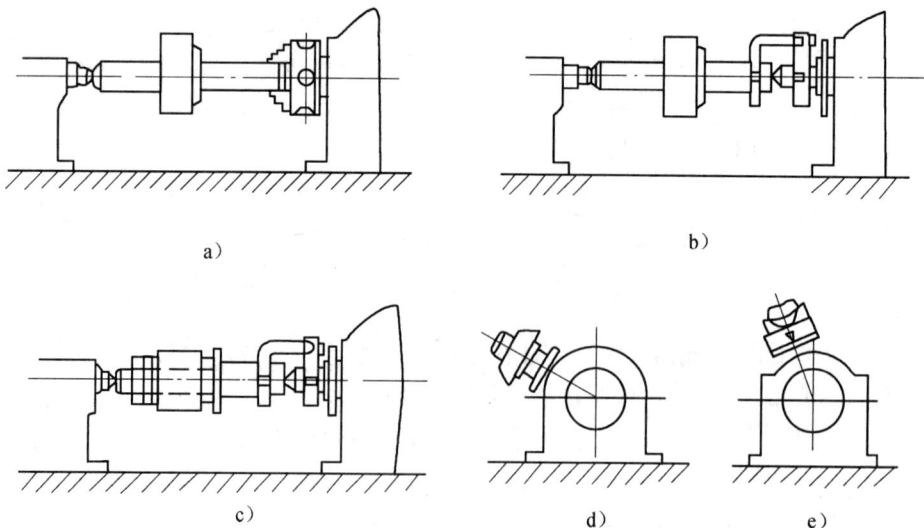

a)

b)

c)　　　　　　　　d)　　　　e)

图 9-24 用分度头装夹工件的方法
a) 一夹一顶　b) 双顶夹顶工件　c) 双顶夹顶心轴　d) 心轴装夹　e) 卡盘装夹

②用前、后顶尖夹紧工件(见图9-24b)。

③工件套装在心轴上,用螺母压紧,然后同心轴一起被装夹在分度头和后顶尖之间(见图9-24c)。

④工件套装在心轴上,心轴装夹在分度头的主轴锥孔内,并可按需要使主轴倾斜一定的角度(见图9-24d)。

150

⑤工件直接用卡盘夹紧，并可按需要使主轴倾斜一定的角度（见图9-24e）。

9.5 基本铣削方法

9.5.1 铣平面

卧式铣床和立式铣床均可进行平面铣削，使用圆柱铣刀、三面刃圆盘铣刀、端铣刀和立铣刀都可以方便地进行水平面、垂直面及台阶面的加工，如图9-25所示。

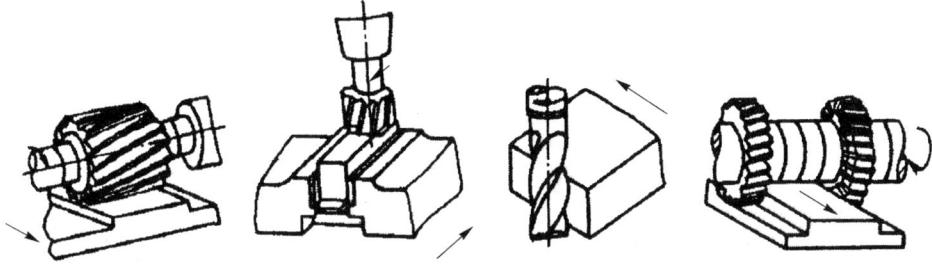

图9-25 平面铣削

在卧式铣床上，利用圆柱铣刀圆周上的切削刃铣削工件的方法，叫做周铣法。这种方法可分两种逆铣和顺铣，如图9-26所示。

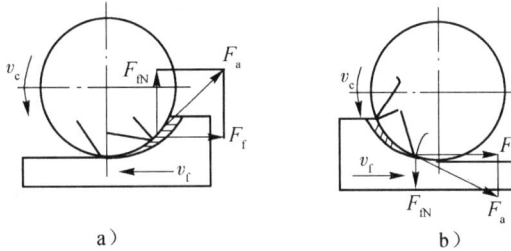

a）   b）

图9-26 平面铣削
a）逆铣法 b）顺铣法

1. 逆铣法

逆铣法就是铣刀的旋转方向和工件的进给方向相反（见图9-26a）。逆铣时，刀齿的负荷是逐渐增加的（切削厚度从零变到最大），但刀齿切入有滑行现象，这样就增加了刀具磨损，增大了工件的表面粗糙度值。逆铣时，铣刀对工件产生一个向上抬的垂直分力，这对工件的夹固不利，还会引起振动。但铣刀对工件的水平分力与工作台的进给方向相反，在水平分力的作用下，工作台丝杠与螺母间总是保持紧密接触而不会松动，丝杠与螺母的间隙对铣削没有影响。

2. 顺铣法

铣刀的旋转方向和工件的进给方向相同（见图9-26b），称为顺铣法。顺铣时，每个刀齿的切削厚度从最大减小到零，因而避免了铣刀在已加工表面上的滑行过程，使刀齿的磨损减小，且铣刀对工件的垂直分力将工件压向工作台，减少了工件振动的可能性，使铣削平稳。但铣刀对工件的水平分力与工件的进给方向一致，由于工作台丝杠和固定螺母之间一般都存在间隙，易使铣削过程中的进给不均匀，造成机床振动甚至抖动，影响已加工表面质量，对刀具的耐用度也不利，甚至会发生打坏刀具现象，从而限制了顺铣法在生产中的应用。因此，目前生产中仍广泛地采用逆铣法铣平面。

9.5.2 铣斜面

工件的斜面常用下面三种方法进行铣削。

1. 把工件倾斜成所需角度

此方法是将工件倾斜适当的角度，使斜面转到水平的位置，然后采用铣平面的方法来铣斜面。装夹工件的方法有以下四种：

①根据划线，用划针找平斜面（见图9-27a）。

图9-27 用倾斜工件法铣斜面

②在万能虎钳上装夹（见图9-27b）。
③使用倾斜垫铁装夹（见图9-27c）。
④使用分度头装夹（见图9-27d）。

2. 把铣刀倾斜所需角度

该方法通常在装有万能铣头的卧式铣床或立式铣床上进行。将刀轴倾斜一定角度，工作台采用横向进给进行铣削，如图9-28所示。

3. 用角度铣刀铣斜面

对于一些小斜面，可以用角度铣刀进行加工，如图9-29所示。

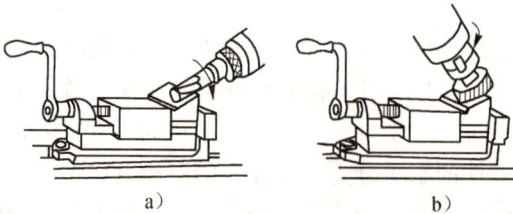

图9-28 倾斜刀轴铣削斜面
a）用带柄立铣刀 b）用端铣刀

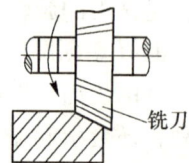

图9-29 用角度铣刀铣斜面

9.5.3 铣台阶面

在铣床上铣台阶面可采用三面刃盘铣刀或立铣刀加工，在成批的生产中，则可用组合铣刀同时铣削几个台阶面，如图9-30所示。

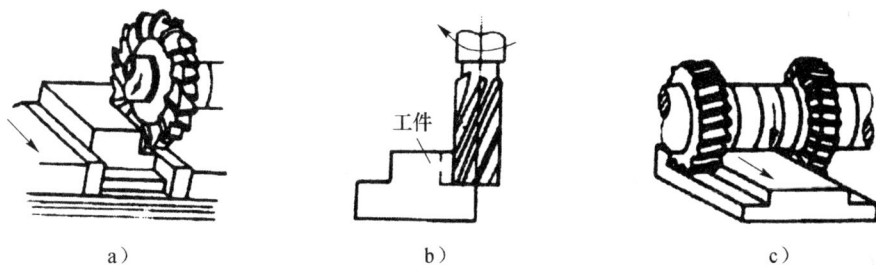

图 9-30 铣台阶面
a) 用三面刃铣刀 b) 用立铣刀 c) 用组合铣刀

9.5.4 铣沟槽

在铣床上利用不同的铣刀可以加工键槽、直角槽、T形槽、V形槽、燕尾槽和螺旋槽等各种沟槽。这里仅介绍键槽、T形槽和螺旋槽的加工。

1. 铣键槽

轴上键槽有开口式和封闭式两种。工件的装夹方法很多，常用的如图 9-31 所示。每一种装夹方法都必须使工件的轴线与进给方向一致，并与工作台台面平行。封闭式键槽一般是在立铣床上用键槽铣刀或立铣刀进行。铣削时，首先根据图纸要求选择相应的铣刀，安装好刀具和工件后，要仔细地进行对刀，使工件的轴线与铣刀的中心平面对准，以保证所铣键槽的对称性，然后调整铣削的深度，进行加工。键槽较深时，需分多次走刀进行铣削。

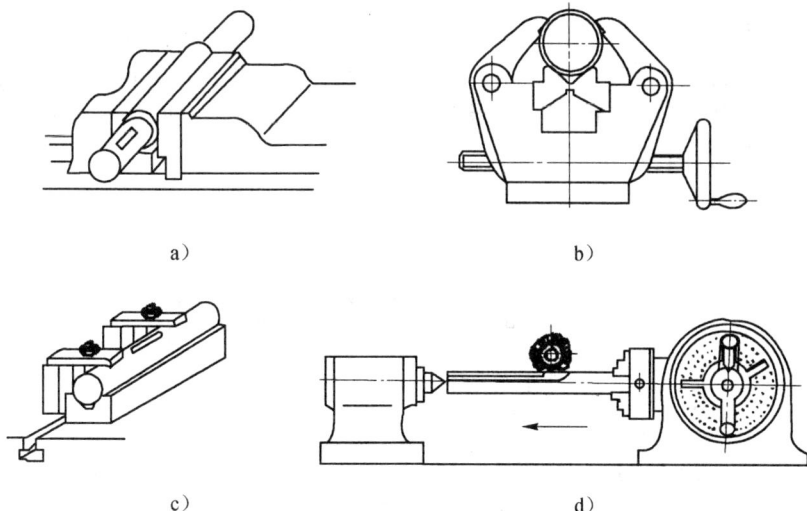

图 9-31 铣键槽时工件的装夹
a) 用平口虎钳装夹 b) 用抱钳装夹 c) 用 V 形铁装夹 d) 用分度头装夹

用立铣刀加工封闭键槽时，由于立铣刀端面中央无切削刃，不能向下进刀，因此必须预先在槽的一端钻一个下刀孔，才能用立铣刀铣键槽。

对于开口式键槽，一般采用三面刃铣刀在卧式铣床上加工，如图 9-31d 所示。

2. 铣 T 形槽和燕尾槽

铣削 T 形槽和燕尾槽的方法是：先用立铣刀或三面刃铣刀铣出直槽，然后在立铣床上用专门的 T 形槽铣刀和燕尾槽铣刀进行加工。具体步骤如图 9-32、图 9-33 所示。

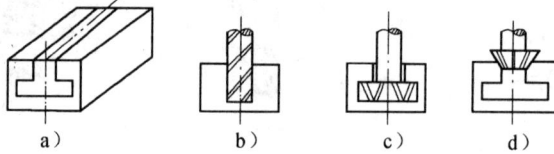

图 9-32 铣 T 形槽
a) 划线 b) 铣直槽 c) 铣 T 形槽 d) 铣倒角

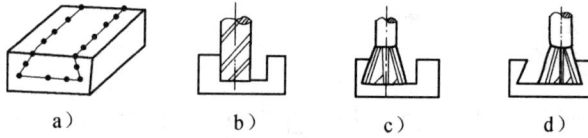

图 9-33 铣燕尾槽
a) 划线 b) 铣直槽 c) 铣左燕尾 d) 铣右燕尾

由于铣沟槽的铣削条件差，排屑和散热困难，所以应经常清除切屑，切削用量应取小些，最好采用手动进给，同时加注足够的切削液。

3. 铣螺旋槽

在铣削加工中，经常会遇到螺旋槽的加工，如斜齿圆柱齿轮的齿槽、麻花钻头、立铣刀、圆柱铣刀的螺旋沟槽等。

螺旋槽的铣削常在卧式万能铣床上进行。铣削螺旋槽的工作原理与车螺纹基本相同。铣削时，刀具作旋转运动，工件一方面随工作台作纵向直线移动，同时又被分度头带动作旋转运动。两种运动必须严格保持如下关系：即工件转动一周，工作台纵向移动的距离等于工件螺旋槽的一个导程 P_h。该运动的实现，是通过丝杠和分度头之间的交换齿轮 z_1、z_2、z_3、z_4来实现的，传动系统如图 9-34 所示。

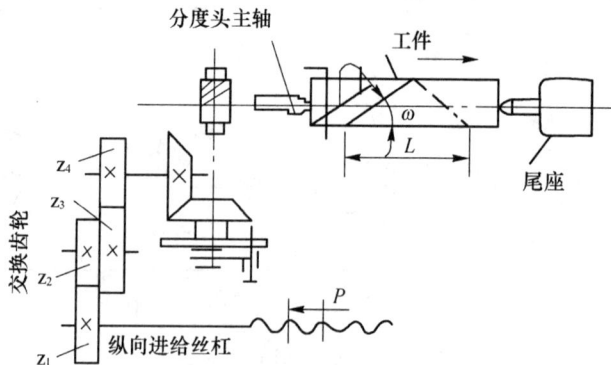

图 9-34 铣螺旋槽传统系统

为了使铣出的螺旋槽的法向截面形状与盘形铣刀的截面形状一致，纵向工作台必须带动工件在水平面内转过一个角度，转过的方向由螺旋槽的方向决定。如图 9-35 所示，铣左旋螺旋槽时顺时针扳转工作台；铣右旋螺旋槽时逆时针扳转工作台。

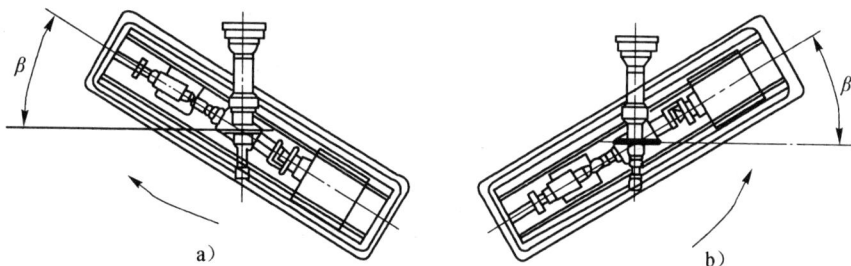

图 9 - 35　铣螺旋槽时工作台的转向

a）铣左螺旋槽　b）铣右螺旋槽

9.5.5　铣削齿轮

齿轮是机械传动中应用最广泛的零件之一。齿轮的种类很多，如直齿圆柱齿轮、斜齿轮、螺旋齿轮、锥齿轮等。加工齿轮齿形的方法很多，但主要有成型法和展成法两大类。在铣床上铣削齿轮是属于成型法加工，即利用与被切齿轮齿槽形状相符的成型刀具来切削齿形。所用的成型铣刀称为模数铣刀，用于卧式铣床的是盘状模数铣刀，用于立式铣床的是指状模数铣刀，如图 9 - 36 所示。

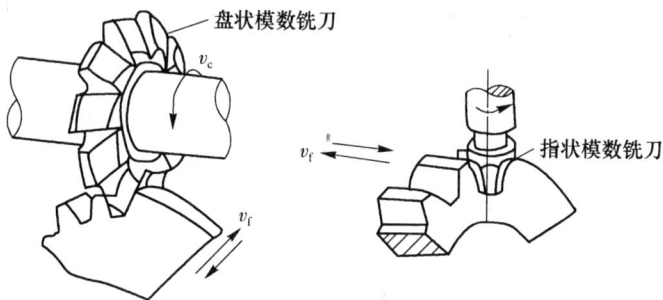

图 9 - 36　用盘状模数铣刀和指状模数铣刀加工齿轮

1. 铣削方法

首先选择并装夹铣刀。选择盘状模数铣刀时，除模数与被切齿轮的模数相同外，还要根据被切齿轮的齿数选用相应刀号的铣刀。一般有 8 把一套或 15 把一套的铣刀，表 9 - 1 为 8 把一套的铣刀刀号与铣削齿数的范围。

然后装夹并校正工件，在卧式铣床上铣削直齿圆柱齿轮如图 9 - 37 所示。

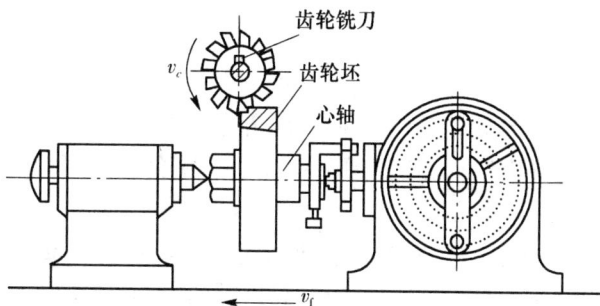

图 9 - 37　用模数铣刀加工齿形

155

铣齿深（齿高 h）即工作台的升高量 $H = 2.25m$（m 代表模数）。当一个齿槽铣好后，就利用万能分度头进行一次分度，再铣下一个齿槽，直至铣完全部齿槽。

表 9 - 1　模数铣刀的刀号及铣削齿数的范围

刀号	1	2	3	4	5	6	7	8
加工齿数范围	12 ~ 13	14 ~ 16	17 ~ 20	21 ~ 25	26 ~ 34	35 ~ 54	55 ~ 134	135 以上
齿形								

2. 成型法铣削齿轮的特点

①设备简单，刀具成本低。

②生产率低，因为每铣削一个齿槽都要重复一次切入、切出、退出和分度的过程。

③齿轮的精度低，一般公差等级为 IT11 ~ IT9 级。

根据以上特点，成型铣削齿形主要用于修配或单件生产。

9.6　典型零件的铣削加工

在 X6132 万能卧式铣床上，采用圆柱铣刀铣削如图 9 - 38 所示的工件，毛坯各加工尺寸余量为 5 mm，材料 HT200。

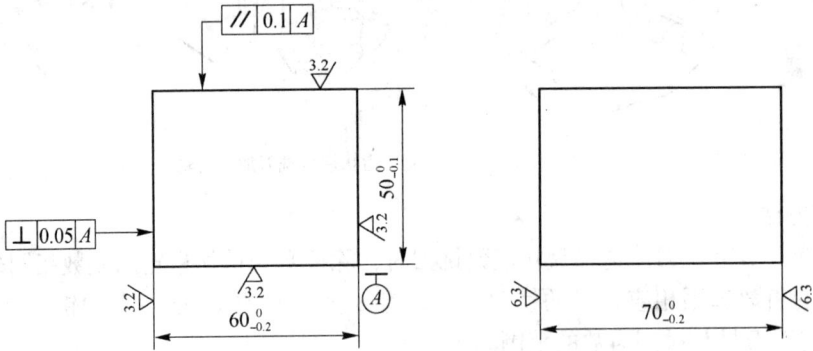

图 9 - 38　垫铁

1. 铣削步骤

（1）装夹并校正平口虎钳。

（2）选择并装夹铣刀（选择 $\phi 80$ mm × 80 mm 圆柱铣刀）。

（3）选择铣削用量　根据表面粗糙度的要求，一次铣削全部余量达到图纸要求是比较困难的，因此分粗铣和精铣两次完成。

①粗铣铣削用量。取主轴 $n = 118$ r/min，进给速度 $v_f = 60$ mm/min，铣削宽度 $a_e = 2$ mm。

②精铣铣削用量。取主轴转速 $n = 180$ r/min，进给速度 $v_f = 37.5$ mm/min，铣削宽度 $a_e = 0.5$ mm。

（4）试切铣削　在铣平面时，先试铣一刀，然后测量铣削平面与基准面的尺寸和平行度，与侧面的垂直度。

（5）铣削顺序　以 A 面为粗定位基准铣削 B 面（见图9-39a）保证尺寸52.5 mm；以 B 面为定位基准铣削 A（或 C）面（见图9-39b），保证尺寸62.5 mm；以 B 和 A（或 C）面为定位基准铣削 C（或 A）面（见图9-39c），保证尺寸 $60_{-0.20}^{0}$ mm；以 C（或 A）和 B 面为基准铣削 D 面（见图9-39d），保证尺寸 $50_{-0.10}^{0}$ mm；以 B（或 D）为定位基准铣削 E 面（见图9-39e），保证尺寸72.5 mm；以 B（或 D）和 E 面为定位基准铣削 F 面，保证尺寸 $70_{-0.20}^{0}$ mm。

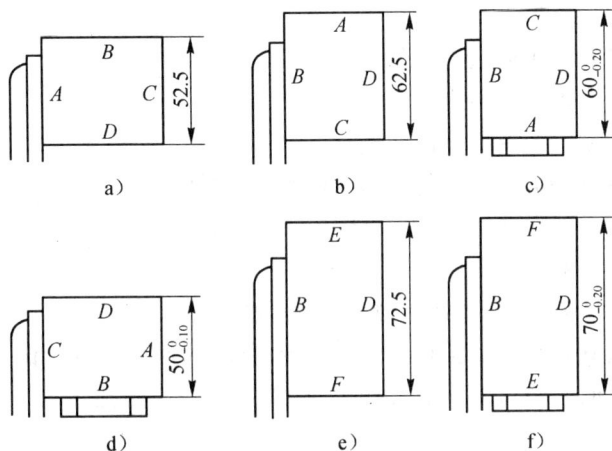

图9-39　垫铁铣削过程

2. 质量分析

（1）铣削的尺寸不符合图样要求

①调整切削时，将刻度盘摇错；手柄摇过头，直接回退，没有消除丝杠和螺母的间隙，使尺寸超差。

②工件或垫铁平面没有擦净，使尺寸铣小。

③看错图样上的标注尺寸，或测量错误。

（2）铣削表面的粗糙度不符合图样要求

①进给量过大，或进给时中途停顿，产生"深啃"。

②铣刀装夹不好，跳动过大，铣削不平稳。

③铣刀不锋利，已磨损。

（3）垂直度和平行度不符合要求

①固定钳口与工作台面不垂直，铣出的平面与基准面不垂直。这时应在固定钳口和工件基准面间垫纸或薄铜片。如图9-40所示，图a是当加工面与基准面间的夹角小于90°时，应在上面垫纸或薄铜片；图b是当加工面与基准面间的夹角大于90°时，应在下面垫纸或薄铜片。以上方法，只适用于单件小批零件的加工。

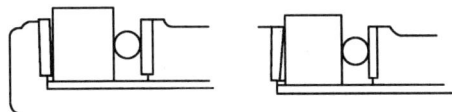

图9-40　垫纸或薄铜片调整垂直度
a）垫钳口上部　b）垫钳口下部

②铣端面时钳口没有校正好，铣出的端面与基准面不垂直。

157

③垫铁不平行或垫铁与工件之间贴合不实，铣出的平面与基面不垂直或不平行。

④圆柱铣刀有锥度，铣出的平面与基准面不垂直或不平行。

3. 操作时应注意事项

（1）及时用锉刀修整工件上的毛刺和锐边，但不要锉伤工件已加工表面。

（2）用锤子轻击工件时，不要砸伤已加工表面。

（3）铣钢件时应使用切削液。

复习思考题

1. 铣床有哪几种？其主要区别是什么？

2. 请说明铣削适合加工哪些表面。

3. 何为顺铣和逆铣？各有什么优缺点？

4. 常用的铣刀有哪些类型？各包括哪些典型的刀具？

5. 铣削常用的附件有哪些？各有什么应用特点？

6. 如何铣削 T 形槽和燕尾槽？

7. 在铣床上用什么方法加工齿轮，此方法有何特点？

8. 简单分度的公式是什么？拟铣一齿数为 80 的直齿圆柱齿轮，试用简单分度法计算出每铣一齿，分度头手柄应转过多少孔距（已知分度盘的各圈孔数为 37、38、39、41、42、43）。

9. 在铣床上为什么要开车对刀？为什么必须停车变速？

第 10 章　刨削和磨削加工

学习重点

➤ 了解常用牛头刨床、磨床的组成、运动及其作用

➤ 了解常用刨刀类型及装夹方法

➤ 熟悉工件在平面刨床上的装夹、校正及加工方法

➤ 初步掌握刨削平面、沟槽的方法和所用刀具

➤ 了解磨削加工的特点、经济加工精度和磨削平面的主要方式

➤ 了解砂轮的组成、种类、用途及砂轮的使用

10.1　刨削加工

在刨床上用刨刀对工件进行的切削加工称为刨削加工。刨削主要用于加工平面、斜面、沟槽和成型面等，如图 10 - 1 所示。刨削加工是单刃切削，主运动是刨刀或工件的直线往复运动，回程时不切削，所以生产效率较低。但由于刨削加工所用设备及刀具较简单，也不需要复杂的量具及夹具，故加工费用较低，在单件、小批量生产和修配工作中应用较为广泛。刨削加工的精度一般为 IT9 ~ IT8 级，表面粗糙度 R_a 为 12.5 ~ 1.6 μm。

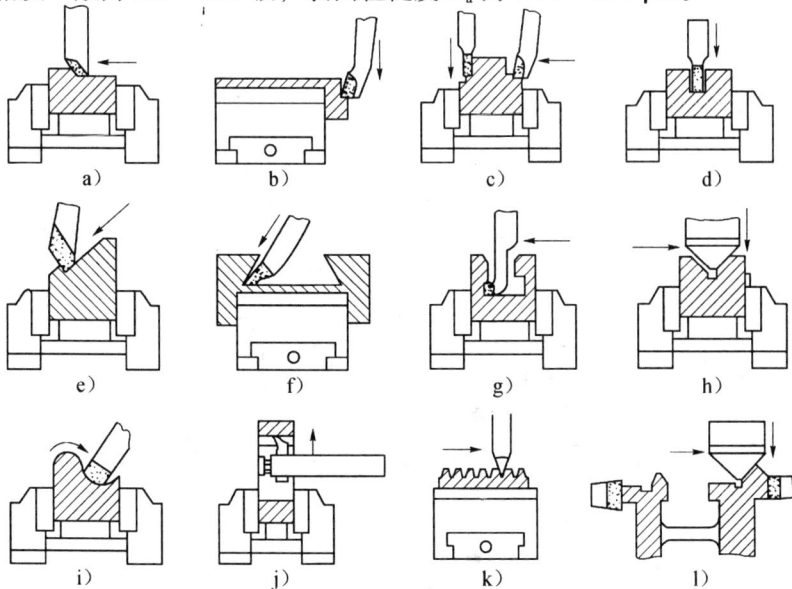

图 10 - 1　刨床加工范围

a) 刨平面　b) 刨垂直面　c) 刨台阶面　d) 刨直角沟槽

e) 刨斜面　f) 刨燕尾槽　g) 刨 T 形槽　h) 刨 V 形槽

i) 刨曲面　j) 刨孔内键槽　k) 刨齿条　l) 刨复合表面

10.1.1 刨床

常用刨削设备有牛头刨床、龙门刨床和插床三种类型。

1. 牛头刨床

牛头刨床适用于加工长度不超过 1000 mm 的中、小型工件的平面、沟槽或成型面，其外形如图 10 - 2 所示。牛头刨床主要是由床身、滑枕、刀架、工作台、横梁、底座等组成，各部分的作用如下：

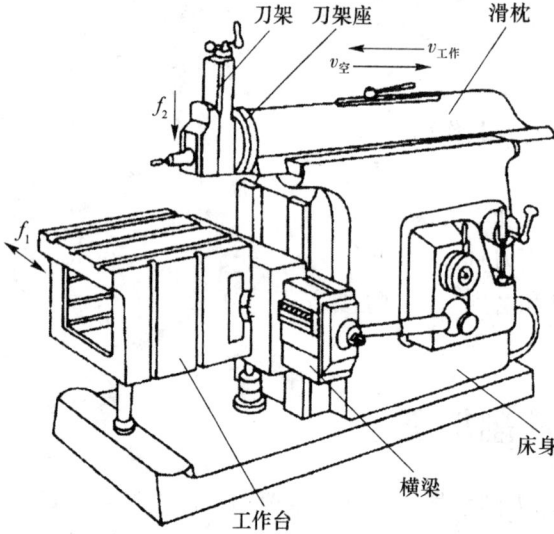

图 10 - 2　牛头刨床的组成

床身　安装在底座上，用来支承刨床各部件。其顶面燕尾槽导轨供滑枕作往复运动用，垂直面导轨供工作台升降用，床身内部安装有传动机构。

滑枕　它的前端装有刀架，主要用来带动刨刀作往复运动。

横梁　安装在床身侧面的垂直导轨上，由升降丝杠带动作上下运动。

刀架　用于装夹刨刀，使刨刀作垂直（斜向）间歇进给或调整切削深度。

工作台　用来安装工件，通过棘轮进给机构，刨刀每次退回后，工作台在水平方向作自动间歇进给运动。

牛头刨床的主参数是最大刨削长度，例如型号 B6065 的刨床，其最大刨削长度为 650 mm。

2. 龙门刨床

龙门刨床的主运动是工作台（工件）的往复直线运动，进给运动是刀架（刀具）的移动。

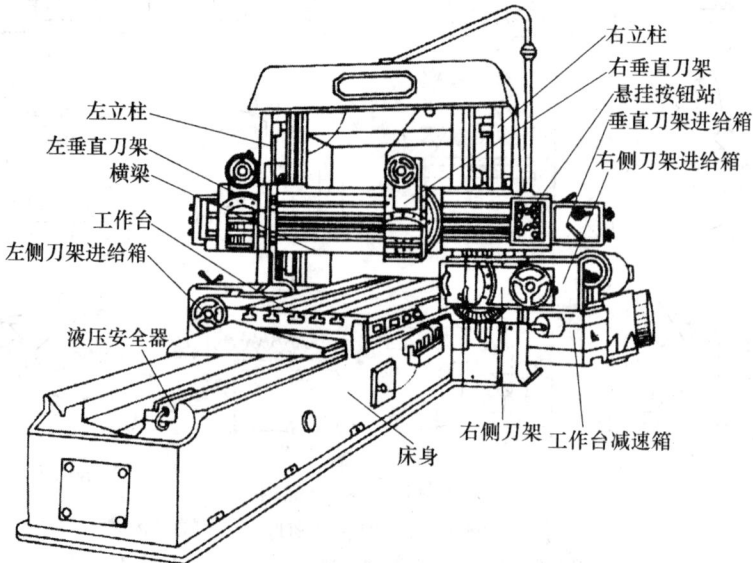

图 10 - 3　龙门刨床

两个垂直刀架，可在横梁上作横向进给运动，以刨削水平面；两个侧刀架可沿立柱作垂直进给运动，以刨削垂直面。各个刀架均可扳转一定的角度以刨削斜面。

横梁可沿立柱导轨升降，以适应刨削不同高度的工件。

龙门刨床的刚性好，功率大，适合于大型零件上的窄长表面加工或多件同时刨削，故也可用于批量生产。

龙门刨床的主参数是最大刨削宽度，例如，B2010A 型龙门刨床的最大刨削宽度为 1000 mm。

3. 插床

插床实际上是一种立式牛头刨床，如图 10－4 所示，其滑枕带动插刀在垂直方向上作上下往复直线运动（主运动）；工件安装在工作台上，可作纵向、横向和圆周间歇进给运动。插床主要用于单件、小批生产中加工零件的内表面（如方孔、多边形孔、键槽等）。

在插床上加工内表面时，刀具要穿入工件的孔内进行插削，因此工件的加工部分必须先有孔。如果工件原来没有孔，就必须先钻一个足够大的孔，一般插削加工应先在工件上划好加工线，按线将工件位置校正。

插床的主参数是最大插削长度。例如，B5032 型插床的最大插削长度是 320 mm。

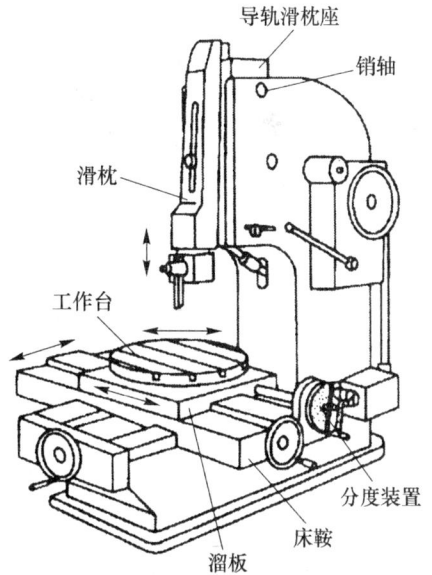

图 10－4　插床

10.1.2　刨刀

1. 刨刀的结构特点

刨刀的几何参数与车刀相似，但由于刨削加工的不连续性，刨刀切入工件时，受到较大的冲击力，所以刨刀刀杆的横截面积比车刀大，一般为车刀截面积的 1.25～1.5 倍。刨刀通常制作成弯头，这是为刨刀受力后弯曲时，刀尖绕支点划成圆弧，使刨刀从已加工表面上提起来，防止损坏已加工表面或刀头折断，如图 10－5 所示。

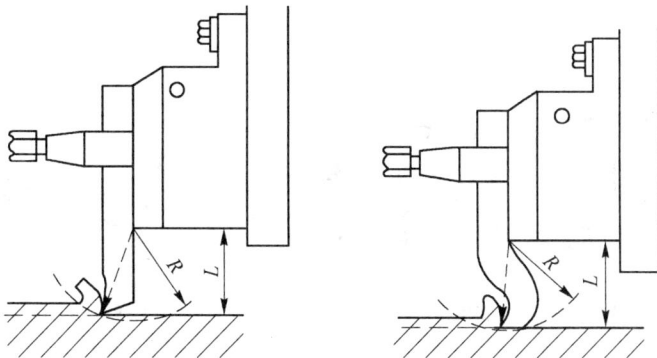

图 10－5　直头刨刀与弯头刨刀的比较

a）直头刨刀　b）弯头刨刀

2. 刨刀的种类

刨刀的种类很多，常用刨刀有加工水平面的平面刨刀、加工垂直面或斜面的偏刀、加工互成一定角度表面的角度偏刀、用于加工沟槽或切断的切刀和弯头切刀等，如图 10 - 6 所示。

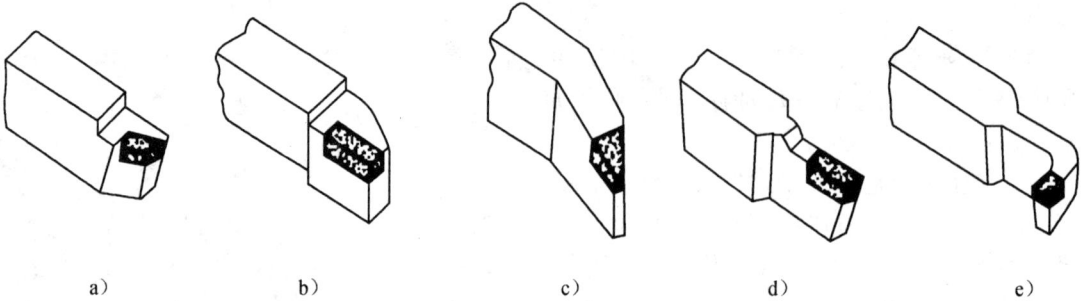

图 10 - 6　常用刨刀

a）平面刨刀　b）偏刀　c）角度偏刀　d）切刀　e）弯头切刀

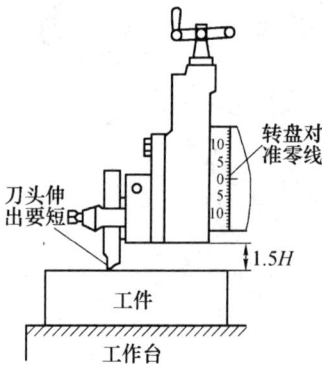

图 10 - 7　刨刀的安装

3. 刨刀的安装

刨刀安装正确与否直接影响工件的加工质量。

安装时将转盘对准零线，以便准确控制吃刀深度，刀架下端与转盘底部基本对齐，以增加刀架的刚度。直头刨刀的伸出长度一般为刀杆厚度的 1.5～2 倍，如图 10 - 7 所示。

10.1.3　刨削加工

1. 工件的装夹

刨削时应根据工件的形状和尺寸来选择工件的装夹方法。一般小型工件可用平口钳装夹在工作台上，较大的工件可直接安装在工作台上。在平口钳上夹持工件和校正的方法如图 10 - 8 所示。

在工作台上安装工件，常用压板、螺栓及垫块来固定，应分几次逐渐拧紧各螺母，以免夹紧力使工件变形。为使工件不致在加工时发生窜动，工件前端应加装挡铁，如图 10 - 9 所示。

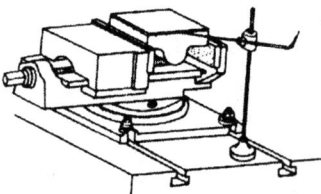

图 10 - 8　在平口钳上夹持工件和校正的方法

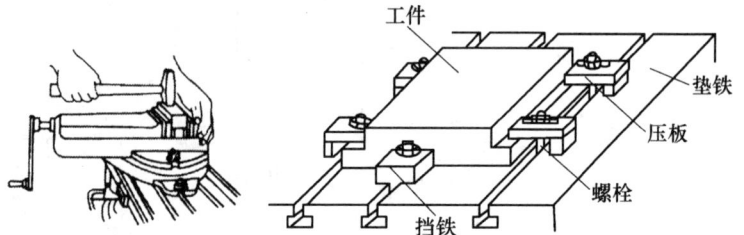

图 10 - 9　在工作台上直接安装工件

2. 刨削加工

1）刨平面

对粗刨平面，用普通平面刨刀。当工件表面质量要求较高时，粗刨后要进行精刨。精刨

162

时，可用圆头刨刀或宽刃刨刀。为使工件表面光洁，在刨刀返回时，可用手掀起刀座上的抬刀板，使刀尖不与工件摩擦。刨削加工一般不使用切削液。

在牛头刨床上加工工件的切削用量一般为：切削深度 0.5 ~ 2 mm，进给量取 0.3 ~ 1 mm/str，切削速度 0.2 ~ 0.5 m/s。

2）刨垂直面

偏转刀座用偏刀刨垂直面，如图 10 - 10 所示。

①将刀架转盘刻度线对准零线，以保证垂直进给方向与工作台台面垂直。

②将刀座下端向着工件加工面偏转一个角度（约 10° ~ 15°），使刨刀在回程时能自由离开已加工表面，避免留下拖刀痕迹。

③摇动刀架进给手柄，使刀架作垂直进给进行刨削。

3）刨斜面

倾斜刀架法偏刀刨斜面，如图 10 - 11 所示。

①扳转刀架，使刀架转盘转过的角度等于工件斜面与垂直面间的夹角，如图 10 - 11a 所示。

②将刀座下端向着工件加工面偏转一个角度（同刨垂直面），如图 10 - 11b 所示。

③手摇刀架进给手柄，从上向下沿倾斜方向进给进行刨削。

4）刨削沟槽

刨直槽时，用切槽刀垂直进给完成，如图 10 - 12 所示。

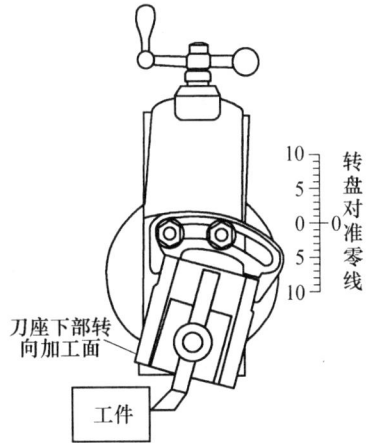

图 10 - 10 偏转刀座刨垂直面

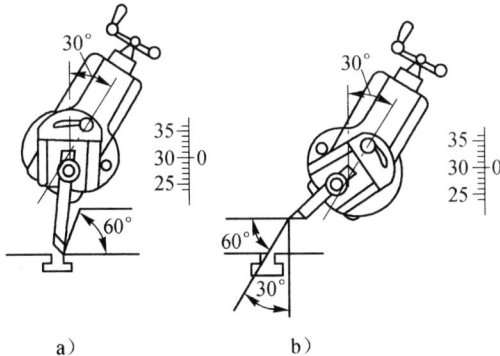

a）　　　　　　b）

图 10 - 11 倾斜刀架刨斜面

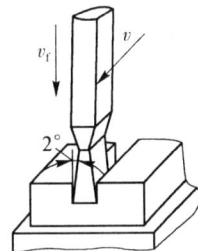

图 10 - 12 刨直槽

刨 T 形槽时，要先用切槽刀以垂直进给的方式刨出直槽，然后用左、右两把弯刀分别加工两侧槽，最后用 45°刨刀倒角，如图 10 - 13 所示。

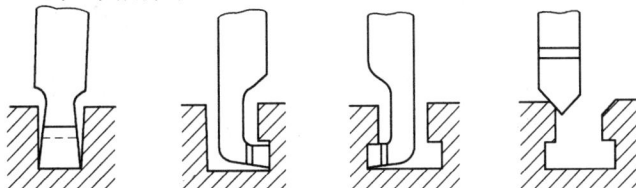

图 10 - 13 刨 T 形槽

V 形槽的刨削步骤如图 10 - 14 所示。先划出 V 形槽的加工线，粗刨切除大部分加工余量，并精刨顶面；用直槽刀刨出 V 形槽底部的直槽；最后换上偏刀并倾斜刀架和偏转刀座，用刨斜面的方法分别刨出两侧斜面。

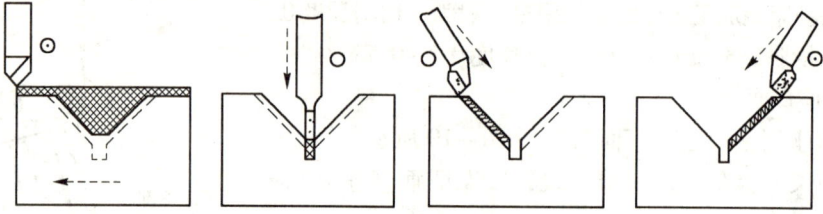

图 10 - 14 刨 V 形槽

5）刨削成型面

成型面是指截面形状为曲线的表面。刨削成型面一般有两种方法。

①用划线法加工成型面　如图 10 - 15a 所示的成型面，先在工件侧面划出其截面形状，然后按划线分别移动刨刀作垂直进给和移动工作台作水平进给从而加工出成型面。因加工时需用手控制走刀，对工人的技术水平要求较高，且加工质量不稳定。故此方法主要用于单件加工或精度要求不高的零件生产。

②用成型刨刀加工成型面　将刨刀刃口形状制成与工件表面相一致的形状，此时刨刀只作垂直进给，即可加工出所需表面形状，如图 10 - 15b 所示。此方法操作简单，质量稳定，多用于形状简单，截面较小，批量较大的零件生产。

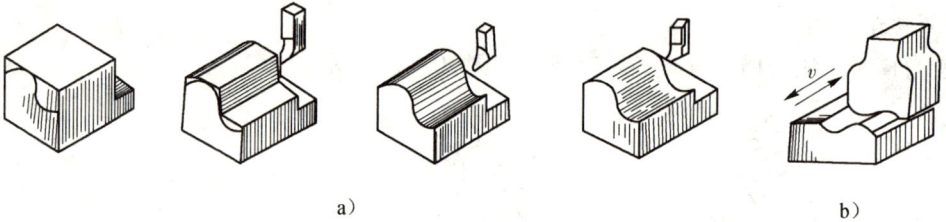

a)　　　　　　　　　　　　　　　　　　　　b)

图 10 - 15　刨削成型面

3. 典型件加工——刨正六面体

正六面体零件要求对面平行，还要求相邻面成直角。这类零件可以铣削加工也可刨削加工。刨削六面体一般采用如图 10 - 16 所示的加工工艺：

第一步　一般是先刨出大面 1，作为精基面，如图 10 - 16a 所示。

第二步　将已加工的大面 1 作为基准面贴紧固定钳口，在活动钳口与工件之间的中部垫一个圆棒后夹紧，然后加工相邻的面 2，如图 10 - 16b 所示。面 2 对面 1 的垂直度取决于固定钳口与水平走刀的垂直度。在活动钳口与工件之间垫一个圆棒，是为了使夹紧力集中在钳口中部，以利于面 1 与固定钳口可靠地贴紧。

第三步　把加工过的面 2 朝下，与上述方法相同，使基面 1 紧贴固定钳口。夹紧时，用手锤轻轻敲打工件，使面 2 贴紧平口钳底部，就可以加工面 4，如图 10 - 16c 所示。

第四步　加工面 3，如图 10 - 16d 所示，把面 1 放在平行垫铁上，工件直接夹在两个钳口之间，夹紧时应用手锤轻轻敲打，使面 1 与垫铁贴实，确保加工精度。

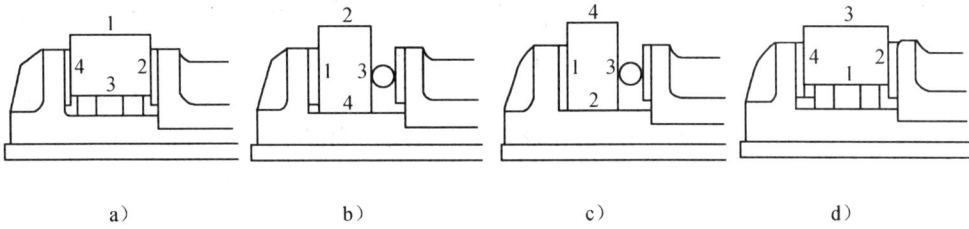

图 10 - 16 刨削正六面体

10.2 磨削加工

10.2.1 磨削的特点及应用

在磨床上用磨料、磨具对工件表面进行切削加工的方法称为磨削加工。它是零件精加工的主要方法之一，磨削时可采用砂轮、油石、磨头、砂带等作磨具，而最常用的磨具是用磨料和粘结剂做成的砂轮。通常磨削能达到的经济精度为 IT7 ~ IT5，表面粗糙度 R_a 值可达 0.8 ~ 0.1 μm。

磨削的加工范围很广，它不仅可以加工内外圆柱面、内外圆锥面和平面，还可加工螺纹、花键、曲轴、齿轮、叶片等特殊的成型表面以及刃磨各种刀具，图 10 - 17 所示为常见的磨削方法。

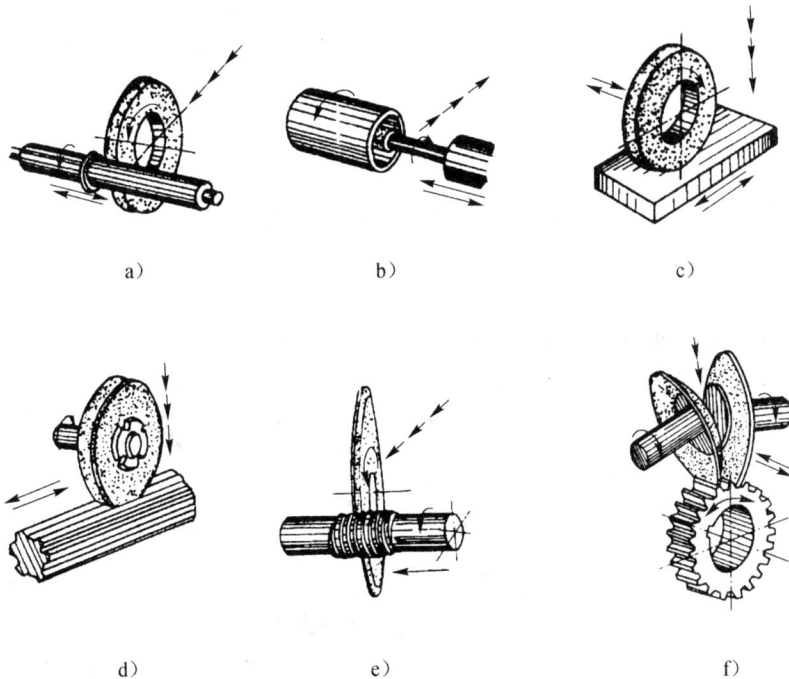

图 10 - 17 常见的磨削方法

a）外圆磨削 b）内圆磨削 c）平面磨削

d）花键磨削 e）螺纹磨削 f）齿轮磨削

磨削加工与通常的车、钻、刨、铣等加工方法相比有以下特点：

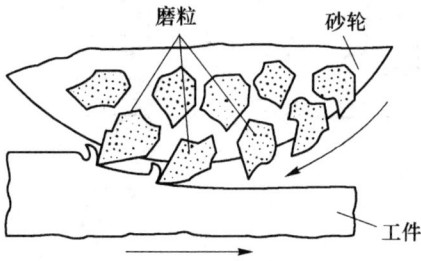

图 10-18 磨粒切削示意图

1）磨削属多刃、微刃切削

砂轮上每一磨粒都相当于一个切削刃，而且其形状及分布处于随机状态，每个磨粒的切削角度、切削条件均不相同。图 10-18 所示为磨粒切削示意图。

2）加工精度高

磨削属于微刃切削，切削厚度极薄，每一磨粒切削厚度可小到数微米，故可获得很高的加工精度和低的表面粗糙度，同时也要求零件在磨削之前先进行半精加工。

3）磨削速度大

一般砂轮的圆周速度达 2000~3000 m/min，目前的高速磨削砂轮线速度已达到 60~250 m/s。故磨削时产生大量切削热，磨削区的瞬时温度可达 1000℃以上，为保证工件表面质量，磨削时一般都使用切削液。

4）加工范围广

磨粒硬度很高，因此磨削不仅能加工碳钢、铸铁等常用金属材料，而且还可以加工一般刀具难以加工的高硬度、高脆性材料，如淬火钢、硬质合金等。但磨削不适宜加工硬度低而塑性很好的有色金属材料。

随着精密铸造、精密锻造等现代成型工艺的发展以及磨削技术自身的不断进步，越来越多的零件可以用铸坯、锻坯直接磨削就能达到精度要求，特别是 20 世纪 90 年代数控磨床进入普及实用时期后，磨削加工中心及具有砂轮与工件自动交换装置的高速和高智能的磨削技术的发展，磨削在机械加工中的比重日益增加。

10.2.2 磨床

磨床可分为万能外圆磨床、普通外圆磨床、内圆磨床、平面磨床、无心磨床、工具磨床、齿轮磨床和螺纹磨床等多种类型。

1. 外圆磨床

外圆磨床分为普通外圆磨床和万能外圆磨床。

1）万能外圆磨床的组成及其功用

图 10-19 所示为 M1432A 型万能外圆磨床外形图，M1432A 型号含义如下：

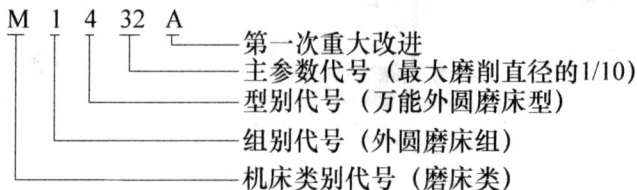

M1432A 主要组成部分的名称和作用如下：

①床身　床身用来夹装各部件，上部装有工作台和砂轮架，其内部装有液压传动系统，床身上的纵向导轨供工作台移动用，横向导轨供砂轮架移动用。

②砂轮架　砂轮架用来装夹砂轮，并由单独电机经带传动直接带动砂轮高速旋转。砂轮

架可在床身后部的导轨上作横向移动。移动方式有自动间歇进给、手动进给、快速趋近工件和退出。砂轮架还可绕垂直轴旋转一定角度，以便磨削圆锥面。

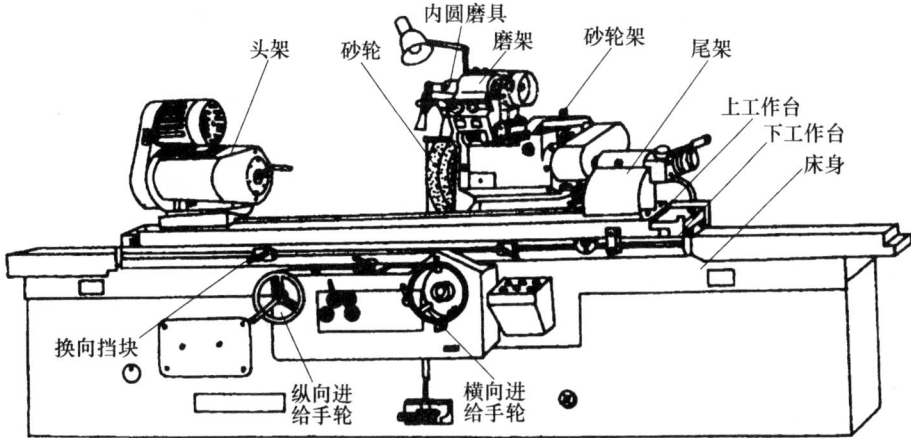

图 10 - 19   M1432A 万能外圆磨床外形

③头架   头架上有主轴，主轴端部可以装夹顶尖、拨盘或卡盘，以便装夹工件。主轴由单独电动机通过皮带变速机构带动，使工件可获得不同的转动速度。头架可在水平面内逆时针偏转 90°，因此可磨削任意锥角的锥面和端面。

④尾架   尾架的套筒内有顶尖，用来支承工件的另一端。尾架在工作台上的位置，可根据工件长度的不同纵向移动进行调整。扳动尾架上的杠杆，顶尖套筒可伸出或缩进，以便装卸工件。

⑤工作台   工作台分上下两层，上层可在水平面内偏转一个不大的角度，以便磨削锥度较小的圆锥面，下工作台可手动或靠液压驱动，沿着床身的纵向导轨作直线往复运动，使工件实现纵向进给。

⑥内圆磨头   内圆磨头是磨削内圆表面用的，在它的主轴上可装上内圆磨削砂轮，由另一个电动机带动。内圆磨头能绕支架旋转，使用时翻下，不用时翻向砂轮架上方。

2）普通外圆磨床

普通外圆磨床没有内圆磨头，头架和砂轮架不能在水平面内回转角度，其余结构与万能外圆磨床基本相同。在普通外圆磨床上，可以磨削工件的外圆柱面及锥度不大的外圆锥面。

2. 内圆磨床

内圆磨床主要用于磨削内圆柱面、内圆锥面及端面等。图 10 - 20 所示为 M2120 型内圆磨床，主要由床身、工作台、头架、砂轮架、砂轮修整器等部分组成。在磨锥孔时，头架在水平面内偏转一个角度。内圆磨床的磨削运动与外圆磨床相同。

3. 平面磨床

平面磨床主要用于磨削工件上的平面，图 10 - 21 所示是 M7120A 型平面磨床。主要由床身、工作台、立柱、磨头及砂轮修整器等部分组成。工作台的往复直线运动由液压传动，也可用手轮操纵，进行必要的调整。工作台上装有电磁吸盘或其他夹具，用来装夹工件。

磨头（亦称砂轮架）可由液压传动或通过转动横向进给手轮，沿滑板的水平导轨作横向进给运动。摇动垂直进给手轮，可调整磨头在立柱垂直导轨上的高低位置，并可完成垂直方向的进给运动。

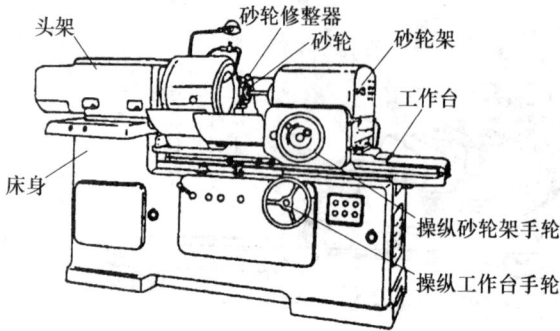

图 10 - 20   M2120 内圆磨床

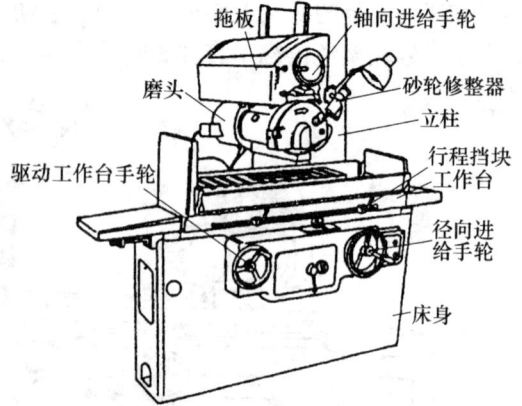

图 10 - 21   M7120A 平面磨床

10.2.3   砂轮

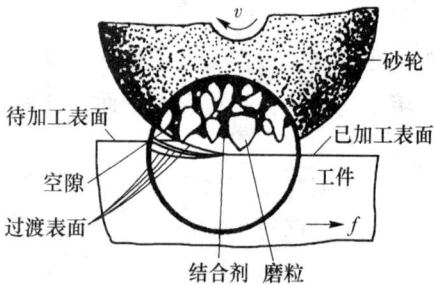

图 10 - 22   砂轮的构造

1. 砂轮构成的要素、参数及其选择

砂轮是磨削加工的刀具,由磨料和结合剂以适当的比例混合,经压缩再烧结而成。其结构如图 10 - 22 所示。它由磨料、结合剂和空隙三个要素组成。砂轮的性能由磨料、粒度、结合剂、硬度、组织、形状和尺寸六个参数决定。

1)磨料

磨料是砂轮的主要成分,它直接担负切削工作,应具有很高的硬度和锋利的棱角,并要有良好的耐热性。常用的磨料有氧化铝(刚玉类)、碳化硅、立方氮化硼和人造金刚石等,其分类代号、性能及选用范围见表 10 - 1。

表 10 - 1   常用磨料的代号、性能及应用

系 列	磨料名称	代 号	特 性	适 用 范 围
氧化物系 Al_2O_3	棕色刚玉	A	硬度较高	磨削碳钢、合金钢、可锻铸铁、硬青铜
	白色刚玉	WA	韧性较好	磨削淬硬钢、高速钢及成型磨
碳化物系 SiC	黑色碳化硅	C	硬度高、韧性差	磨削铸铁、黄铜、铝及非金属等
	绿色碳化硅	GC	导热性较好	磨削硬质合金、玻璃、玉石、陶瓷等
高硬磨料系 C、BN	人造金刚石	SD	硬度很高	磨削硬质合金、宝石、玻璃、硅片等
	立方氮化硼	CBN		磨削高温合金、不锈钢、高速钢等

2)粒度

粒度用来表示磨料颗粒的大小,用磨粒所能通过的筛网号表示,例如,46#粒度是表示磨粒正好能通过每英寸长度为 46 个孔眼的筛网,而不能通过下一档每英寸长度为 60 个孔眼筛网的磨粒。

磨料的粒度直接影响磨削的生产率和磨削质量。粗磨时,余量大、磨削用量大,或在磨削软材料时,为了防止砂轮堵塞和产生烧伤,应选用粗砂轮;精磨时,为获得小的表面粗糙

168

度值和保持砂轮轮廓精度，应选用细砂轮。常用磨料的粒度、尺寸及应用范围见表10-2。

表10-2 常用磨料的粒度、尺寸及应用范围

粒度号	磨粒尺寸 （μm）	应用范围
12#，14#，16#	2000～1000	粗磨、荒磨、打磨毛刺
20#，24#，30#，36#	1000～400	磨钢锭、打磨铸件毛刺、切断钢坯等
40#，60#	400～250	磨内圆、外圆和平面，无心磨，工具磨等
70#，80#	250～160	半精磨，精磨内圆、外圆、平面，无心磨，工具磨等
100#，120#，150#，180#，200#	160～50	半精磨、精磨、珩磨、成形磨、工具磨等
W40，W28，W20	50～14	精磨、超精磨、珩磨、螺纹磨、镜面磨等
W14～更细	14～2.5	精磨、超精磨、镜面磨、研磨、抛光等

3）结合剂

结合剂的作用是将磨粒粘结在一起，并使砂轮具有所需要的形状、强度、耐冲击性、耐热性等。粘结愈牢固，磨削过程中磨粒就愈不易脱落。常用结合剂的名称、代号、性能及应用范围见表10-3。

表10-3 砂轮结合剂的种类、性能及应用

名　称	代　号	性　能	应　用　范　围
陶瓷 结合剂	V	耐热、耐水、耐油、耐酸碱，气孔率大、强度高、韧性弹性差	应用范围最广，除切断砂轮外，大多数砂轮都采用它
树脂 结合剂	B	强度高、弹性好、耐冲击、有抛光作用，耐热性、抗腐蚀性差	制造高速砂轮、薄砂轮
橡胶 结合剂	R	强度和弹性更好，有极好抛光作用，但耐热性更差，不耐酸	制造无心磨床导轮、薄砂轮、抛光砂轮

4）硬度

硬度是指砂轮表面上的磨粒在磨削力的作用下脱落的难易程度。磨粒容易脱落，则砂轮的硬度低，称为软砂轮；磨粒难脱落，则砂轮的硬度就高，称为硬砂轮。砂轮的硬度主要取决于结合剂的粘结能力及含量，与磨粒本身的硬度无关。砂轮的硬度等级见表10-4。

选择砂轮的硬度主要根据工件材料特性和磨削条件来决定。磨软材料时，选硬砂轮；磨硬材料时，选软砂轮。粗磨选软砂轮；精磨选较硬砂轮。通常粗磨比精磨低1～2级。

表10-4 砂轮的硬度等级与代号

硬度 等级	大级	超软	软			中软		中		中硬			硬		超硬
	小级	超软	软$_1$	软$_2$	软$_3$	中软$_1$	中软$_2$	中$_1$	中$_2$	中硬$_1$	中硬$_2$	中硬$_3$	硬$_1$	硬$_2$	超硬
代　号		D、E、F	G	H	J	K	L	M	N	P	Q	R	S	T	Y

5）组织

砂轮的组织表示砂轮结构的松紧程度，它反映了磨粒、结合剂、气孔三者之间的比例关

系。按照 GB 2484—1984 的规定，砂轮组织分为紧密、中等和疏松三大类 15 级，见表 10 - 5。

磨粒所占比例越小，空隙就愈疏松。空隙可以容纳切屑，使砂轮不易堵塞，还可以把切削液带入磨削区，降低磨削温度。但过于疏松会影响砂轮强度。粗磨时，选用较疏松砂轮；精磨时，选用较紧密砂轮，一般选用 7 ~ 9 级。

表 10 - 5　砂轮的组织与代号

组织号	0	1	2	3	4	5	6	7	8	9	10	11	12	13	14
磨粒率（%）	62	60	58	56	54	52	50	48	46	44	42	40	38	36	34
疏密程度	紧　密					中　等						疏　松			

6）砂轮的形状、尺寸和代号

为适应各种磨床结构和磨削加工的需要，砂轮可制成各种形状与尺寸。表 10 - 6 所列为常用砂轮的形状、代号及用途。

砂轮的特性代号一般标注在砂轮端面上，用以表示砂轮的磨料、粒度、硬度、结合剂、组织、形状、尺寸及允许最高线速度。例如，WA60KV6P300 × 30 × 75，即表示砂轮的磨料为白刚玉（WA），粒度为 60$^{\#}$，硬度为中软（K），结合剂为陶瓷（V），组织号为 6 号，形状为平行砂轮（P），尺寸外径为 300 mm，厚度为 30 mm，内径为 75 mm。

2. 砂轮的检查、安装、平衡和修整

1）砂轮的检查

因砂轮在高速下工作，为防止其高速旋转时破裂，因此装夹前必须经过外观检查，不应有裂纹。通过外观检查确认无表面裂纹的砂轮，一般还要用木锤轻轻敲击，声音清脆的为没有裂纹的好砂轮。

表 10 - 6　常用砂轮的形状、代号及用途

砂轮名称	代　号	简　图	主　要　用　途
平形砂轮	P		用于磨外圆、内圆、平面、螺纹及无心磨等
双斜边形砂轮	PSX		用于磨削齿轮和螺纹
双面凹砂轮	PSA		主要用于外圆磨削和刃磨刀具、无心磨砂轮和导轮
薄片砂轮	PB		主要用于切断和开槽等
筒形砂轮	N		用于立轴端面磨
杯形砂轮	B		用于磨平面、内圆及刃磨刀具
碗形砂轮	BW		用于导轨磨及刃磨刀具
碟形砂轮	D		用于磨铣刀、铰刀、拉刀等，大尺寸的用于磨齿轮端面

170

2) 砂轮的安装

最常用的砂轮安装方法是用法兰盘装夹砂轮。装夹时在砂轮和法兰盘之间垫上 1 ~ 2 mm 厚的弹性垫板（皮革或橡胶所制）；砂轮与砂轮轴间还应有一定的间隙，以免主轴受热膨胀而将砂轮胀裂，见图 10 – 23。

3) 砂轮的平衡

由于砂轮各部分密度不均匀、几何形状不对称以及安装偏心等各种原因，往往造成砂轮重心与其旋转中心不重合，即产生不平衡现象。不平衡的砂轮在高速旋转时会产生振动，影响磨削质量和机床精度，严重时还会造成机床损坏和砂轮碎裂。因此在安装砂轮前都要进行平衡。砂轮的平衡有静平衡和动平衡两种。一般情况下，只需作静平衡，但在高速磨削（线速度大于 50 m/s）和高精度磨削时，必须进行动平衡。

图 10 – 24 所示为砂轮静平衡装置。平衡时先将砂轮装在法兰盘上，再将法兰盘套在心轴上，然后放在平衡架轨道的刀口上。如果不平衡，较重的部分总是转在下面，这时可移动法兰盘端面环槽内的平衡铁进行平衡，然后再检查。这样反复进行，直到砂轮可以在刀口上任意位置都能静止，这就说明砂轮各部重量均匀。一般直径大于 125 mm 的砂轮都应进行静平衡。

4) 砂轮的修整

砂轮工作一定时间以后，磨料逐渐变钝，砂轮工作表面空隙被堵塞，砂轮的正确几何形状被破坏，这时须进行修整。使已磨钝的磨粒脱落，以恢复砂轮的切削能力和外形精度。砂轮常用金刚石刀进行修整，见图 10 – 25。修整时要用大量冷却液，以避免金刚石因温度剧升而破裂。

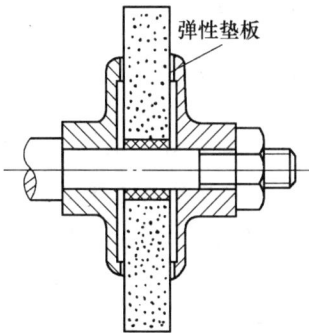

图 10 – 23　砂轮的装夹

图 10 – 24　砂轮的静平衡

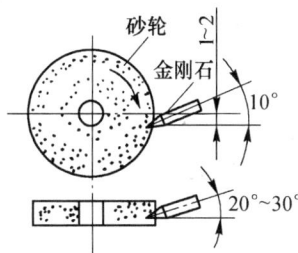

图 10 – 25　砂轮的修整

10.2.4　工件的装夹

1. 平面磨削的工件装夹

磨削中小型工件的平面，常采用电磁吸盘工作台吸住工件，其工作原理如图 10 – 26 所示。当磨削键、垫圈等尺寸小而壁较薄的零件时，因零件与工作台接触面积小，吸力弱，容易被磨削力弹出去而造成事故。因此装夹这类零件时，须在工件四周或左右两端用挡铁围住，以免工件走动，如图 10-27 所示。

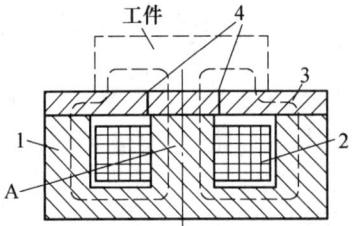

图 10-26　电磁吸盘工作台的工作原理
1-吸盘体（A 为芯体）　2-线圈　3-盖板　4-绝缘层

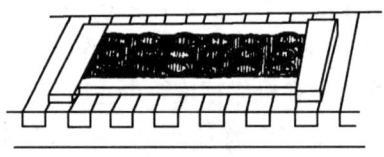

图 10-27　用挡铁围住工件

2. 外圆磨削的工件装夹

1）顶尖装夹　轴类零件常用顶尖装夹。装夹时，工件支撑在两顶尖之间（见图 10-28），其装夹方法与车削中所用方法基本相同。但磨床所用的顶尖都是不随工件一起移动的，这样可以提高加工精度，避免了由于顶尖转动而带来的误差，尾顶尖是靠弹簧推力顶紧工件的，这样可以自动控制松紧程度。

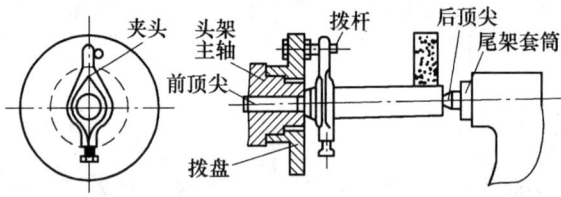

图 10-28　顶尖装夹

磨削前，工件的中心孔均要进行修研，以提高其几何形状精度和减小表面粗糙度值。修研的方法在一般情况下是用四棱硬质合金顶尖（见图 10-29）在车床或钻床上进行挤研，研亮即可；当中心孔较大、修研精度较高时，必须选用油石顶尖或铸铁顶尖作前顶尖，一般顶尖做后顶尖。修研时，头架旋转，工件不旋转（用手握住）。研好一端再研另一端，见图 10-30。

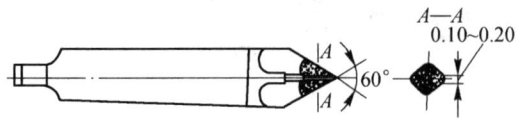

图 10-29　四棱硬质合金顶尖

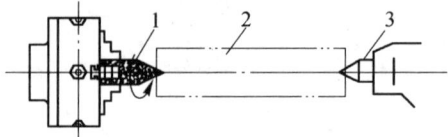

图 10-30　用油石顶尖修研中心
1-油石顶尖　2-工件　3-后顶尖

2）卡盘装夹　卡盘有三爪自定心卡盘、四爪单动卡盘和花盘三种，与车床基本相同（见 8.4 章节）。无中心孔的圆柱形工件大多采用三爪自定心卡盘，不对称工件采用四爪单动卡盘，形状不规则的采用花盘装夹。

3）心轴装夹　盘套类空心工件常以内孔定位磨削外圆，往往采用心轴来装夹工件。常用的心轴种类和车床类似（见 8.4 章节）。心轴必须和卡箍、拨盘等传动装置一起配合使用，其装夹方法与顶尖相同。

3. 内圆磨削的工件装夹

磨削内圆时，工件大多数是以外圆和端面作为定位基准的。通常采用三爪自定心卡盘、

172

四爪单动卡盘、花盘及弯板等夹具装夹工件。其中最常用的是用四爪单动卡盘通过找正装夹工件（见图10-31）。

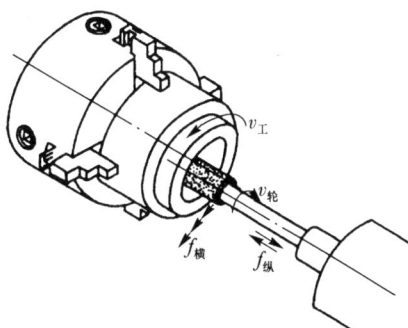

图10-31 四爪单动卡盘装夹工件

10.2.5 磨削加工

1. 平面磨削

平面磨削常用的方法有两种：一种是在卧轴矩形工作台平面磨床上用砂轮的圆周进行磨削，即周磨法（见图10-32a）；另一种是在立轴圆形工作台平面磨床上用砂轮的端面进行磨削，即端磨法（见图10-32b）。

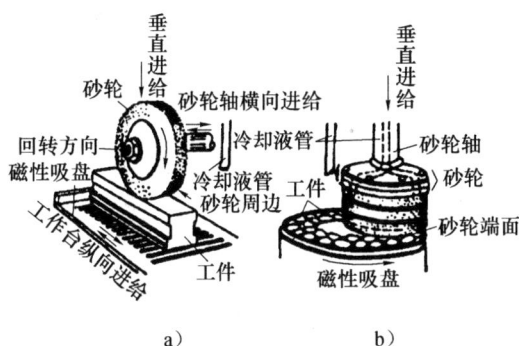

图10-32 磨平面的方法 a）周磨法 b）端磨法

周磨时，砂轮与工件接触面积小，排屑及冷却条件好，工件发热量少，因此磨削易翘曲变形的薄片工件，能获得较好的加工质量，但磨削效率较低，适用于精磨。

端磨时，由于砂轮轴伸出较短，而且主要是受轴向力，因而刚性较好，能采用较大的磨削用量。此外，砂轮与工件接触面积大，因而磨削效率高；但发热量大，也不易排屑和冷却，故加工质量较周磨低，适用于粗磨。

2. 外圆磨削

1）磨削运动

在外圆磨床上磨削外圆，需要下列几种运动（见图10-17a）：

①主运动——砂轮高速旋转。

②圆周进给运动——工件绕本身的轴线进行旋转。

③纵向进给运动——工件沿着本身的轴线作往复运动。

④横向进给运动——砂轮向着工件作径向切入运动。它在磨削过程中一般是不进给的，而是在行程终了时周期地进给。

2）磨削用量

①砂轮圆周速度 $v_轮$ 是指砂轮外圆上任一点砂粒在单位时间内所走的距离。一般外圆磨削时，$v_轮 = 30 \sim 50$ m/s。如M1432A万能外圆磨床的新砂轮外径为400 mm，此时转速为1660 r/min，则此时 $v_轮$ 为35 m/s。

②工件圆周速度 $v_工$ 一般 $v_工 = 13 \sim 26$ m/min。粗磨时 $v_工$ 取大值，精磨时 $v_工$ 取小值。

③纵向进给量 $f_纵$ 一般 $f_纵 = (0.2 \sim 0.8)B$。B 为砂轮宽度，粗磨时取大值，精磨时取小值。

④横向进给量 $f_横$ 磨削时一般横向进给量很小。一般 $f_横 = 0.005 \sim 0.05$ mm。

3）磨削方法

在外圆磨床上磨削外圆的方法常用的有纵磨法和横磨法两种，而其中又以纵磨法用得最多。

①纵磨法　如图10-33所示，磨削时，工件转动（圆周进给），并与工作台一起作直线往复运动（纵向进给），当每一纵向行程或往复行程终了时，砂轮按吃刀深度作一次横向进给运动，每次磨削深度很小。当工件加工到接近最终尺寸时（留下0.005~0.01 mm），无横向进给地走几次，至火花消失即可。纵磨法的特点是，可用同一砂轮磨削长度不同的各种工件，且加工质量好，但磨削效率低。目前在生产中应用最广，特别是在单件、小批生产以及精磨时均采用这种方法。

②横磨法　又称径向磨削法或切入磨削法，如图10-34所示。磨削时工件无纵向进给运动，而砂轮以很慢的速度连续地或断续地向工件作横向进给运动，直至把磨削余量全部磨掉为止。横磨法的特点是生产效率高，但精度较低且表面粗糙度值较大。它适于磨削长度较短的外圆表面及两侧都有台阶的轴颈。

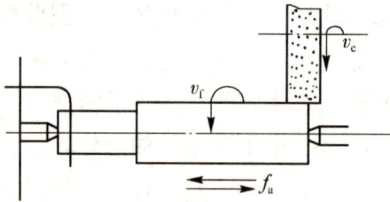

图10-33　纵磨法磨外圆

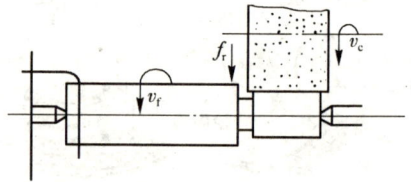

图10-34　横磨法磨外圆

3. 内圆磨削

内圆磨削与外圆磨削相比，由于砂轮直径受工件孔径限制，一般较小，而悬伸长度又较大，刚性差，磨削用量不能大，所以生产率较低；又由于砂轮直径较小，砂轮的圆周速度较低，加上冷却排屑条件不好，所以表面粗糙度值不易减小。因此，磨削内圆时，为了提高生产率和加工精度，砂轮和砂轮轴应尽可能选用较大直径、砂轮轴伸出长度应尽可能缩短。

1）磨削运动

磨削内圆的运动与磨削外圆基本相同，但砂轮的旋转方向与磨削外圆相反（见图10-31）。

2）磨削用量

①砂轮圆周速度 $v_轮$　磨削内圆时，由于砂轮直径较小，但又要求切削速度较高，一般 $v_轮$ =30~50 m/s。因此，内圆磨头的转速一般都很高，为2000 r/min左右。

②工件圆周速度 $v_工$　一般 $v_工$ =15~25 m/min。粗糙度要求高时，应取较小值；粗磨或砂轮与工件的接触面积大时，应取较大值。

③纵向进给速度 $v_纵$　磨内圆时，工作台的 $v_纵$ 应比磨外圆时稍大些，一般粗磨时 $v_纵$ =1.5~2.5 m/min；精磨时 $v_纵$ =0.5~1.5 m/min。

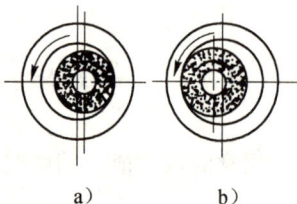

图10-35　砂轮与工件的接触形式

④横向进给量 $f_横$　一般粗磨时 $f_横$ =0.01~0.03 mm，精磨时 $f_横$ =0.002~0.01 mm。

3）磨削方法

磨削内圆通常是在内圆磨床或万能外圆磨床上进行的。磨削时，砂轮与工件的接触方式有两种：一种是后面接触（见图10-35a），另一种是前面接触（见图10-35b）。在内圆磨床上采用后面接触，在万能外圆磨床上采用前面接触。

内圆磨削的方法也有纵磨法和横磨法，其操作方法和特点与外圆磨削相似。

4. 圆锥面的磨削

磨削圆锥面通常用下列两种方法：

①转动工作台法　这种方法大多用于锥度小，锥面较长的工件（见图10－36、图10－38）。

②转动头架法　这种方法常用于锥度较大的工件（见图10－37、图10－39）。

由此可见磨圆锥面与磨圆柱面的主要区别是工件和砂轮的相对位置不同。磨锥面时，工件轴线必须相对于砂轮轴线偏斜—圆锥斜角。

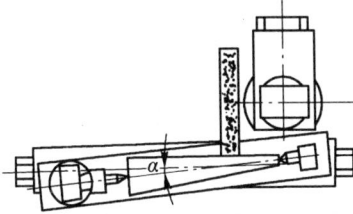

图10－36　转动工作台磨削外圆锥面

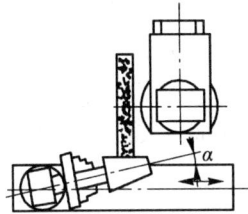

图10－37　转动头架磨削外圆锥面

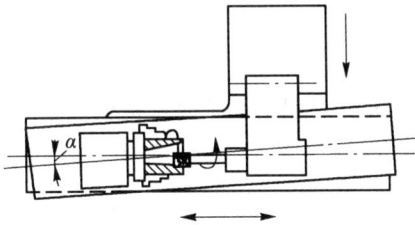

图10－38　转动工作台磨削内圆锥面

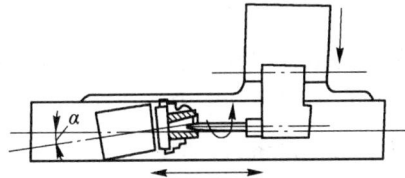

图10－39　转动头架磨削内圆锥面

复习思考题

1. 简述牛头刨床的主要组成部分名称和作用。

2. 刨削时刀具和工件须作哪些运动？与车削相比，刨削运动有何特点？

3. 刨削前，机床须作哪些方面的调整？如何调整？

4. 为什么刨刀往往做成弯头的？

5. 刨削垂直面和斜面时，如何调整刀架的各个部分？

6. 拉削加工只有拉刀的直线移动，这是主运动还是进给运动？

7. 简述刨削正六面体零件的操作步骤。

8. 磨削加工的特点是什么？磨削加工时，砂轮和工件各有哪些运动？

9. 砂轮的特性由哪些因素决定？如何选择砂轮的磨料和硬度？

10. 外圆纵磨法和横磨法各有何特点？各适用于什么场合？

第11章 钳 工

学习重点

➢ 了解钳工的特点及在机械制造中的作用
➢ 掌握钳工常用工具、量具的使用方法
➢ 掌握钳工最常用的基本操作方法
➢ 了解机械部件装配的基本工艺知识

11.1 概 述

11.1.1 钳工的概念及加工特点

钳工主要指利用各种手工工具完成零件的加工、机器装配、调试以及机械设备的维护和修理等工作。钳工的基本操作包括：划线、錾削、锯削、锉削、刮削、研磨、钻孔、扩孔、铰孔、攻螺纹、套螺纹、铆接、板金下料、装配等。

钳工在机械制造中起着十分重要的作用，特别是一些采用机械设备不能加工或不适于用机械加工的零件，通常由钳工来完成。其主要特点就是加工方法简便灵活、操作形式多种多样、适用面广；但劳动强度大、生产效率较低、对工人操作技术要求较高。其主要的应用范围包括：

（1）在单件或小批量生产加工前的准备工作，如毛坯表面的清理，按图纸对工件的划线等。

（2）零件装配成机器之前进行的钻孔、铰孔、攻丝和套螺纹等工作；装配时相互配合零件的修配；整台机器的组装、试车和调整等。

（3）精密零件的加工，如锉制样板、刮削机器和量具的配合面，以及夹具、模具的精加工等。

（4）机器设备使用过程中的维修等。

为减轻钳工的劳动强度，提高生产效率和产品质量，钳工工作正逐步实现半机械化和机械化。

11.1.2 钳工常用设备

钳工常用的设备有钳工工作台和台虎钳，大多数的操作都是在其上进行的。此外在钳工工作地还配备有划线平台、钻床和砂轮机等。

钳工工作台又称为钳台，如图 11 − 1 所示，一般用木材或铸铁制成，要求坚实和平稳，台面前方装有防护网，以防操作时铁屑或工具飞出伤人。台虎钳是夹持工件的主要工具，如图 11 - 2 所示，其规格用钳口宽度表示，常用的有 100 mm、125 mm 和 150 mm 三种。

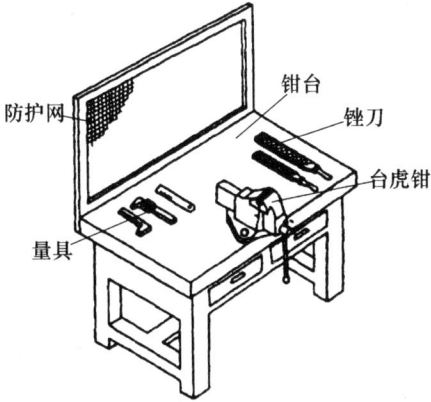

图 11 - 1　钳工工作台

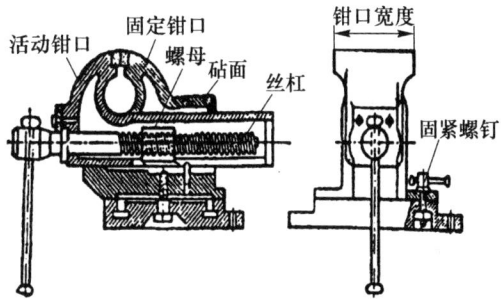

图 11 - 2　台虎钳

使用台虎钳时，应注意下列事项：

（1）尽可能将工件夹在钳口的中部，以使钳口受力均匀。

（2）夹紧工件时，直接转动虎钳手柄，切勿接长手柄或用锤敲击手柄，以免造成虎钳丝杆和螺母损坏。

（3）须锤击工件时，只能在砧面上进行，其他部位不能敲打，以免造成虎钳损坏。

（4）夹持工件光滑表面时，钳口应垫铜皮等软金属片加以保护，防止钳口咬伤工件。

11.2　钳工的基本操作方法

11.2.1　划线

划线是根据图纸要求，在毛坯或半成品上划出加工界线的一种操作。其作用是：

（1）检查毛坯的形状和尺寸是否符合图样要求，避免不合格的毛坯投入机械加工而造成浪费；

（2）对合格的毛坯划出加工界线，标明加工余量，作为加工工件或装夹工件的依据；

（3）对有缺陷的坯件，可采用借料划线法使加工余量合理分配，保证加工不出或少出废品。

划线分为平面划线和立体划线。平面划线是指只在工件的一个平面上划线，如图 11 - 3 所示。立体划线是在工件的长、宽、高三个方向上划线，如图 11 - 4 所示。

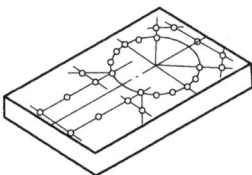

图 11 - 3　平面划线

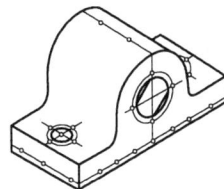

图 11 - 4　立体划线

在单件或小批量生产中划线是不可缺少的重要环节，是机械加工的依据，因此所划线条要求清晰，尺寸准确，划线精度一般在 0.25 ~ 0.5 mm 之间。

1. 划线工具及用途

1）划线平板

划线平板是检验或划线的平面基准工具，如图 11 -5 所示，由铸铁精细加工制成，工作面平直，光滑，结构牢固。

图 11 -5 划线平板

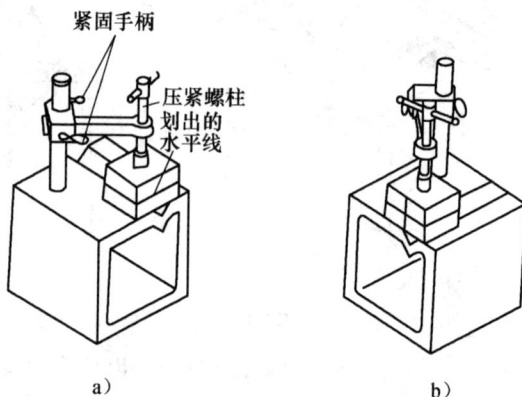

图 11 -6 用方箱夹持工件划线
a）将工件压紧在方箱上划水平线 b）翻转 90°划垂直线

2）方箱

方箱是用铸铁制成的空心立方体，六面都经过精加工。方箱上有 V 形槽和压紧装置，一般用于尺寸较小而加工面较多的工件。图 11 -6 所示为用方箱夹持工件划线示例。

3）千斤顶和 V 形铁

千斤顶和 V 形铁都是在划线平板上用以支承工件的工具，千斤顶支承较大或不规则的工件，调整千斤顶的高度可找正工件，如图 11 -7 所示；V 形铁支承圆柱面工件，使其轴线与平板平行，如图 11 -8 所示。

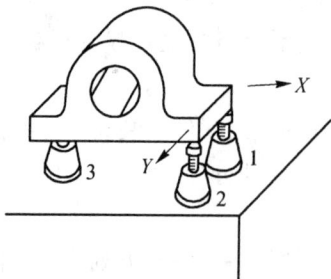

图 11 -7 千斤顶支承工件

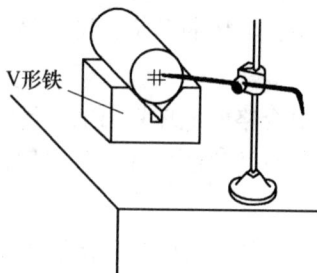

图 11 -8 V 形铁支承工件找中心

4）划针和划线盘

划针是在工件表面上划线的工具，用碳素工具钢制成，尖端经磨锐后淬火，其形状及用法如图 11 -9 所示。划针盘是带有划针的可调划线工具，常用于立体划线和校正工件位置，如图 11 -10 所示。

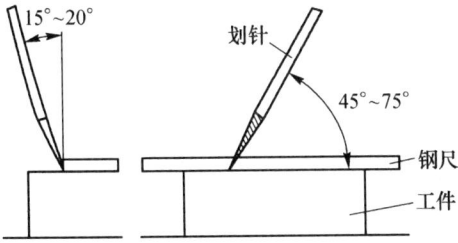

图 11 -9 划针划直线

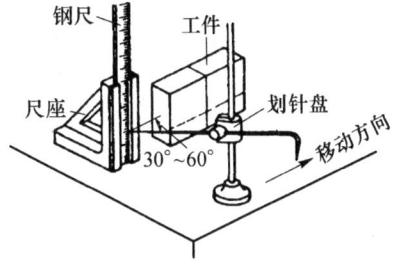

图 11 -10 划针盘划水平线

5）划规及划卡

划规和划卡都是划线工具，划规即圆规，可用于划圆、量取尺寸和等分线段，如图 11 - 11 所示。划卡又称单脚划规，用以确定轴及孔的中心位置，也可用来划平行线，如图 11 - 12 所示。

6）样冲

样冲是在划好线的工件上打出样冲眼的工具。划好的线段和钻孔前的圆心都需打样冲眼，以防擦去所划线段和便于钻头定位。样冲的使用方法如图 11 - 13 所示。

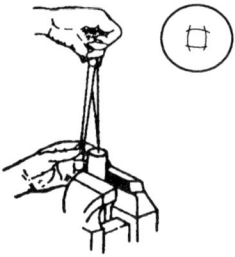

图 11 - 11 划规定轴中心

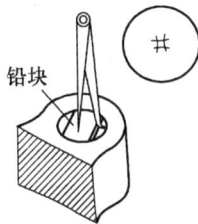

图 11 - 12 划卡定孔中心

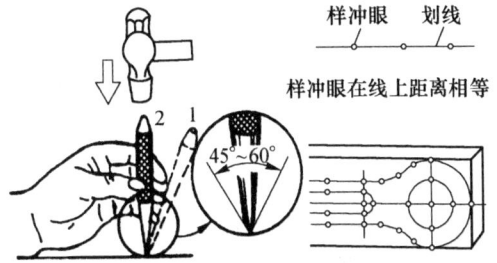

图 11 - 13 样冲及使用方法

7）划线量具

钢直尺、高度尺、90°角尺等是划线常用的量具。钢直尺，高度尺检验长度和高度尺寸，90°角尺是检验直角用的非刻线量尺，常用于划垂直线，如图 11 - 14 所示。

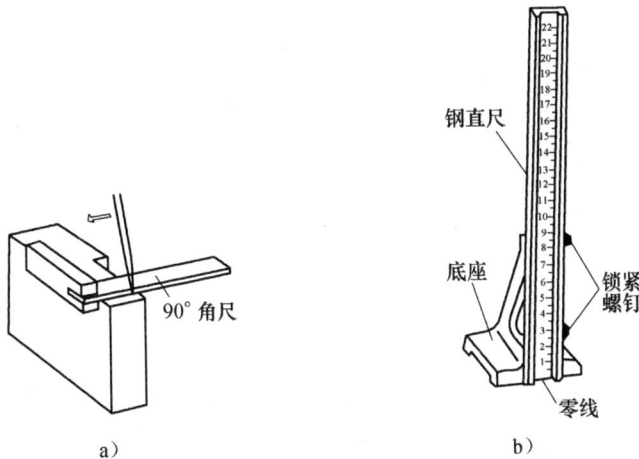

a)

b)

图 11 - 14 划线量具

a) 宽座90°角尺 b) 宽度尺

8）高度游标尺

高度游标尺是带游标读数的精密高度量具，升降游框可带划线量爪，用于半成品的精密划线，如图 11-15 所示。但不可对毛坯划线，以防损坏硬质合金划线爪。

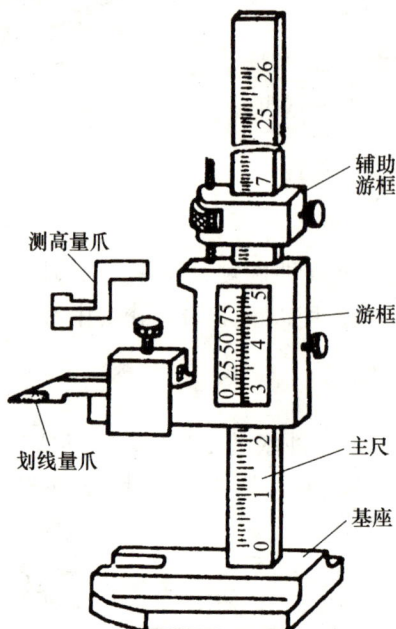

图 11-15　高度游标尺

2. 划线基准及其选择

划线时用来确定零件的几何形状和各部分相对位置的点、线、面就称为划线基准。

划线基准的确定要以保证精度、合理分配余量、简化划线操作作为原则。一般可以选重要孔的中心线或已加工面为划线基准，如图 11-16 所示。

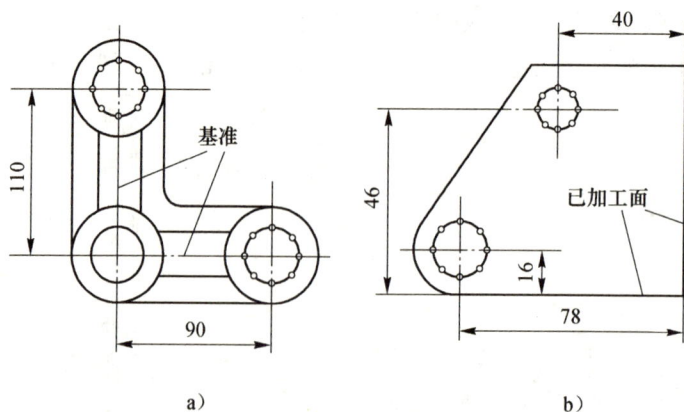

a）　　　　　　　　　　　　　　b）

图 11-16　划线基准
a）孔的中心线为基准　　b）　已加工面为基准

3. 划线步骤和注意事项

（1）分析图纸，确定划线基准，检查毛坯是否合格。

（2）清理毛坯上的残留沾砂、氧化皮、毛刺、油污、飞边等。

（3）若孔为划线基准，则用木块或铅块堵孔，以便找出孔的圆心。

（4）在需要划线的毛坯表面涂上白粉笔或石灰浆，已加工表面涂上有色涂料。

（5）支承及找正工件，先划出划线基准，再划出其他加工线。应把需要划的平行线在一次支承中划全，以免再次支承补划，造成误差。

（6）划完线后对照图纸检查划出的线是否正确。

（7）在划好的线条上打上样冲眼。

4. 划线的应用

轴承座的划线方法及步骤如图 11-17 所示。

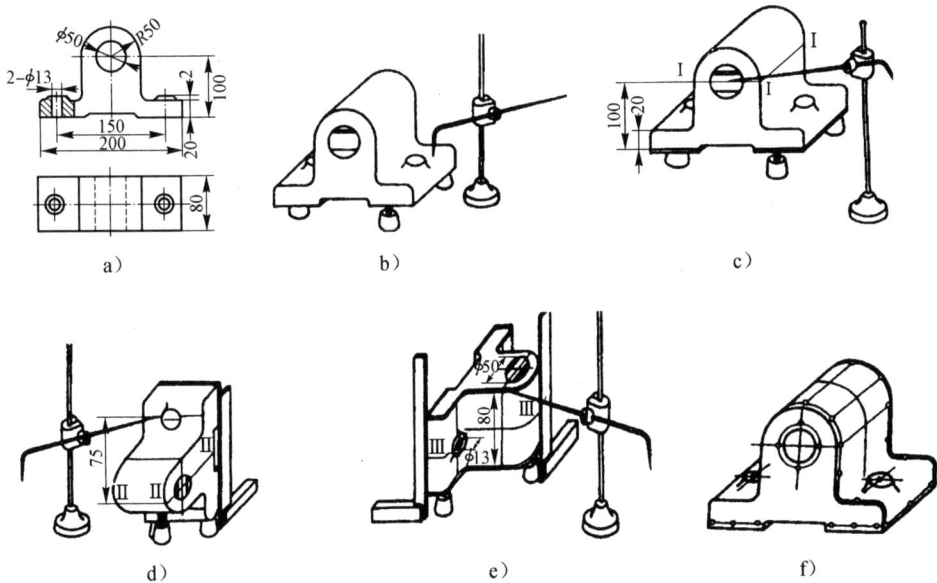

图 11-17 轴承座的立体划线

a）轴承座零件图　b）根据孔中心及上平面，调节千斤顶使工件水平
c）划底面加工线和大孔的水平中心线　d）转 90°，用角尺找正，
划大孔的垂直中心线及螺纹孔中心线　e）再翻 90°，用角尺在
两个方向找正，划螺纹孔另一方向的中心线及
大端面加工线　f）打样冲眼

11.2.2　锯削

锯削是用手锯锯断工件或在工件上锯出沟槽的操作。

1. 锯削工具

手锯由锯弓和锯条两部分组成，如图 11-18 所示。

1）锯弓

锯弓是用来夹持和拉紧锯条的，有固定式和可调式两种。可调式锯弓的弓架分前后两段，可以安装多种长度规格的锯条。

2）锯条

锯条是用碳素工具钢（常用牌号 T10～T12A）制成。锯条的规格以锯条两端安装孔间的距离表示。常用的锯条长为300 mm、宽12 mm、厚0.8 mm。锯齿形状如图11-19所示，每个齿相当于一把小刨刀，起切削作用。常用锯条锯齿的后角为40°~45°，楔角为45°~50°，前角约为0°。

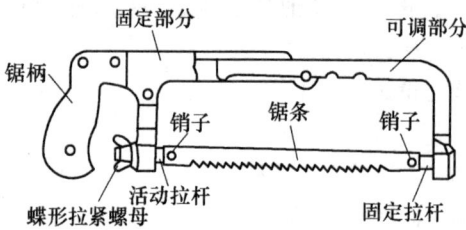

图11-18　可调式锯弓

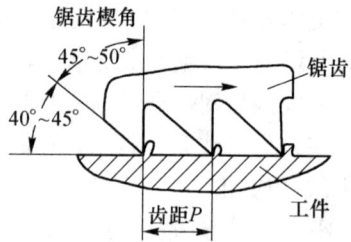

图11-19　锯齿形状

锯条制造时，锯齿按一定形状左、右错开，排列成一定的形状，称为锯路。锯路排列有交错状和波浪形，如图11-20所示。锯路的作用是使锯缝宽度大于锯条背部厚度，以防止锯削时锯条卡在锯缝中，减少锯条与锯缝的摩擦阻力，并使排屑顺利，锯削省力，提高工作效率。

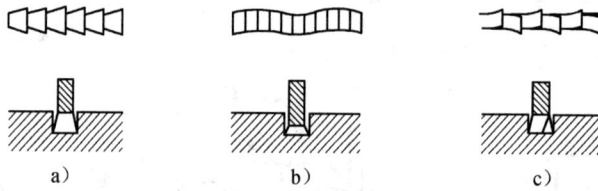

图11-20　锯路（锯齿的排列）
a）齿尖宽度；b）锯齿波浪形排列；c）锯齿交错排列

按齿距大小分粗齿、中齿、细齿三种，由锯条上每25 mm长度内的齿数来表示。锯齿的粗细应根据加工材料的硬度、厚薄来选择。锯削软材料或厚工件时，因锯屑较多，需要有较大的容屑空间，应选用粗齿锯条。锯削硬材料或薄工件时，因材料硬，锯齿不易切入，锯屑量少，不需要大的容屑空间；而薄工件在锯削中锯齿易被工件勾住而崩齿，因此同时接触工件的齿数要多，使锯齿承受的力量减少，应选用细齿锯条。锯齿粗细的划分及用途见表11-1。

表11-1　锯齿粗细及用途

锯齿粗细	每25 mm齿数	用　途
粗	14~18	适合低碳钢、铝、紫铜等软金属，人造胶质材料及厚工件等
中	22~24	一般适用中等硬性钢、铸铁、硬性轻合金、中等厚度工件等
细	25~32	高碳钢等硬材料及薄壁管件等

2. 锯削操作

1）锯削的步骤和注意事项

①选择锯条　根据工件材料的硬度和厚度选择合适的锯条。

②装夹锯条　将锯齿朝前装夹在锯弓上，保证前推时进行切削，锯条的松紧要适合，一般用两个手指的力旋紧为止。另外，锯条不能歪斜和扭曲，否则锯削时易折断。

182

③装夹工件　工件应尽可能装夹在台虎钳的左边，以免操作时碰伤左手；工件伸出钳口要短，锯切线离钳口要近，否则锯削时颤抖；已加工的表面应衬软金属垫，不可直接夹在钳口上。

④锯削过程　起锯时锯条垂直工件表面，并以左手拇指靠住锯条，右手稳推手柄，起锯角度一般小于15°，α过大，锯齿被工件棱边卡住，碰落锯齿；α过小，锯齿不易切入工件，还可能打滑损坏工件表面，如图11-21所示，此时锯弓往复行程要短，压力要轻。锯出锯口逐渐使锯条呈水平方向，此时右手握锯柄，左手轻扶弓架前端，锯弓应直线往复，不可摆动，前推时均匀加压，回拉不施压，从工件上轻轻滑过（见图11-22）。锯切时尽量使锯条全长进入锯削，以免中间部分迅速磨钝降低其使用寿命。要锯断时施压要轻，以免碰伤手臂和折断锯条。锯削速度不宜过快，通常每分钟往复20~40次，锯切软材料可快些，锯钢料可加机油润滑。

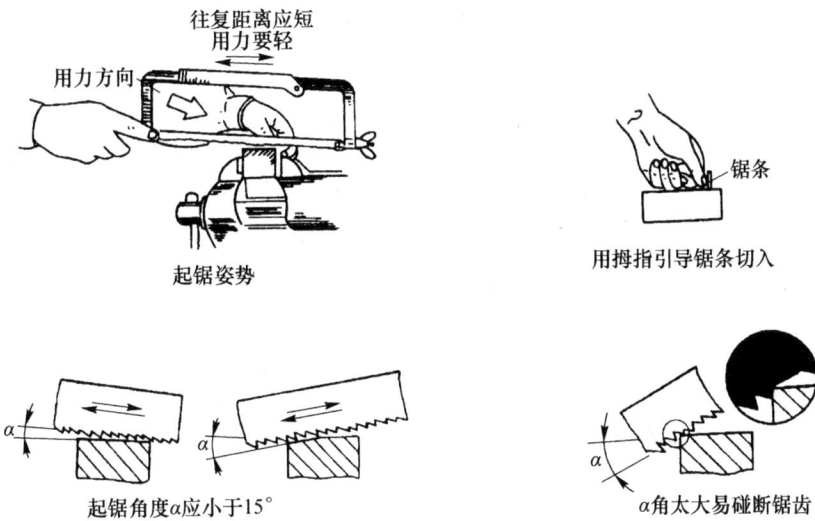

起锯姿势

用拇指引导锯条切入

起锯角度α应小于15°

α角太大易碰断锯齿

图11-21　起锯姿势与角度

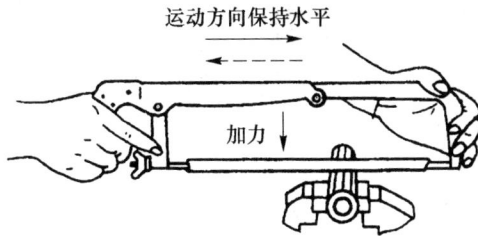

图11-22　锯切姿势和方法

2）锯削应用

①锯削圆钢　若断面质量要求较高，应从起锯开始由一个方向锯到结束（见图11-23a）；若断面要求不高，则可以从几个方向起锯，使锯削面变小，容易锯入，提高锯削效率。锯到一定程度时，用手锤将其击断。

②锯削扁钢　为了得到整齐的锯缝，应从扁钢较宽的面下锯，这样锯缝深度较浅，锯条不致卡住。锯削方法如图11-23b所示。

③锯削钢管 锯切钢管不可从上到下一次锯断,应当在锯穿一处管壁后,将工件向手锯推弓方向转一个角度,再继续锯,方法如图 11 -23c 所示。锯切薄壁管子时,必须将其夹持在两块 V 形木衬垫之间,以防夹扁或夹坏表面。

④锯削薄板 将薄板工件夹在两木块之间,以防振动和变形。如图 11 -23d 所示。

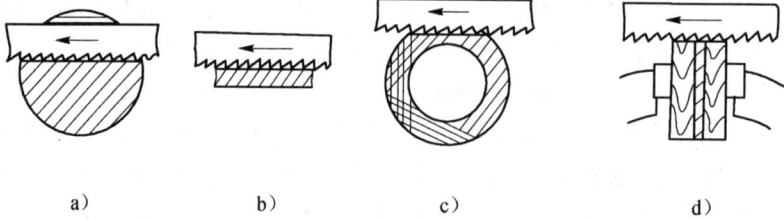

图 11 -23 锯削圆钢、扁钢、钢管、薄板的方法
a) 锯削圆钢 b) 锯扁钢 c) 锯钢管 d) 锯薄板

⑤锯削型钢 角钢和槽钢的锯法与锯扁钢基本相同,但工件应不断改变夹持位置,始终保持从宽面起锯,锯削方法如图 11 -24 所示。

图 11 -24 型钢的锯削

⑥锯削深缝 锯削深缝时,在锯削深度接近锯弓高度后(见图 11 -25a),应将锯条转过90°重新安装,把锯弓转到工件旁边,或锯条转 180°安装在工件下方如图 11 -25b、c 所示,再进行锯削。

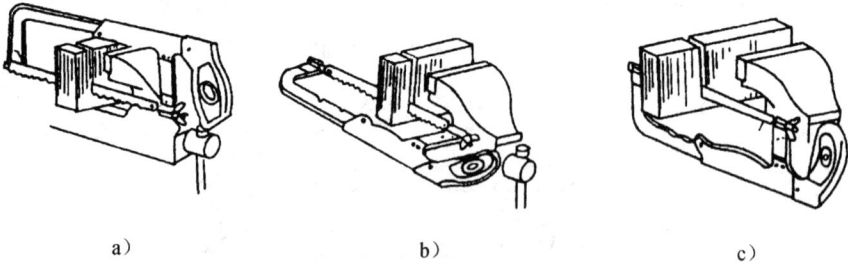

图 11 -25 深缝的锯削方法
a) 锯缝深度超过锯缝高度 b) 将锯条转过90°
c) 将锯条转过180°

3. 锯削工艺的发展

手工锯削劳动强度大,生产效率低且技术要求高。随着生产的发展,科学的进步,锯削工艺也在不断地提高。连续带锯的应用(见图 11 -26),改善了劳动条件,提高了生产效率,由于锯带薄而狭(0.5 mm 厚,8 mm 宽),工作台可以纵横向平移和转向,应用灵活,操作方便,故更易保证加工质量。图 11 -27 所示为连续带锯的应用示例。

184

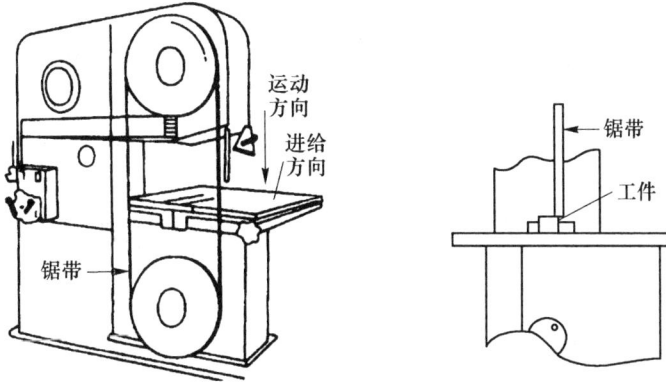

图 11 - 26　连续带锯

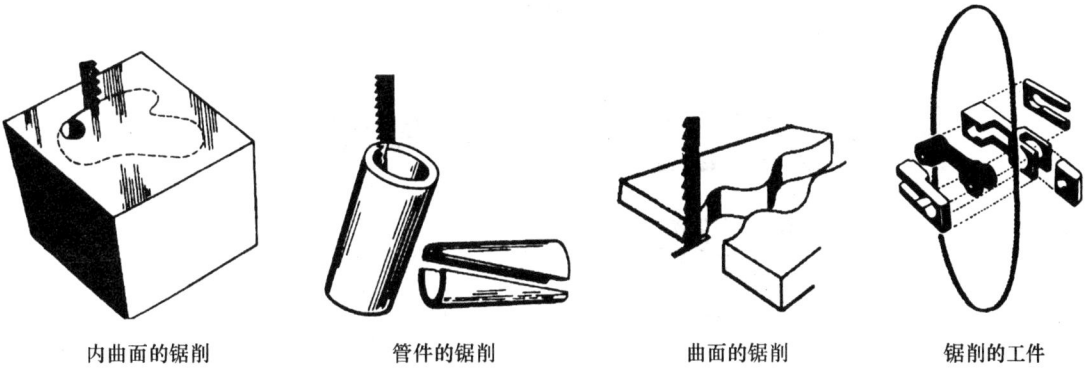

内曲面的锯削　　　　　管件的锯削　　　　　曲面的锯削　　　　　锯削的工件

图 11 - 27　连续带锯应用示例

11.2.3　锉削

锉削是用锉刀对工件表面进行切削加工的操作，多用于錾削或锯削之后的进一步加工，以及在机器装配时用来修整工件，是钳工中最基本的操作方法之一。锉削可加工平面、曲面、内孔、沟槽以及其他复杂表面（如成型样板、模具型腔等）。其加工尺寸精度可达 0.005 ~ 0.01 mm 范围内，表面粗糙度 R_a 值可达 1.6 ~ 0.8 μm。

1. 锉刀的结构及种类

（1）锉刀的材料与结构　　锉刀由碳素工具钢制成，淬火硬度 62 ~ 67 HRC。锉刀由锉面、锉边、锉柄等部分组成，其结构如图 11 - 28 所示。锉刀的锉纹是由剁齿机剁出来的，锉齿的形状如图 11 - 29 所示。锉刀大小以其工作部分的长度表示，有 100 mm、150 mm、200 mm、250 mm、300 mm、350 mm、400 mm 七种。

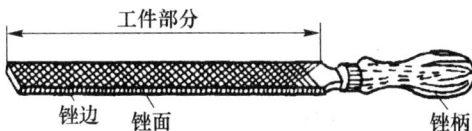

图 11 - 28　锉刀的结构

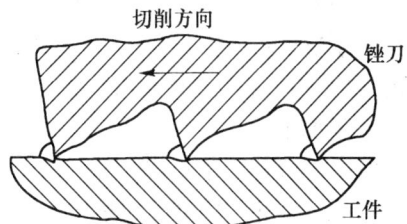

图 11 - 29　锉齿的形状

185

（2）锉刀的种类　锉刀按用途可分为普通锉、特种锉、整形锉等。普通锉又称钳工锉，用于锉削一般工件；特种锉用于锉削工件上的特殊表面；整形锉又称什锦锉，适用于机械、电器仪表等工件上细小部位的修整。锉刀规格一般以截面的形状、锉刀长度、锉纹粗细来表示。普通锉刀按其截面形状可分为平锉（又称板锉）、方锉、圆锉、半圆锉和三角锉等五种，如图 11－30 所示，其中以平锉最为常用。

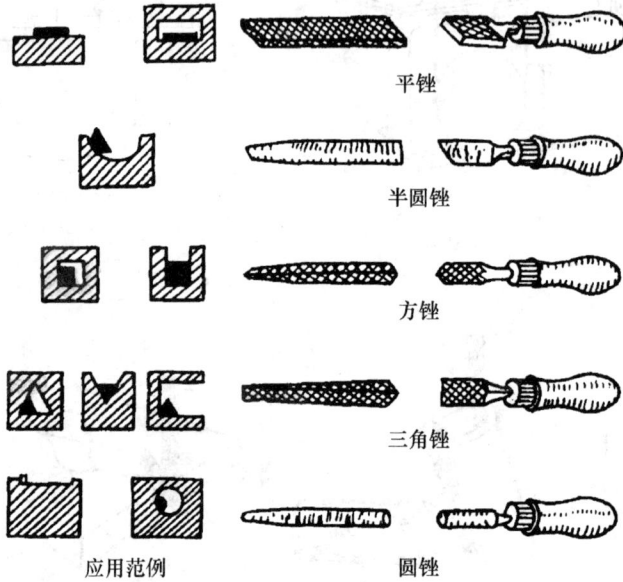

图 11－30　锉刀的种类

锉刀按齿纹粗细（即锉面上 10 mm 长度内齿数的多少）分为粗齿、中齿、细齿和油光齿锉刀等，各自的特点和用途见表 11－2。

表 11－2　锉刀刀齿粗细的划分及特点和应用

锉齿粗细	齿数	特点及应用	加工余量 /mm	表面粗糙度 R_a/ μm
粗齿	4～12	齿间距大，不易堵塞，适宜粗加工或锉铜、铝等有色金属	0.5～1	50～12.5
中齿	13～24	齿间适中，适于粗锉后加工	0.2～0.5	6.3～3.2
细齿	30～40	锉光表面或锉硬金属（钢、铸铁等）	0.05～0.2	1.6
油光齿	50～62	精加工时修光表面	0.05 以下	0.8

2. 锉刀的选用

锉刀的长度按工件加工表面的大小选用；锉刀的断面形状按工件加工表面的形状选用；锉刀齿纹粗细的选用应根据工件材料、加工余量、加工精度和工件的表面粗糙度等因素综合考虑。

3. 锉削加工

（1）工件装夹　工件必须牢固地装夹在台虎钳钳口的中间，并略高于钳口。夹持已加工表面时，应在钳口与工件间垫以铜片或铝片；易于变形和不便于直接装夹的工件，可以用其他辅助材料设法装夹。

（2）锉刀的使用　锉刀握法随锉刀的大小及使用的地方不同而改变。使用大平锉刀时，右手紧握锉刀柄，柄端抵在拇指根部的手掌上，大拇指放在锉刀柄上部，其余手指由下而上握住锉刀柄，左手拇指的根部肌肉压在锉刀头上，拇指自然伸直，其余四指弯向手心，用中指、无名指握住锉刀前端，如图 11 – 31a 所示；使用中小锉刀时，因用力较小，可用左手的拇指和食指捏住锉刀的前端，以引导锉刀水平移动，如图 11 – 31b 所示。

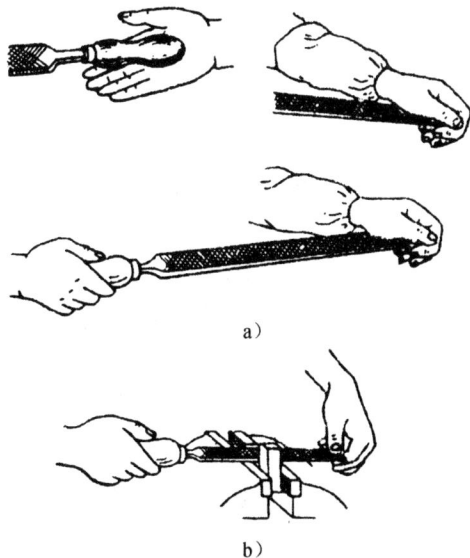

锉削时由于锉刀两端伸出工件的长度随时都在变化，因此两手压力的大小必须随着变化，使两手压力对工件中心的力矩相等，这是保证锉刀平直运动的关键。

开始推进锉刀时，左手压力大右手压力小；锉刀推进到中间位置时，两手的压力大致相等；再继续推进时，左手的压力逐渐减小，右手压力逐渐增大。返回时不加压力，以免磨钝锉齿和损伤已加工表面。锉平面时的施力情况如图 11 – 32 所示。

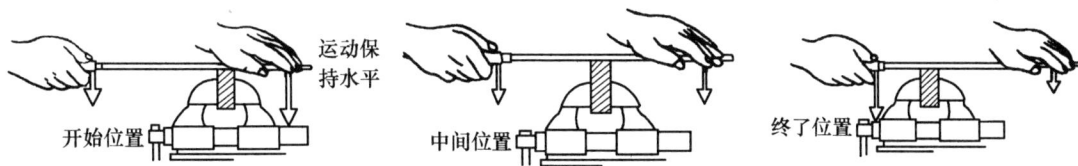

图 11 – 31　锉刀的握法
a）大锉刀的握法　b）中小锉刀握法

图 11 – 32　锉削平面的施力变化

（3）锉削方法　常用的锉削方法有交叉锉法、顺锉法、推锉法和滚锉法。前三种锉法用于平面锉削，后一种用于弧面锉削。

粗锉时用大平粗齿锉采用交叉锉法（见图 11 – 33），这样不仅锉得快，而且可以利用锉痕判别加工部分是否锉到尺寸。表面基本锉平后，可用顺锉法（见图 11 – 34）进行锉削，以降低工件表面粗糙度值，并获取正直的锉纹。最后，可用细锉刀或油光锉刀以推锉法（见图 11 – 35）修光。

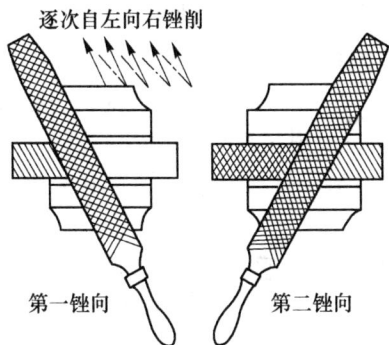

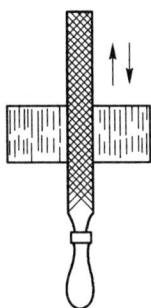

图 11 – 33　交叉锉　　　　图 11 – 34　顺锉法　　　　图 11 – 35　推锉法

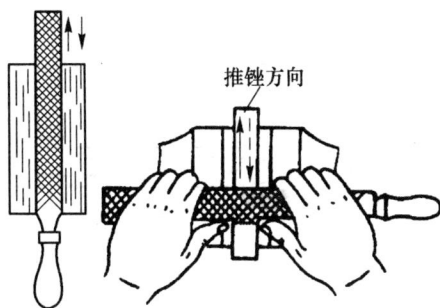

187

锉削外圆弧面时，锉刀除向前运动外，同时还要沿被加工圆弧面摆动，如图 11 - 36 所示；锉削内圆弧面时，锉刀除向前运动外，锉刀本身还要作一定的旋转和向左或向右的移动，如图 11 - 37 所示。

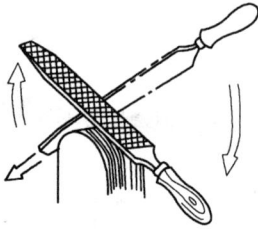

图 11 - 36　外圆弧面锉削

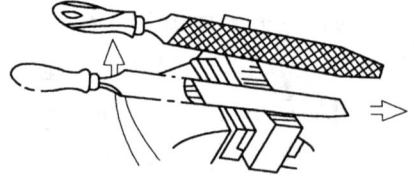

图 11 - 37　内圆弧面锉削

（4）锉削质量检验　锉削时，工件的尺寸可用钢直尺和游标卡尺检查；工件的直线度、垂直度可用刀口尺或直角尺，根据透光法原理来检查；而线轮廓度通常是使用检测样板为工具（见图 11 - 38）。

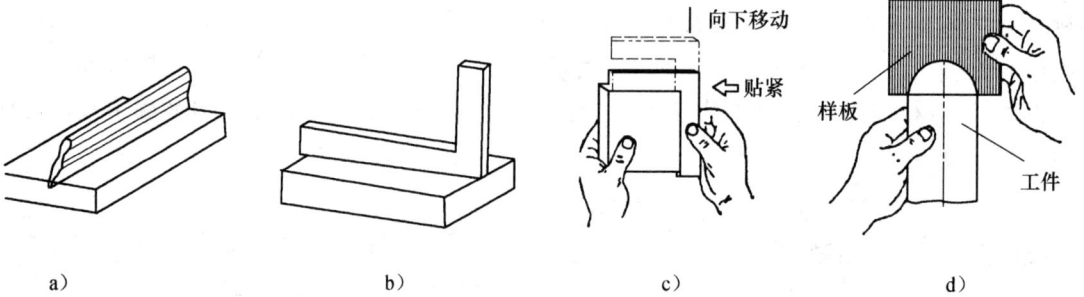

图 11 - 38　检验方法
a）刀口尺检查直线度　b）直角尺检查直线度　c）直角尺检查垂直度　d）样板检查轮廓度

11.2.4　錾削

錾削是用手锤锤击錾子对工件进行切削加工的操作。錾削可加工平面、沟槽、錾断金属及清理铸、锻件上的飞边、毛刺等。每次錾削金属层的厚度为 0.5 ~ 2 mm。

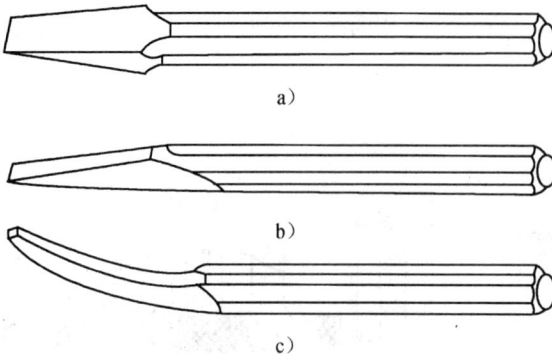

图 11 - 39　錾子
a）平錾　b）尖錾　c）油槽錾

1. 錾削工具

（1）錾子　錾子多用碳素工具钢锻制而成，刃部经淬火和低温回火处理。常用的錾子有平錾（扁錾）、尖錾和油槽錾，如图 11 - 39 所示。平錾刀刃较宽，一般为 10 ~ 15 mm，多用于錾削平面和錾断金属；槽錾刀刃较窄，宽约 5 mm，常用于錾削沟槽。

錾子由錾头、錾身、錾刃三部分组成，全长为 125 ~ 250 mm。錾刃楔角应根据所加工的材料选择，一般錾削铸铁为 70°，钢为 60°，铜、铅为 50°。

（2）手锤　手锤是用来锤击錾子的工具，由锤头和木柄组成，如图 11-40 所示。锤头多用碳素工具钢锻成，并经淬火和回火处理，木柄用坚韧的木质材料制作，手锤全长约 300 mm。手锤的规格以锤头的质量表示，常用的为 0.5 kg。

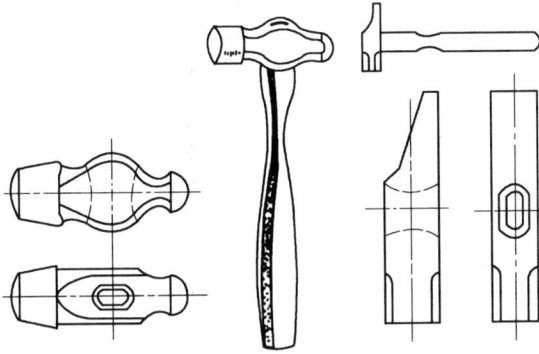

图 11-40　手锤

2. 工具的使用

（1）錾子的握法　用左手的中指、无名指及小指握持錾身，大拇指与食指自然地接触着，头部伸出部分 20~25 mm。随着工作条件的不同，錾子分别采用正握法、反握法和立握法，如图 11-41 所示。正握法与反握法多用于錾削平面、侧面，立握法常用于垂直錾切工件。

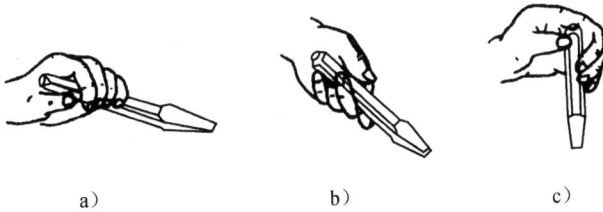

a)　　　　　　　　b)　　　　　　　　c)

图 11-41　錾子的握法
a）正握法　b）反握法　c）立握法

（2）手锤的握法　手锤由右手的食指和拇指握住锤柄，其余手指仅在锤击时才握紧，柄端只能伸出 15~30 mm，如图 11-42 所示。这样在挥锤时轻便自如，锤击有力，且不易疲劳。

3. 錾削操作

在台虎钳上进行錾削时，双脚自然叉开站在台虎钳左侧，左脚跨前半步，人体重心稍偏于后脚，如图 11-43 所示。錾削时眼睛注视在錾子刃口，正确挥锤如图 11-44 所示。錾削过程可分为起錾、錾削和錾出三个阶段。

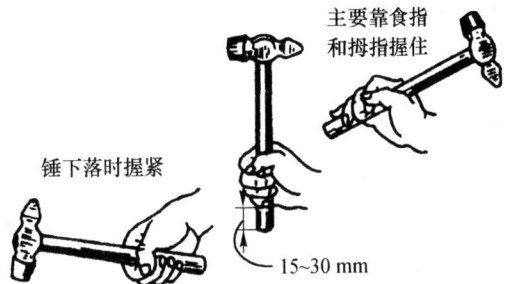

主要靠食指和拇指握住

锤下落时握紧

15~30 mm

图 11-42　手锤的握法图

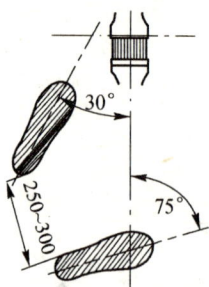

图 11-43 錾削时的站立位置

图 11-44 錾削时的姿势

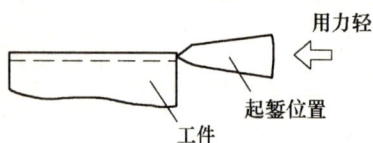

图 11-45 起錾

起錾时，錾子要握平或将錾头略朝下倾斜，以便錾刃切入工件，如图 11-45 所示。錾削时，錾子要保持正确的位置与前进方向，锤击力要均匀，锤击速度以 40 次/min 左右为宜，锤击数次后应将錾子退出一下，以便观察加工情况，也利于散热。一般粗錾后角为 3°~5°；细錾后角可略大些（见图 11-46）。

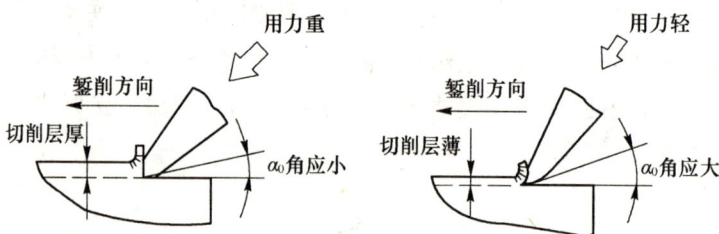

图 11-46 錾削

当錾削到靠近工件尽头时，应调转工件，从另一端轻轻錾切剩余部分，以免工件边缘部分崩裂，如图 11-47 所示。

4. 錾削示例

（1）錾切板料　錾切小而薄的板料可夹在台虎钳上，用扁錾沿钳口并斜对着板料（约成 45°角）自右向左切断，如图 11-48 所示。较大板料可放在铁砧或平整的板面上錾切，錾子切削刃应磨成适当的弧形，工件下面要用垫板，以保护錾刃，如图 11-49 所示。

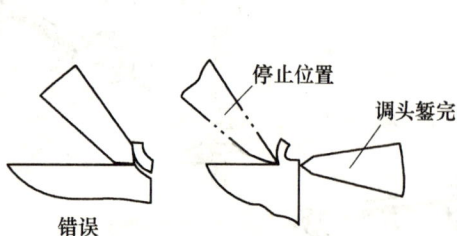

图 11-47 錾出时的操作

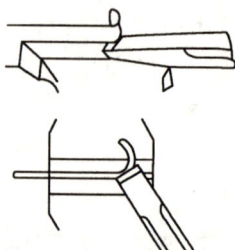

图 11-48 錾削薄板

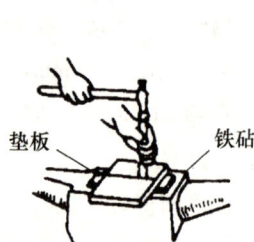

图 11-49 錾切板料

（2）錾削平面　錾削平面时，应先用尖錾开窄槽，槽间宽度约为平錾錾刃的 3/4，然后再用平錾錾平，为了容易錾削，平錾錾刃应与前进方向成 45°角，如图 11-50 所示。

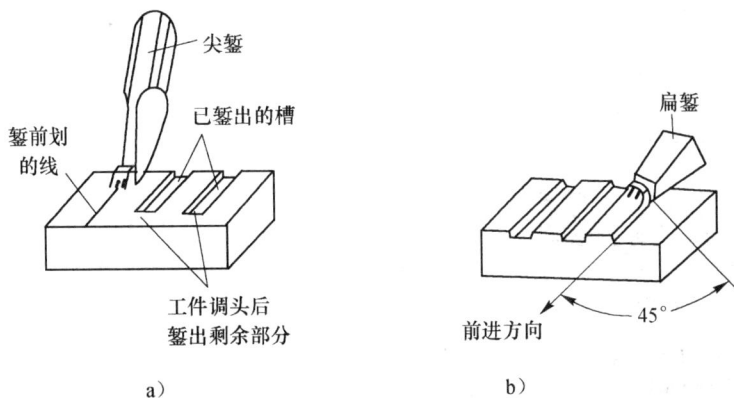

図 11 -50 鏨削平面
a）先开槽 b）鏨成平面

11.2.5 孔加工

各种零件上的孔加工，除一部分由车、镗、铣等机床完成外，很大一部分是由钳工利用各种钻床和工具来完成的。

1. 钻床

1）台式钻床 又称台钻，是一种放在工作台上使用的小型钻床，加工直径不大于12 mm。其外形结构如图 11 -51 所示。台钻主轴转速可通过改变三角带在带轮上的位置来调节，主轴进给是手动的。台钻质量轻，使用方便，适于加工小型工件上的小孔。

2）立式钻床 又称立钻，外形结构如图 11 -52 所示。其规格以最大钻孔直径表示，有25 mm、35 mm、40 mm、50 mm 等几种。立钻的自重重，刚性好，功率大，主轴的转速和走刀量变化范围较大，而且可以自动进刀，允许采用较大的切削用量，因此生产率较高，加工精度也较高，适于用不同的刀具进行钻孔、扩孔、铰孔、锪孔、攻螺纹等多种加工。但立钻的主轴只能上下移动，靠移动工件来对准钻孔中心，因此立钻适于在单件小批量生产中加工中、小型工件。

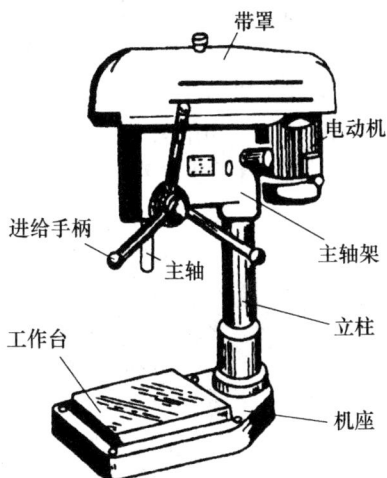

图 11 -51 台式钻床

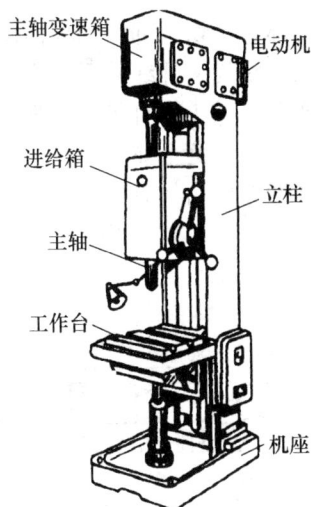

图 11 -52 立式钻床

3）摇臂钻床 外形结构如图 11 -53 所示。它有一个能绕立柱旋转的摇臂，摇臂带动主

191

轴箱可沿立柱垂直移动。主轴箱还能在摇臂上横向移动。这样就能很方便地调整刀具位置对

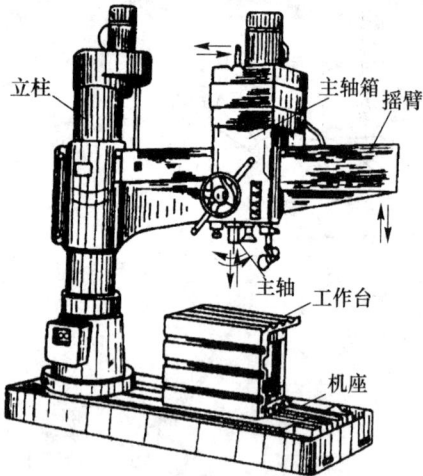

准被加工孔的中心，而无须工件移动。此外，主轴转速范围和走刀量范围很大，因此适于对笨重的大型、复杂工件及多孔工件的加工。

4）其他钻床

深孔钻床 它用于钻削深度与直径比大于 5 的孔。它类似卧式车床，主轴水平装置。由于工件较长，为便于装夹及加工，减少孔中心的偏斜，以工件旋转为主运动，钻头作轴向移动。这种钻床常用来加工枪管孔、炮筒孔及机床主轴孔等。

数控钻床 它是把普通钻床由人工控制的各个部件的运动指令用数控语言编成加工程序存放在控制介质上，通过数控系统对机床加工过程进行自动控制，以完成工件上复杂孔系的加工。如电子仪表行业的印

图 11-53 摇臂钻床

刷电路板的孔采用数控钻床加工，其加工精度和效率大大提高。

2. 钻孔

钻孔是用钻头在实体材料上加工孔的方法。在钻床上钻孔，一般工件是固定不动的，钻头一边作旋转运动（主运动），一边随主轴向下移动（进给运动）。钻孔属于粗加工，尺寸精度一般为 IT14~IT11，表面粗糙度 R_a 值为 50~12.5 μm。如要进一步提高加工精度，可根据要求选择扩孔、铰孔或镗孔等加工方法。

1）钻头及其安装

用于钻削加工的一类刀具称为钻头。主要有麻花钻、中心钻、扁钻及深孔钻等，其中应用最广泛的是麻花钻。

（1）麻花钻 麻花钻由刀柄、颈部和刀体组成，如图 11-54 所示。刀柄用来夹持和传递钻头动力，它有直柄和锥柄两种。直柄传递的力矩较小，适用于直径 12 mm 以下的小钻头；而锥柄适于直径大于 12 mm 的钻头。颈部是刀体与刀柄的连接部分，刻有钻头的规格和商标，刀体包括切削部分和导向部分。导向部分有两条对称的螺旋槽，用来形成前刀面和向孔外排屑。螺旋槽外缘窄而凸出的刃带为第一副后面，第一副后面上的副切削刃起修光孔壁和导向作用。钻头的直径从切削部分向刀柄方向略带倒锥度，以减少第一副后面与孔壁的摩擦。切削部分由两个前刀面、两个后刀面及其相贯形成的两条主切削刃、连接两条主切削刃的横刃和两条副切削刃组成，如图 11-55 所示。两条主切削刃的夹角称为顶角，通常为 116°~118°，如图 11-56 所示。

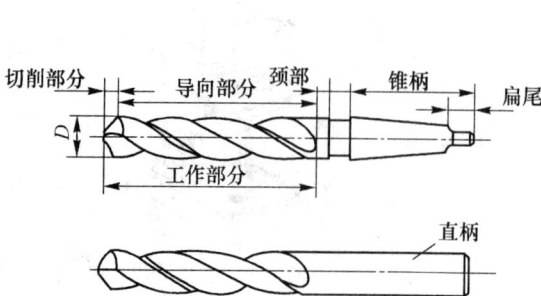

图 11-54 麻花钻的结构

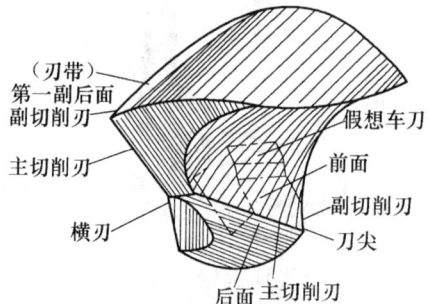

图 11-55 麻花钻切削部分的形状

由于钻头刚性较差，加之钻孔时钻头是在半封闭状态下工作的，所以钻孔时排屑比较困难，切削热不易传散，钻头容易引偏，导致加工精度低。

（2）钻头的装夹　直柄钻头用钻夹头（见图11-57）装夹，钻夹头再和钻床主轴配合，由主轴带动钻头旋转。这种方法简便，但夹紧力小，容易产生跳动。

图11-56　钻头切削部分

图11-57　钻夹头

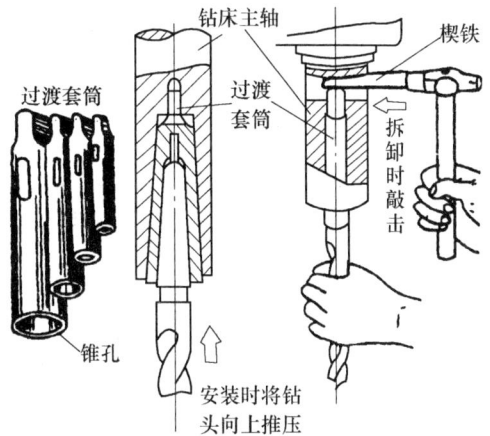

锥柄钻头可直接或通过钻套和钻床主轴锥孔配合。这种方法配合牢靠，同轴度高。锥柄末端的扁尾用以增加传递的力量，避免刀柄打滑，并便于卸下钻头（见图11-58）。

2）工件装夹

根据工件的大小，形状和数量确定工件的装夹形式。一般小型工件可用手虎钳、平口钳装夹，圆柱形工件可用V形铁装夹，较大工件需要用压板、螺栓直接装夹在工作台上，批量生产则用专用夹具装夹。为保证工件的加工质量和操作安全，工件装夹必须牢固，并使孔中心与钻床工作台垂直。常用的装夹方法如图11-59所示。

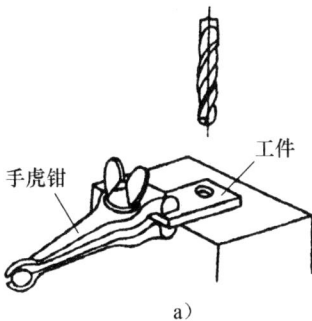

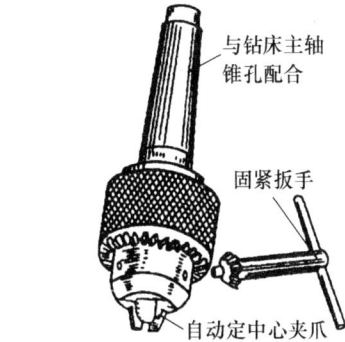

图11-58　锥柄钻头装夹

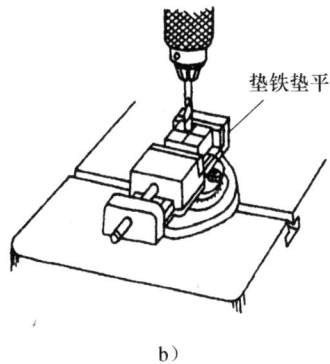

a)

b)

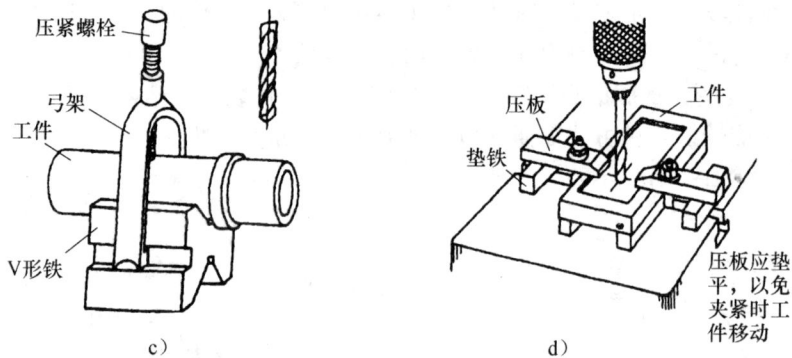

图 11 – 59　工件的装夹
a) 用手虎钳装夹　b) 用平起口钳装夹　c) 用 V 形铁装夹　d) 用压螺栓装夹

3) 钻孔方法

钻孔前工件应划线定心，打上样冲眼作为加工界线，中心眼应打大些（见图 11 – 60）。钻孔时先用钻头在孔的中心锪一小窝（约占孔径的 1/4），检查小窝与所划圆是否同心。如稍有偏离，可用样冲将中心冲大矫正或移动工件矫正。如偏离较多，可用窄錾在偏斜相反方向凿几条槽再钻，便可以逐渐将偏斜部分矫正过来，如图 11 – 61 所示。当钻孔直径大于 20 mm 或尺寸精度要求较高时应划出检查圆。

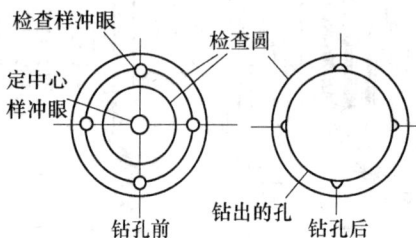

图 11 – 60　工件划线

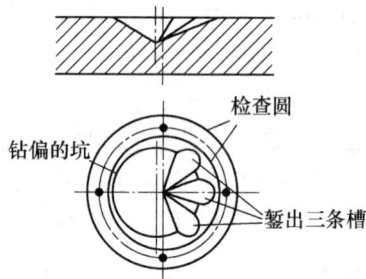

图 11 – 61　钻偏时矫正

4) 钻孔的质量分析（见表 11 – 3）

表 11 – 3　钻孔质量分析

常见的质量问题	产 生 原 因
孔径扩大	两主切削刃长度、角度不相等；钻头轴线与钻床主轴轴线不重合
孔壁粗糙	钻头已磨损或后角过大；进给量过大；断屑不良，排屑不畅；切削液选择不当
轴线歪斜	钻头轴线与加工面不垂直；钻头磨削不当，钻削时轴线歪斜；进给量过大，钻头弯曲
轴线偏移	工件划线不正确，钻头轴线未对准孔的轴线，工件未夹紧，钻头横刃太长，定心不准
钻头折断	孔将钻穿时，未及时减小进给量，切削堵塞未及时排出；钻头磨损严重仍继续钻削；钻头轴线歪斜，钻头弯曲
钻头磨损	切削用量过大；钻头刃磨不当，后角过大；工件有硬质点；未加切削液

3. 扩孔和铰孔

1）扩孔

扩孔是用扩孔钻对工件上已有的孔（钻出或铸、锻出的孔）进行扩大孔径和提高精度的加工方法。扩孔的质量比钻孔高，一般尺寸精度可达 IT10 ~ IT9，表面粗糙度 R_a 值为 $6.3 ~ 3.2 \mu m$，因此扩孔常作为要求不高的孔的最终加工，也普遍用作铰孔前的预加工。

扩孔钻与钻头形状相似，不同的是它有 3 ~ 4 条切削刃，无横刃，顶端为平的，螺旋槽较浅，钻芯粗实，刚性好，故切削较平稳，导向性能好，可以校正原孔的轴线偏差，并使其获得较正确的几何形状。扩孔加工余量为 0.5 ~ 4 mm，当余量较大时，需用大麻花钻扩孔或镗孔，图 11 - 62 所示为扩孔钻和扩孔时的情形。

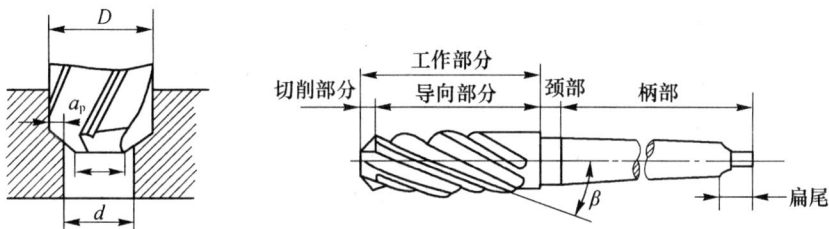

图 11 - 62　扩孔与扩孔钻

2）铰孔

铰孔是用铰刀对孔进行精加工的方法。铰孔的加工尺寸精度一般为 IT7 ~ IT6，表面粗糙度 R_a 值可达 $3.2 ~ 0.8 \mu m$，但铰孔不能修正底孔的位置误差。

铰刀　铰刀的结构如图 11 - 63 所示，分为手用铰刀和机用铰刀两种。手用铰刀为直柄，刀体较长，柄尾是方头。机用铰刀刀体较短，多为锥柄，装夹在钻床、镗床主轴或车床尾座中进行铰孔，且一般应采用浮动夹头联结。

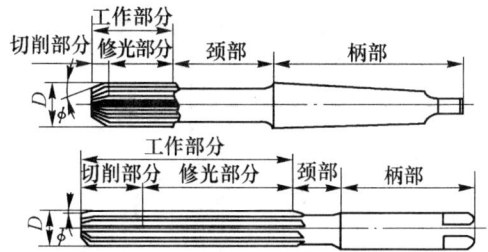

图 11 - 63　手用铰刀和机用铰刀

铰刀通常有 6 ~ 12 个切削刃，切削刃前角为零，其工作部分前端作出锥形，便于引入工件；修光部分起校准孔径和修光孔壁的作用。由于铰刀刀齿多，刚性好，导向性好，铰削余量小，因此铰孔质量远远超过扩孔。

铰削方法　手铰孔时，铰刀应垂直放入孔中，两手均匀平稳用力，缓缓地顺时针方向旋转铰刀，同时向上提出铰刀，不可强行转动或倒转，以防止细切屑擦伤孔壁和刀齿。

机铰孔一般在钻床或车床上进行，铰孔时要选择较低的切削速度、较大的进给量。机铰孔生产效率高，但精度和粗糙度比手铰低些。用高速钢铰刀加工钢件时，应加乳化液或极压切削油；加工铸铁件时，用煤油为切削液；加工铝件多使用乳化液。

铰削带槽孔时，应用螺旋齿铰刀；铰锥孔时，尺寸较小的锥孔应先按小端尺寸钻出圆柱孔，尺寸较大的锥孔应先钻出阶梯，然后再用锥度铰刀铰孔。

11.2.6　攻螺纹和套螺纹

攻螺纹（攻丝）是利用丝锥加工出内螺纹的操作；套螺纹（套扣）是用板牙在圆杆上加工出外螺纹的操作。在钳工中，手攻内外螺纹仍占相当大的比重。

1. 攻螺纹

1）丝锥与铰杠

丝锥　丝锥是加工内螺纹的工具，有手用丝锥和机用丝锥之分。丝锥用碳素工具钢T12A 或合金工具钢 9SiCr 经滚牙、淬火回火后制成。它由工作部分和柄部构成，其结构如图 11 - 64 所示。切削部分磨出锥角，以便各刀齿共同分担切削负荷，刀齿受力均匀，不易崩刃或折断，同时丝锥也容易正确切入；中间校准部分具有完整的齿形，校准已切出的螺纹，并引导丝锥沿轴向移动；柄部末端为方头，以便装入铰杠传递扭矩。

通常 M6～M24 的丝锥由两支组成一套，小于 M6 和大于 M24 丝锥为三支一套，这是因为小丝锥强度不高，容易折断，故用三个一组；而大丝锥切削金属量大，需分几次逐步切削，所以也做成三个一组。细牙丝锥不论大小均两支一组。

铰杠　铰杠是用来夹持丝锥、铰刀的手工旋转工具。有固定式和可调式两种，常用的是可调式铰杠（见图 11 - 65），转动右边手柄，可调节方孔大小，以便夹持各种不同尺寸的丝锥。

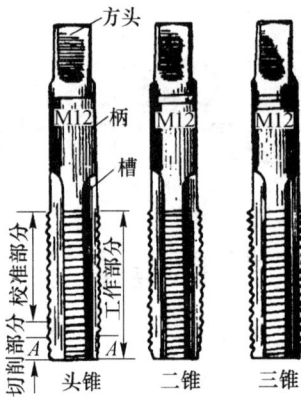

图 11 - 64　丝锥及其组成部分

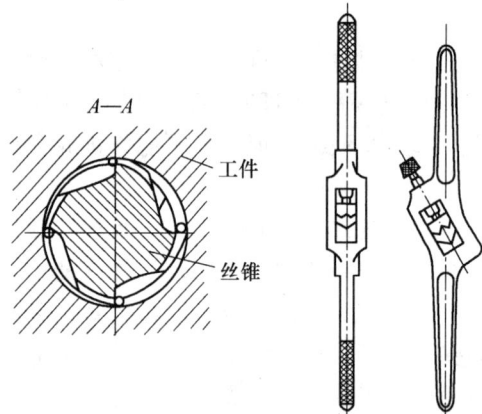

图 11 - 65　可调式铰杠

2）螺纹加工

螺纹底孔的确定　攻丝前需先钻一个直径稍大于螺纹内径的光孔，叫做螺纹底孔。因为攻丝时，丝锥除了切削金属，还会对工件材料产生挤压作用，使金属凸起并挤向牙尖，造成螺纹内径变小，无法与相同尺寸外螺纹顺利旋合。此外嵌在螺纹牙顶与丝锥牙底之间的凸起金属会将丝锥卡住，甚至折断。但底孔尺寸过大则会降低螺纹牙的高度和强度。

螺纹底孔直径 $D_。$ 的大小可查手册，也可按以下经验公式计算：

加工塑性材料（钢，紫铜等）：$D_。= D - P$

加工脆性材料（铸铁，青铜等）：$D_。= D - （1.05～1.1）P$

式中 $D_。$ 为螺纹底孔直径（mm），D 为螺纹公称直径（mm），P 为螺距（mm）。

在盲孔中起攻螺纹，为了得到完整的螺纹牙型，底孔深度应大于所需螺纹的长度，其深度可按以下经验公式计算：

$$H = L + 0.7 \times D$$

式中　H 为底孔深度（mm），L 为所需螺纹长度（mm），D 为螺纹公称直径（mm）。

此外，还应对底孔进行倒角，其倒角尺寸一般为（1～1.5）螺距 $P \times 45°$。若是通孔两端均要倒角。倒角有利于丝锥开始切削时切入，且可避免孔口螺纹牙齿崩裂。

攻螺纹操作方法　开始时将头锥垂直地放入工件孔内，用铰杆轻压旋入 1～2 圈，目测或 90°角尺在两个方向上检查丝锥与孔端面的垂直情况。当丝锥的切削部分已经切入工件后，可只转动而不加压，每转一圈应反转 1/4 圈，以便断屑，如图 11-66 所示。

攻二、三锥时，应先把丝锥用手旋入孔内，当旋不动时再用铰杠转动，此时不须加压。

攻钢件螺纹时，加机油润滑可使螺纹光洁，并能延长丝锥使用寿命；攻铸铁件可加煤油润滑。

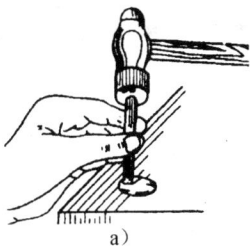

③再继续顺转
②倒转 1/4～1/2 圈
①顺转 1/2～1 圈

图 11-66　攻螺纹操作方法

3）攻螺纹质量分析（见表 11-4）

表 11-4　攻螺纹质量分析

常见的质量问题	产生原因
螺孔不正	用手攻螺纹时，丝锥与工件不垂直；用机器攻螺纹时，丝锥未对准孔的中心
滑牙或烂牙	螺孔攻歪，用丝锥强行纠正；丝锥碰到较大砂眼打滑；攻盲孔时，丝锥已到底，仍强行攻削；底孔太小，仍强行攻削；攻塑性好的材料时，未加切削液
螺纹牙深不够	螺纹底孔太大
螺孔中径太大	用机器攻螺纹时，丝锥晃动

4）断丝锥的取出方法

当底孔尺寸过小、切削用量选择不当或用力过大时，丝锥往往会断在孔中，此时应先将内孔清理干净，用以下几种方法取出断丝锥。

①普通工具法　用尖嘴钳或钢丝钳夹住丝锥露在外面的部分，拧出断丝锥。

②敲击法　用样冲、尖錾等工具按旋出方向敲击，取出断丝锥（见图 11-67a）。

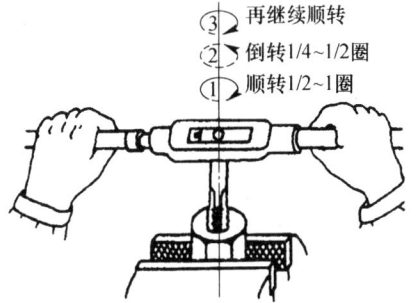

a)

③焊接法　在丝锥折断处焊接弯杆或螺母，转动弯杆或螺母，取出断丝锥（见图 11-67b）。

④专用工具法　将专用工具上的短柱插入断丝锥的切屑槽中，旋出断丝锥（见图 11-67c）。

⑤弹簧钢丝法　在折断的两段丝锥的切屑槽中插入弹簧钢，再在带柄的短丝锥上拧上螺母，转动螺母，取出断丝锥（见图 11-67d）。

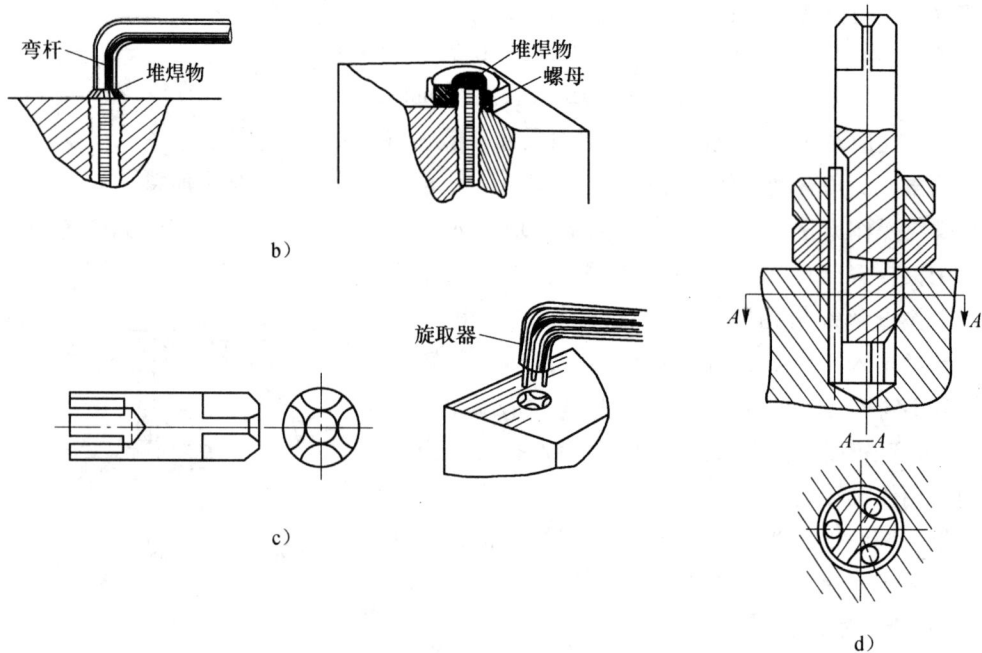

图 11 -67　取出断丝锥的方法

a）敲击法　b）焊接法

c）专用工具法　d）弹簧钢丝法

2. 套螺纹

1）板牙和板牙架

板牙　板牙是加工外螺纹的刀具，用合金工具钢 9SiCr、9Mn2V 或高速钢制成并经淬火后回火处理。板牙有固定式和开缝式两种。图 11 -68 所示为开缝式板牙，其螺纹孔的大小可作微量调节，调节范围为 0.1 ~ 0.25 mm。孔的两端有 60°的锥度部分，起着主要的切削作用；板牙的中间是校准部分，起导向和修光作用。

板牙架　板牙架是用来夹持圆板牙的工具（见图 11 -69）。

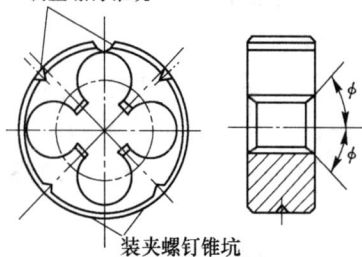

图 11 -68　板牙

图 11 -69　板牙架

2）套螺纹操作方法

套螺纹前应检查圆杆直径。直径太大难以套入，太小则套出的螺纹牙型不完整。圆杆直径可用下面经验公式计算：

$$圆杆直径 \approx 螺纹外径 - 0.13P （螺距）$$

198

要套螺纹的圆杆端部必须有倒角，使板牙易套入和放正。套螺纹时，板牙端面应与圆杆保持垂直，开始转动板牙时要稍加压力；套入几扣后就只转动板牙不加压。与攻螺纹一样，为了断屑，需时常反转，如图 11 – 70 所示。在钢制工件上套螺纹时，应加机油润滑。

图 11 –70　套螺纹操作方法

11.2.7　刮削与研磨

1. 刮削

刮削是用刮刀从工件表面上刮去一层极薄金属的操作。刮削一般在机械加工（车、铣、刨或镗）以后进行，以提高切削加工表面的精度，减小表面粗糙度，是钳工中的一种应用较广的精密加工方法。刮削常用于相互配合的重要滑动表面，如机床导轨、滑动轴承的配合面等。刮削后不仅接触均匀，且能改善润滑条件。

1）刮刀及其用法

刮刀　刮刀分为平面刮刀和曲面刮刀，平面刮刀如图 11 –71 所示。平面刮刀用于刮平面和外曲面，在不同精度的加工中，分别用粗、细和精刮刀；曲面刮刀用于刮内曲面，常用的有三角刮刀和蛇头刮刀，使用前刮刀端部要在砂轮上刃磨出刃口，再用油石磨光。

刮刀的用法　以刮削平面为例，刮削时右手握刀柄且将刮刀柄放在小腹右下侧，左手放在靠近端部的刀体上，引导刮削方向并加压，利用腿部和臂部力量使刮刀向前推挤，推到适当时，抬起刮刀。刮削的全部动作，可归纳为"压、推、抬"，如图 11 –72 所示。

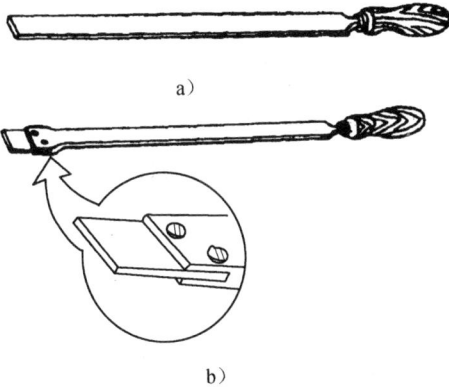

图 11 –71　平面刮刀
a）普通刮刀　b）活头刮刀

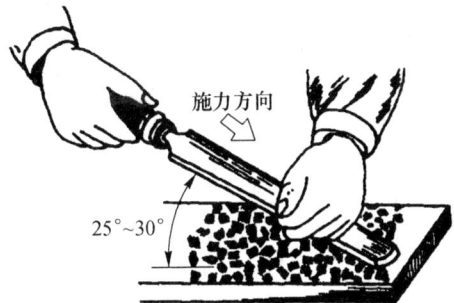

图 11 –72　刮削操纵

2）刮削精度的检验

刮削表面的精度通常是以研点法来检验。研点法如图 11 –73 所示，将工件刮削表面擦净，均匀涂上一层很薄的红丹油（红丹粉与机油的混合剂），然后与校准工具（如标准平板）稍加压力相配研。工件表面上的凸起点经配研后被磨去红丹油而显出亮点（即贴合点）。刮削表面的精度是以在 (25×25) mm^2 的面积内，均匀分布的贴合点数量表示。普通机床导轨面为 8 ~10 点，精密机床导轨面为 12 ~15 点。

199

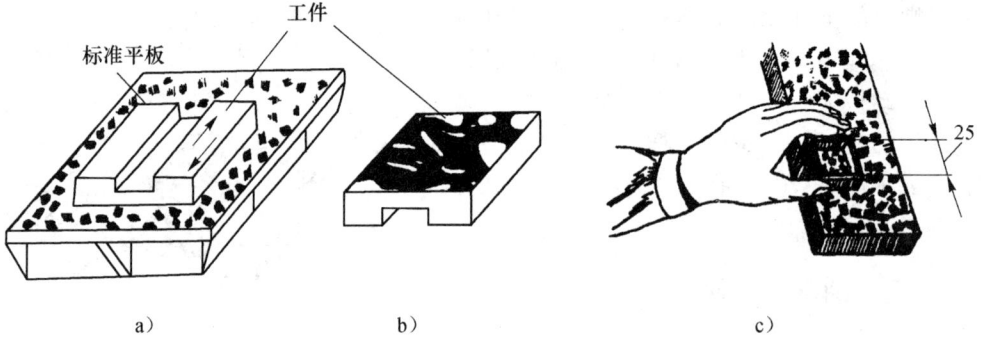

图 11 -73　研点法
a）配研　b）显出的贴合　c）精度检验

3）平面刮削

平面刮削根据不同的加工要求，可按粗刮、细刮、精刮和刮花步骤进行。

①粗刮　刮削前工件表面上有较深的加工刀痕，严重的锈蚀或刮削余量较多时应先进行粗刮。粗刮时应使用长柄刮刀且施力较大，刮刀痕迹要连成片，不可重复。刮削方向要与机加工刀痕约成45°，各次刮削方向要交叉，如图11-74所示。当粗刮到工件表面上贴合点增至每（25×25）mm² 面积内有4~5个点时，可以转入细刮。

②细刮　细刮采用短刮刀，施较小压力，刀痕短，将粗刮后的贴合点刮去。细刮时须按同一方向刮削，刮第二遍时要交叉刮削，以消除原方向上的刀痕。否则刀刃容易沿上一次刀迹滑动，出现研点成条状不能迅速达到精度要求。随着研点数目增多，显示剂要涂得薄而均匀，以便显点清晰。在整个刮削面上达到每（25×25）mm² 面积内有12~15个点时，细刮结束。

③精刮　精刮时，采用精刮刀对准点子，落刀要轻，提刀要快，每刀一点，不要重刀。经反复配研、刮削，能使被刮平面上每（25×25）mm² 面积内有25个点以上。

④刮花　为了增加刮削表面的美观，保证良好的润滑，并借刀花的消失判断平面的磨损程度，精刮后要刮花。常见的花纹如图11-75所示。

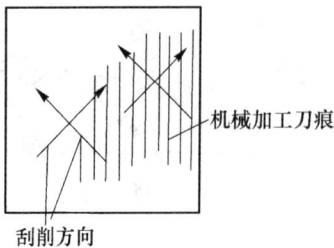

图 11 -74　粗刮方向

图 11 -75　刮花的花纹
a）斜纹花　b）鱼鳞花　c）半月花

4）曲面刮削

对于某些要求较高的滑动轴承的轴瓦、衬套等也要进行刮削，以得到良好的配合。刮削轴瓦用三角刮刀，内圆弧面刮削刮刀作圆弧运动，粗刮时，用刮刀根部，力量重，切削量多，刮削面积大；精刮时，用刮刀端部，稍有弹性，作修整浅刮（见图11-76）。研点子的方法是在轴上涂色，然后用其轴瓦配研。

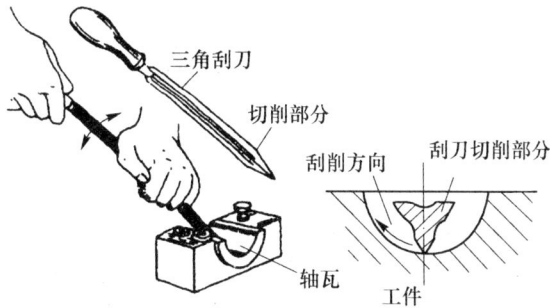

图 11 - 76 用三角刮刀刮削轴瓦

2. 研磨

用研磨工具和研磨剂从工件上磨去一层极薄金属的加工称为研磨。研磨尺寸误差可控制在 0.005 ~ 0.001 mm 范围内，表面粗糙度 R_a 值可达 0.1 ~ 0.08 μm，常用于配合要求高，气密性好的配合面，以及精密量具的工作面，是精密加工方法之一。

1）研磨工具与研磨剂

研磨工具是保证工件研磨几何精度的重要因素，因此，研具的材料必须组织均匀，耐磨，尺寸稳定，硬度应低于加工表面，常用的有灰铸铁、球铸铁、低碳钢和铜。

研磨剂由磨料（常用的有刚玉类和碳化硅类）和研磨液（常用的有机油、煤油等）混合而成。其中磨料起到切削作用；研磨液是用以调和磨料，并起冷却、润滑和加速研磨过程的化学作用。目前，工厂大多用研磨膏（研磨中加入粘结剂和润滑剂调制而成），使用时用油稀释。

2）研磨方法

研磨平面是在研磨平板上进行的，如图 11 - 77a 所示。研磨时，用手按住工件并加一定压力，在平板上按 "8" 字形轨迹移动或做直线往复运动，并不时地将工件调头或偏转位置，以免研磨平面倾斜。

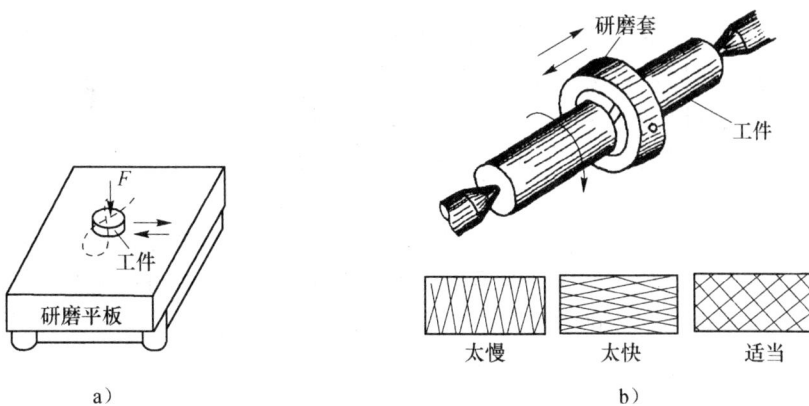

图 11 - 77 研磨方法
a）研磨平面 b）研磨外圆面

研磨外圆面时，是将工件装在车床顶尖之间（见图 11 - 77b）涂以研磨剂，然后套上研磨套进行的。研磨时工件转动，用手握住研磨套作往复运动，使表面磨出交叉网纹。研磨一段时间后，应将工件调头再行研磨。

11.3 钳工装配

11.3.1 装配

装配是将若干个合格的零件按设计的技术要求组装起来，并经过调整、试验使之成为合格产品的操作过程。装配可分为组件装配、部件装配和总装配三个阶段。

①组件装配　将若干个零件安装在一个基础零件上而构成组件的过程。例如减速箱的轴与齿轮的装配。

②部件装配　将若干个零件、组件安装在一个基础零件上，构成一个具有独立功能的组合体的过程，例如车床主轴箱的装配。

③总装配　将若干个零件、组件及部件组装成一个完整机械产品的过程。例如车床各部件安装在床身上构成车床的装配。

装配是产品制造过程中的最后环节，是保证机器达到各种技术指标的关键，装配工作的好坏直接影响着机器的质量。因此，装配在机器制造业中占有很重要的地位。

1. 装配方法

当生产批量或配合性质不同时，所采用的装配方法也不同。常用的方法有完全互换法、选配法、修配法和调整法。

①完全互换法

在同类零件中，任取一件不需任何附加修配（如用钳工），就可以装配成符合规定要求的部件或机器，零件的这种性能称互换性。具有互换性的零件，可以用完全互换法进行装配。完全互换法操作简单，易于掌握，生产效率高，便于组织流水线作业，零件更换方便，但对零件的加工精度要求较高，一般都需要专用工、夹、模具加以保证，适合于大批量生产，如汽车、摩托车、轴承及家电产品的装配。

②选配法（分组装配法）

为了降低生产成本，设计时可适当加大零件的尺寸公差值，装配前按零件的实际尺寸将一批零件分成若干组，然后将对应的各组配合进行装配，以达到配合要求，故又称为分组装配法。选配法的装配精度取决于零件的分组数，组数分得越多，装配精度就越高。它只适用于成批或大量生产中某些精密配合处，例如柱塞泵和柱塞孔的配合、车床尾座与套筒的配合等。

③修配法

在装配过程中，根据实际情况修去某配合件上的预留量，以消除其积累误差，使配合零件达到规定的装配精度。例如车床的前后顶尖中心不等高，装配时可将尾架底座精磨或修刮来达到精度要求。修配法对零件的加工精度要求不高，有利于降低生产成本，但装配难度增加，时间加长，适用于小批量生产或单件生产。

④调整法

在装配时，通过调整一个可调零件或变换几个零件的位置，以消除相关零件的积累误差，从而达到装配要求，例如用楔铁调整机床导轨间隙。调整法装配的零件不需要任何修配加工就能获得较高的装配精度，所以适合小批量或单件生产，同时还可以进行定期的再调整。

2. 装配工作的步骤

装配前的准备　研究和熟悉产品装配图及技术要求，了解产品的结构、批量及零部件的作用和相互连接的关系→研究装配方法，制定装配工艺方案、准备好所需的装配工具→对领取的零件进行清洗，去除毛刺、锈蚀、切屑、油污及其他脏物，最后清洗并涂防护润滑油；对个别零件进行某些修配工作。

装配　组件装配→部件装配→总装配。

调试、检验和试车　产品装配完毕，首先对零件或机构的相互位置、配合间隙、结合松紧进行调整，然后进行全面的精度检验，最后进行运载试验和耐久性试验，检验运转的灵活性、工作时的升温、密封性、转速、功率等项性能。

油漆、涂油、装箱　为防止生锈，机器的加工表面应涂防锈油，然后装箱入库。

3. 典型零部件的装配方法

螺纹联接的装配

螺纹联接是机器装配中最常用的可拆卸的紧固联接，它具有结构简单，联接可靠，装拆方便等优点。装配时应注意以下几点：

①螺纹配合应做到手能自由旋入，过紧会咬坏螺纹；过松则受力后螺纹断裂。

②螺帽、螺母端面应与螺纹轴线垂直，以受力均匀。

③零件与螺帽、螺母的配合面应平整光洁，否则螺纹易松动。为了提高贴合质量，可加垫圈。

④装配成组螺钉螺母时，为了保证零件的贴合面受力均匀，应按一定顺序拧紧，如图11-78a、b、c所示，且不要一次完全拧紧，而要分两次或三次逐步拧紧。

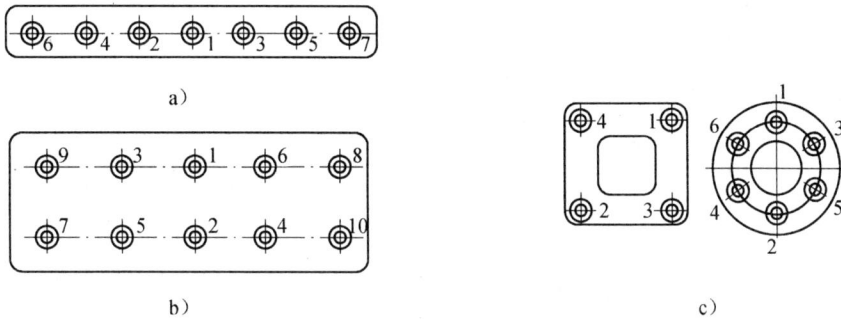

图 11-78　拧紧螺母的顺序

a）单列式　b）行列式　c）轴对称

⑤螺纹联接在很多情况下要有放松措施，以免在机器的使用过程中螺母回转松动，常用的防松措施如图11-79所示。

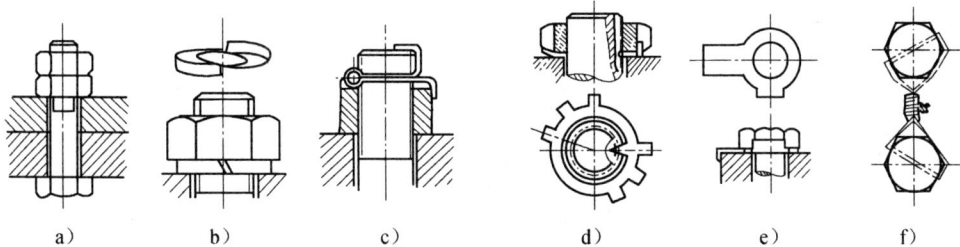

图 11-79　螺纹联接的防松装置

a）双螺母　b）弹簧垫圈　c）开口销　d）止动垫圈　e）锁片　f）串联钢丝

键联接的装配　键联接是用于传动扭矩的固定联接，如轴和轮联接。键装配时应注意以下几点：

①键的侧面是传递扭矩的表面，一般不修锉。键的顶部应有间隙如图11-80所示。

②装配键的顺序应该是：先将轴与孔试配，然后将键轻轻打入轴的键槽内，最后对准轮孔的键槽将带键的轴推进轮孔中。

销联接的装配　销主要用来固定两个（或两个以上）零件之间的相对位置或联接零件传递不大的载荷。常用的销有圆柱销和圆锥销，如图11-81所示。销联接装配时，被联接的两孔需同时钻、铰，并达到较高精度。

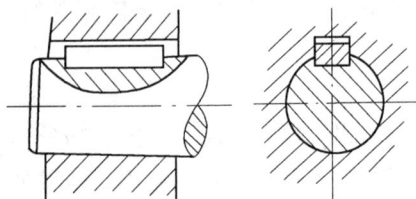

图11-80　键联接

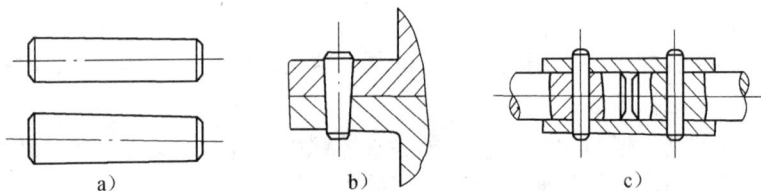

图11-81　销钉及其作用

a）圆柱销与圆锥销　b）定位作用　c）联接作用

圆柱销依靠少量的过盈固定在孔中，用以固定零件，传递动力或做定位元件。装配时，可在销的表面涂油，用铜棒轻轻打入。圆柱销不宜多次拆装，否则会降低定位精度或联接的可靠性。

圆锥销具有1:50的锥度，多用于定位以及经常拆装的场合。装配时，一般边铰孔，边试装，以销钉能自由插入孔中的长度（约占销钉总长的80%）为宜，然后轻轻打入。

滚动轴承的装配　滚动轴承一般由外圈、内圈、滚动体、保持架组成，如图11-82所示。滚动轴承的种类很多，有向心球轴承、圆柱滚子轴承、圆锥滚子轴承和滚针轴承。

在一般情况下，滚动轴承内圈随轴转动，外圈固定不动，因此内圈与轴的配合比外圈与轴承座支承孔的配合要紧些。滚珠轴承的装配多数为较小的过盈配合，常用手锤或压力机压装。为了使轴承受力均匀，需用压入工具加压。轴承压到轴上时，应通过垫套施力于内圈端面，如图

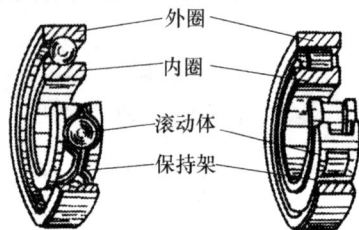

图11-82　滚动轴承的组成

11-83a；轴承压到机体孔中时，则应施力于外圈端面，如图11-83b；若同时压到轴上和机体孔中时，则内、外圈端面应同时加压，如图11-83c。

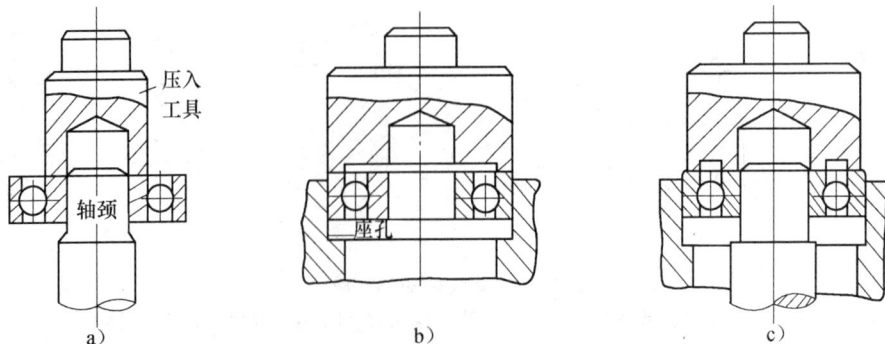

图11-83　滚珠轴承的装配

a）压入内圈　b）压入外圈　c）内圈外圈同时压入

204

若轴承与轴的过盈较大，装配时最好将轴承吊放在 80～90℃ 热油中加热，然后趁热装入。

4. 装配应用

图 11-84 所示为二级减速箱的结构，其装配过程如下：

（1）减速箱组件装配

图 11-85 所示为减速箱大轴组件，它的装配顺序为：将各零件修毛刺、洗净、上油→将键配好，轻打装在轴上→压装齿轮→放上垫套，压装右轴承→压装左轴承→在透盖槽中放入毡圈，并套在轴上按类似的程序组装好小轴。

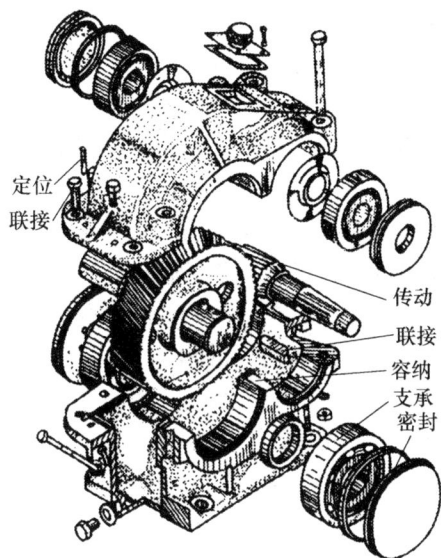

图 11-84　减速器

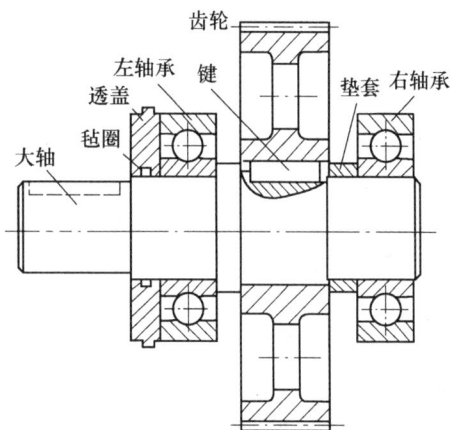

图 11-85　大轴组件结构

（2）减速箱装配

①清理箱体内腔，然后分别将大轴和小轴组件装入下箱体，此时要使各个轴承准确地落在各自的轴承座内，并使透盖和密封环卡入箱体轴承座的槽中。

②盖上上箱体，用手嵌入圆锥形定位销，并用铜锤轻击使其到位。用螺钉和螺母将上下箱体紧固，此时用手转动小轴时，应灵活无阻滞。

③旋紧放油塞，由方孔中注入润滑油，并用油针检查油面高度，放上方垫圈，盖上方孔盖，并旋紧螺钉。

④在大轴有键槽的一端装上带轮，用手转动带轮无异常后，再用电动机带动运转30 min，并观察运转情况，若齿轮运转平稳，无异常噪声，轴承部位温升正常，各项指标均符合要求，则说明装配质量合格。

5. 装配工作要点

①装配前应检查零件与装配有关的形状和尺寸精度是否合格，有无形变和损坏等，并注意零件上的标记，防止错装。

②准备装拆工具。常用装拆工具有：旋具、扳手、卡钳、拔销器、拉出器、铜棒、木锤等。

③装配的顺序一般是从里到外，自上而下的进行。

④装配高速旋转的零件（或部件）要进行平衡检验，以防止高速旋转后的离心作用而产生振动。旋转的机构外面不得有凸出的螺钉和销钉头等。

⑤固定联接的零部件，不允许有间隙，活动的零件能在正常间隙下灵活均匀地按规定方向运动。

⑥各类运动部件的接触表面，必须保证有足够的润滑。各种管道和密封部件装配后不得有渗油、漏气现象。

⑦试车前，应检查各部件联接的可靠性和运动的灵活性。试车时应从低速到高速逐步进行，根据试车时的情况逐步调整，使其达到正常的运动要求。

11.3.2 机器的拆卸及修理

机器经过长期使用后，需要进行检查和修理，这时要对机器进行拆卸。拆卸是修理工作中的重要环节。如拆卸不当就会造成设备损坏或机器精度下降。因此，在拆卸时必须注意以下事项：

①机器拆卸前，首先要熟悉图样，对机器零、部件的结构原理了解清楚，弄清修理的故障及部位，确定机器的拆卸方法。防止盲目拆卸，猛敲乱拆，造成零件的损坏。

②拆卸就是正确解除零件的相互联接。拆卸的顺序一般与装配顺序相反，即先装的零件后拆，后装的零件先拆；并按照先上后下、先外后内的顺序依次进行拆卸。

③对于成套加工或不能互换的零件，拆卸时要做好标记，以防止以后装错。零件拆下后，要摆放整齐，尽可能按原来结构套在一起。对细小件如销子、止动螺钉、键等，拆卸后要立即拧上或插入孔内。对丝杠、长细零件要用布包好，并用绳索将其吊直，以防弯曲变形或碰伤。

④拆卸配合紧密的零部件，要用专用工具（如各种拉出器、固定扳手、弹性卡环钳、铜锤、铜棒、销子冲头等），以免损伤零部件。

⑤对采用螺纹联接或锥度配合的零件，必须辨清方向。

⑥紧固件的防松装置，在拆卸后一般要更换，避免这些零件在装上使用时折断而造成事故。

复习思考题

1. 钳加工的特点是什么？有哪些基本操作？
2. 划线有哪些作用？如何选择划线基准？
3. 常用划线工具可以分为哪些类型？
4. 锉刀的常见截面形状有哪些？
5. 锉平工件的操作要领是什么？怎样检验锉削后工件的平面度和垂直度？
6. 锯削有哪些应用？锯齿粗细如何选择？
7. 錾削有哪些应用？工件能否不经过錾削直接进行锉削？
8. 刮削有什么特点和应用？刮削后的表面精度如何检验？
9. 什么是研磨？它有何特点？
10. 如何确定攻螺纹前底孔的直径和深度？对脆性材料和塑性材料，为何采用不同的经验公式？

11. 常用的钻床有哪些类型？各有何应用特点？

12. 如何正确使用丝锥和板牙？

13. 装配有哪些常用的方法？

14. 试述减速箱的装配顺序，装配工作应注意哪些事项？

第12章 综合工艺训练

学习重点

➤ 了解产品从设计到制造所经历的每一个阶段

➤ 了解机械加工工艺过程的组成，熟悉制订工艺规程的步骤

➤ 熟悉拟定工艺路线的主要工作内容

➤ 能分析和编制简单零件的工艺过程

产品在完成图样设计后正式投产之前，要对产品及其零件进行工艺规程的制订。工艺规程的设计是制造系统中技术、经验、信息流集中的焦点。不论生产类型如何都必须制定机械加工工艺规程，它直接关系到生产计划调度、工人操作、质量检验、生产准备、新建扩建车间等各个方面。工艺规程的设计与修改是一项严肃的工作，必须经过认真的讨论和严格的审批手续，同时工艺规程的设计经过修改和完善才能不断地吸取先进经验、保证其合理性。

12.1　基本概念

产品的生产过程包括从原材料转变为成品的全部过程，它一般包括零件的机械加工工艺过程和机器的装配工艺过程。

12.1.1　生产纲领与生产类型

1. 生产纲领

企业在一年中制造产品的数量，就是该产品的生产纲领。机器中某零件的生产纲领除了制造机器所需要的数量以外，还应包括一定的备品和废品，所以，零件的生产纲领就是指包括备品和废品在内的年产量。

2. 生产类型

在机械制造业中，根据生产纲领的大小和产品的大小，可分为三种不同的生产类型：单件生产、批量生产及大量生产。

生产类型的划分可根据生产纲领和产品及零件的特征或按工作地点每月担负的工序数，参照表12-1确定。

表12-1　生产纲领与生产类型的关系

生产类型		零件年生产纲领/（件/年）		
		重型零件	中型零件	小型零件
单件生产		<5	<10	<100
批量生产	小批	5~100	10~200	100~500
	中批	100~300	200~500	500~5000
	大批	300~1000	500~5000	5000~50000
大量生产		>1000	>5000	>50000

零件的生产类型对其加工工艺规程的制订有着很大的影响，表12-2简要说明了各种生产类型的工艺特点。

表 12-2　各种生产类型及其工艺特征

工艺特征	生产类型		
	单件小批生产	批量生产	大量生产
机床设备及夹具	一般采用通用机床、通用夹具、标准附件	多采用通用机床并配有专用夹具，部分采用高生产率机床	广泛采用高生产率的专用机床及自动机床并配有高效率专用夹具，靠机床夹具保证加工质量
零件的互换性	一般是单件或配对制造，没有互换性，广泛采用钳工修配	大部分零件有互换性，少量采用钳工修配	零件的互换性很高，某些精度较高的配合零件用分组装配和调整法
毛坯制造方法及加工工艺	铸件采用木模手工造型；锻件采用自由锻；有时也使用焊接毛坯，毛坯精度低，加工余量大	部分铸件采用金属模；部分锻件采用模锻；毛坯精度和加工余量中等	广泛采用金属模机器造型；模锻以及其他高生产率的毛坯制造方法，毛坯的精度高，加工余量小
刀具和量具	采用通用刀具和通用万能量具	较多采用专用刀具及专用量具	广泛采用高生产率的专用刀具和量具
对工人的技术水平及工艺文件的要求	要求工人要有熟练的技术；工艺文件要有工艺过程卡、关键工序卡	需要有一定熟练技术的工人；要有工艺过程卡，对关键零件需要有工序卡	对工人的技术要求较低，调整工艺的技术要求较高；有工艺过程卡、工序卡、关键工序需调整卡和检验卡

12.1.2　生产过程和工艺过程

1. 生产过程

将原材料转变为成品的全过程，称为机械产品的生产过程。包括直接生产过程和辅助生产过程。使被加工对象的尺寸、形状或性能产生一定变化的过程称为直接生产过程，它包括：生产技术准备、毛坯制造、机械加工、热处理、装配、测试检验以及涂装等；相反，不使被加工对象产生直接变化的过程称为辅助生产过程，包括：工艺装备的制造、原材料的供应、工件的运输和仓储、设备的维修和动力供应等。

各种机械产品的具体制造方法和过程是不相同的，但生产过程大致可分为三个阶段，即毛坯制造、零件加工和产品装配。

2. 工艺过程

所谓"工艺"，就是制造产品的方法。加工工艺过程是生产过程的主要部分，是指生产过程中由零部件毛坯准备开始到零部件的成品或半成品为止的过程。它包括毛坯制造工艺过程、热处理工艺过程、机械加工工艺过程、装配工艺过程等。

以下主要讨论机械加工工艺过程。机械加工工艺过程是利用机械切削加工的方法，直接改变毛坯的形状、尺寸和表面质量，使其转变为成品或半成品的过程。为便于叙述，以下将机械加工工艺过程简称为工艺过程。

12.1.3　工艺过程的组成

机械加工工艺过程是由一个或若干个工序组成的。要完成一个零件的工艺过程，需要采用多种不同的加工方法和设备，通过一系列加工工序。

工序

一个（或一组）工人，在一个工作地点（或一台机床上），对一个（或一组）零件连续加工所完成的那部分工艺过程，称为工序。只要工人、工作地点、工作对象之一发生变化或不是连续完成，则应成为另一个工序，因此同一个零件同样的加工内容可以有不同的工序安排。此外，零件的生产类型不同，为了提高生产率和加工经济性，加工过程中的工序划分也不同。如图 12－1 所示的阶梯轴，当加工数量较少时，其工序划分按表 12－3 进行；当加工数量较大时，其工序划分按表 12－4 进行。

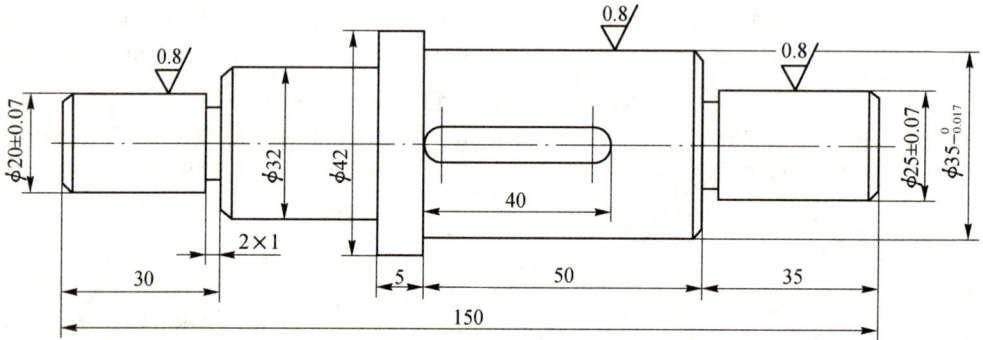

图 12－1　阶梯轴

表 12－3　单件小批生产的工艺过程

工序号	工 序 内 容	使 用 设 备
1	车两端面、钻中心孔	车床
2	车外圆、车槽、倒角	车床
3	铣键槽、去毛刺	铣床、钳工
4	磨外圆	磨床

表 12－4　大批量生产的工艺过程

工序号	工 序 内 容	使 用 设 备
1	两端同时铣端面、钻中心孔	铣端面钻中心孔专用机床
2	车右端外圆、车槽、倒角	车床
3	车左端外圆、车槽、倒角	车床
4	铣键槽	铣床
5	去毛刺	钳工
6	磨外圆	磨床

从台阶轴的工序安排可以看到，同一零部件生产数量不同，加工工艺是不同的。在大批量生产过程中，为了提高劳动生产率，保证批量生产的质量，降低产品生产时对工人操作技能的要求，把工件加工工序写得细一些。在质量关键的工序上，配置较好的设备和技术工人，就能保证正常生产。

数控加工中工序的划分比较灵活，不受该定义的限制。

工序是组成工艺过程的基本单元，也是生产计划和经济核算的基本依据。机械加工中的每一个工序又可依次细分为安装、工位、工步和走刀。

1）安装 使工件在机床或夹具中占有正确位置的过程称为定位。工件定位后其固定不动的过程称为夹紧。将工件在机床或夹具中定位、夹紧的过程称为安装。在一道工序中，工件可能被安装一次或多次，才能完成加工。表12-3中的工序1要进行两次安装，先安装工件一端、车端面、钻中心孔，称为装夹Ⅰ；再调头安装，车另一端面、钻中心孔，称为装夹Ⅱ。

工件在加工中，应尽量减少安装次数，因为多一次安装，就会增加安装辅助时间，还会增加定位和夹紧误差。

2）工位 为了完成一定的工序部分，一次安装工件后，工件（或装配单元）与夹具或设备的可动部分一起相对刀具或设备的固定部分所占据的每一个位置称为工位。在一个安装中，可能只有一个工位，也可能需要有几个工位。图12-2所示为利用回转工作台或转位夹具，在一次装夹中顺利完成装卸工件、钻孔、扩孔、铰孔4个工位加工的实例。采用这种多工位加工方法，可以提高加工精度和生产率。

3）工步 在一个工序中，当加工表面不变、切削工具不变、切削用量中的进给量和切削速度不变的情况下所完成的那部分工艺过程称为工步。以上三种因素中任一因素改变后，即成为新的工步。一个工序可以只包括一个工步，也可以包括几个工步。如表12-3中的工序1，加工两个端面及孔，有多个工步。表12-4中的工序4只有一个工步。

为了简化工艺文件，对于那些连续进行的若干个相同的工步，通常都看作一个工步。如图12-3所示的零件，在同一工序中，连续钻4个$\phi 15$ mm的孔就可看作一个工步。为了提高生产率，用几把刀具或复合刀具同时加工一个零件的几个表面，这也可看作是一个工步，称为复合工步。如表12-4工序1铣端面、钻中心孔，每个工位都是用两把刀具同时铣两端面或钻两端中心孔，它们都是复合工步。

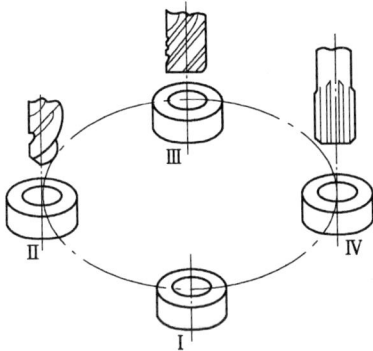

图12-2 多工位加工

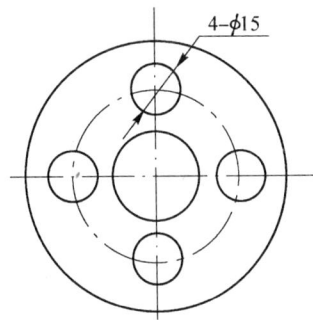

图12-3 简化相同工步的实例

4）走刀 在加工表面、刀具以及转速和进给量不变的情况下，每次切削称为一次走刀。一个工步可包括一次或多次走刀。

12.1.4 机械加工工艺规程

机械加工工艺规程是规定产品或零部件机械加工工艺过程和操作方法等的工艺文件。为使所制造出的零件能满足"保证质量、降低成本、提高生产率"的原则，零件的工艺过程就不能仅凭经验来确定，必须按照机械制造工艺学的原理和方法，结合生产实践和具体的生产条件，以较合理的工艺过程和操作方法，并按图表或文字形式编写成工艺文件，经审批后用来指导生产。其格式可根据各企业具体情况自行确定，常见的工艺规程卡片有以下三种形式：

机械加工工艺过程卡片 过程卡主要列出零件加工所经过的步骤（包括毛坯制造、机械加工、热处理等），各工序的说明不具体。一般不用于直接指导工人操作，而多作为生产管理方面使用。但是，在单件小批生产时，通常用这种卡片指导生产，这时应编制得详细些。工艺过程卡片的格式和内容见表 12 - 5。

表 12 - 5　机械加工工艺过程卡片

机械加工工艺卡片		产品型号		零件图号			共　页	
		产品名称		零件名称			第　页	
工序号	工 序 内 容			车间	工段	设备名称	工艺装备及编号	工时	
								准终	单件
							编制	审核	会签
标记	处数	更改号	签字	日期	标记	处数	更改号	签字	日期

机械加工工艺卡片　　工艺卡是以工序为单位，详细说明零件工艺过程的工艺文件，它用来指导工人操作和帮助管理人员及技术人员掌握零件加工的全过程，广泛用于批量生产的零件和小批生产的重要零件。工艺卡片的格式和内容见表 12 - 6。

表 12 - 6　机械加工工艺卡片

机械加工工艺卡片			产品型号		零件图号			共　页		
			产品名称		零件名称			第　页		
材料牌号		毛坯种类		毛坯外型尺寸		每坯件数		每台件数		备注
工序号	安装号	工步号	工序内容	切削用量				设备名称编号	工艺装备			工人技术等级	工时	
				切削深度/mm	切削速度/(m/min)	转数/(r/min)	进给量/(mm/r)		夹具	刀具	量具		准终	单件
									编制	审核		会签		
标记	处数	更改号	签字	日期	标记	处数	更改号	签字	日期					

机械加工工序卡片　　工序卡片是用来具体指导生产的一种详细的工艺文件。它根据工艺过程卡片以工序为单元制订，包括加工工序简图和详细的工步内容，多用于大批量生产。其格式和内容见表 12 - 7。

212

表 12 − 7　机械加工工序卡片

机械加工工序卡片		产品型号			零件图号			共　页
		产品名称			零件名称			第　页
加工工序简图		车间	工序号		工序名称			材料牌号
		毛坯种类	毛坯外形尺寸		每坯件数			每台件数
		设备名称	设备型号		设备编号			同时加工件数
		夹具编号		夹具名称			切削液	

序号	工步内容	工艺准备	主轴转数 /(r/min)	切削速度 /(m/min)	进给量 /(mm/r)	切削深度 /mm	走刀次数	时间定额	
								机动	辅助
							编制	审核	会签
标记	处数	更改号	签字	日期	标记	处数	更改号	签字	日期

1. 机械加工工艺规程的作用

1）机械加工工艺规程是机械加工工艺过程的主要技术文件，是计划、调度、加工操作、质量检验等的依据。与产品生产有关的所有人员必须严格遵守，才能保证零件的加工要求，获得较高的生产率和良好的经济效益。

2）机械加工工艺规程是新产品投产前生产准备和技术准备的依据。例如刀、夹、量具的设计，原材料、半成品外购件的供应，确定零件投料的时间和批量，调整设备负荷等必须以工艺规程为依据。

3）机械加工工艺规程是大批量生产中新建、扩建厂房的依据，用来确定生产所需设备种类数量、厂房面积、操作者工种及数量等。

2. 工艺规程制订的原则及所需注意的问题

原则：

优质　保证零件的全部技术要求；

高效　最高的生产效率；

低耗　最低的加工成本；

安全　加工过程安全可靠。

除此之外，制订工艺规程还应考虑技术上的先进性；经济上的合理性；具有良好的劳动条件。

3. 机械加工工艺规程的主要内容

机械加工工艺规程核心内容为：确定零件的加工工艺路线、工序的具体内容、各工序所用的机床设备、工夹量具、辅助工具、切削用量及时间定额等。

213

4. 制定工艺规程的步骤

1) 计算生产纲领，确定生产类型；

2) 对零件进行工艺分析，分析零件图及产品的装配图；

3) 选择毛坯；

4) 拟定工艺路线；

5) 确定各工序的加工余量，计算工序尺寸及公差；

6) 确定各工序所需的设备及刀具、夹具、量具和辅助工具；

7) 确定切削用量及时间定额；

8) 确定各主要工序的技术要求及检验方法；

9) 填写工艺文件。

12.2 零件的工艺分析

12.2.1 产品的装配图和零件图分析

分析产品的装配图和零件图，其目的是了解产品的用途、性能和工作条件，熟悉零件在产品中的地位和作用，找出主要的和关键的技术要求，以便在拟定工艺过程时采取适当的工艺措施加以保证。

1. 零件的完整性与正确性分析

分析零件的视图应齐全、正确，表达清楚，并符合国家标准，尺寸及有关技术要求应标注齐全，几何要素（点、线、面）之间的关系（如相切、相交、垂直、平行等）应明确。

2. 零件技术要求分析

零件技术要求主要是指尺寸精度、位置精度、形状精度、表面粗糙度及热处理等。这些要求在保证使用性能的前提下应经济合理。过高的精度要求会使工艺过程复杂、加工困难、成本提高。

3. 零件材料分析

在满足零件功能的前提下应选用廉价的材料。材料选择应立足国内，不要轻易选用贵重及紧缺的材料。

12.2.2 零件的结构工艺性分析

零件结构工艺性是指所设计的零件在能满足使用要求的前提下制造的可行性和经济性。功能相同的零件，其结构工艺性可以有很大差异。所谓结构工艺性好，是指在现有的工艺条件下既能方便制造，又有较低的制造成本。对零件图进行工艺性审查时，如发现图纸上的视图、尺寸标准、技术要求有错误或遗漏，或结构工艺性不好时，只能向有关部门提出建议，在征得设计人员同意后按规定手续进行必要的修改与补充，不得擅自更改图样。

1. 零件结构设计应考虑的主要问题

1) 结构设计必须满足使用要求。这是零件和产品设计的基本原则，是考虑结构工艺性的前提。

2) 结构设计应对各工种的工艺性综合考虑。尽可能使各工种均具有良好的工艺性，若无法兼顾，应分清主次，保证主要方面，照顾次要方面。

3）结构设计必须考虑生产条件。零件结构工艺性的好坏，往往随生产条件的不同而变化。

4）结构工艺性的好坏往往随新工艺的出现而变化。

2. 审查零件的结构工艺性

零件结构工艺性好与差对其工艺过程的影响非常大，不同结构的两个零件尽管都能满足使用性能要求，但它们的加工方法和制造成本却可能有很大的差别。表12-8列出了零件结构工艺性对比的一些实例。

表12-8 零件结构工艺性对比

设计原则	零件结构		说明
	工艺性不好	工艺性好	
尽量减少机械加工量	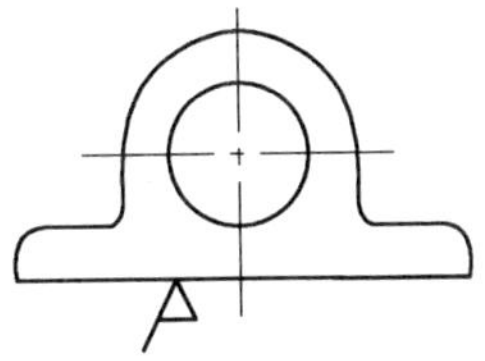	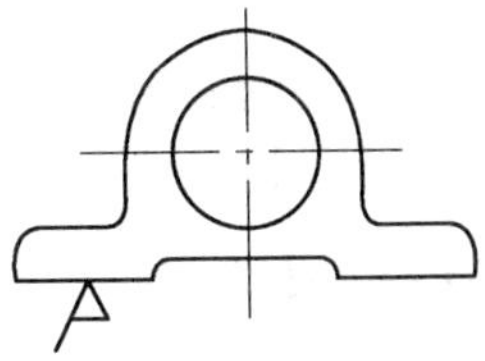	尽量减少加工面积，节省工时，减少刀具的损耗，且易保证平面度的要求
便于安装，减少安装次数	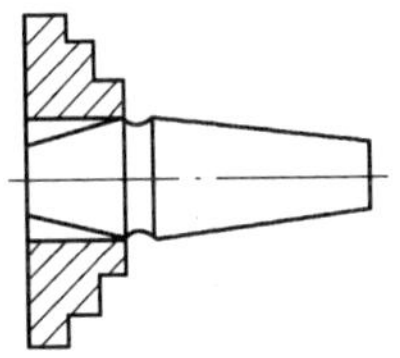	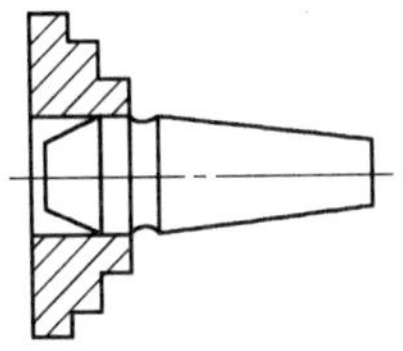	圆柱面定位可靠，便于安装
			一次安装可磨削全部表面，用于保证位置精度
便于加工	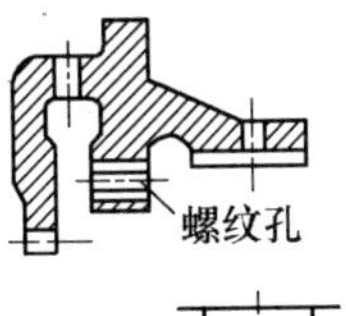 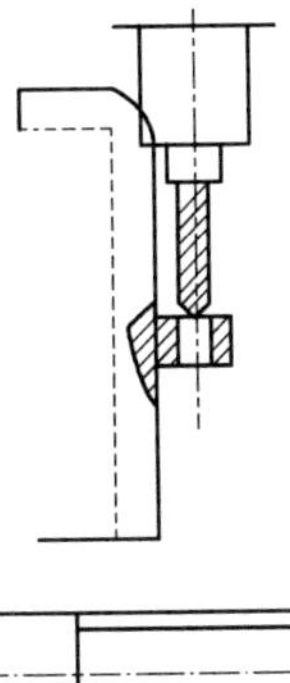 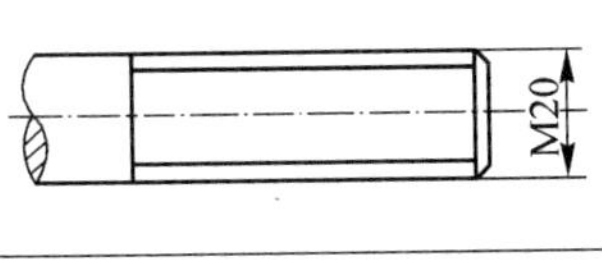	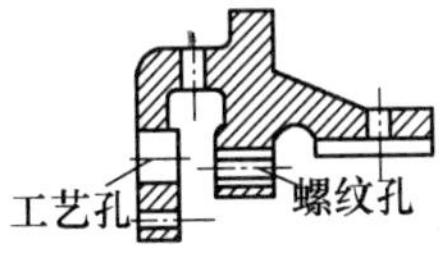 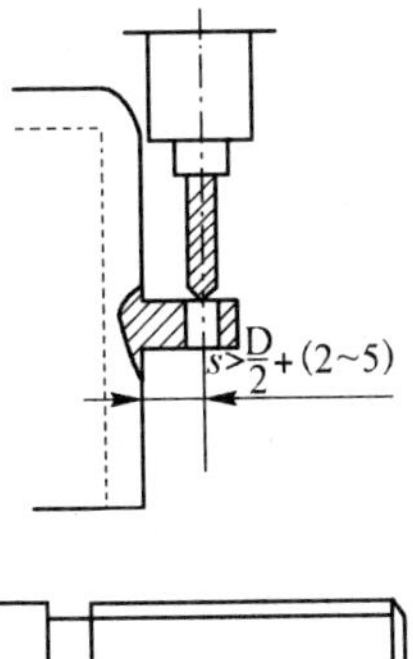 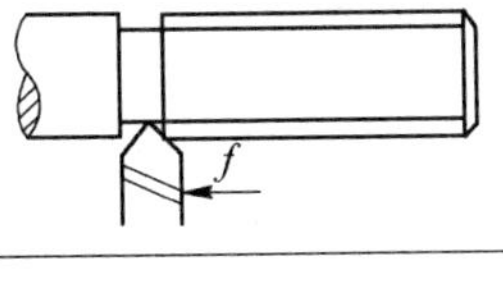	便于刀具进入加工

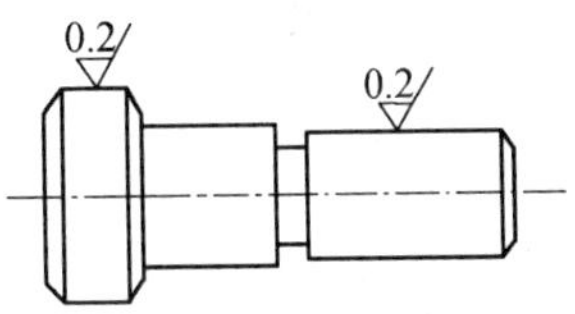

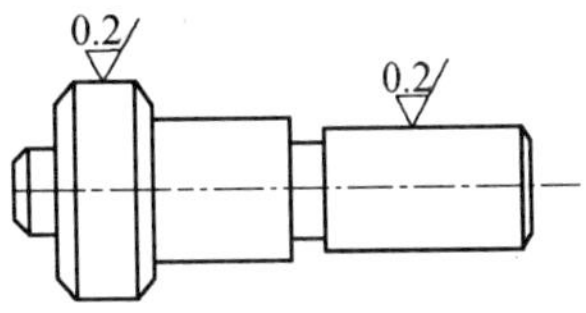

215

続表

设计原则	零件结构		说明
	工艺性不好	工艺性好	
减少刀具的使用			便于使用同一把刀具加工全部退刀槽及键槽

12.3 毛坯的选择

选择毛坯的基本任务是选定毛坯的制造方法及其制造精度。毛坯的选择不仅影响毛坯的制造工艺和费用，而且影响到零件机械加工工艺及其生产率与经济性。

12.3.1 毛坯的类型及其制造方法

1. 铸件

适用于制造复杂形状零件的毛坯。常见的制造方法有砂型铸造、金属铸造、压力铸造、熔模铸造、离心铸造等。

2. 锻件

适用于对强度有一定的要求，形状比较简单的零件。锻造可使金属的晶粒细化，获得致密的组织，从而提高零件的强度。常见的锻造方法有自由锻、模锻等。

3. 型材

型材有热轧和冷拉两种。热轧型材尺寸范围大，精度较低，用于一般机器零件；冷拉型材尺寸范围较小，精度较高，多用于制造毛坯精度要求较高的中小零件。

4. 焊接件

用焊接的方法而得到的毛坯件。焊接方法简单，生产周期短，节省材料，常用于大型零件的毛坯的制造。焊接件焊后变形大，机械加工前应进行必要的处理，消除残余应力，改善切削加工性能。

5. 其他毛坯

包括冲压、粉末冶金、冷挤压、塑料压制成型等。

12.3.2 毛坯的选择原则

1. 零件的材料及其力学性能

当零件的材料选定后，毛坯的类型就大致确定。例如，材料是铸铁和黄铜，就选铸造毛坯；材料是钢材，且力学性能要求高时，可选锻件；当力学性能要求较低时，可选型材或铸钢件。

2. 零件的形状和尺寸

形状复杂的毛坯，常用铸造方法。尺寸大的铸件宜用砂型铸造；薄壁零件不可用砂型铸造；中、小型零件可用较先进的铸造方法。一般用途的钢质阶梯轴零件，如各台阶的直径相差不大，可用棒料；如各台阶的直径相差较大，适宜使用锻件。

3. 生产类型

大量生产应选精度和生产率都比较高的毛坯制造方法，用于毛坯制造的费用可由材料消耗的减少和机械加工费用的降低来补偿。如铸件应采用金属模机器造型或精密铸造；锻件应用模锻、冷轧和冷拉型材等。单件小批生产则应采用木模手工造型或自由锻。

4. 生产条件

确定毛坯必须结合具体生产条件，如现场毛坯制造的实际水平和能力、设备状况及协作加工的可能性和经济性等。有条件时，应积极组织地区专业化生产，统一供应毛坯。

5. 充分考虑采用新工艺、新技术和新材料的可能性

为节约材料和能源，随着毛坯制造专业化生产的发展，目前毛坯制造方面的新工艺、新技术和新材料的发展很快。例如精铸、精锻、冷轧、冷挤压、粉末冶金和工程塑料等在机械制造中的应用日益增加，应用这些方法后，可大大减少机械加工量，有时甚至可不再进行机械加工，其经济效益非常显著。

12.4 基准的选择

12.4.1 基准及其分类

在零件图样和实际零件上，总要依据一些指定的点、线、面来确定另一些点、线、面的位置。这些作为依据的点、线、面就称为基准。按照基准的应用场合和功用不同，可分为设计基准和工艺基准两大类。

1. 设计基准

在零件设计图样上所采用的用于标注尺寸和表面相互位置关系的基准，称为设计基准。如图 12－4 所示的轴套零件，各外圆柱表面和内孔的设计基准是零件的轴线，左端面 I 是台阶端面 II 和右端面 III 的设计基准，内孔 D 的轴线是外圆柱表面 IV 径向圆跳动的设计基准。

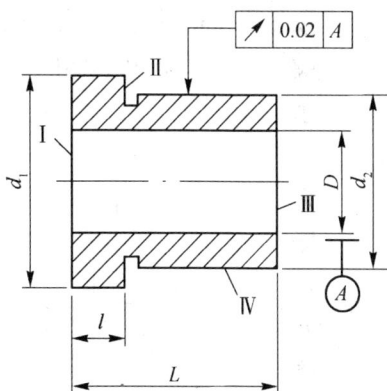

图 12－4 轴套的设计基准

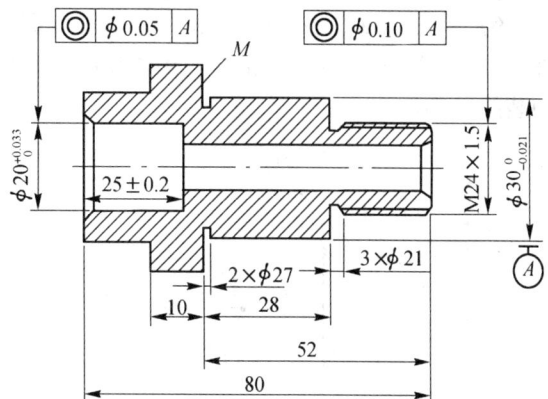

图 12－5 主要设计基准

对一个零件来说，在各个方向往往只有一个主要的设计基准。如图 12－5 所示，零件径向的主要设计基准是外圆 ϕ30 mm 的轴线，轴向的主要设计基准是端面 M。习惯上把标注尺

寸最多的点、线、面作为零件的主要设计基准。

2. 工艺基准

零件在加工过程和装配过程中所使用的基准，称为工艺基准。在机械加工中，根据用途不同，工艺基准又分为工序基准、定位基准、测量基准和装配基准。

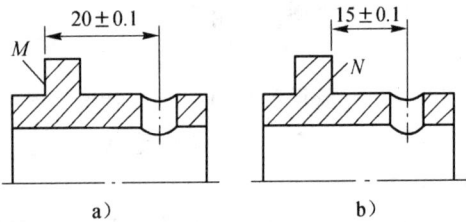

图 12 - 6　工序基准和工序尺寸

1）工序基准　在工序图上用来确定本工序所加工表面加工后的尺寸、形状、位置的基准称为工序基准。图 12 - 6 所示为某零件钻孔工序的工序简图，图 a 和图 b 分别选用端面 M 及 N 作为确定被加工孔轴线位置的工序基准。由于工序基准不同，工序尺寸也会不相同。

2）定位基准　工件在加工过程中，用于确定工件在机床或夹具上的正确位置的基准称为定位基准。在使用夹具时，其定位基准就是工件与夹具定位元件相接触的点、线、面。例如，图 12 - 7 所示为镗削某发动机机体轴承孔时的两种定位情形：按图 a 所示定位时，表面 B—B 是定位基准；按图 b 所示定位时，表面 A—A 是定位基准。在零件加工过程中，定位基准尤为重要。

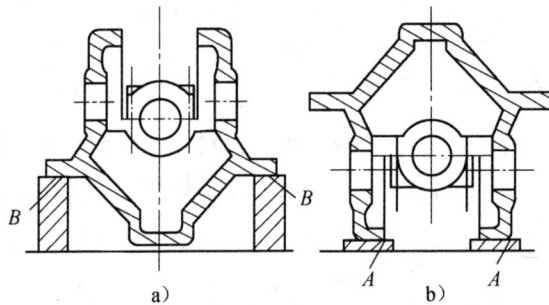

图 12 - 7　镗削某发动机机体轴承孔时的定位基准

3）测量基准　用于测量已加工表面的尺寸及各表面之间位置精度的基准称为测量基准。如图 12 - 8 所示，A 面是检查尺寸 l 和 L 的测量基准，内孔 D 是检查外圆跳动的测量基准。

4）装配基准　装配时用来确定零件或部件在机器中的位置所依据的基准称为装配基准。如图 12 - 9 所示，齿轮以内孔和端面确定安装在轴上的位置，故齿轮内孔和端面是齿轮的装配基准。

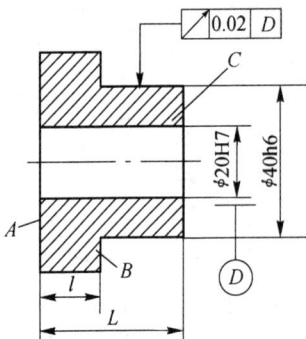

图 12 - 8　轴套

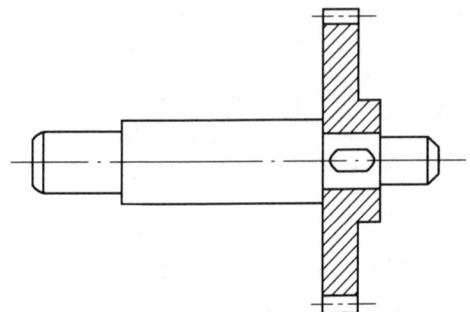

图 12 - 9　齿轮的装配基准

12.4.2 定位基准的选择

在各加工工序中，被加工表面位置精度的保证方法是制定工艺过程的重要任务，而定位基准的作用主要是保证工件各表面之间的相互位置精度。因此，在研究和选择各类工艺基准时，首先应选择定位基准。

1. 定位基准选择的基本原则

1）应保证定位基准的稳定性和可靠性，以确保工件表面相互位置之间的精度。

2）力求与设计基准重合，也就是说尽可能从相互间有直接位置精度要求的表面中选择定位基准，以减小因基准不重合而引起的误差。

3）应实现定位基准的夹具结构简单，工件装卸和加紧方便。

2. 定位基准的分类

按照工序性质和作用不同，定位基准分为粗基准和精基准两类。在最初的切削工序中，只能使用毛坯上未经加工的表面来定位，这种定位基准称为粗基准。在以后的工序中，均采用已加工表面作为定位基准，这种定位基准称为精基准。

3. 粗基准的选择

选择粗基准，应该保证所有加工表面都有足够的加工余量，而且各加工表面对不加工表面具有一定的位置精度。选择时应遵循以下原则：

1）对于不需要加工全部表面的零件，应采用始终不加工的表面作为粗基准，这样可以较好地保证加工表面对不加工表面的相互位置要求，并有可能在一次安装中把大部分表面加工出来。如图 12 - 10 所示的零件，以不需要加工的外圆柱表面Ⅰ作粗基准，不仅可以使孔壁均匀，而且可以在一次安装中将大部分要加工的表面加工出来，并能保证外圆与内孔同轴及端面与孔轴线垂直。

2）选取加工余量要求均匀的表面作为粗基准，在加工时可以保证该表面余量均匀。如图 12 - 11 所示车床床身，要求导轨面耐磨性好，希望在加工时只切除较小且均匀的一层余量，使其表面保留均匀一致的金相组织，具有较高的物理性能和力学性能。为此，应选择导轨面作为粗基准，加工车床床腿的底平面（图 12 - 11a），然后再以床腿的底平面为基准加工导轨面（图 12 - 11b）。

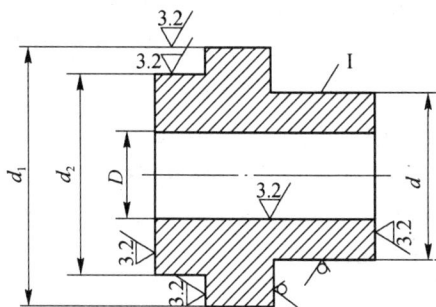

图 12 - 10 选择不加工的表面作粗基准

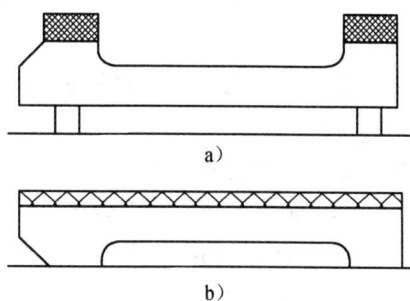

图 12 - 11 选择加工余量均匀的表面作粗基准

3）对于所有表面都要加工的零件，应选择加工余量最小的表面作为粗基准，这样可以避免加工余量不足而造成的废品。如图 12 - 12 所示的毛坯零件，表面Ⅰ的余量比表面Ⅱ的余量大，因此，应该选择表面Ⅱ为粗基准。

4）选择毛坯制造中尺寸和位置可靠、稳定、平整、光滑，面积足够大的表面作为粗基准，这样可以减小定位误差和使工件装夹可靠稳定。

5）粗基准一般只在第一道工序中使用一次，作为粗基准的表面粗糙，定位精度不高，若重复使用，在两次装夹中会使加工表面产生较大的位置误差，对于相互位置精度要求高的表面，常常会造成超差而使零件报废。

4. 精基准的选择

精基准的选择应从保证零件加工精度出发，同时考虑装夹方便、夹具结构简单等方面的因素。选择精基准一般应遵循以下原则：

1）基准重合　尽量选择零件的设计基准作精基准，可避免因基准不重合引起的定位误差。如图 12-13 所示，加工 B 面应选择设计基准 A 面为定位基准；加工 C 面应选择设计基准 B 面为定位基准。

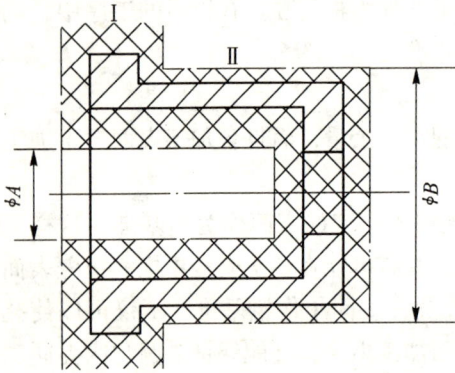

图 12-12　选择加工余量最小的表面作为粗基准　　　　图 12-13　基准重合定位基准的选择

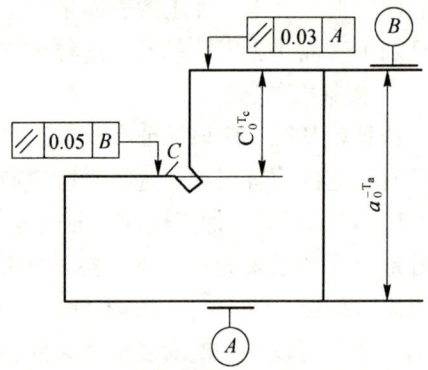

2）基准同一　尽可能使工件各主要表面的加工采用同一个定位基准。采用"基准同一"原则可以简化工艺过程，并减少夹具设计、制造的时间和费用，还可以避免基准转换带来的尺寸误差和表面相互位置误差。

3）互为基准　当零件主要表面的相互位置精度要求很高时，采用"互为基准、反复加工"原则。例如加工精密齿轮时，选用内孔定位加工出齿形面，齿面淬硬后需进行磨齿。因齿面淬硬层较薄，所以要求磨齿余量小而均匀。这时就先以齿面为基准磨内孔，再以内孔为基准磨齿面，从而保证余量均匀，且孔与齿面又能得到较高的相互位置精度。

4）自为基准　选择加工表面本身作为定位基准。此工序要求加工余量小而均匀，表面的位置精度应由前道工序保证。例如精磨机床床身导轨面时，磨削余量一般不超过 0.5 mm。为了使磨削余量均匀，易于获得较高的加工质量，总是以导轨面本身为基准来找正。此外，用浮动铰刀铰孔、用圆拉刀拉孔等均为加工表面本身作定位基准。

5. 辅助定位基准

生产实际中，有时工件上找不到合适的表面作为定位基准，为便于工件安装和保证获得规定的加工精度，可以在制造毛坯时或在工件上允许的部位增设和加工出定位基准，如工艺凸台、工艺孔、中心孔等，这种定位基准称为辅助定位基准，它在零件的工作中不起作用，只是为了加工的需要而设置的。在不影响零件正常工作时，允许保留，一般增设的辅助定位基准在零件全部加工完后，还需将其切除。

12.5　工艺路线的拟定

工艺路线的拟定是制定工艺规程的关键，其主要任务是选择各个表面的加工方法和加工方案，确定各个表面的加工顺序和工序的组合等。它与定位基准的选择有密切关系。

12.5.1　加工方法的选择

零件的表面通常是由外圆、内孔、平面和成型面等一些基本表面组成的。每一种表面可以有多种加工方法，影响表面加工方法的因素有零件表面的形状、尺寸及精度和表面粗糙度，零件的整体结构、质量、材料性能和热处理要求等。此外，还应考虑生产量和生产条件的因素。根据以上各种影响因素，加以综合考虑确定零件表面的加工方案，这种加工方案必须在保证零件达到图样要求稳定可靠且生产效率高，加工成本经济合理。选择加工方法一般根据零件的经济精度和表面粗糙度来考虑。

经济精度和表面粗糙度是指在正常条件（采用符合质量的标准设备，工艺装备和标准技术等级工人，不延长加工时间）下所能保证的加工精度和粗糙度。表 12-9～表12-11 列出了常见的外圆柱表面、孔、平面的加工方案及其所能达到的经济精度和表面粗糙度。

表 12-9　外圆柱表面的加工方法

序号	加工方案	经济精度等级	表面粗糙度 $R_a/\mu m$	适用范围
1	粗车	IT12～IT11	50～12.5	适用于淬火钢以外的各种金属
2	粗车—半精车	IT9～IT8	6.3～3.2	
3	粗车—半精车—精车	IT7～IT6	1.6～0.8	
4	粗车—半精车—精车—滚压	IT6～IT5	0.2～0.025	
5	粗车—半精车—磨削	IT7～IT6	0.8～0.4	主要用于淬火钢，也可用于未淬火钢，但不宜加工有色金属
6	粗车—半精车—粗磨—精磨	IT6～IT5	0.4～0.1	
7	粗车—半精车—粗磨—精磨—超精密加工	IT5	0.1～0.012	
8	粗车—半精车—精车—金刚石车	IT6～IT5	0.4～0.025	主要用于要求较高的有色金属加工
9	粗车—半精车—粗磨—精磨—超精磨	IT5 以上	0.025～0.006	极高精度的外圆加工
10	粗车—半精车—粗磨—精磨—研磨	IT5 以上	0.1～0.006	

选择表面的加工方法应从以下几方面考虑：

1）首先根据每个加工表面的技术要求，确定加工方法及分几次加工。一般可按表12-9～表12-11 选择较合理的加工方案。

2）考虑被加工材料的性质。如经淬火的钢制零件，精加工必须采用磨削的方法加工，而有色金属零件则采用精车、精铣、滚压等方法，很少采用磨削进行精加工。

3）根据生产类型，即考虑生产率和经济性等问题。单件小批量生产，一般采用通用设备和工艺装备及一般的加工方法；大批量生产，尽可能采用专用的高效率设备和专用工艺装备，毛坯生产也应采用高效的方法制造，如压铸、模锻、精密铸造和粉末冶金等。

4）根据制造企业的现有设备情况和技术水平，充分利用现有设备，挖掘企业潜力。

表 12-10 孔的加工方法

序　号	加　工　方　案	经济精度等级	表面粗糙度 R_a/μm	适用范围
1	钻	IT12～IT11	12.5	加工未淬火钢及铸铁的实心毛坯，也可用于加工有色金属
2	钻—铰	IT9～IT8	3.2～1.6	
3	钻—粗铰—精铰	IT8～IT7	1.6～0.8	
4	钻—扩	IT11～IT10	12.5～6.3	
5	钻—扩—铰	IT9～IT8	3.2～1.6	
6	钻—扩—粗铰—精铰	IT7	1.6～0.8	
7	钻—扩—机铰—手铰	IT7～IT6	0.4～0.1	
8	钻—扩—拉	IT9～IT7	1.6～0.1	大批量生产
9	粗镗（或扩孔）	IT12～IT11	12.5～6.3	除淬火钢外各种材料，毛坯有铸出孔或锻出孔
10	粗镗—半精镗	IT9～IT8	3.2～1.6	
11	粗镗—半精镗—精镗	IT8～IT7	1.6～0.8	
12	粗镗—半精镗—精镗—浮动镗刀块精镗	IT7～IT6	0.8～0.4	
13	粗镗—半精镗—磨孔	IT8～IT7	0.8～0.2	用于淬火钢
14	粗镗—半精镗—粗磨—精磨	IT7～IT6	0.2～0.1	
15	粗镗—半精镗—精镗—金刚镗	IT7～IT6	0.4～0.05	用于有色金属加工
16	粗镗—半精镗—精镗—珩磨	IT7～IT6	0.2～0.025	精度要求很高的孔
17	粗镗—半精镗—精镗—研磨	IT6～IT5	0.1～0.006	

12.5.2　加工顺序的安排

1. 加工阶段的划分

对于加工质量要求较高、结构和形状复杂、刚性较差的零件，都应划分加工阶段。按加工性质一般可分为粗加工、半精加工和精加工三个阶段。如果零件上的表面质量要求特别高，还应进行超精密（光整）加工阶段。

表 12-11　平面的加工方法

序号	加　工　方　案	经济精度等级	表面粗糙度 R_a/μm	适用范围
1	粗车—半精车	IT9～IT8	6.3～3.2	端面
2	粗车—半精车—精车	IT7～IT6	1.6～0.8	
3	粗车—半精车—磨削	IT9～IT7	0.8～0.2	
4	粗铣（刨）—精铣（刨）	IT9～IT7	6.3～1.6	未硬平面
5	粗铣（刨）—精铣（刨）—刮研	IT6～IT5	0.8～0.1	精度要求较高的未淬硬平面
6	粗铣（刨）—精铣（刨）—宽刃精刨	IT6	0.8～0.2	

序号	加 工 方 案	经济精度等级	表面粗糙度 R_a/μm	适用范围
7	粗铣（刨）—精铣（刨）—磨削	IT7 ~ IT6	0.8 ~ 0.2	精度要求较高的淬硬平面或未淬硬平面
8	粗铣（刨）—精铣（刨）—粗磨—精磨	IT6 ~ IT5	0.4 ~ 0.025	
9	粗铣—拉	IT9 ~ IT6	0.8 ~ 0.2	大量生产的较小平面
10	粗铣—精铣—磨削—研磨	IT5	0.1 ~ 0.006	高精度平面

2. 划分加工阶段的作用

1）有利于消除或减小变形对加工精度的影响 粗加工阶段中切除的金属余量大，产生的切削力和切削热也大，所需夹紧力较大，因此工件产生的内应力和由此而引起的变形较大，不可能达到较高的精度。在粗加工后再进行半精加工、精加工，可逐步释放内应力，修正工件的变形。提高各表面的加工精度和减小表面粗糙度值，最终达到图样规定的要求。

2）有利于尽早发现毛坯的缺陷 在粗加工阶段可及早发现锻件、铸件等毛坯的裂纹、夹杂、气孔、夹砂及余量不足等缺陷，及时予以报废或修补，以免造成不必要的浪费。

3）有利于合理的选用和使用设备 粗加工阶段可选用功率大、刚性好但精度不高的机床，充分发挥机床设备的潜力，提高生产效率；精加工阶段应选用精度高的机床，由于精加工切削力和切削热小，机床磨损相应较小，利于长期保持设备的精度。

4）有利于合理组织生产和工艺布置 实际生产中，不应机械地进行加工阶段的划分，对于毛坯质量好、加工余量小、刚性好并预先进行消除内应力热处理的工件，加工精度要求不是很高时，不一定要划分加工阶段，可将粗加工、半精加工，甚至包括精加工合并在一道工序中完成，而且各加工阶段也没有严格的区分界限，一些表面可能在粗加工阶段中就完成，一些表面的最终加工可以在半精加工阶段完成。

3. 工序的集中与分散

工序集中与工序分散是拟定工艺路线的两个不同的原则。

工序集中是指工件在一次安装后加工尽可能多的表面，即能在少数几道工序内完成工件的加工，每道工序的加工内容较多。工序分散是将工件各表面的加工分散在较多工序内进行，即每道工序的内容很少，最少仅一个简单工步。

工序集中的特点：

1）工件装夹次数少，相应夹具数目也减少，易于保证表面的位置精度，可减少工序间的运输量，缩短生产周期，对重型零件加工比较方便。

2）加工设备数目少，操作工人少、生产占地面积少、有利于简化生产计划和生产组织工作。

3）采用高效专用设备和工艺装备，结构比较复杂，投资大，并要求有较高的可靠性。在大批量生产中，多采用转塔车床、多刀车床、单轴或多轴自动、半自动车床和多工位铣、镗床等，这些设备生产率较高，但价格也高，同时要求调整和操作设备人员的技术水平较高。

工序分散的特点：

1）采用结构简单的设备和工艺装备，调整和维修方便，对工人的技术水平要求不高，易于平衡工序时间和组织流水线生产。

2）生产准备的工作量少，易适应产品更换。

3）设备数量多，操作工人多，生产场地面积大。

4）可采用最合理的切削用量，减少基本时间。

工序集中和工序分散程度应根据生产纲领、零件技术要求、现有生产和产品的发展情况等进行综合考虑。

当前由于数控机床、带有自动换刀装置的数控机床（加工中心）、柔性制造单元及柔性制造系统的发展，使得各种类型的生产都能做到工序集中。

4. 加工顺序的确定

零件的加工工序通常包括切削加工工序、热处理工序和辅助工序等，这些工序的顺序直接影响到零件的加工质量、生产率和加工成本。

1）切削加工工序安排的原则

基面先行原则　用做精基准的表面，应优先加工。因为定位基准的表面越精确，装夹误差越小，所以任何零件的加工过程，总是先对定位基准面进行粗加工和半精加工，必要时还要进行精加工。

先粗后精原则　各个表面的加工顺序一般是按照粗加工—半精加工—精加工—光整加工的顺序进行，这样才能逐步提高加工表面的精度和表面粗糙度。

先主后次原则　零件上的工作面及装配精度要求较高的表面，属于主要表面，应先加工。自由表面、键槽、紧固用的螺孔和光孔等表面，精度要求较低，属于次要表面，可穿插进行，一般安排在主要表面达到一定精度后，最终精加工之前加工。

先面后孔原则　对于箱体类、支架类、机体类的零件，一般先加工平面，后加工孔。这样安排加工顺序，一方面是用加工过的平面定位，稳定可靠；另一方面是在加工过的平面上加工孔，比较容易，并能提高孔的加工精度。

2）划线工序的安排

形状复杂的铸件、锻件和焊接结构件，在单件小批生产中，为了给加工和安装提供依据，一般在切削加工之前（或切削加工工序之间）要安排划线工序，然后按划线找正进行安装和加工。

3）热处理工序的安排

为了提高材料的力学性能，改善材料的切削加工性和消除工件内应力，在切削加工工艺过程中要适当安排一些热处理工序。

为了改善工件材料切削加工性能的热处理（如退火、正火、调质等），一般安排在切削加工之前；为了消除内应力而进行的热处理（如人工时效、退火、正火等），最好安排在粗加工之后；为了改善材料的力学物理性能，半精加工之后，精加工之前常安排淬火、渗碳淬火等热处理工序；对于整体淬火的零件，淬火前应将所有切削加工的表面进行完；对于那些变形较小的热处理（如高频感应加热淬火、渗氮），有时允许安排在精加工之后。

对于高精度精密零件（如铰刀、精密丝杠、精密齿轮等），在淬火后安排冷处理（使零件在低温介质中继续冷却到－80℃）以稳定零件的尺寸。

4）表面处理工序的安排

表面处理在工艺过程中的主要目的和作用是：提高零件的抗蚀能力；提高零件的耐磨性；增加零件的导电率和作为一些工序的准备工序。除工艺需要的表面处理（如零件非渗

224

碳表面的保护性镀铜、非氮化表面的保护性镀锡和镀镍等）视工艺要求而定以外，一般表面处理工序都安排在工艺过程的最后。

5）辅助工序的安排

辅助工序包括去毛刺、倒棱、除锈、去磁、清洗或浸油等，应视具体情况适当予以安排。

6）检验工序的安排

检验对保证产品质量有着及其重要的作用。每道工序除自检外，通常还要在以下场合安排检验工序：①重要而复杂零件的粗加工之后；②关键工序前后；③特种检验（如 X 射线探伤或超声波探伤等较昂贵的检验）之前；④从一车间转到另一车间之前；⑤全部加工结束之后。

12.5.3 加工余量和尺寸公差的确定

1. 加工总余量（毛坯余量）与工序余量

毛坯尺寸与零件设计尺寸之差称为加工总余量。加工总余量的大小取决于加工过程中各个工步切除金属层厚度的总和。每一工序所切除的金属层厚度称为工序余量。

工序加工余量有下面两种情况：

1）在平面上，加工余量为非对称的单边余量。

如图 12-14a 所示，对于外表面，$Z = a - b$。

如图 12-14b 所示，对于内表面，$Z = b - a$。

2）在回转表面（外圆及孔）上，加工余量为对称余量。

如图 12-14c 所示，对于轴，$2Z = d_a - d_b$。

如图 12-14d 所示，对于孔，$2Z = d_b - d_a$。

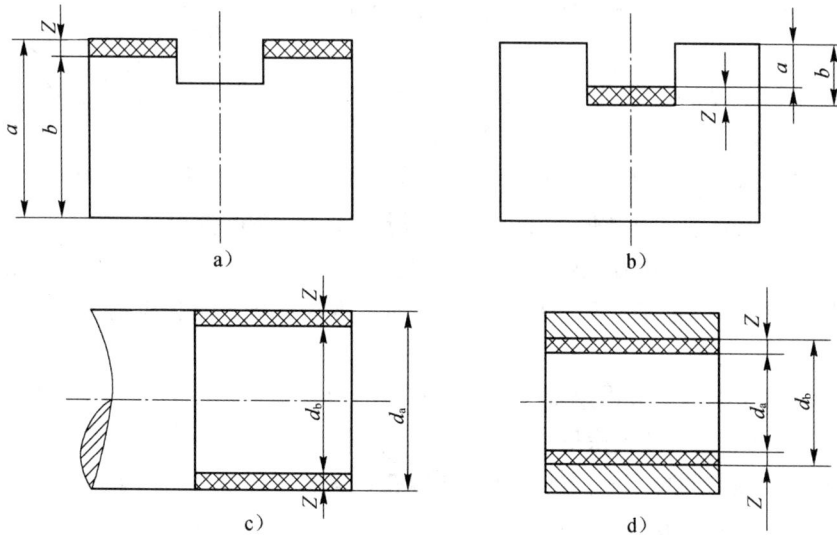

图 12-14 非对称的单边余量对称的双边余量

式中 $2Z$ 为直径上的加工余量；d_a 为上道工序或工步加工表面的直径；d_b 为本工序或

工步加工表面的直径。

在加工过程中，实际切去的余量大小是变化的。因此，加工余量又分为公称加工余量 Z、最大加工余量 Z_{max} 和最小加工余量 Z_{min}。如图 12-15 所示。最小加工余量就是保证该工序加工表面的精度和表面质量所需切除的金属层的最小深度，即

$$Z_{min} = a_{min} - b_{max}$$

$$Z_{max} = a_{max} - b_{min}$$

$$T_z = Z_{max} - Z_{min} = a_{max} - a_{min} + b_{max} - b_{min} = T_a + T_b$$

式中　a_{max}，a_{min}——上道工序最大和最小尺寸；

　　　b_{max}，b_{min}——本工序最大和最小尺寸；

　　　T_z——本工序加工余量公差；

　　　T_a——上道工序的工序尺寸公差；

　　　T_b——本工序的工序尺寸公差。

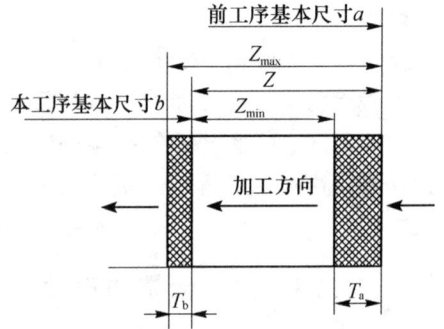

图 12-15　加工余量及公差

一般所说的工序余量都是公称余量。由工艺手册直接查出的加工余量和计算切削用量时所用的加工余量也是公称余量。但在计算第一道工序的切削用量时，却采用最大余量，因为这道工序的余量公差很大，对切削过程的影响也很大。

2. 影响加工余量的因素

影响加工余量的因素有以下几种情况：

1）加工表面上的表面粗糙度 R_a 和表面缺陷层的深度 H_a。表面上原有的及 $R_a + H_a$ 应在本工序加工时切除，为了使工件的加工质量逐步提高，每道工序都应切到加工表面以下的正常金属组织。如图 12-16 所示。

2）加工上道工序的尺寸公差 T_a 在加工面上存在着各种几何形状误差，如圆度、圆柱度等。这些误差的大小一般均包含在上道工序的公差 T_a 的范围内，所以应将 T_a 计入加工余量，其数值可以从工艺手册中按经济精度查得。

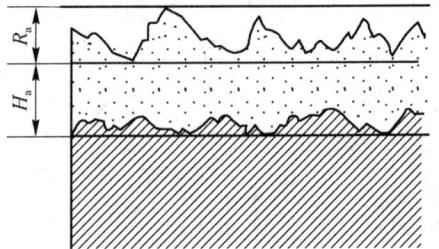

图 12-16　工件加工表面

3）加工上道工序各表面间相互位置的空间偏差 P_0。这项误差包括轴心线的弯曲、偏移、偏斜以及平行度、垂直度等。P_0 的数值与加工方法有关，可根据有关资料查得或用计算法作近似计算。

4）本工序加工时的安装误差 Δ。它会影响切削刀具与被加工表面的相对位置，使加工余量不够，所以也应计入加工余量。

由于 P_0 和 Δ 在空间可有不同的方向，所以在计算余量时应计算两者的矢量和。

3. 确定加工余量的方法

1）经验估算法　此方法是凭借工艺人员的实践经验估计加工余量。为避免因余量不足而产生废品，所估余量一般偏大，仅用于单件小批量生产。

2）查表修正法　将实践和实验积累的资料制成表格，结合实际加工情况查表确定加工余量。这种方法应用比较广泛，使用时要注意查表所得数据要结合实际加以修正。

226

3）分析计算法　在试验资料的基础上对影响加工余量的各项因素进行综合分析和计算确定加工余量的方法。用这种方法确定的加工余量比较经济合理，但必须有比较全面和可靠的试验资料，实际生产中较少使用。

12.6　典型零件的加工工艺过程

12.6.1 轴类零件的加工工艺

轴类零件的功用与结构　轴类零件是机械加工中经常遇到的典型零件之一。在机器中，它主要用来支承传动零件和传递转矩。虽然按其结构特点可分为简单轴、阶梯轴、空心轴和异形轴等，但因它们主要用于支承齿轮、带轮等传动零件及传递运动和扭矩，其结构组成主要有外圆面、端面、轴肩、螺纹、螺纹退刀槽、砂轮越程槽和键槽等表面。外圆面用于安装轴承、齿轮、带轮等；轴肩用于轴上零件和轴本身的轴向定位；螺纹用于安装各种锁紧螺母和调整螺母；螺纹退刀槽供加工螺纹时退刀用；砂轮越程槽则是为了能完整地磨削出外圆和端面；键槽用来安装各种键，以传递扭矩。

轴类零件的材料与毛坯　轴类零件大都用优质中碳钢（如45钢）制造；对于中等精度、转速较高的轴，可选用40Cr等合金结构钢，这类钢经调质或表面淬火后具有较好的力学性能；对于高速重载条件下工作的轴，可选用20Cr、20CrMnTi等低合金钢，这类钢经渗碳淬火处理后，心部保持较高的韧性，表面具有较高的耐磨性和综合力学性能，但热处理变形较大；若选用38CrMoAlA经调质和表面渗氮，不仅具有优良的耐磨性和耐疲劳性，面且热处理变形小。对于形状复杂的重要轴类零件，也可用球墨铸铁、高强度铸铁。

轴类零件毛坯类型和轴的结构有关。一般光轴或直径相差不大的阶梯轴可用热轧或冷拔的圆棒料；直径相差较大或比较重要的轴大都采用锻件；少数结构复杂的大型轴也有采用铸钢件及铸铁件的。

轴类零件的主要技术要求　轴类零件的技术要求是设计者根据轴的主要功用以及使用条件确定的，通常有以下几方面。

1. 加工精度

轴的加工精度主要包括结构要素的尺寸精度、形状精度和位置精度。

1）尺寸精度　主要指结构要素的直径和长度的精度。直径精度由使用要求和配合性质确定，对于主要支承轴颈，常为IT9～IT6；特别重要的轴颈，也可为IT5。轴的长度精度要求一般不严格，常按未注公差尺寸加工；要求较高时，其允许公差约为0.05～0.2 mm。

2）形状精度　主要指轴颈的圆度、圆柱度等，因轴的形状误差直接影响与之相配合的零件接触质量和回转精度，因此一般限制在直径公差范围内；要求较高时可取直径公差的1/2～1/4，或另外规定允许偏差。

3）位置精度　包括装配传动件的配合轴颈对于装配轴承的支承轴颈的同轴度、圆跳动及端面对轴心线的垂直度等。普通精度的轴，配合轴颈对支承轴颈的径向圆跳动一般为0.01～0.03 mm，高精度的轴为0.005～0.010 mm。

2. 表面粗糙度

轴类零件的主要工作表面粗糙度是根据其运转速度和尺寸精度等级决定。支承轴颈的表

面粗糙度 R_a 一般为 $0.8 \sim 0.2\ \mu m$；配合轴颈的表面粗糙度 R_a 一般为 $3.2 \sim 0.8\ \mu m$。

3. 其他要求

为改善轴类零件的切削加工性能或提高综合力学性能及使用寿命等，还必须根据轴的材料和使用条件，规定相应的热处理要求。常用的热处理工艺有正火、调质和表面淬火等。

图 12 - 17 所示为减速机传动轴。传动轴是轴类零件中使用最多、结构最为典型的一种阶梯轴。现以此为例介绍一般轴类零件的工艺过程。

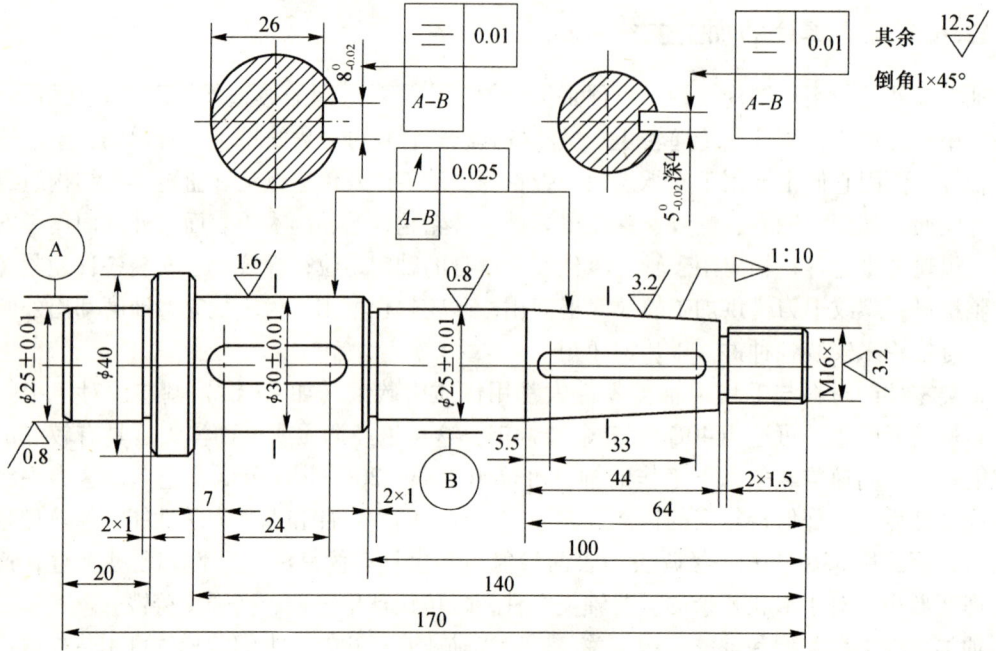

技术要求：
调质处理 225~255HB

图 12 - 17 减速机传动轴

1）零件技术要求分析

传动轴的结构通常要满足三个作用：一是支承作用，如图中两段 $\phi 25 \pm 0.01$ 的轴径，它们与滚动轴承内圈配合，作为装配基准支承于箱体的轴承孔中；二是安装齿轮，如图中 $\phi 30 \pm 0.01$ 的轴段，作为运动的输出（或输入），齿轮与轴用平键连接；三是安装联轴器（或安装皮带轮等），如图中 1:10 的锥面，作为运动的输入（或输出），联轴器与锥面用平键和螺母联接并固定。以上这四个主要表面有较高的尺寸精度、表面粗糙度（R_a 常取 $0.8 \sim 3.2\ \mu m$）和位置精度（径向跳动公差 $0.025\ mm$）的要求。次要表面有键槽、螺纹、端面、轴肩、越程槽、退刀槽及倒角等。

2）选择毛坯

轴类零件常用的毛坯是圆钢和锻钢。该轴直径相差不大，且强度没有要求，所以选用圆钢型材作为毛坯。

3）工艺分析

由于轴的精度和表面粗糙度要求较高，并且要求热处理（调质），所以应将粗、精加工分开，中间安排热处理工序。采用如下加工方案：粗车—调质—半精车—磨削。

轴的定位基准最常用的是轴两端的中心孔，采用两顶尖的安装方式，可以保证各配合表面的位置精度，符合基准统一和基准重合的两原则，并有利于提高工效。在热处理后，为消除变形和氧化皮，需要修磨中心孔；对精度要求高的轴，在最后精磨之前，为提高定位基准的精度，也应该修磨中心孔。

4）编制工艺文件

在单件小批量生产中，可按表 12-12 安排的工艺过程进行加工。

表 12-12　传动轴加工工艺过程

工序号	工序名称	工序内容	机床和刀具
1	下料	$\phi 45 \times 175$	锯床
2	车	三爪卡盘装夹外圆 ①车左端面，车平 ②钻 A 型中心孔，$\phi 3$ ③车 $\phi 25$ 和 $\phi 40$ 台阶面，直径和长度均留余量 2 mm	车床 右偏刀 中心钻
		调头，仍用三爪卡盘装夹外圆 ①车右端面，车平，保证总长 170 mm ②钻 A 型中心孔，$\phi 3$ 用尾座顶尖顶住，车 M16 外径，$\phi 25$ 和 $\phi 30$ 台阶面，直径和长度均留余量 2 mm	车床 右偏刀 中心钻
3	热处理	调质 240~264 HB	箱式炉
4	钳加工	修磨两端中心孔	车床，研磨头
5	车	用双顶尖装夹 ①车 $\phi 40$ 外圆柱至尺寸 ②半精车 $\phi 25$ 轴径，留磨量 0.2~0.4 mm，切槽，倒角两个	车床 右偏刀 切槽刀
		调头，仍用双顶尖装夹 ①精车 $\phi 30$ 至尺寸 ②半精车 $\phi 25$ 轴径，留磨量 0.2~0.4 mm ③车 M16 螺纹大径至 $\phi 16_{-0.2}$ mm，切槽两个，倒角三个	车床 右偏刀 切槽刀
6	车	双顶尖装夹，车 1:10 锥面	车床，右偏刀
7	车	双顶尖装夹，车 M16×1 螺纹	车床，螺纹车刀
8	钳加工	划线，8 mm、5 mm 键槽	划线台，高度尺
9	铣	用分度头顶尖装夹，铣 8 mm、5 mm 键槽两个	立铣，键槽铣刀
10	磨	用双顶尖装夹，磨两个 $\phi 25$ 轴径至尺寸，同时用砂轮端面靠磨台阶端面	外圆磨床，砂轮
11	钳加工	去毛刺	钳台，锉刀
12	检	检验	

12.6.2 盘套齿类零件的加工工艺

盘套齿类零件的功用与结构　盘套齿类零件在机械设备中应用很广，大多起支承或导向以及传递动力等作用，如支承旋转轴的各种滑动轴承、夹具中的导向套、内燃机的汽缸套、液压系统中的液压缸、各种齿轮和法兰盘等，盘套齿类零件工作时主要承受径向力或轴向力。

由于功用的不同，其结构和尺寸差别很大，它们共同的特点是：主要工作表面为回转面，主要由外圆、孔与端面所组成，除尺寸精度、表面粗糙度外，外圆与端面对孔有径向圆跳动和端面圆跳动的要求，保证跳动要求是这类零件在加工时要重点解决的问题。

盘套齿类零件的材料与毛坯　盘套齿类零件一般用钢、铸铁、青铜、黄铜等材料制成，材料的选择主要取决于工作条件。盘套齿类零件的毛坯类型与所用材料、结构形状和尺寸大小有关，常采用棒料、锻件或铸件。毛坯孔直径小于 $\phi 20$ mm 者大多选用棒料；较长较大者常用无缝钢管或带孔的铸件、锻件；液压缸毛坯常用 35 钢或 45 钢无缝钢管，需要与缸头、耳轴等件焊接在一起的缸体毛坯用 35 钢，不需焊接的缸体用 45 钢，有特殊要求的缸体毛坯也可用合金无缝钢管。有些滑动轴承采用双金属结构，如以离心铸造法在钢或铸铁套内壁上浇铸巴氏合金材料。齿轮零件承受交变载荷，工作时处于复杂应力状态。选用材料应具有良好的综合机械性能，因此常选用 45 钢或 40Cr 钢锻件毛坯，并进行调质处理，很少直接用圆钢作毛坯。对于受力不大，主要用来传递运动的齿轮，也可以采用铸件、非铁金属和非金属件毛坯。

盘套齿类零件的主要技术要求：

1. 加工精度

盘套齿类零件主要结构要素的加工精度是根据其基本功能和工作条件确定的，常见精度指标和要求如下：

1）尺寸精度　滑动轴承孔和需要与其他零件精确配合的孔精度要求较高，一般为 IT8 ~ IT7，精密轴承甚至为 IT6；液压系统中的滑阀孔，要求 IT6 或更高；液压缸孔由于与其配合的活塞上有密封圈过渡，尺寸精度要求较低，一般为 IT9。盘套齿类零件的外圆大都是支承表面，常与箱体或机架上的孔采取过盈配合或过渡配合，其尺寸精度通常为 IT7 ~ IT6。

2）形状精度　一般盘套齿类零件内孔的形状误差要求控制在孔径公差以内，精密轴套则应控制在孔径公差的 1/2 ~ 1/3；对于长套筒的内孔，除有圆度要求外，还有圆柱度要求，盘套齿类零件外圆的形状误差控制在外径公差以内，其端面大都有一定的平面度要求。

3）位置精度　盘套齿类零件内外圆的同轴度要求较高，通常为 0.01 ~ 0.05 mm；对装配到箱体或机架上再终加工内孔的套筒件，内外圆的同轴度要求可以降低一些。工作时承受轴向载荷的套筒件端面，大都是加工和装配时的定位基面，故与孔的轴线有较高的垂直度要求，一般为 0.02 ~ 0.05 mm。

2. 表面粗糙度

一般盘套齿类零件内孔的表面粗糙度值 R_a 为 1.6 ~ 0.4 μm，液压缸内孔的表面粗糙度值 R_a 常取 0.4 ~ 0.2 μm；外圆的表面粗糙度值较小，R_a 常取 6.3 ~ 0.8 μm。

3. 其他要求

由于工作条件的需要和使用材料的因素，不少盘套齿类零件有不同的热处理要求，用得较多的是退火、调质、表面淬火、渗碳淬火等。

如图 12 – 18 所示的直齿圆柱齿轮为例，介绍一般盘套齿类零件的工艺过程。

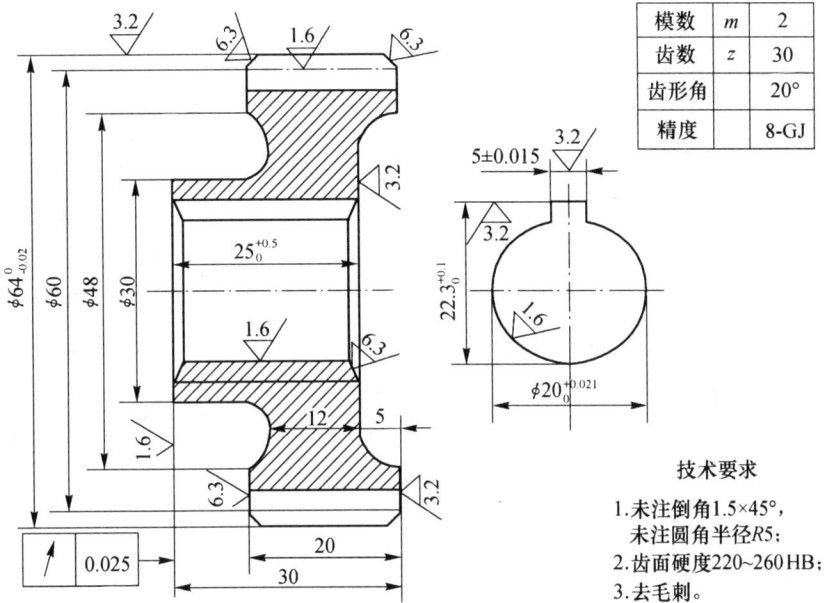

模数	m	2
齿数	z	30
齿形角		20°
精度		8-GJ

技术要求

1. 未注倒角1.5×45°，
   未注圆角半径R5；
2. 齿面硬度220~260 HB；
3. 去毛刺。

图 12 – 18 直齿圆柱齿轮

1）零件技术要求分析

齿轮结构中，内孔既是装配基面，又是设计基面，加工中也作为定位基面，所以有较高的要求，$\phi 20_0^{+0.021}$，$R_a 1.6$，端面对孔的跳动公差为 0.025 mm 等。

齿轮结构的主要部分是渐开线齿面，图中要求要达到 8 – GJ 的精度等级，同时要保证与内孔的径向圆跳动和端面圆跳动。齿顶圆在工作中没有精度要求，但如果需要利用它来测量齿厚，则需要在加工时规定较高的公差等级。齿轮的内孔中设计有键槽，用平键与轴相连接。齿轮的材料是 45 钢。齿轮硬度要求 180 ~ 210 HB，用正火处理可以满足这项要求。

2）毛坯选择

毛坯选择与数量有关，数量大时，可以用模锻件，中部的凹槽可以不加工，材料经锻造后组织紧密，力学性能高。本例中数量只是单件，齿轮尺寸又不大，故可以用圆钢，这样，凹槽部分需要通过切削加工来形成，增加了材料和刀具的消耗，但由于不必制造价格昂贵的锻模，其经济性还是令人满意的。

3）工艺分析

齿轮的精度要求高，需要粗、精加工分开，中间安排正火处理；为了保证内孔、外圆和端面的位置精度要求，本例可以采用"一刀活"的方法进行加工，内孔采用钻、镗的方法加工；齿轮传动的精度为 8 级，可以采用滚齿和插齿来加工，当然也可以在铣床上用模数铣刀来铣齿；键槽用插床来加工。单件生产时工序安排见表 12 – 13。

表 12 - 13　齿轮加工工艺过程

工序号	工序名称	工序内容	机床和刀具
1	下料	$\phi 70 \times 35$	锯床
2	粗车	用三爪卡盘装夹并调头一次，车出中部两侧的凹面，其他内孔、外圆和端面直径和长度均留余量 2 mm	车床 外圆、内孔车刀
3	热处理	调质 220 ~ 260 HB	箱式炉
4	精车	①用三爪卡盘装夹$\phi 30$外圆，车齿顶圆，两个右端面及内孔至尺寸，并倒角 ②调头，用三爪卡盘装夹$\phi 64$外圆，车$\phi 64$左端面长度 18 mm 并倒角；车$\phi 30$左端面长度 25.1$^{+0.2}$ mm 并倒角	车床 外圆、内孔车刀
5	磨	平面磨$\phi 30$左端面至尺寸	平面磨床，砂轮
6	齿面加工	用滚齿机加工齿形至尺寸	滚齿机，滚刀
7	插	插键槽至尺寸	插床，插刀
8	钳加工	去毛刺	钳台，锉刀
9	检	检验	

12.6.3　箱体类零件的加工工艺

箱体类零件的功用与结构　箱体是机器或部件的基础零件，它将机器或部件中有关零件组装在一起，使其保持正确的相互位置，并能按照一定的要求协调地运动。因此，箱体的加工质量直接影响机器的性能、精度和寿命。

由于机器的种类很多，组成部件差别很大，所用箱体的功用和结构各不相同。常见的机床主轴箱、进给箱和溜板箱、汽车变速箱及减速器箱体等，其结构形状变化很大。各种箱体的结构具有一些共同之处，如形状较复杂，内部呈腔形，壁薄且不均匀；有若干精度要求较高的基准平面和孔系；多数平面上都有联接用的螺纹孔或通孔等。因此，箱体加工部位较多，加工难度也较大。

箱体类零件的材料与毛坯　箱体类零件的常用材料大多为灰铸铁，其牌号可根据需要选用 HT150 ~ HT350，用得较多的是 HT200。灰铸铁的铸造性和可加工性好，价格低廉，具有较好的吸振性和耐磨性。在特别需要减轻箱体质量的场合可采用有色金属合金，如航空发动机箱体常用镁铝合金等制造。在单件小批生产中，为缩短生产周期，有些箱体也可用钢板焊接而成。

单件小批生产铸铁箱体，常用木模手工砂型铸造，毛坯精度低，加工余量大；大批量生产中大多用金属模机器铸造，毛坯精度高，加工余量小。铸铁箱体毛坯上直径大于 30 mm 的孔大都预先铸出，以减少加工余量。

箱体类零件的主要技术要求　箱体铸件对毛坯铸造质量要求较严格，不允许有气孔、砂眼、疏松、裂纹等铸造缺陷。为了便于切削加工，多数铸铁箱体需要经过退火处理以降低表面硬度。为确保使用过程中不变形，重要箱体往往安排较长时间的自然时效以释放内应力。箱体重要加工面的主要要求如下：

1. 主要平面的形状精度和表面粗糙度

箱体的主要平面是装配基准，并且往往是加工时的定位基准，所以应有较高的平面度和较小的表面粗糙度，否则，将直接影响箱体加工时的定位精度，影响箱体与机座总装时的接触刚度和相互位置精度。

一般箱体主要平面的平面度为 0.03 ~ 0.1 mm，表面粗糙度 R_a 为 2.5 ~ 0.63 μm，各主要平面对装配基准面的垂直度为 0.1/300 mm。

2. 孔的尺寸精度、几何形状精度和表面粗糙度

箱体上轴承孔本身的尺寸精度、形状精度和表面粗糙度都要求较高，否则，将影响轴承与箱体孔的配合精度，使轴的回转精度下降，也易使传动件（如齿轮）产生振动和噪声。一般机床主轴箱的主轴支承孔的尺寸精度为 IT6，圆度、圆柱度公差不超过孔径公差的一半，表面粗糙度值 R_a 为 0.63 ~ 0.32 μm。其余支承孔尺寸精度为 IT7 ~ IT6，表面粗糙度值 R_a 为 2.5 ~ 0.63 μm。

3. 主要孔和平面的相互位置精度

同轴线的孔应有一定的同轴度要求，各支承孔之间也应有一定的孔距尺寸精度及平行度要求，否则，不仅装配有困难，而且使轴的运转情况恶化，温度升高，轴承磨损加剧，齿轮啮合精度下降，易引起振动和噪声，影响齿轮寿命。支承孔之间的孔距公差为 0.05 ~ 0.12 mm，平行度公差应小于孔距公差，一般在全长上取 0.04 ~ 0.1 mm。

箱体的加工工艺分析

1）基准的选择

①精基准的选择　箱体的装配基准和测量基准大多数都是平面，所以，箱体加工中一般以平面作为精基准。在不同工序多次安装加工其他各表面，有利于保证各表面的相互位置精度，夹具设计工作量也可减少。此外，平面的面积大，定位稳定可靠且误差较小。在加工孔时，一般箱口朝上，便于更换导向套、安装调整刀具、测量孔径尺寸、观察加工情况等。因此，这种定位方式在成批生产中得到广泛的应用。

②粗基准的选择　选择粗基准时，应该满足以下要求：

a. 在保证各加工面均有余量的前提下，应使重要孔的加工余量均匀、孔壁的厚薄量均匀，其余部位均有适当的壁厚。

b. 保证装入箱体内的旋转零件（如齿轮、轴套等）与箱体内壁间有足够的间隙，以免互相干涉。

在大批量生产时，毛坯精度较高，通常选用箱体重要孔的毛坯孔作粗基准。对于精度较低的毛坯，按上述办法选择粗基准，往往会造成箱体外形偏斜，甚至局部加工余量不够。因此，在单件、小批及中批生产时，一般毛坯精度较低，通常采用划线找正的办法进行第一道工序的加工。

2）工艺路线的拟定：

①主要表面加工方法的选择　箱体的主要加工表面有平面和支承孔。主要平面的加工，对于中、小件，一般在牛头刨床或普通铣床上进行。对于大件，一般在龙门刨床或龙门铣床上进行。刨削的刀具结构简单，机床成本低，调整方便，但生产率低；在大批量生产时，多采用铣削。精度要求较高的箱体刨或铣后，还需要刮研或精刨、磨削加工。在大批量生产时，为了提高生产率和平面间相互位置精度，可采用多轴组合铣削与组合磨削机床。

箱体支承孔的加工，对于直径小于 φ50 mm 的孔，一般不铸出，可采用钻—扩（或半精镗）—铰（或精镗）的方案。对于已铸出的孔，可采用粗镗—半精镗的方案。由于轴承孔

精度和表面质量要求比其余孔高，所以，在精镗后，还用浮动镗刀进行精细镗。对于箱体上的高精度孔，最后精加工工序也可以采用研磨、滚压等工艺方法。

②加工顺序安排的原则

a. 先面后孔的原则　箱体主要是由平面和孔组成，这也是它的主要表面。先加工平面，后加工孔，是箱体加工的一般规律。因为主要平面是箱体在机器上的装配基准，先加工主要平面后加工支承孔，使定位基准与设计基准和装配基准重合，从而消除因基准不重合而引起的误差。

b. 粗、精加工分开的原则　对于刚性差、批量较大、要求精度较高的箱体，一般要粗、精加工分开进行，即在主要平面和各支承孔的粗加工之后再进行主要平面和各支承孔的精加工。这样，可以消除由粗加工所造成的内应力、切削力、切削热、夹紧力对加工精度的影响，并且有利于合理地选用设备等。

粗、精加工分开进行，会使机床、夹具的数量及工件安装次数增加，所以对单件小批生产、精度要求不高的箱体，常常将粗、精加工合并在一道工序进行，但必须采取相应措施，以减少加工过程中的变形，例如粗加工后松开工件，让工件充分冷却，然后用较小的夹紧力，以较小的切削用量，多次走刀进行精加工。

③热处理的安排　箱体结构复杂，壁厚不均匀，铸造内应力较大，为了消除内应力，减少变形，保持精度的稳定性，在毛坯铸造之后，一般安排一次人工时效处理。

对于精度要求高、刚性差的箱体，在粗加工之后再进行一次人工时效处理，有时甚至在半精加工之后还要安排一次时效处理，以便消除残留的铸造内应力和切削加工时产生的内应力。对于特别精密的箱体，在机械加工过程中还需安排较长时间的自然时效（如坐标镗床主轴箱箱体）。

复习思考题

1. 什么是工艺？什么是工序？
2. 什么是机械加工工艺规程？它的作用有哪些？
3. 制订工艺规程的原则、步骤有哪些？
4. 什么是零件结构工艺性？零件结构设计应考虑哪些问题？
5. 毛坯选择的原则有哪些？
6. 什么是基准？工艺基准又分为哪些？精基准的选择原则是什么？
7. 制订工艺路线的主要任务是什么？
8. 什么是工序集中与工序分散？各有哪些特点？
9. 影响加工余量的因素有哪些？

第四篇　数控加工与特种加工技术训练

第 13 章　数控加工

学习重点

➢ 数控技术的概念，数控机床的组成及工作原理
➢ 数控编程的基础知识及常用代码
➢ 数控编程中的工艺分析
➢ 数控车削、数控铣削及加工中心的编程特点

13.1　数控技术概述

13.1.1　数控技术的基本概念

1. 数控技术与数控机床

数控技术是指用数字化信号对设备运行及其加工过程进行控制的一种自动化技术，在现代机械制造领域中，数控技术已成为核心技术之一，是实现柔性制造（Flexible Manufacturing，FM）、计算机集成制造（Computer Integrated Manufacturing，CIM）、工厂自动化（Factory Automation，FA）的重要基础技术之一。

数控机床是一种采用计算机、利用数字信息进行控制的高效、能自动化加工的机床，它能够按照机床规定的数字化代码，把各种机械位移量、工艺参数、辅助功能（如刀具交换、冷却液开/关等）表示出来，经过数控系统的逻辑处理与运算，发出各种控制指令，实现指定的机械动作，自动完成零件加工任务。

2. 数控机床的产生及发展

在机械制造工业中单件与小批量生产的零件占 70% ~ 80%，尤其是航空、航天、船舶、机床、重型机械和军工等产品，其生产批量小、品种多，加工零件形状比较复杂，精度要求很高，当产品改型时，机床与工艺设备均需作较大的调整。因此，这类产品的生产不仅对机床提出了"三高"要求，且要求机床应具有较强的适应产品变化的能力。

最早采用数字控制技术进行机械加工的思想是在 20 世纪 40 年代提出的。1948 年美国帕森斯公司在研制加工飞机框架及直升飞机叶片轮廓检查用样板时，为了提高精度和效率，首先提出了利用全数字电子计算机对叶片轮廓的加工路径进行控制的方案，并与美国麻省理工学院（MIT）的伺服机构研究所开始共同研究，于 1952 年试制成功了世界第一台三坐标数控立式铣床。随着微电子和计算机技术的不断发展，数控机床的数控系统经历了数代的变化：第一代（1952 ~ 1959 年）采用电子管元件；第二代（1959 ~ 1965 年）采用晶体管元件和印刷电路板；第三代（1965 年开始）采用中、小规模集成电路；

第四代（1970 年开始）采用大规模集成电路和小型计算机；第五代（1974 年开始）采用微型计算机；第六代（1990 年开始）采用工控 PC 机的通用 CNC 系统。其中，前三代数控系统主要由硬件联结构成，称为硬接线数控；后三代是计算机数控，其功能主要由软件完成。

我国数控技术发展的标志性成果有：1958 年我国第一台数控机床样机研制成功；20 世纪 70 年代初我国为第二汽车制造厂提供了 57 条自动生产线；1972 年我国第一台机器人在上海诞生；1986 年我国第一个柔性制造系统投入运行；1987 年我国研制出加工球面的超精密车床；1989 年我国数控机床的可供品种超过 300 种，其中加工中心占 27%；1990 年我国建立机器人工程示范基地，研制出喷漆、焊接、搬运的工业机器人。

13.1.2　数控机床的组成及工作原理

1. 数控机床的组成

数控机床主要由数控系统、伺服系统、位置检测装置、辅助控制单元以及机床本体构成，如图 13 - 1 所示。

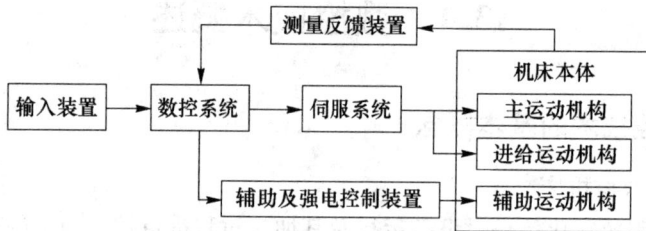

图 13 - 1　数控机床的组成

1）输入装置

输入装置的作用是把程序载体上的数控代码变成相应的电脉冲信号，传送并存入数控装置内。根据程序存储介质的不同，输入装置可以是光电阅读机、录音机或软盘驱动器等。有些数控机床，不用任何程序存储载体，而是将数控程序的内容通过数控装置上的键盘，用手工方式输入，或者由编程计算机用通信方式将数控程序传送到数控装置上。

2）数控系统

数控系统是数控机床最重要的组成部分，由硬件和软件结合而成，其作用是通过输入装置将用户编制的用以控制机床加工的程序输入系统，然后在系统内进行必要的数字运算和逻辑运算，将用户程序转换成控制机床运动的控制信号。早期的数控机床的数控装置（NC）是由各种逻辑元件、记忆元件组成逻辑电路，是固定接线的硬件结构，由硬件来实现数控功能。目前绝大多数数控机床都已采用微型计算机为硬件，配以数控系统软件构成数控系统，因此现在所说的数控系统一般就是指计算机数控（CNC）系统。

3）伺服系统

伺服系统由伺服驱动电路和伺服驱动装置组成，同时与机床的执行机构相连，根据数控系统发来的控制信号对执行机构的位移、速度等进行自动控制。这种控制是在机床执行机构运动过程中实时进行的，它所控制的运动亦称为伺服运动。

4）测量反馈装置

测量反馈装置由检测元件和相应的电路组成，其作用是检测速度和位移，并将信息反馈回来构成闭环控制，它一般包含在伺服系统中。

5）辅助及强电控制装置

辅助及强电控制装置是介于数控装置和机床机械、液压部件之间的控制系统，其主要功能是接收数控装置所控制的内置式可编程序控制器（PLC）输出的主轴变速、换向、启停，刀具的选择和更换，分度工作台的转位和锁紧，工件的夹紧或松夹，切削液的开关等辅助操作的信号，经功率放大直接驱动相应的执行元件，诸如接触器，电磁阀等，从而实现数控机床在加工过程中的全部自动操作。

6）机床本体

机床本体部分与普通机床的构成基本相同，主要包括：主运动部件，进给运动部件和支承部件，还有冷却、润滑、转位部件。根据数控机床的特点，采用一些特殊的设计与制造工艺，例如采用滚珠丝杠、滚动导轨、夹紧、换刀机械手等辅助装置，以及各种消除间隙机构等。

2. 数控机床的工作原理

在数控机床上加工零件时，要事先根据零件加工图纸的要求确定零件加工路线、工艺参数和刀具数据，再按数控机床编程手册的有关规定编写零件数控加工程序，然后通过输入装置将加工程序输入到数控系统，在数控系统控制软件的支持下，经过处理和计算，发出相应的控制指令，通过伺服系统使机床按预定的轨迹运动，从而进行零件的切削加工。数控机床零件加工工作过程如下：

1）编程准备

编程准备工作包括零件图工艺处理和数学处理两个主要部分。零件图工艺处理主要是根据图纸对工件的形状、尺寸、位置关系、技术要求进行分析，确定合理的加工方案、加工路线、装夹方式、刀具、切削参数、对刀点、换刀点等。数学处理是在工艺处理完成后，根据已经确定的加工路线、几何尺寸等信息计算刀具中心运动轨迹，获得刀位数据，计算轮廓轨迹坐标值等。

2）数控编程

根据加工路线、工艺参数、刀位数据及数控系统的功能指令、程序段格式规定，编写数控加工程序。

3）程序输入

数控加工程序通过输入装置输入到数控系统。目前采用的输入方法主要有软驱、USB 接口、RS232 接口、MDI 手动输入、分布式数字控制（DNC）接口、网络接口等。

4）译码

数控系统按一个程序段为单位，按照一定的语法规则把数控程序解释、翻译成计算机内部能识别的数据格式，并以一定的数据格式存放在指定的内存区内。数控系统在译码的同时完成对程序段的语法检查，一旦有错，立即给出报警信息。

5）数据处理

数据处理包括刀具补偿、速度计算以及辅助功能的处理。刀具补偿包括刀具半径补偿和刀具长度补偿，刀具半径补偿是根据刀具半径补偿值和零件轮廓轨迹计算出刀具中心轨迹，刀具长度补偿是根据刀具长度补偿值和程序值计算出刀具轴向实际移动值；速度计算是根据程序中所给的合成进给速度计算出各坐标轴运动方向的分速度；辅助功能的处理主要完成指令的识别、存储、设标志等。

6）插补

数控加工程序提供了刀具运动的起点、终点和运动轨迹，而刀具从起点沿直线或圆弧运动轨迹走向终点的过程则要通过数控系统的插补软件来控制。插补就是通过插补计算程序，根据程序规定的进给速度要求，完成在轮廓起点和终点之间的中间点的坐标值计算，即数据点的密化工作。

7）伺服控制与加工

伺服系统接收插补运算后的脉冲指令信号或插补周期内的位置增量信号，经放大后驱动伺服电机，带动机床的执行部件运动从而加工出零件。

13.1.3 数控机床的特点与分类

1. 数控机床的特点

1）加工精度高、质量稳定

数控机床按照预定的程序自动加工，不需要人工干预，消除了操作者人为产生的失误或误差；数控机床本身的刚度高、精度好，并且精度保持性好，有利于零件加工质量的稳定；数控机床还可以利用软件进行误差补偿和校正，也使数控加工具有较高的精度。

2）加工生产效率高

零件加工所需要的时间包括机加时间与辅助时间两部分。数控机床的进给运动和多数主运动都采用无级调速，且调速范围大，可选择合理的切削速度和进给速度，可以进行在线检测，避免或减少数控机床加工中的停机时间；可自动换刀、自动交换工作台，减少换刀时间；加工同时可以进行工件装卸，并且一次装夹可实现多面和多工序加工，减少工件装夹、对刀等辅助时间；数控加工工序集中，可减少零件周转时间。因此，数控加工生产效率较高，与普通机床相比，一般零件可以高出 3~4 倍，复杂零件可提高十几倍甚至几十倍。

3）劳动强度低、改善劳动条件

利用数控机床进行加工，操作者只需装卸零件、更换刀具、利用操作面板控制机床的自动加工，不需要进行复杂的重复劳动，劳动强度大大减轻，劳动条件也因此得到相应的改善。

4）具有良好的加工柔性

数控机床实现自动加工的控制信息是由数字化信息提供的，当加工对象改变时，除了更换相应的刀具和毛坯装夹方式外，只需重新编制程序就能实现对零件的加工，不需要制造、更换许多刀具、夹具和模具，更不需要重新调整机床。数控机床缩短了生产准备周期，节省了大量工艺装备费用，可以很快地从加工一种零件转变为加工另一种零件，为单件、小批量及试制新产品提供了极大的便利。

5）有利于现代化生产与管理

利用数控机床加工零件时，能准确计算零件加工工时，有效简化检验、工夹具和半成品的管理，能精确计算生产和加工费用，有利于生产过程的科学管理和信息化管理。

6）使用、维护技术要求高

数控机床是综合多学科、新技术的产物，机床价格高，设备一次性投资大，相应地，机床操作和维护要求较高。因此，为保证数控加工的综合经济效益，要求机床使用者和维护人员应具有较高的专业素质。

2. 数控机床的分类

数控机床品种规格繁多，分类方法不一，根据数控机床的功能、结构、组成的不同，可从运动方式、控制方式、功能水平、工艺用途几个方面分类，如表13-1所示。

表13-1 数控机床的分类

按运动方式分类	按控制方式分类	按机床功能水平分类	按工艺方法分类
点位控制数控机床	开环数控系统	经济型数控机床	金属切削数控机床
直线控制数控机床	半闭环数控系统	中档型数控机床	金属成型数控机床
轮廓控制数控机床	闭环数控系统	高档型数控机床	特种加工数控机床

1) 按运动方式分类

按运动方式分数控机床可分为以下三类：（见表13-2和图13-2、图13-3、图13-4）

表13-2 数控机床按运动方式分类

类型	定义	典型数控机床
点位控制数控机床	只控制刀具从一点到另一点的位置，不控制移动轨迹，在定位移动中不进行切削加工	数控镗床、数控钻床、数控冲床等（平面定位）
直线控制数控机床	控制刀具或机床工作台以给定速度，沿平行于某一坐标方向，由一个位置到另一个位置的精确移动	数控镗床、数控钻床、数控冲床等（深度控制）
轮廓控制数控机床	对两个或两个以上的坐标同时控制，不仅要控制机床移动部件的起点与终点坐标，而且要控制整个加工过程的每一点的速度、方向和位移量，即控制加工的轨迹，加工出要求的轮廓	数控车床、数控铣床、加工中心、数控磨床等

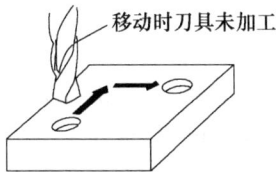

图13-2 点位控制   图13-3 直线控制   图13-4 轮廓控制

大多数数控机床都具有轮廓切削控制功能，如数控车床、数控铣床、数控磨床、数控齿轮加工机床和数控加工中心等。这些机床根据所控制的联动坐标轴数不同，又可以分为二轴联动、二轴半联动、三轴联动、四轴联动和五轴联动几种形式。

2) 按控制方式分类（见图13-5）

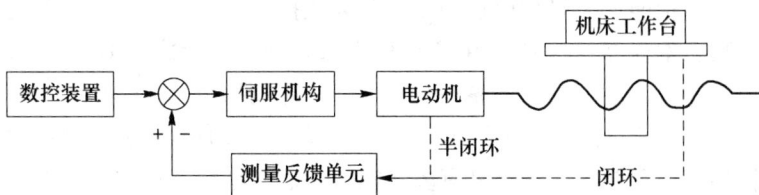

图13-5 数控机床的控制方式

①开环控制系统

开环控制系统（open loop control system）是指不带反馈的控制系统，运动部件没有检测反馈装置，数控装置发出的信号是单向的，通常采用步进电机做驱动的伺服机构。数据经过数控系统的运算，发出指令脉冲，通过环行分配器和驱动电路，使步进电机或电液伺服电机转过一个步距角，再经过减速齿轮或直接带动丝杠旋转，最后转化为工作台的直线移动。移动部件的移动速度和位移量是由输入脉冲的频率和脉冲数所决定的。

开环控制系统的机床，数控装置结构简单，安装、调试方便，成本低，加工精度有限。其精度主要取决于伺服电动机和机械传动装置的精度。由于传递功率有限，多适用于中、小型数控机床。

②半闭环控制系统

半闭环控制系统（semi-closed loop control system）是在开环控制系统的伺服电机或丝杠端部装有角位移检测装置（如感应同步器、光电编码器等），通过检测丝杠的转角间接地检测移动部件的位移，然后反馈到数控系统中。由于工作台位移没有完全包括在控制回路中，因而称之为半闭环控制系统。

半闭环系统控制的机床，其伺服系统结构简单，造价较低，系统不易受到机械传动装置的干扰，工作稳定性较好，调试相对容易，能间接地反映工作台位移，检测精度较闭环系统低。

③闭环控制系统

闭环控制系统（closed loop control system）是在机床移动部件上直接安装位置检测装置，将测量的结果直接反馈到数控装置中，与输入的指令位移进行比较，对偏差进行控制，使移动部件按照实际的要求运动，最终实现精确定位的数控系统。

闭环控制的数控机床加工精度高，但控制系统复杂，成本相对较高，调试与维护较困难。

3）按机床功能水平分类

①经济型数控机床

经济型数控机床的伺服进给驱动一般是由步进电机实现的开环驱动，功能比较简单、价格低廉、精度中等，能满足加工形状比较简单的直线、圆弧及螺纹加工。一般控制轴数在 3 轴以下，脉冲当量（分辨率）多为 10 μm，快速进给速度在 10 m/min 以下。

②中档型数控机床

中档型数控机床也称标准型数控机床，采用交流或直流伺服电机实现半闭环驱动，能实现 4 轴或 4 轴以下联动控制，脉冲当量为 1 μm，快速进给速度为 15～24 m/min，一般采用 16 位或 32 位处理器，具有 RS232 通信接口、DNC 接口和内装 PLC，具有图形显示功能及面向用户的宏程序功能。

③高档型数控机床

高档型数控机床指能加工复杂形状的多轴联动数控机床或加工中心。其功能强、工序集中、自动化程度高、柔性高。一般采用 32 位以上微处理器，形成多 CPU 结构。采用数字化交流伺服电机形成闭环驱动，具有主轴伺服功能，能实现 5 轴以上联动，脉冲当量（分辨率）为 0.1～1 μm，快速进给速度可达 100 m/min 以上。具有宜人的图形用户界面，三维动画功能，能进行加工仿真检验。同时具有多功能智能监控系统和面向用户的宏程序功能，还有很强的智能诊断和智能工艺数据库功能，能实现加工条件的自动设定，具有制造自动化协议等高性能通信接口，能实现计算机联网和通信。

4）按工艺方法分类

①金属切削数控机床

金属切削数控机床和普通机床品种一样，有数控车床、数控铣床、数控钻床、数控磨床、带有刀库和能实现多工序加工的铣镗加工中心和车削加工中心。铣镗加工中心主要完成铣、镗、钻、攻丝等工序加工。车削中心以完成各种车削加工为主，也能完成铣平面、铣键槽及钻横孔等工序。

②金属成型数控机床

金属成型数控机床是使用挤、冲、压、拉等成型工艺的数控机床，如数控折弯机、数控组合冲床、数控弯管机、数控回转头压力机等。

③特种加工数控机床

特种加工数控机床主要指数控线切割机、电火花成型机、火焰切割机、激光雕刻机等。

13.1.4 数控技术的发展趋势

1. 向高速度、高精度方向发展

速度和精度是数控机床的两个重要指标，直接关系到产品的质量和档次及产品的生产周期和在市场上的竞争力。在加工精度方面，随着滚珠丝杠副、静压导轨、直线滚动导轨、贴塑滑动导轨等的使用，近 10 年来，普通级数控机床的加工精度已由 10 μm 提高到 5 μm，精密级加工中心则从 3 ~ 5 μm 提高到 1 ~ 1.5 μm，而超精密加工的精度已开始进入纳米级（0.01 μm）。在加工速度方面，高速数控加工源于 20 世纪 90 年代初，以电主轴和直线电机的应用为特征，使主轴转速大大提高，进给速度达 60 m/min 以上，进给加速度和减速度达 1 ~ 2 g，主轴转速达 100000 r/min 以上。

2. 向柔性化、功能集成化方向发展

数控机床在提高单机柔性化的同时，朝着单元柔性化和系统化方向发展。出现了数控多轴加工中心、换刀换箱式加工中心等具有柔性的高效加工设备，由多台数控机床组成底层加工设备的柔性制造单元（FMC）、柔性制造系统（FMS）、介于传统自动线与 FMS 之间的柔性加工线（FML）。

在现代数控机床上，自动换刀装置、自动工作台交换装置等已成为基本装置。随着数控机床向柔性化、无人化方向发展，功能集成化更多地体现在工件自动装卸，工件自动定位，刀具自动对刀，工件自动测量与补偿，集钻、车、镗、铣、磨为一体的"万能加工机床"等方面。

3. 向智能化方向发展

智能化是数控技术发展的另一趋势，随着人工智能在计算机领域的不断渗透与发展，为了适应现代制造业柔性化、自动化发展的需要，数控设备的智能化程度也在不断提高。主要表现为：加工过程的自适应控制，检测处理加工过程中的重要信息，自动优化加工参数，改善加工条件，提高生产效率，引入专家系统，在自动编程、工艺处理和故障诊断方面发挥领域内专家级水平，更具特色的是考虑到操作使用的因素而呈现的极为友好的人机界面。

4. 向网络化方向发展

网络经济时代对制造业信息化、网络化的需求，使 Internet/Intranet 在企业的整个运行过程中的地位越来越重要，网络化已成为新一代数控系统的重要特征。网络化不但要求数控系统能够与底层现场设备进行通信，还要求能够与上层的管理计算机交换数据，与 CAD/CAM/

PDM/ERP 等计算机辅助系统进行无缝集成，能够支持面向全球网络化制造的、基于 Internet 的各种远程服务功能，支持制造设备的网络共享和异地调度，实现加工过程的网络化。

5. 向高可靠性方向发展

数控系统的可靠性一直是一个十分重要的指标，一般以平均无故障时间（MTBF）来衡量。当前的数控系统的硬件大量采用高集成度的芯片，减少了元器件数量，不仅降低了功耗，也提高了数控系统的可靠性。新型的大规模集成电路采用表面贴装技术，实现了三维高密度安装工艺，且元器件经过严格筛选，使得数控系统的平均无故障时间达到 10000 ~ 36000 h。

此外，通过硬件功能软件化以适应各种控制功能的要求。增强故障自诊断、自恢复和保护功能，实现对系统内硬件、软件和各种外部设备进行故障诊断和报警。

6. 向复合化方向发展

工序复合和工种复合是机床集成制造技术发展的基本点，而其追求的则是在一次装夹下完成零件的全部加工，这是制造技术发展的总趋势，不但可以缩短加工时间，提高加工精度，而且能缩短生产周期，实现零库存，提高生产效率。

13.2 数控加工编程基础

13.2.1 数控编程的基本知识

数控编程的方法主要分为两大类：手工编程和自动编程。

手工编程是指由人工完成数控编程的全部工作，包括零件图纸分析、工艺处理、数学处理、程序编制等；自动编程是指由计算机来完成数控编程的大部分或全部工作，如数学处理、加工仿真、数控加工程序生成等。对于形状复杂的零件，特别是具有非圆曲线、列表曲线或列表曲面的零件，手工编程困难较大，出错的可能性大，效率低，甚至无法编出程序，此时必须采用自动编程方法编制数控加工程序。

1. 数控加工插补原理

数控机床加工时，数控装置需要在规定的加工轮廓的起点和终点之间进行中间点的坐标计算，然后按计算结果向各坐标轴分配适量的脉冲，从而得到相应轴方向上的运动，这种坐标点的"密化计算"称为插补。现代数控机床的数控装置，都具有对基本数学函数（如线性函数、圆函数等）进行插补的功能。

在数控系统中，进给速度控制是通过对插补速度控制而实现的。插补是在每个插补周期（一般为毫秒级）内，根据指令、进给速度计算出一个微小直线段的数据，刀具沿着微小直线段运动，经过若干个插补周期后，刀具从起点运动到终点，完成这段轮廓的加工。如加工图 13 - 6 中的曲线段 AB，A 为起点，B 为终点。在每个插补周期内，计算出一个微小直线段的各坐标分量 $(\Delta X, \Delta Y)$，经若干个插补周期，可以计算出从起点 A 到终点 B 间各个微小直线段的坐标分量 $(\Delta X_1, \Delta Y_1)$，$(\Delta X_2, \Delta Y_2)$，…，$(\Delta X_n, \Delta Y_n)$。各坐标分量的计算可采用逐点比较插补法、数字积分插补法、时间分割插补法和样条插补计算法等方法。

被加工零件的外形轮廓一般是由直线、圆弧和其他曲线等几何

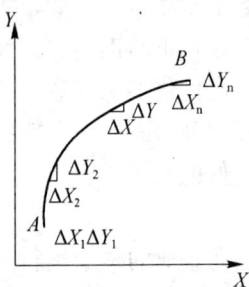

图 13 - 6 插补原理

元素构成，其中直线和圆弧是最基本的几何元素，其他的曲线可用微小直线或圆弧逼近形成，所以绝大多数数控系统都具有直线插补和圆弧插补功能。在一些高档数控系统的扩展功能或宏程序中配有抛物线、渐开线、椭圆等插补计算功能。

2. 坐标轴及运动方向

在数控加工过程中，为表示数控机床各运动部件的运动方位和方向，我国 JB/T 3051—1999《数控机床坐标和运动方向的命名》标准对坐标轴的部分规定为：

1）不论机床的具体结构是工件静止刀具运动，还是工件运动刀具静止，在确定坐标系时，一律看做是工件相对静止，刀具运动。

2）机床的直线运动 X、Y 和 Z 三个坐标轴采用右手直角坐标系，如图 13-7 所示。坐标轴定义顺序是先确定 Z 轴，然后确定 X 轴，最后按右手定律确定 Y 轴。

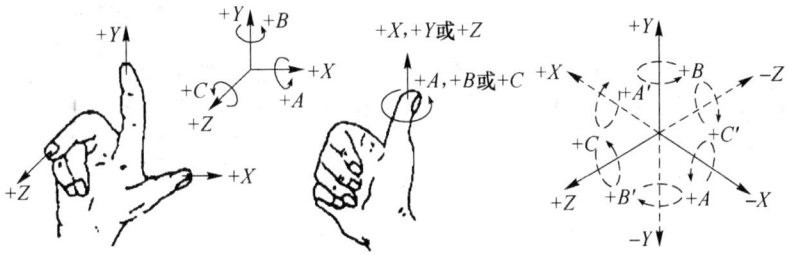

图 13-7 右手直角笛卡尔坐标系

规定平行于机床主轴（传递切削运动）的刀具运动坐标为 Z 轴，X 坐标为水平方向并平行于工件的装卡面。各坐标轴取刀具远离工件，增大工件和刀具距离的方向为正方向。在确定了 X、Z 坐标的正方向后，可按右手定则确定 Y 坐标的正方向。围绕 X，Y，Z 轴回转的圆周进给坐标轴 A、B、C 及其正方向分别用右手螺旋定则确定。如果数控机床的运动多于 X、Y、Z 三个轴，则用 U、V、W 分别表示平行于 X、Y、Z 轴的第二组直线运动，用 P、Q、R 表示平行于 X、Y、Z 轴的第三组直线运动。

对于一台具体的数控机床，其坐标系的构建遵从以下三个原则：

（1）Z 轴与主轴方向一致；

（2）符合右手法则；

（3）使刀具远离工件的方向为坐标轴的正方向。

在运用上述三个原则对数控机床的坐标系进行确定时，一定要将三个原则同时考虑，数控车床与数控立式铣床坐标系示意图分别如图 13-8 和图 13-9 所示。

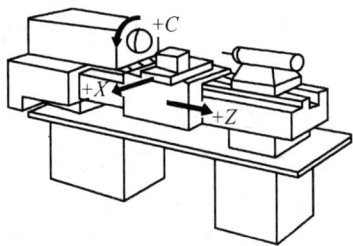

图 13-8 数控车床坐标示意图

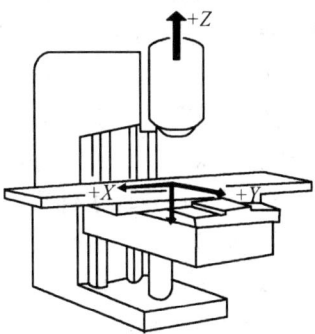

图 13-9 数控立式铣床坐标示意图

3. 坐标系

1）机床坐标系和机床零点

机床坐标系的原点称为机床零点或机床原点。机床零点是机床上的一个固定点，由机床制造厂确定。它是其他所有坐标系，如工件坐标系以及机床参考点的基准点。数控车床的零点一般设在主轴法兰盘接触面的中心，即主轴前端面的中心，如图 13 - 10a 所示，主轴为 Z 轴，主轴法兰盘接触面的水平面则定出 X 轴。数控铣床的零点位置因生产厂家而异，有的设置在机床工作台中心，有的设置在进给行程范围的终点，如图 13 - 10b 所示。

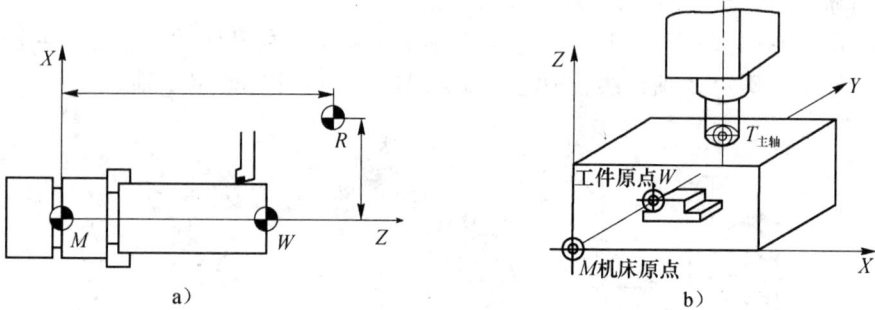

图 13 - 10　机床坐标系
a）数控车床的机床原点与参考点　b）数控铣床的机床原点与参考点
M-机床原点　R-机床参考点　W-工件原点

数控机床参考点 R 是用于对机床工作台或（滑板）与刀具相对运动的测量系统进行标定和控制的点。参考点的位置由机床制造厂家定义。R 和 M 的坐标位置关系是固定的，可以与机床零点重合，也可以不重合，其位置参数存放在数控系统中，当数控系统启动时，都要执行返回参考点 R，由此建立机床坐标系。

2）工件坐标系和工件零点

工件坐标系是为了确定工件几何图形上各几何要素（点、直线、圆弧）的位置而建立的坐标系。编程人员为了编程方便以工件图样上的某一点为原点，即工件原点建立工件坐标系，而编程尺寸按工件坐标系中的尺寸来确定。工件坐标系一旦建立便一直有效，直到被新的工件坐标系所取代。如图 13 - 11 所示的零件，如果以机床坐标系编程，编程前必须首先计算 A、B、C、D、E 各点相对于机床零点 M 的坐标，工作繁琐。

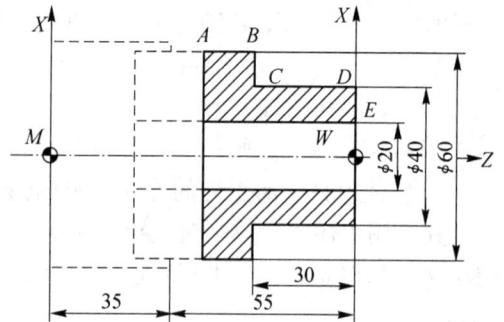

图 13 - 11　工件坐标系

如果选择工件某固定点为零点（如 W 点），以该工件零点为原点且平行于机床坐标轴 X、Y、Z 建立一个新的坐标系（即工件坐标系），就可以方便计算出各几何点的坐标值。

工件坐标系的原点即工件零点。工件零点的选择要尽量满足编程简单，尺寸换算少，引起的加工误差小等条件。一般情况下，以坐标式尺寸标注的零件，程序原点应选在尺寸标注的基准点；对称零件或以同心圆为主的零件，程序原点应选在对称中心线或圆心上。如车床工件零点一般设在主轴中心线上，在工件的右端面或左端面处。铣床工件零点，一般设在工件外轮廓的某一个角上，进刀深度方向的零点，大多取在工件上表面。

246

3）绝对坐标与增量（相对）坐标

绝对坐标：在坐标系中，所有的坐标点均以固定的坐标原点为起点确定坐标值的坐标系。如图 13 – 12 中，以固定原点 O 计算得 A、B 点的绝对坐标为（30，35）、（12，15）。

增量坐标：在坐标系中，运动轨迹的终点坐标值是以起点开始计算的坐标，通常用 U、V、W 表示。如图 13 – 12 所示，假定运动轨迹是 A 到 B，则 A、B 点的相对坐标分别是 U_A = 0，V_A = 0，U_B = – 18，V_B = – 20。

在编程中，绝对坐标和增量坐标均可采用，G90、G91 分别表示数控程序中的数值为绝对坐标值与增量坐标值。

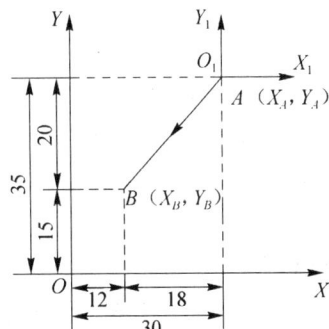

图 13 – 12　绝对坐标与增量坐标

4. 工件原点偏置的确定

在加工时，工件随夹具安装在机床上，所测得的工件原点与机床原点间的距离称作工件原点偏置，如图 13 – 13 所示。该偏置值在加工前预存到数控系统中，加工时使用相关数控指令 G54 ~ G59 或 G92 将工件原点偏置自动加到工件坐标系上，使数控系统可按机床坐标系确定加工时的坐标值。因此，编程人员可以不考虑工件在机床上的安装位置和安装精度。

对于工件原点偏置的确定可以通过以下方法实现：由于数控机床的回零功能都可以使刀具系统在数控机床上精确回归到机床参考点，因此加工前，在工件和加工刀具装夹好之后，可通过找正、对刀或试切的方法来确定工件坐标系与机床坐标系的偏置值。

如图 13 – 14 所示，基准刀具以 P_0 为起点（P_0 在机床坐标系中的位置已知），通过试切对刀的方法，分别得出 X 和 Z 坐标方向的偏置值。P_0 距工件原点 Z 坐标方向的偏置值，可通过刀具沿 Z 轴移动到工件右端面并记录两点在数控系统中 Z 坐标的值得 $Z_{P_0} - Z_{参考点}$ = 303.84。X 坐标方向的偏置值可通过如下步骤得出：首先，沿 X 方向移动外圆车刀至略小于工件毛坯外径的 X 位置（注意不能过切），沿 Z 轴车削工件毛坯外圆柱面，记录此时 X 坐标，退出车刀，用量具测出试切外圆的外径，点 P_0 处车刀刀尖距工件原点 X 坐标方向的偏置值就等于 $X_{P_0} - X_{试切}$ + 试切后工件外径 = 262.75。由此，便可通过计算得出工件坐标系原点在机床坐标系中的位置，即工件原点的偏置值。

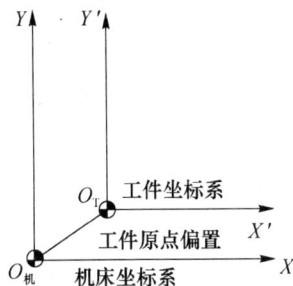

图 13 – 13　工件原点偏置

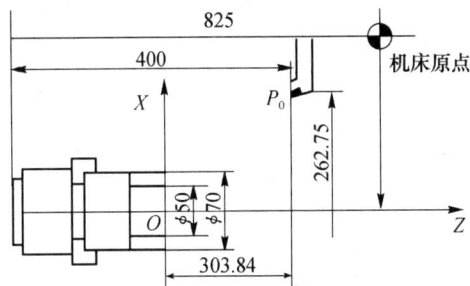

图 13 – 14　工件原点偏置实例

5. 程序结构及格式

1）程序结构

零件加工程序是由主程序和可被主程序调用的子程序组成，不论是主程序还是子程序，都是由若干个按规定格式书写的"程序段"组成。每个程序段是由按一定顺序和规定排列的"指令字"组成，即程序段是为了完成某一动作要求所需功能字的组合。例如：

程序	//注释
O0002	//程序单句，程序号
N001 G00 X80 Z－30 F0.2 S300 T0101 M03	//程序单句，执行快速点定位等指令
N002 G01 X120 Z－60	//程序单句，执行直线插补指令
……	
N125 M05	//主轴停转
N126 M02	//程序结束

上例表示一个完整的加工程序，由 126 条程序段按顺序排列而成。

2）程序段格式

程序段格式是指一个程序段中指令字的排列顺序和表达方式。在国际标准 ISO 6983/1—1982 和我国的 GB/T 8870—1988 标准中都做了具体规定。目前数控系统广泛采用的是字地址程序段格式。

字地址程序段格式由一系列指令字（功能字）组成，程序段的长短、指令字的数量都是可变的，指令字的排列顺序没有严格要求。每个字是一个控制机床的具体指令，由表示地址的英文字母或特殊文字开头，其后跟着几个数字构成。字是表示某种功能的代码符号，也称指令代码、代码或指令。字地址程序段的一般格式为：

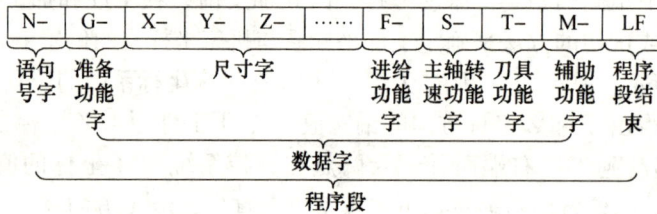

N－	G－	X－	Y－	Z－	……	F－	S－	T－	M－	LF
语句号字	准备功能字		尺寸字			进给功能字	主轴转速功能字	刀具功能字	辅助功能字	程序段结束

数据字

程序段

表 13－3 为常用地址码及其含义。

表 13－3　常用地址码及其含义

技　能	地址码	说　明
程序段号	N	程序段顺序编号地址
坐标字	X、Y、Z、U、V、W、P、Q、R	直线坐标轴
	A、B、C、D、E	旋转坐标轴
	R	圆弧半径
	I、J、K	圆弧圆心相对起点坐标
准备功能	G	准备功能
辅助功能	M	辅助功能
补偿值	H 或 D	补偿值地址
切削用量	S	主轴转速
	F	进给量或进给速度
刀具号	T	刀库中的刀具编号

13.2.2 数控编程中的常用指令

数控机床上进行工件加工的工艺过程中的各种操作和运动特征是在加工程序中用指令的方式予以规定的，这些指令包括 G 代码（准备功能指令）、M 代码（辅助功能指令）以及 F 功能（进给功能）、S 功能（主轴转速功能）、T 功能（刀具功能）。其中 G 代码和 M 代码是建立数控机床工作方式的命令。国际标准化组织 ISO 制定了 G 代码和 M 代码的标准，我国也制定了与 ISO 标准等效的 JB/T 3208—1999 标准。应该指出，许多新型数控系统和数控机床的功能已经超出了 ISO 制定的通用国际标准。

1. 功能代码简介

1）准备功能 G 代码

G 代码又称 G 指令。G 代码用来规定刀具和工件的相对运动轨迹（插补功能）、机床坐标系、坐标平面、刀具补偿、坐标偏置等多种加工操作。JB/T 3208—1999 标准中规定：G 代码由字母 G 及其后的两位数字组成，从 G00 ~ G99 共 100 种，见表 13 - 4。

表 13 - 4　准备功能 G 代码（JB/T 3208—1999）

代码	模态	非模态	功能	代码	模态	非模态	功能
G00	a		点定位	G50	# (d)	#	刀具偏置 0/ -
G01	a		直线插补	G51	# (d)	#	刀具偏置 +/0
G02	a		顺时针方向圆弧插补	G52	# (d)	#	刀具偏置 -/0
G03	a		逆时针方向圆弧插补	G53	f		直线偏移，注销
G04		*	暂停	G54	f		直线偏移 X
G05	#	#	不指定	G55	f		直线偏移 Y
G06	a		抛物线插补	G56	f		直线偏移 Z
G07	#	#	不指定	G57	f		直线偏移 XY
G08		*	加速	G58	f		直线偏移 XZ
G09		*	减速	G59	f		直线偏移 YZ
G10 ~ G16	#	#	不指定	G60	h		准确定位 1（精）
G17	c		XY 平面选择	G61	h		准确定位 2（中）
G18	c		ZX 平面选择	G62	h		快速定位（粗）
G19	c		YZ 平面选择	G63		*	攻丝
G20 ~ G32	#	#	不指定	G64 ~ G67	#	#	不指定
G33	a		螺纹切削，等螺距	G68	# (d)	#	刀具偏置，内角
G34	a		螺纹切削，增螺距	G69	# (d)	#	刀具偏置，外角
G35	a		螺纹切削，减螺距	G70 ~ G79	#	#	不指定
G36 ~ G39	#	#	永不指定	G80	e		固定循环注销
G40	d		刀具补偿/刀具偏置注销	G81 ~ G89	e		固定循环
G41	d		刀具补偿 - 左	G90	j		绝对尺寸
G42	d		刀具补偿 - 右	G91	j		增量尺寸
G43	# (d)	#	刀具偏置 - 正	G92		*	预置寄存

代码	模态	非模态	功能	代码	模态	非模态	功能
G44	# (d)	#	刀具偏置 - 负	G93	k		时间倒数，进给率
G45	# (d)	#	刀具偏置 +／＋	G94	k		每分钟进给
G46	# (d)	#	刀具偏置 +／－	G95	k		主轴每转进给
G47	# (d)	#	刀具偏置 -／－	G96	I		恒线速度
G48	# (d)	#	刀具偏置 -／＋	G97	I		每分钟转数（主轴）
G49	# (d)	#	刀具偏置 0／＋	G98 ~ G99	#	#	不指定

注：1. #号：如选作特殊用途，必须在程序格式说明中说明；

  2. 如在直线切削控制中没有刀具补偿，则 G43 ~ G52 可指定作其他用途；

  3. 在表中第二栏括号中字母（d）表示：可以被同栏中没有括号字母 d 所注销或代替，亦可被有括号的字母

   （d）所注销或代替；

  4. G45 ~ G52 的功能可用于机床上任意两个预定的坐标；

  5. 数控系统没有 G53 ~ G59、G63 功能时，可以指定作其他用途。

2）辅助功能 M 代码

辅助功能 M 代码是控制机床开/关功能的指令。如主轴的正、反转，切削液开关的启、停，运动部件的夹紧与松开等。JB/T 3208—1999 标准中规定辅助功能代码也有 M00 ~ M99 共计 100 种，见表 13 - 5。

表 13 - 5　辅助功能 M 代码（JB/T 3208—1999）

代码	功能开始时间		模态	非模态	功能	代码	功能开始时间		模态	非模态	功能
	与程序段指令运动同时开始	在程序段指令运动完成后开始					与程序段指令运动同时开始	在程序段指令运动完成后开始			
M00		*		*	程序停止	M36	*			*	进给范围 1
M01		*		*	计划停止	M37	*			*	进给范围 2
M02		*		*	程序结束	M38	*			*	主轴速度范围 1
M03	*			*	主轴顺时针方向	M39	*			*	主轴速度范围 2
M04	*			*	主轴逆时针方向	M40 ~ M45	#	#	#	#	如有需要作为齿轮换挡，此外不指定
M05		*		*	主轴停止						
M06	#	#		*	换刀	M46 ~ M47	#	#	#	#	不指定
M07	*			*	2 号冷却液开	M48		*		*	注销 M49
M08	*			*	1 号冷却液开	M49	*			*	进给率修正旁路
M09		*		*	冷却液关	M50	*			*	3 号切削液开
M10	#	#		*	夹紧	M51	*			*	4 号切削液开
M11	#	#		*	松开	M52 ~ M54	#	#	#	#	不指定
M12	#	#	#	#	不指定	M55	*			*	刀具直线位移，位置 1

代码	功能开始时间		模态	非模态	功能	代码	功能开始时间		模态	非模态	功能
	与程序段指令运动同时开始	在程序段指令运动完成后开始					与程序段指令运动同时开始	在程序段指令运动完成后开始			
M13	*			*	主轴顺时针方向，冷却液开	M56	*			*	刀具直线位移，位置2
M14	*			*	主轴逆时针方向，冷却液开	M57 ~ M59	#	#	#	#	不指定
M15	*			*	正运动	M60		*		*	更换工作
M16	*			*	负运动	M61	*			*	工件直线位移，位置1
M17 ~ M18	#	#	#	#	不指定	M62	*			*	工件直线位移，位置2
M19		*		*	主轴定向停止	M63 ~ M70	#	#	#	#	不指定
M20 ~ M29	#	#	#	#	永不指定	M71	*			*	工件角度位移，位置1
M30		*		*	纸带结束	M72	*			*	工件角度位移，位置2
M31	#			*	互锁旁路	M73 ~ M89	#	#	#	#	不指定
M32 ~ M35	#	#	#	#	不指定	M90 ~ M99	#	#	#	#	永不指定

注：1. #号表示：如选作特殊用途，必须在程序说明中说明；

2. M90 ~ M99 可指定为特殊用途。

需要特别说明的是，有些国家或公司所制定的 G、M 代码的功能含义与 ISO 标准不完全相同，必须根据数控机床使用说明书或数控系统的编程说明书的规定进行编程。

2. F、S、T 功能

1）F 功能：该代码为进给速度功能代码，是续效指令，有编码法和直接给定法两种指定方式。现代 CNC 机床在进给速度范围内一般都实现了无级变速，故采用直接给定方式。直接给定法是在 F 后面直接写上进给速度值，进给量单位用 G94 和 G95 指定。G94 表示进给速度与主轴速度无关的每分钟进给量，单位为 mm/min；G95 表示与主轴转速有关的每转进给量，单位为 mm/r，如车螺纹、攻丝等。

2）S 功能：该代码为主轴转速功能代码，指定主轴的转速，单位为 r/min 或 m/min。与 F 功能相同，S 功能同样以地址符 S 为首，后跟一串数字表示速度或速度代号，有编码法和直接给定法。中档以上的数控机床的主轴转速采用直接给定方式，如 S1500 表示主轴转速为 1500 r/min。还有一种使切削线速度保持不变的所谓恒线速度功能，需用 G96 和 G97 指令配合 S 指令来指定主轴转速。如：G96 S160 表示控制主轴转速，使切削点的线速度始终保持在 160 m/min，G97 S1000 表示注销 G96，即主轴不是恒线速度，其转速为 1000 r/min。辅助功能代码 M03、M04 必须和 S 代码一起使用。

3）T 功能：刀具功能代码。在自动换刀的数控机床中，该代码用以选择所需的刀具号和刀补。使用方法：代码 T 后跟 2 位或 4 位数字代表刀具的编号及刀具补偿号。

3. 常用功能指令的编程方法

准备功能代码：

1）绝对坐标与增量坐标编程指令 G90、G91

在 ISO 标准中，绝对编程坐标和增量编程坐标指令分别是 G90、G91。G90 表示程序段中的坐标尺寸为绝对值，即在工件坐标系中的坐标值。G91 表示程序段中的坐标尺寸为增量值，即刀具运动的终点相对于前一位置的坐标增量。如图 13 - 12 所示，由 A 点到 B 点，在绝对坐标系 XOY 中，程序段为 G90 G01 X12 Y15 F100，在增量坐标系 $X_1O_1Y_1$ 中，程序段为 G91 G01 X - 18 Y - 20 F100。数控系统默认处于 G90 状态，直到 G91 指令出现为止。增量坐标方式也可以用 U、V、W 表示，与 G91 等效。

2）坐标系设定指令 G92、G54 ~ G59

编程时，首先要建立工件坐标系以确定刀具起始点在工件坐标系中的坐标值，并把这个值记忆在数控装置的储存器中，作为后续各程序段绝对尺寸的基准。

G92 和 G54 ~ G59 为续效指令（模态代码），只有在重新设定时先前的设定才无效。

G92 指令用刀架或刀具主轴在参考点位置时的起刀点建立工件坐标系，并不使刀具或工件运动，只是在显示屏上的坐标值发生变化。如图 13 - 15 所示，刀具起始点在机床坐标系 XOY 中的坐标值为（$X200$，$Y20$），当程序执行 G92 X160 Y - 20 后，就建立了工件坐标系，这时显示屏的坐标值就由原来的（$X200$，$Y20$）变为（$X160$，$Y - 20$），即刀具起始点相对于工件坐标系 $X'O_TY'$ 的坐标值，而刀具相对于机床坐标系的位置没有变化。

G92 指令程序段格式为：G92 X_ Y_ Z_

G54 ~ G59 为自动设定坐标系指令，即用零点偏移设定工件坐标系，是将机床零点（参考点）与要设定的工件零点间的偏置坐标值事先输入系统予以记忆，然后用 G54 ~ G59 统一调用。G54 ~ G59 可设定六种不同的工件坐标系，适用于重复批量生产而程序不变或一个工作台上装几个工件加工的工件坐标系设定。

3）快速点定位指令 G00

G00 命令刀具以点位控制方式从刀具所在点以各坐标轴预先设定好的最快进给速度移动到坐标系的另一点。它只是快速定位，无运动轨迹要求。应该注意的是，进给速度 F 对 G00 程序无效。G00 指令是模态代码，直到指定了 G01、G02、G03 中任一指令，G00 才无效。

G00 指令程序段格式为：G00 X_ Y_ Z_

4）直线插补指令 G01

直线插补指令 G01 使机床各坐标轴以插补联动方式在各坐标平面内，按指定的进给速度 F，作任意斜率的直线轮廓切削运动。G01 和 F 都是模态代码，F 指令可用 G00 指令取消。G01 程序段中必须有 F 指令。

G01 指令程序段格式为：G01 X_ Y_ Z_ F_

如图 13 - 16 的车削加工直线插补程序段为：

N20 G00 X50.0 Z2.0 S500 M03　　刀具快速移动，主轴转速 $S = 500$ r/min

N30 G01 Z - 40.0 F100　　　　　　以 $F = 100$ mm/min 的进给速度从 $P_1 \sim P_2$ 加工

N40 X80.0 Z - 60.0　　　　　　　　$P_2 \sim P_3$，切削加工

N50 G00 X160. 0 Z100. 0 $P_3 \sim P_0$ 快速移动

5）圆弧插补指令 G02、G03

G02 为顺时针圆弧插补，G03 为逆时针圆弧插补。

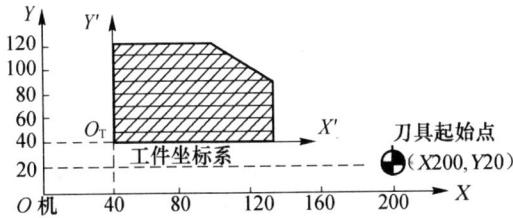

图 13 - 15　工件坐标系的设定图

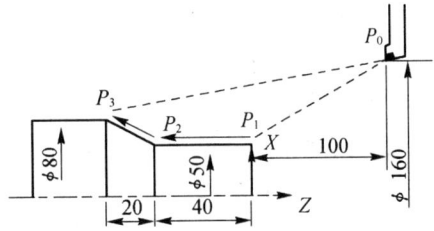

图 13 - 16　直线插补编程

顺、逆圆弧的判断：沿垂直于圆弧所在平面的坐标轴负方向看去，刀具相对于工件的移动方向是顺时针方向为 G02，逆时针方向为 G03，如图 13 - 17 所示。

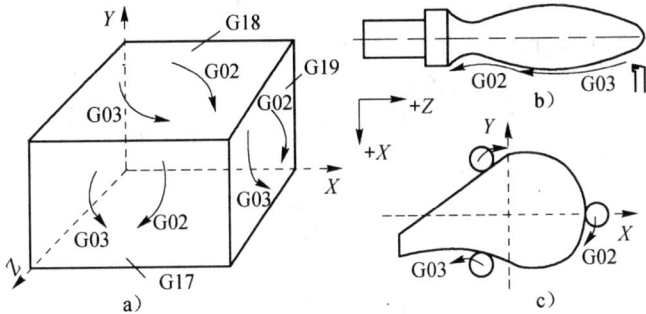

图 13 - 17　圆弧插补的顺逆判断

进行圆弧插补加工不仅需要 G02、G03 判断顺逆，还需要圆弧的终点坐标以及圆心坐标（或半径 R），程序段格式为：

$$\left.\begin{matrix} G17 \\ G18 \\ G19 \end{matrix}\right\} \left.\begin{matrix} G02 \\ \\ G03 \end{matrix}\right\} X\_\ Y\_\ Z\_\ \left.\begin{matrix} I\_\ J\_\ K\_ \\ \\ R \end{matrix}\right\} F\_$$

圆心坐标 I、J、K 一般用圆心相对于圆弧起点（矢量方向指向圆心）在 X、Y、Z 坐标的分矢量确定，且总是为增量值，与指定的 G90 无关。

圆心参数也可以用半径值 R。同一半径 R 从圆弧起点到终点有两个圆弧，为区别二者，规定当圆心角 $\alpha \le 180°$ 时，用 + R；$\alpha > 180°$ 时，用 - R。注意，用 R 参数时不能描述整圆（因为此时圆心角是 0° 还是 360° 不能确定），此时只能采用 I、J、K 参数。

应当注意的是，加工圆弧是由数控系统的圆弧插补器完成的，若给出的圆弧参数有误，圆弧的终点处会残留小直线段形成误差，严重时甚至无法完成圆弧插补。

如图 13 - 18 所示，用 R 参数编程完成圆弧插补，设 A 为起刀点，从 A 沿圆 C1、C2、C3 到 D 点停止（F100）。

G92 X0 Y18. 0

G90 G02 X18. 0 Y0 R18. 0 F100

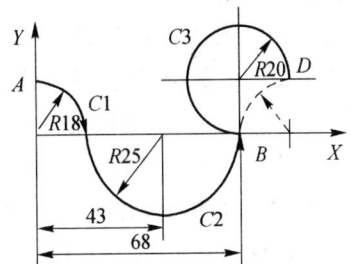

图 13 - 18　圆弧插补编程

G03 X68.0 Y0 R25.0

G02 X88.0 Y20.0 R－20.0 M02

6）刀具半径补偿指令 G41、G42、G40

现代数控系统都具有刀具半径补偿功能，该功能的主要作用是在使用圆形刀具（如铣刀、圆头车刀）加工时，编程人员可直接按零件轮廓尺寸编制数控加工程序而无须按刀具中心轨迹编程。

使用刀具半径补偿功能只需向系统输入刀具半径值，在编程时便可以直接按零件轮廓进行编程，而不必计算刀心轨迹，系统会自动计算刀心轨迹并控制刀具按刀心轨迹运动。这样即使刀具半径值改变也无须更改程序，只要更改相应的刀具补偿半径即可。

刀具半径补偿指令有：左偏置指令 G41、右偏置指令 G42、刀补取消指令 G40。沿着刀具运动方向看，刀具偏在工件轮廓左侧，则为左偏置指令 G41，如图 13－19b 所示；沿刀具运动方向看，刀具偏在工件轮廓的右侧，则为右偏置指令 G42，如图 13－19c 所示。G41、G42 为续效指令，需要由刀补取消指令 G40 消去偏置值。但要使补偿量为零还需要以绝对坐标方式退刀至某一位置（离开工件的任何地方）。

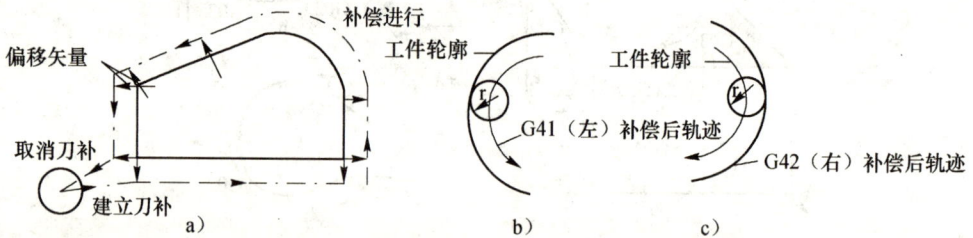

图 13－19　刀具半径补偿

a）刀具半径补偿　b）G41 补偿后轨迹　c）G42 补偿后轨迹

刀具半径补偿与取消的程序段格式为：

G00/G01 G41/G42 X_ Y_ D（H）_ F_

G00/G01 G40 X_ Y_

其中，X、Y 为刀具半径补偿或取消时的终点坐标值；D（H）为刀具偏置代码地址字，后面一般用两位数字表示。

刀具半径补偿功能应用的优点：①实现粗、精加工，具有刀具半径补偿的数控系统，编程人员不但可以直接按零件轮廓编程，还可以用同一个加工程序实现零件轮廓的粗、精加工。如图 13－20a 所示，在同一把半径为 R 的刀具进行粗、精加工时，设精加工余量为 Δ，则粗加工的偏置量为 R＋Δ，而精加工的偏置量改为 R 即可。②实现内外型面的加工，如图 13－20b 所示，具有刀具半径补偿的数控系统，可用 G42 指令或正偏置量 R 得到 A 轨迹，用 G41 指令或负偏置量 －R 得到 B 轨迹，于是便能用同一程序加工同一基本尺寸的内外型面。

7）刀具长度补偿指令 G43、G44、G40

刀具长度补偿指令一般用于刀具轴向（Z 方向）的补偿。当刀具磨损、重磨或中途换刀致使刀具轴向没有达到要求的加工深度时，刀具需作 Z 轴方向的补偿，补偿量是要求深度与实际深度的差值。使用刀具长度补偿后，编程者可以不必考虑刀具的实际长度以及各把刀具不同的长度尺寸，加工时系统会根据输入的长度补偿偏置值自动计算出刀具在轴向的实际位置。

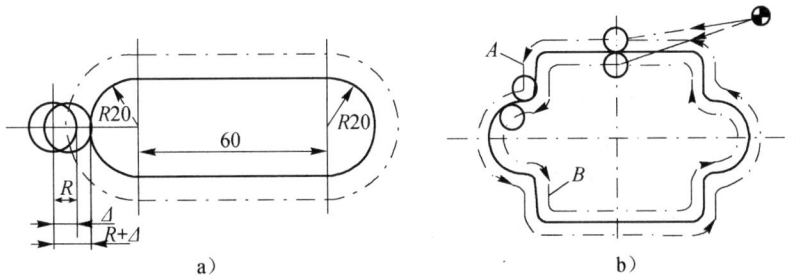

图 13-20 刀具半径补偿的应用
a) 粗精加工 b) 内外型面加工

刀具长度补偿指令有：轴向正补偿指令 G43，轴向负补偿指令 G44，长度补偿取消指令 G40（或 G49）。正补偿指令 G43 表示刀具实际移动值为程序给定值与补偿值的和；负补偿指令 G44 表示刀具实际移动值为程序给定值与补偿值的差。

长度补偿建立与取消的程序段格式分别为：

G00/G01 G43/G44 Z_ H_ F_

G00/G01 G40 Z_

其中，H 代码中存放刀具的长度补偿值作为偏置量。

辅助功能代码：

1）M00——程序停止。在完成 M00 所在程序段其他指令后，用以停止主轴转动、进给和切削液，以便执行如手动变速、换刀等操作。如要继续执行，须重新启动。

2）M01——计划（任选）停止。该指令与 M00 相似，不同点在于：除非操作人员预先按下面板上的"任选停止"按钮确认这个指令，否则这个指令不起作用，继续执行以下的程序。该指令常用于关键尺寸的抽样检查或有时需要临时停车。

3）M02——程序结束。该指令编在程序最后，表示加工结束，使主轴、进给、冷却均停止，并使数控系统处于复位状态。

4）M03、M04、M05——主轴正转、反转、停止。

5）M06——换刀指令。常用于加工中心刀库换刀前的准备工作。

6）M30——程序结束。与 M02 相似，可使程序返回到开始状态（换工件时用）。

13.2.3 数控加工的编程步骤及工艺处理

1. 数控加工程序编制的内容和步骤

数控加工编程步骤包括：分析零件图样，进行工艺处理，确定工艺过程；根据加工路线进行数值计算，获得刀位数据；编制零件加工程序单；制备控制介质；校核加工程序，进行首件试切。如图 13-21 所示。

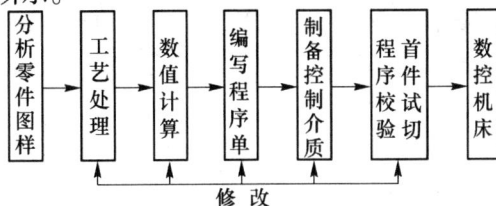

图 13-21 数控加工编程步骤

1）工艺处理：在编写加工程序前必须首先确定零件加工工艺，编程人员首先要对零件图样及技术要求进行详细分析，确定工件加工方法、加工路线、定位、加工装夹方式，合理选择加工机床、刀具以及切削用量等。制定数控加工工艺时除考虑一般的工艺原则外，还应考虑充分发挥所用机床的功能。

2）数值计算：以设定的坐标系计算出刀具的运动轨迹，得到刀位数据。对于由直线、圆弧组成的较简单的平面零件，只需计算零件轮廓相邻几何元素的交点或切点坐标值，取得几何元素的起点、终点、圆弧的圆心坐标值。若机床数控系统无刀具补偿功能，还需计算刀具运动中心轨迹坐标。

3）编写加工程序单：根据由加工工艺和数值计算确定的运动轨迹坐标以及加工顺序，按照数控系统规定的功能指令及程序格式，逐段编写零件加工程序单。

4）制备控制介质：加工程序单仅为程序设计完成后的文字记录，要进行数控加工还必须将程序内容记录在控制数控机床的介质上，作为数控系统的输入信息。过去大多数数控系统的程序输入是通过穿孔纸带控制介质实现的，现在可以通过控制面板手动输入或直接采用通信方式将程序输入到数控系统中。

5）程序校验和首件试切：为避免由于程序错误而导致的损失，数控零件加工程序在正式加工前都必须进行程序校验和首件试切。一般的方法是将加工程序单内容输入到数控系统中进行机床空运转检查或在图形显示屏幕上进行加工轨迹模拟仿真，以检查刀具运动轨迹是否正确。此外，为检查零件加工的精度还必须进行首件试切，发现错误时及时修改程序或采用尺寸补偿等措施进行修正。

2. 数控加工的工艺分析

数控机床加工零件过程中无需人工参与，有其自身的零件加工工艺特点，因此，在数控机床零件加工工艺分析时应充分考虑其特殊性。

1）选择合适的对刀点和换刀点

"对刀点"是数控加工时刀具相对于工件运动的起点，也是程序的起点。对刀点选定后，便确定了机床坐标系和工件坐标系之间的相互位置关系。

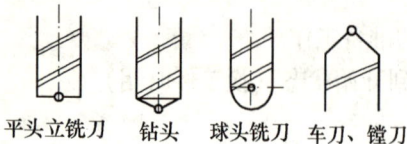

平头立铣刀　钻头　球头铣刀　车刀、镗刀

图 13－22　刀位点

刀具在机床上的位置是由"刀位点"的位置来表示的，不同的刀具其刀位点是不同的，如图 13－22 所示。在对刀时，"刀位点"应与"对刀点"一致。

对刀点选择的原则：主要考虑对刀点在机床上校正方便，编程时便于数学处理和有利于简化编程。所选择的对刀点，必须与工件的定位基准有一定的坐标尺寸关系，这样才能确定机床坐标系与工件坐标系之间的关系。

2）选择合适的工件装夹方式

数控机床加工时，应尽量使工件能够在一次装夹中完成所有待加工面的加工。应合理选择定位基准和夹紧方式，以减少误差环节。应尽量采用通用夹具或组合夹具，必要时才设计专用夹具。

3）刀具的选择

数控加工的刀具选择比较严格，有些刀具是专用的。选择刀具时应考虑：工件材质（以选择刀具的材质），工件轮廓类型（以选择刀具类型），机床允许的切削用量以及刚性和耐用度等。编程时，要规定刀具的结构尺寸和调整尺寸。

4）确定加工路线

加工路线是指数控加工中刀具相对于工件的运动轨迹。确定加工路线的原则是在保证零件加工精度和表面粗糙度的前提下，充分发挥数控机床的效能。换句话说，就是在保证零件加工精度和表面粗糙度的前提下，尽量方便数值计算，减少编程工作量，缩短进给路线，减少空行程，尽量缩短程序长度，减少程序段数。

点位加工路线

点位控制的数控机床，其定位精度取决于数控系统自身的精度，与刀具相对工件的运动轨迹无关。因此，在进行点位加工时应尽可能缩短走刀路线，减少空行程时间，提高生产效率。如图 13 - 23 所示，图 a 对于平行于坐标轴的矩阵孔，可采用单轴分别移动的路线；图 b 对于排列不规则的孔，一般先以两个坐标轴同时移动，当一个坐标轴到达终点时先停下来，另一个坐标轴继续运动直到抵达其终点；图 c 对于两个同心圆上均布孔的加工，一般采用图 d 所示的加工路线，可节省近一半的定位时间。

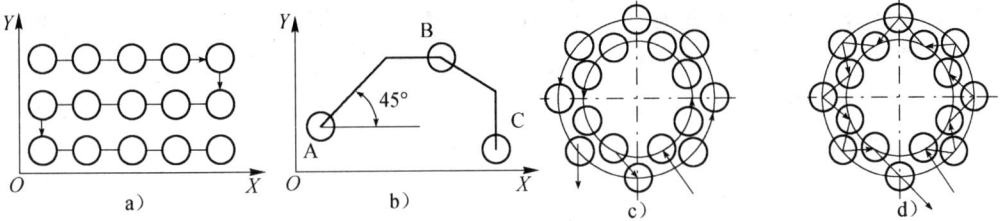

图 13 - 23 点位加工的走刀路线

a）矩阵孔的加工路线 b）排列不规则孔的加工路线 c）圆周均布孔的加工路线 1 d）圆周均布孔的加工路线 2

铣削轮廓的加工路线

铣削轮廓的加工路线，一般采用图 13 - 24 所示的三种方式进行。

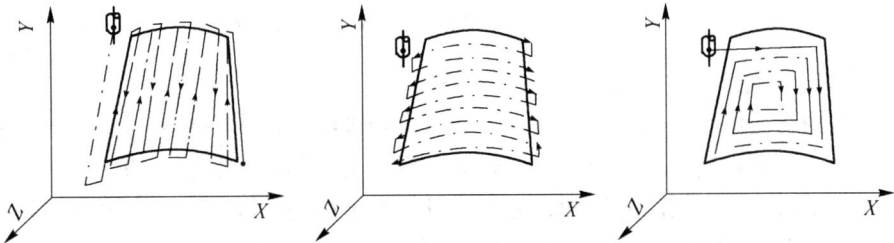

图 13 - 24 轮廓加工的走刀路线

在铣削平面和外轮廓时，一般选用端铣刀的端刃或立铣刀的侧刃进行加工。铣平面时，不要在垂直于工件表面方向上下抬刀，以免划伤零件已加工表面。铣削零件外轮廓时，应尽量避免法向切入切出，尽可能沿零件轮廓线的延长线或切向切入切出。

如图 13 - 25a，如刀具径向切入，则转向轮廓加工时运动方向要改变，此时切削力的大小和方向也将改变，在工件表面有短暂的停留时间，因工艺系统的弹性变形，在工件表面会产生刀痕。若改为 13 - 25b 所示由切向切入，则加工表面要比径向切入光洁。

在铣削封闭的凹轮廓时，刀具的切入、切出不允许

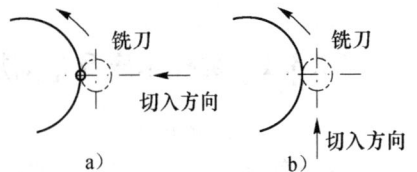

图 13 - 25 刀具切入方向

a）径向切入 b）切向切入

外延，最好选在两面的交界处，否则会产生刀痕。为保证表面质量，最好选用图 13 – 26 中 b、c 所示的走刀路线。

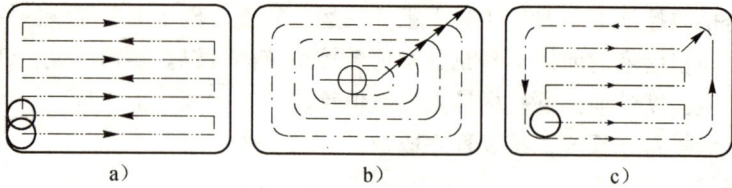

图 13 – 26　封闭凹轮廓加工的走刀路线
a) Z 字形　b) 单向　c) Z 字形 + 环形

旋转体类零件的加工

数控加工中，旋转体类零件所占比例最大，多用数控车床或数控磨床加工。车削零件的加工毛坯多为棒料或锻件，加工余量大且不均匀，合理制定粗加工时的走刀路线是车削编程的关键所在。如图 13 – 27a 所示手柄轮廓由三段圆弧组成，由于加工余量大且不均匀，当批量生产时，比较合理的加工方案为先用直线和斜线程序车去图中点画线所示的加工余量，再用圆弧程序精加工成型。图 13 – 27b 所示的零件，毛坯为棒料，表面形状复杂，加工时余量不均匀，粗加工路线按图中 1 ~ 4 依次分段加工后，再用精加工刀具一次成型，最后用螺纹车刀粗、精车螺纹。

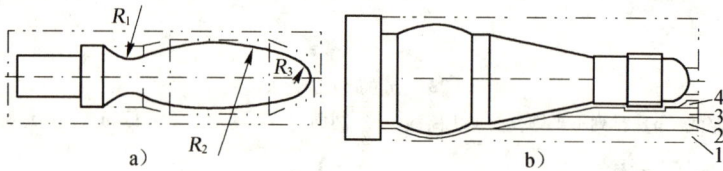

图 13 – 27　旋转体类零件加工的走刀路线
a) 直线、斜线走刀加工路线　b) 矩形走刀加工路线

5）合理选用切削用量

数控加工的切削用量包括切削深度、切削速度和进给量，选用原则与普通加工相同。由于数控机床动力参数较高、速度参数范围较大，粗加工应尽可能取较大的背吃刀量以减少进给次数。精加工可取较高切削速度和较低进给量，由于都是无级调速，有可能达到最佳加工参数。另外，轮廓铣削时，进给速度的选取应注意内轮廓拐角处由于速度惯性而引起的"超程"现象而多切去一部分，可降低进给速度或分段进给。

13.3　数控车削加工

13.3.1　数控车床及车削加工编程特点

1. 数控车床简介

数控车床分为立式和卧式两种。立式数控车床用于回转直径较大的盘类零件的车削加工，卧式数控车床用于轴向尺寸较长或小型盘类零件的车削加工。卧式数控车床按功能可进一步分为经济型数控车床、普通型数控车床和车削加工中心。其中普通型数控车床数控系统功能强，具有刀具半径补偿、固定循环等功能，自动化程度和加工精度比较高，适用于一般回转类零件的车削加工。这种数控车床普遍应用于企业的实际生产中。车削中心是在普通数控车床的基础上，增加了 C 轴和铣削动力头，有的还配备了刀库和机械手，可实现 X、Z 和 C 轴三坐标联动。车削中心除可以进行一般车削外，还可以进行径向和轴向铣削，曲面铣削，中心线不在零件回转中心的孔和径向孔的钻削等加工。

2. 数控车床编程中的工艺处理

1）刀具、夹具

数控车床常用刀具如图 13-28 所示。加工时应根据加工内容、工件材料等选用，保证刀具强度、耐用度，尽可能使用机夹刀和机夹刀片，以减少换刀和对刀时间。对于长径比较大的内径刀杆，应具有良好的抗震结构。

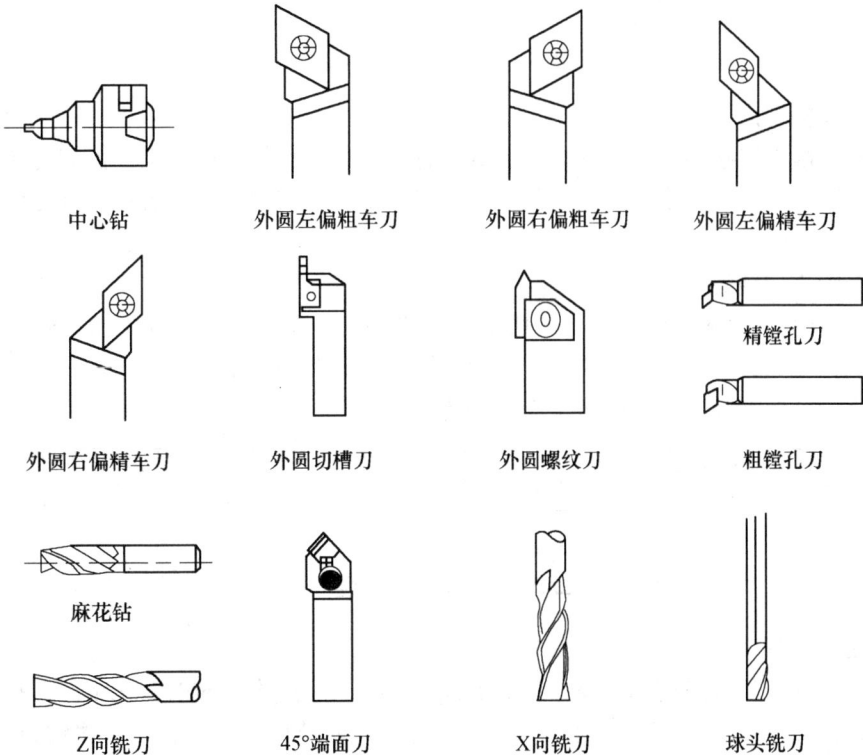

中心钻　　　外圆左偏粗车刀　　外圆右偏粗车刀　　外圆左偏精车刀

外圆右偏精车刀　　外圆切槽刀　　外圆螺纹刀　　粗镗孔刀　　精镗孔刀

麻花钻

Z向铣刀　　　45°端面刀　　　X向铣刀　　　球头铣刀

图 13-28　数控车床和车削中心常用刀具

数控车床上工件的装夹多采用三爪自定心卡盘，轴类零件也常采用两顶尖方式夹持，常用跟刀架辅助支撑工件以提高刚度。

2）工件坐标系

为方便编程和简化数值计算，数控车床的工件坐标系原点一般选在工件回转中心于工件右端面或左端面的交点上。

3）走刀路线

车削加工切入零件时采用快速走刀接近工件切削起点附近的某个点，再改用切削进给，以减少空行程时间，提高加工效率。切削起始点的确定取决于毛坯余量，以刀具快速走到该点时工艺系统内不发生碰撞为原则。加工螺纹时为保证加工精度，应有一定引入和引出距离。

如何实现最短空行程和最短切削走刀路线：

合理设置起刀点

在确定走刀路线时，应在保证加工精度和表面质量的前提下，使加工程序具有最短走刀路线。如图 13-29 所示为采用矩形循环方式粗车的一般情况，其中图 a 将对刀点与起刀点设置在同一点，即 A 点；图 b 则将对刀点与起刀点分离，设置为 A 点和 B 点。显然采用图 b 所示的走刀路线，可以缩短整个走刀路线，提高加工效率。

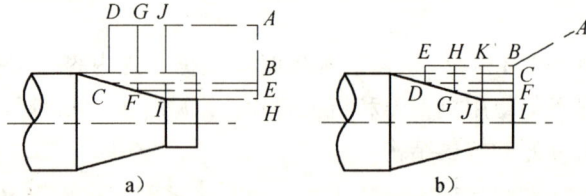

图 13-29 起刀点的合理设置

合理设置换刀点

换刀点一般设置在离工件较远的位置处，这样可以保证换刀的安全。但同时会导致换刀后空行程路线的增长，所以可以在满足换刀空间的前提下将换刀点设置在较近点以缩短空行程距离。

确定最短走刀路线

图 13-30 为零件粗车的几种不同切削走刀路线的安排示意图。其中图 a 表示封闭式复合循环功能控制的走刀路线；图 b 为"三角形"走刀路线；图 c 为"矩形"走刀路线。三种走刀路线中，矩形循环路线的进给总长度为最短。

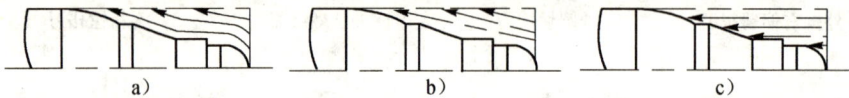

图 13-30 粗车进给路线示例

切削用量选用

车削时，随着切削速度的提高，刀尖温度会上升，会产生机械的、化学的刀具磨损，切削速度每提高 20%，刀具寿命会减少 1/2。因此要根据被加工零件精度、零件材料、硬度、切削状态、刀具材料等因素合理选用进给量、切削深度和切削速度。

3. 数控车床的编程特点

1）在一个程序段中，可以采用绝对值编程（X、Z 坐标），也可以采用增量值编程，或二者混合编程。按增量坐标编程时采用 U、W 代码，一般不用 G91 功能。

2）由于被加工零件的径向尺寸在图样上和测量时都是以直径值表示的，因而当直径方向用绝对值编程时，X 坐标以直径值表示；用增量值编程时，以径向实际位移量的二倍值表示，并附上方向符号（正向可以省略）。

3）第三坐标指令 I、K 在圆弧切削时表示圆心相对圆弧起点的坐标增量，而在有固定循环指令的程序中，I、K 坐标表示每次循环的进刀量。

4）由于车削加工常用棒料或锻料作为毛坯，加工余量较大，因而为简化编程，数控装置常具备不同形式的固定循环，可以在程序中调用。

5）车床数控系统中都具有刀具位置补偿功能和刀具半径补偿功能，合理利用刀具补偿功能可以简化程序编制，提高零件的加工精度。

13.3.2 数控车削编程常用指令简介

1. G00、G01、G02、G03 指令

对于数控车床，G00、G01、G02、G03 指令的程序格式分别为：

快速点定位：G00 X（U）_ Z（W）_

直线插补：G01 X（U）_ Z（W）_ F_

圆弧插补：G02/G03 X_ Z_ R_ F_ 或 G02/G03 X_ Z_ I_ K_ F_

2. 螺纹切削指令 G32

该指令用来切削圆柱螺纹、圆锥螺纹、端面螺纹（涡形螺纹），指令格式为：

G32 X（U）_ Z（W）_ F_；

F 为螺纹导程。对于如图 13 - 31 所示的锥螺纹，其斜角 α 在 45°以下时，螺纹导程以 Z 轴方向指定；45°以上至 90°时，以 X 轴方向值指定。

3. 车削常用固定循环指令

数控车床利用不同形式的固定循环功能实现了编程的简化，常用的有内外圆柱面循环、内外圆锥面循环、切槽循环、端面循环、内外螺纹循环、复

图 13 - 31 粗车进给路线示例

合循环等，这些固定循环随不同的数控系统会有所差别，使用时应参考说明书。

（1）单一形状圆柱或圆锥切削循环

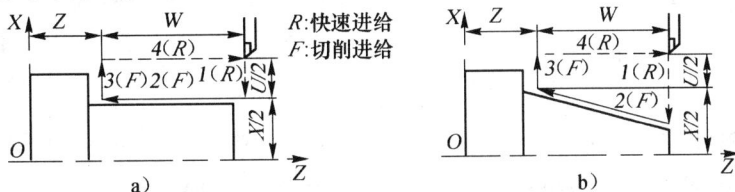

图 13 - 32 圆柱与圆锥切削固定循环

a）圆柱固定循环 b）圆锥固定循环

圆柱切削循环程序段格式：G90 X（U）_ Z（W）_ F_

圆锥切削循环程序段格式：G90 X（U）_ Z（W）_ I_ F_

其中 X、Z 为圆柱或圆锥面切削终点坐标，U、W 为圆柱或圆锥面切削终点相对循环起点的坐标增量，I 为锥体切削始点与终点的半径差。

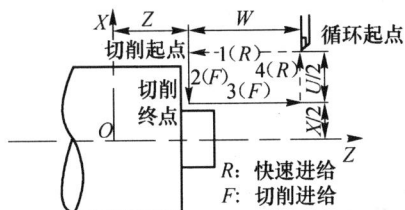

图 13 - 33 端面切削固定循环

（2）端面切削循环

端面切削循环程序段格式：G94 X（U）_ Z（W）_ F_ ，其中 X、Z 为端面切削终点坐标值，U、W 为端面切削终点相对循环起点的坐标增量。

（3）螺纹切削循环

螺纹切削循环程序段格式：G92 X（U）_ Z（W）_ I_ F_ ，其中 X、Z 为螺纹切削终点坐标值，

U、W 为螺纹切削终点相对于循环起点的坐标增量，I 为螺纹切削始点与终点的半径差，I 为 0 时即为圆柱螺纹切削。

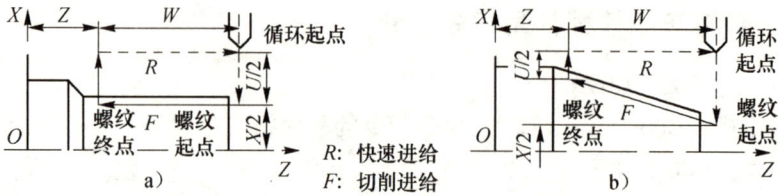

图 13-34 螺纹切削固定循环
a）圆柱螺纹切削固定循环 b）圆锥螺纹切削固定循环

4. 刀具半径补偿建立与取消指令 G41/G42、G40

数控车床的数控系统一般都具有半径补偿功能。数控车削加工通常是按车刀刀尖进行对刀的，从实际切削工艺上讲，车刀的刀尖不是绝对的尖点，应当包含有圆弧，所以对刀时刀尖的位置是一个假想刀尖 P（见图 13-35）。当外圆车刀用于车外径或端面时，刀尖圆弧大小并不起作用，但用于车倒角、锥面或圆弧时，则会造成加工误差（见图 13-36），因此在编制数控车削程序时，必须考虑半径补偿。

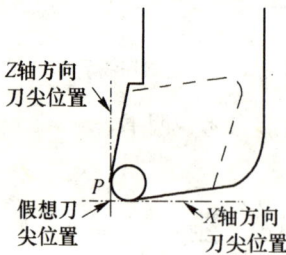

图 13-35 假想刀尖与刀尖半径

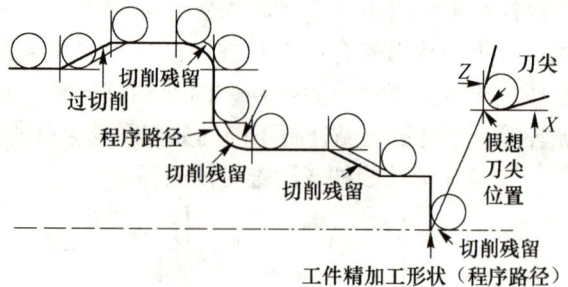

图 13-36 刀尖圆弧造成的过切或欠切

刀具半径补偿指令程序段格式：G41/G42 X（U）_ Z（W）

其中 G41、G42 分别为刀具半径补偿左偏置和右偏置，偏置值在 T×××× 后两位数表示的补偿号对应的存储单元中。注意，应用 G40 指令取消补偿。

5. 参考点返回指令 G28

该指令使刀具自动返回参考点或经过某一中间位置再回到参考点，指令格式为：

G28 X（U）_ Z（W）_ T00

T00（刀具复位）指令必须与在 G28 指令的同一程序段或该程序段之前；X（U）必须按直径值输入，该指令以设定的速度快速移动。

13.3.3 数控车削编程实例

加工如图 13-37 所示零件，材料：45 钢。

1. 工艺分析

1）该零件各段直径相差不大，可直接选用热轧圆钢作为坯料。钢号：45；坯料尺寸：$\phi 24$ mm × 100 mm。

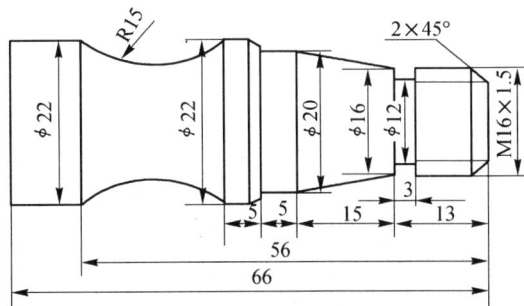

图 13 - 37 数控车削编程实例

2）由零件图知该零件未作高精度要求，因此采用三爪卡盘夹持坯料右端外圆面，在一次安装中完成全部加工。

3）加工步骤：对（校）刀，平右端面；粗车ϕ22 外圆全长；车ϕ16 螺纹外圆面；车圆锥面，车ϕ20 外圆面，车圆弧面；倒角 2 ×45°；切退刀槽；车螺纹；切断工件。

4）为了得到较低的表面粗糙度，对圆弧段和各外圆面应分阶段加工，即采用粗车后，再精车，精车时采用较小的背吃刀量与进给量。

5）刀具选用：T01，外圆车刀；T02，圆头车刀（车圆弧用）；T03，60°螺纹车刀；T04，切槽刀（兼切断用）。

2. 数学处理

该零件各几何要素之间的交点（基点），均在图中已经标明，现仅需计算螺纹M16 ×1.5 的有关参数。依据 GB/T 192—2003《普通螺纹基本牙型》和 GB/T 196—2003《普通螺纹基本尺寸》，普通螺纹的单边牙高 $h1 = 5/8H = 0.5413P$（P 为螺纹导程），得 $h1 = 0.5413 \times 1.5$ mm $= 0.81189$ mm。

螺纹小径 $d1 = d - 2h1 = d - 1.0825P = 14.38$ mm；选螺纹切削时背吃刀量 $\alpha_p = 0.3$ mm。

预计螺纹切削循环次数 $n = h1/\alpha_p = 2.7$ 次，圆整 3 次。

计算各次螺纹切削的终点（刀尖）坐标：第一次，X15.40 Z - 11；第二次，X 14.80 Z - 11；第三次，X14.38 Z - 11。

3. 编写程序单

O0001	指定程序名
N0001 G92 X50 Z100	工件坐标系设定
N0005 M03 S630	主轴正转，低速启动
N0010 T0101	取 1 号外圆车刀，1 号刀补
N0015 G00 X22.5 Z2	刀具快速移至准备切削位置
N0020 G01 Z - 69 F200	粗车整个坯料表面至 22.5 mm，进给速 200 mm/min
N0025 G00 X24 Z2	快速退刀
N0030 X22	横向进刀
N0035 G01 Z - 69 F50	精车坯料表面至 22 mm
N0040 G00 X24 Z2	快速退刀
N0045 X17.5	横向进刀
N0050 G01 Z - 13 F200	粗车螺纹圆柱表面

N0055 X20. 5 Z – 28	粗车圆锥表面
N0060 Z – 33	粗车∮20 圆柱表面
N0065 X24	
N0070 G00 X50 Z100	快速退刀至 X50，Z100 处
N0075 T0202	选择 2 号车刀（圆头车刀），取用 2 号刀补
N0080 G00 X22.5 Z – 39	快速进至切削准备位置
N0085 G02 X22 Z – 55 R18 F150	粗车 SR15 圆弧，圆弧半径 R18 mm
N0090 G00 X50 Z100	快速退刀
N0095 T0101	选择 1 号外圆车刀，取用 1 号刀补
N0100 X16	横向进刀
N0105 G01 Z – 13 F50	精车螺纹圆柱面，采用 50 mm/min 低速进给
N0110 X20 Z – 28	精车圆锥表面
N0115 Z – 33	精车∮20 圆柱表面
N0120 X24	
N0125 G00 Z2	快速退刀
N0130 X16 Z0	快速至切削准备位置
N0135 G01 X20 Z – 2	倒角 2×45°
N0140 G00 X50 Z100	快速退刀至 Z100 处
N0145 T0202	选择 2 号车刀，取用 2 号刀补
N0150 G00 X22 Z – 38	快进
N0155 G02 X22 Z – 56 R15 F50	精车 SR15 圆弧（球面）
N0160 G00 X50 F100	快速退刀至 Z100 处
N0165 T0404	选择 4 号车刀（切槽刀），取用 4 号刀补
N0170 X18 Z – 13	快进至切槽准备位置
N0175 G01 X12 F5	切槽，进给速度 5 mm/min
N0180 G00 X50	横向退刀
N0185 Z100	快速退刀至 Z100 处
N0190 T0303	选择 3 号螺纹车刀，选用 3 号刀补
N0195 X18 Z2	快进
N0200 G92 X15. 4 Z – 11 F1. 5	第一次螺纹切削循环，螺纹导程 1.5 mm
N0205 X14. 8	第二次螺纹切削循环
N0210 X14. 38	第三次螺纹切削循环
N0215 G00 X22 Z100	快速退刀至 Z100 处
N0220 T0404	选择 4 号切槽刀，取用 4 号刀补
N0225 X24 Z – 69	快速移至切断准备位置
N0230 G01 X1 F15	切断工件，进给速度 15 mm/min
N0235 G00 X50	横向退刀
N0240 M05	主轴停转
N0245 X100 T0400	快速退出，取消刀补
N0250 M02	程序结束

13.4 数控铣削加工

13.4.1 数控铣床及铣削加工编程特点

1. 数控铣床简介

数控铣削加工的特点是能同时控制多个坐标轴运动,并使多个坐标方向的运动之间保持预先确定的关系,从而把工件加工成某一特定形状的零件。数控铣床除了能铣削普通铣床所能铣削的各种零件表面外,还能铣削普通铣床不能铣削的,需2~5坐标联动的各种平面轮廓、立体轮廓和曲面零件。

2. 数控铣削编程中的工艺处理

数控铣削通常用于加工零件上的曲线轮廓,特别是由数学表达式描绘的非圆曲线和列表曲线等;已给出数学模型的空间曲面;形状复杂、尺寸繁多、划线与检测困难的部位;用通用铣床加工难以观察、测量和控制进给的内外凹槽;需尺寸协调的高精度表面;在一次安装中能顺带铣出来的简单表面;采用数控铣削能成倍提高生产率,大大减轻体力劳动强度的一般加工内容。

数控铣削加工路线的确定:铣削外轮廓零件时应切向切入、切出;应尽量采用顺铣;避免进给停顿。铣削内轮廓零件时最好采用圆弧切入、切出,以保证不留刀痕。铣削型腔时可先平行切削,再环形切削。铣削曲面时通常采用行切法加工,即刀具与曲面的切点轨迹是一行一行的,行距根据加工精度要求确定。

3. 数控铣床编程特点

1)插补

数控铣床的数控装置具有多种插补方式,除具有直线插补和圆弧插补外,还具有极坐标插补、抛物线插补、螺旋线插补等。

2)刀具补偿

一般情况下,数控铣削刀具半径补偿的建立与数控车床(XZ 平面)不同,数控铣削在 XY 平面内建立;数控铣削的刀具半径补偿是基于铣削刀具中心与刀具半径之间的补偿(如钻头以中心定位的刀具,不需半径补偿),而数控车床的刀尖半径补偿是基于车刀刀尖与刀尖半径的补偿。

3)子程序

数控铣床编程中简化程序编制的一个重要功能就是子程序,利用子程序功能可以将多次重复加工的内容,或者是递增、递减尺寸的内容,编写为一个程序,在重复动作时,多次调用这个程序。

4)简化编程指令

数控铣削加工具备一些简化编程的指令,例如镜像功能,如果零件的被加工表面对称于 X 轴、Y 轴,只需要编制其中的1/2或1/4加工轨迹,其他部分用镜像功能加工。此外,还有缩放、旋转变换等指令功能也可以起到简化编程的作用。

除了一些特殊的编程功能可以简化编程外,数控铣削加工同数控车削一样具有一系列的典型固定加工循环,例如钻孔、镗孔等。

4. 数控铣床编程应注意的问题

1）安全高度的确定

对于铣削加工，起刀点和退刀点必须离开加工零件上表面一个安全高度，以保证刀具在停止状态时，不与加工零件和夹具发生碰撞。在安全高度位置，刀具中心（或刀尖）所在的平面也称为安全面。

2）进刀、退刀方式的确定

对于铣削加工，刀具切入工件的方式，不仅影响加工质量，同时直接关系到加工的安全。一般进、退刀位置应选在不太重要的位置，并且使刀具沿零件的切线方向进刀和退刀，以免产生刀痕。对于二维轮廓加工，要求从侧向进刀或沿切线方向进刀，尽量避免垂直进刀，退刀方式也应从侧向或切向退刀。刀具从安全面高度下降到切削高度时，应离开工件毛坯边缘一定距离，不能直接贴着加工零件理论轮廓直接下刀，以免发生危险，下刀运动过程不能用快速运动（G00），而要用直线插补运动（G01）。

13.4.2　数控铣削编程指令简介

1. 工件坐标系设定指令

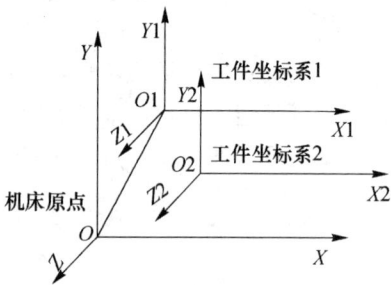

图 13 - 38　工件坐标系与机床坐标系间的关系

前面第二节介绍机床常用功能指令编程方法中已经提到，除 G92 外，还可以采用 G54 ~ G59 指令设置工件坐标系，这样设置的每个坐标系自成体系。如图 13 - 38 所示即为工件坐标系与机床坐标系之间的关系。使用 G54 设定工件坐标系的程序段为：（G90）G54（G00）X100 Y50 Z50，其设定的工件坐标系原点与机床坐标系原点的偏置值已事先输入数控系统，其后执行 G00 X100 Y50 Z50 时，刀具就移动到 G54 所设置的工件坐标系中 X100 Y50 Z50 的位置上。

2. G00、G01、G02、G03 指令

指令程序段格式分别为：

快速点定位：G00 X（U）_ Y（V）_ Z（W）_

直线插补：G01 X（U）_ Y（V）_ Z（W）_ F_

圆弧插补（XY 平面）：G02/G03 X_ Y_ R_ F_ 或 G02/G03 X_ Y_ I_ J_ F_

注意：对于立式铣削，均需使用刀具半径补偿；无论采用何种方式进行圆弧插补，圆弧圆心的坐标（I，J）值均必须按增量方式（相对于圆弧起点）给出。

3. 螺旋线插补指令

螺旋线插补指令与圆弧插补指令类似，也为 G02 和 G03，分别表示顺、逆时针螺旋线插补。不同之处在于螺旋线插补多了导程参数，其程序段格式为：

G02/G03 X_ Y_ Z_ I_ J_ K_ F_ 或 G02/G03 X_ Y_ Z_ R_ K_ F_

其中 X、Y、Z 为螺旋线的终点坐标；I、J 为圆心相对于圆弧起点的坐标增量；K 为螺旋线的导程（单头即为螺距），取正值；R 为螺旋线在 XY 平面上的投影半径。

4. 简化编程指令

1）比例缩放/取消指令 G51、G50

部分数控铣床数控系统可以使机床对应于相应的零件进行按比例加工，从而简化程序，

常用于形状类似的零件加工，其程序段格式为：

G51 X_ Y_ Z_ P_

M98 P_

G50

其中 X、Y、Z 分别为比例中心的坐标；P 为缩放系数（0.001~999.999）。

2）镜像建立/取消指令 G24、G25

当工件相对于某一轴具有对称形状时，可以利用镜像功能和子程序，只对工件的一部分进行编程，而能加工出工件的对称部分以简化编程，如图 13-39 所示。程序段格式为：

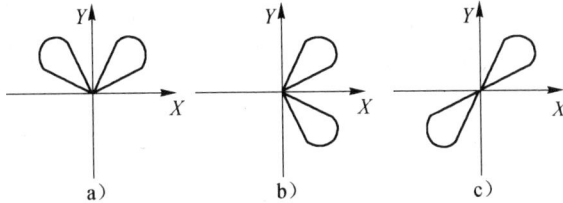

图 13-39　镜像加工

a）Y 轴对称　b）X 轴对称　c）原点对称

G24 X_ Y_ Z_ A_

M98 P_

G25 X_ Y_ Z_ A_

其中 X、Y、Z、A 为镜像位置。

3）旋转变换/取消指令 G68、G69

当工件相对于某一旋转中心具有相同形状时，可以用旋转功能和子程序，仅编写工件其中一部分的加工程序就可以加工出其他部分，其程序段格式为：

G17 G68 X_ Y_ P_ （或 G18 G68 X_ Z_ P_ 或 G19 G68 Y_ Z_ P_ ）

M98 P_

G69

其中 X、Y、Z 为旋转中心的坐标值；P 为旋转角度，单位是°（0°≤P≤360°）。

注意：在有刀具补偿的情况下，先旋转后刀补；在有缩放功能的情况下，先缩放后旋转。

以上介绍了直线、曲线等铣削加工常用指令以及铣削加工特有的部分指令，有关刀具补偿指令等已在第二节常用功能指令的编程方法中做了比较详细的介绍，这里就不再赘述。数控铣削的其他指令，可参考相关书籍或数控铣床编程说明书做进一步了解。

13.4.3　数控铣削编程实例

加工图 13-40 所示零件，材料：45 钢。

1. 工艺分析

1）零件几何特点

该零件为旋转类件，采用旋转指令编程，每段弧槽圆心都不在工件中心，但可认为是以中心旋转 120° 而成的平面二维图形，零件的外轮廓为方形。

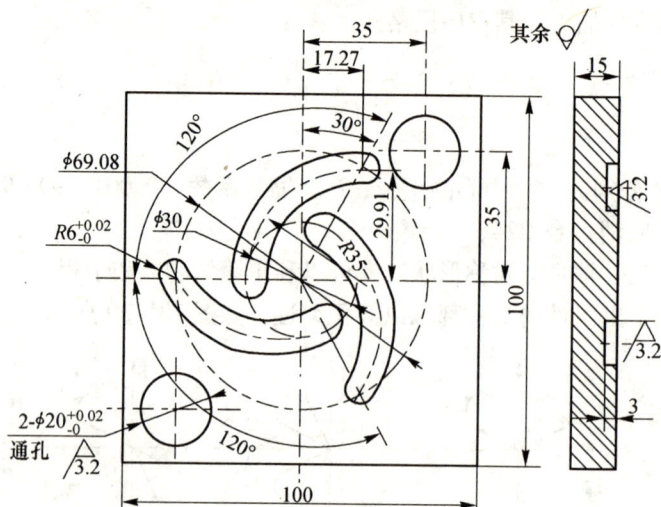

图 13 - 40 数控铣削编程实例

2）加工工序

毛坯为 100 mm×100 mm×15 mm 板材，工件材料为 45 钢，外形已加工，根据零件图样要求其加工工序为：

①加工三段凹弧槽，选用 ϕ12 三刃立铣刀。其起刀点为工件中心位置处，采用螺旋式下刀，利用子程序和旋转编程指令加工，其旋转中心为工件坐标系原点。

②2 - ϕ20 通孔采用 ϕ20 麻花钻直接钻削加工。

③各工序刀具及切削参数选择，见表 13 - 6：

表 13 - 6　各工序刀具及切削参数

| 序 号 | 加工面 | 刀具号 | 刀具规格 | | 主轴转速 | 进给速度 |
			类 型	材 料	r/min	mm/min
1	加工三段凹弧槽	T01	ϕ12 三刃立刀	高速钢	550	80
2	钻削加工 2 - ϕ20 通孔	T02	ϕ20 麻花钻	T12A	500	100

3）加工过程

①建立工件坐标系，以对称中心为 X、Y 轴坐标原点；

②槽加工，用 ϕ12 的铣刀；

③孔加工，用 ϕ20 的钻头。

2. 参考程序

%2000

N10 G92 X0 Y0 Z50

N20 M03 S550 G40 G90 G49 G80

N30 G00 Z30

N40 M98 P1000　　　　　　　　　　　　　调用子程序加工弧槽

N50 G68 X0 Y0 P - 120　　　　　　　　　　旋转 - 120°

N60 M98 P1000　　　　　　　　　　　　　调用子程序加工弧槽

N70 G68 X0 Y0 P - 240　　　　　　　　　　旋转 - 240°

268

N90 M98 P1000   调用子程序加工弧槽

N100 G69 X0 Y0

N110 M05

N120 M30

%3000   钻孔（ϕ20 麻花钻）

N10 G40 G49 G80 G90 M03 S500

N20 G00 Z30

N30 G00 X35 Y35

N40 G01 Z10

N50 G81 X35 Y35 Z – 18 R10 Q3 P4 F100   钻孔循环，每次进给 3 mm

N60 X – 35 Y – 35

N70 G80   结束循环

N80 M05

N90 M30

%1000   加工弧槽（子程序）

N10 G00 X – 15 Y0

N20 G01 Z0.5

N30 G91 G02 X32.27 Y29.91 Z – 0.5 R35 F80 加工弧槽，铣削深度 0.5 mm

N40 G03 X – 32.27 Y – 29.91 Z – 1 R35   铣削深度 1 mm

N50 G02 X32.27 Y29.91 Z – 1.5 R35   铣削深度 1.5 mm

N60 G03 X – 32.27 Y – 29.91 Z – 2 R35   铣削深度 2 mm

N70 G02 X32.27 Y29.91 Z – 2.5 R35   铣削深度 2.5 mm

N80 G03 X – 32.27 Y – 29.91 Z – 3 R35   铣削深度 3 mm

N90 G02 X32.27 Y29.91 R35

N100 G01 Z30

N110 M99

13.5　加工中心

13.5.1　加工中心简介

  加工中心是备有刀库、能够自动更换刀具、对工件进行多工序加工的数控机床，又称多工序自动换刀数控机床。加工中心能集中地、自动地完成铣、镗、钻、攻螺纹等多种工序，减少了工件装夹、测量和机床的调整时间及工件周转、搬运和存放时间，具有良好的经济效益。

  加工中心按主轴在空间的位置可分为立式加工中心和卧式加工中心。立式加工中心适合于加工盖板类零件及各种模具；卧式加工中心主要用于箱体类零件的加工。

  根据加工中心的主轴数可分为单主轴、双主轴或三主轴加工中心；按工作台形式可以分为单工作台、双工作台托盘交换系统或多工作台托盘交换系统；按刀库形式可以分为回转式刀库或链式刀库等。加工中心根据数控系统控制功能的不同有三轴联动、四轴联动、五轴联动等控制形式，且可控轴数越多，加工中心的加工能力及适应能力就越强。

如图13-41，即为一种卧式加工中心外形示意图。

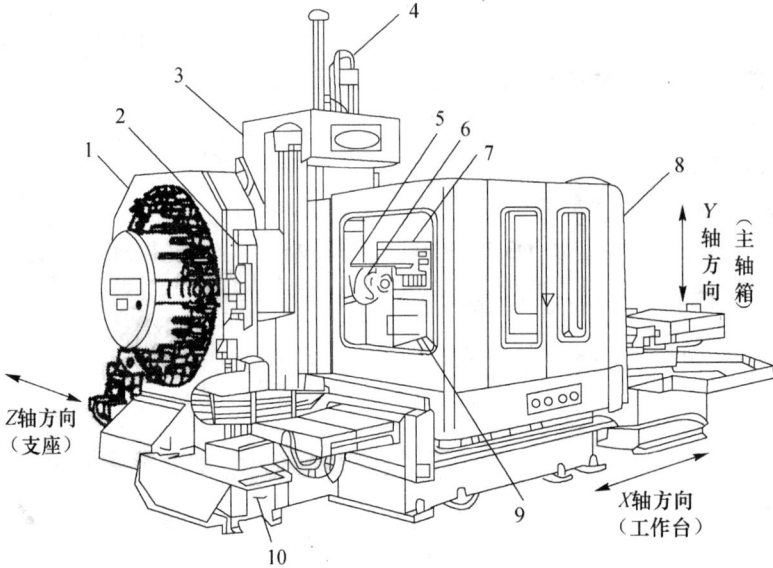

图13-41　TH6350型卧式加工中心外形

1-刀库　2-换刀装置　3-支座　4-Y轴伺服电机　5-主轴箱　6-主轴
7-数控装置　8-防溅挡板　9-回转工作台　10-切屑槽

13.5.2　加工中心的编程

1. 加工中心编程中的工艺处理

加工中心带有刀库，可以实现自动换刀，能自动完成零件的多工序加工，因此，其数控加工工艺的确定、刀具的选择、加工路线的安排、加工程序的编制都要比普通数控机床要复杂。与数控铣床相比，加工中心编程中的工艺处理除要注意加工内容的选择和工艺路线的制定外，还需要进行刀具预调。

加工内容上，加工中心通常选择尺寸精度、位置精度要求较高的表面，不便于用普通机床加工的复杂曲线和曲面，以及能集中加工的表面加工。

制定加工中心的工艺路线时，除遵循"基面先行"、"先粗后精"、"先面后孔"的一般工艺原则外，还要考虑减少换刀次数，节省辅助时间；每道工序尽量减少刀具空行程，按最短路线安排加工表面的加工顺序。

为提高机床利用率，尽量采用刀具机外预调，并将预调尺寸于运行程序前及时输入到数控系统中，以实现刀具补偿。

2. 加工中心编程特点

1）首先应进行仔细的工艺分析和周密的工艺设计，以提高加工精度和生产率。

2）根据加工批量等情况，确定采用自动换刀或手动换刀。若采用自动换刀，则应选好换刀点，留出足够换刀空间以避免换刀时与零件发生碰撞，安排好选刀和换刀指令。

3）加工中心可实现多工序加工，应根据零件特征及加工内容设定多个工件坐标系，在编程时合理选用相应的坐标系，达到简化编程的目的。

4）尽可能将各工序内容安排到子程序中，而主程序主要完成换刀和子程序调用，以便于检查和调试程序。

复习思考题

1. 简述数控机床的组成和基本工作原理。

2. 数控机床按控制方式不同分为哪几类？各有何特点？

3. 机床坐标系及工件坐标系是怎样建立的？对刀点与机床坐标系、工件坐标系有何联系？结合实习用数控机床正确指出机床坐标系原点位置和坐标轴方向。

4. 为什么要进行刀具补偿？有几种刀具补偿？它们各自的指令代码及编程格式是什么？

5. 数控车床编程有哪些特点？试举例说明刀具半径补偿功能的应用。

6. 数控铣削适用于哪些加工场合？什么是加工中心？加工中心编程和数控铣床编程有何区别？

7. 试编写下图所示零件的数控加工程序，简单编制数控加工工艺，说明执行数控加工程序前如何进行工件坐标系零点的设定。

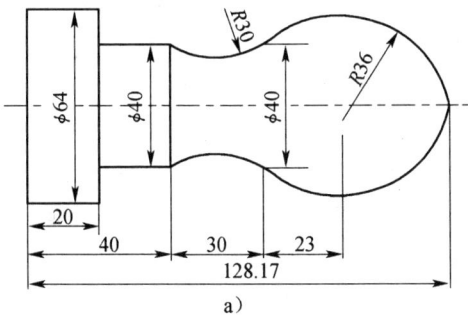

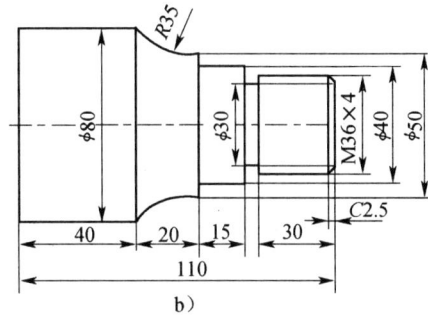

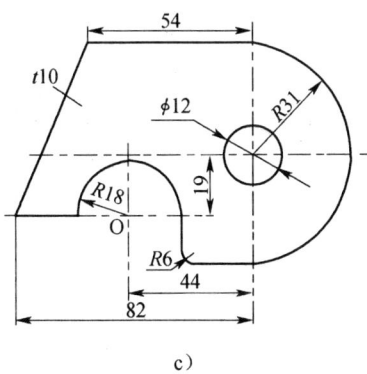

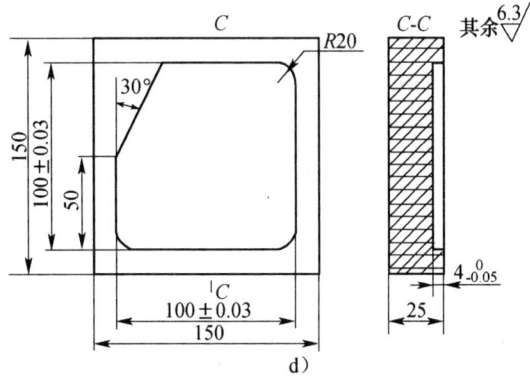

a)

b)

c)

d)

第14章 特种加工

学习重点

➤ 了解特种加工的概念及其特点
➤ 了解常用特种加工方法的工作原理、工艺特点及应用

14.1 概 述

20世纪50年代以来，随着科学技术的突飞猛进，航空航天工业、核能工业、电子工业以及汽车工业迅速发展，许多产品向高精度、高速度、耐高温、耐高压、大功率、小型化等方向发展。它们所使用的材料愈来愈难加工（如耐热钢、不锈钢、淬火钢、钛合金、陶瓷、宝石、金刚石以及锗和硅等各种高强度、高硬度、高韧性、高脆性以及高纯度的金属和非金属的加工），零件形状愈来愈复杂（如各种热锻模、冲裁模和冷拔模的型腔和型孔，整体涡轮、喷气涡轮机叶片的加工问题），表面精度、粗糙度和某些特殊要求也愈来愈高（如航空航天、国防工业中表面质量和精度要求都很高的陀螺仪、伺服阀以及低刚度的细长轴、薄壁零件和弹性元件等的加工），要满足这些要求，仅仅依靠传统的切削加工方法很难实现，甚至根本无法实现。特种加工就是在这种情况下产生和发展起来的。

特种加工技术是直接借助电能、热能、声能、光能、化学能以及特殊机械能等多种能量或其复合施加在工件的被加工部位上以实现材料切除的加工方法，与传统机械加工方法相比具有许多独到之处：

1）加工时工具和工件基本不接触，无明显的宏观机械力，因此工具材料的硬度和强度可以大大低于工件材料的硬度和强度，适于加工硬脆材料，也适于加工精密微细零件、薄壁零件、弹性零件等易变形零件。

2）可以将易加工的材料制作成形状复杂的工具，通过加工"复制"到工件上，实现复杂成型表面、型腔等的加工。

3）易获得良好的表面质量，其残余应力、冷作硬化、热影响度等均比较小。

4）各种加工方法易复合形成新工艺方法，便于推广应用。

5）加工能量易于控制和转换，工件在一次装夹中可实现粗、精加工，有利于提高加工精度，提高生产率。

由于具有传统加工方法无可比拟的优点，特种加工已经成为当前机械制造领域不可缺少的加工手段，为新产品设计和开发中采用新结构、新工艺和新材料提供了更大的灵活性和选择余地。特种加工方法很多，本章仅介绍几种常用加工方法。

14.2 电火花加工

电火花加工又称放电加工、电腐蚀加工，是通过工具和工件之间脉冲放电时产生的电腐蚀现象来蚀除多余的金属，从而达到零件的尺寸、形状及表面质量的加工要求的一种加工方法。按工具电极和工件相对运动的方式和用途的不同，电火花加工工艺可分为电火花成型加工、电火花线切割加工、电火花磨削和镗磨加工、电火花高速小孔加工、电火花表面强化和刻字等六类，其中电火花成型加工和电火花线切割加工应用最为广泛，约占了电火花机床总数的30%和60%，下面分别予以介绍。

14.2.1 电火花成型加工

1. 电火花成型加工原理

图14-1为电火花成型加工原理图，脉冲发生器的两极分别接在工具电极和工件电极上，两极均浸入具有一定绝缘度的液体介质（常用煤油或矿物油）中。自动进给调节装置保证工具与工件在正常加工时维持一很小的放电间隙（0.01～0.05 mm），当脉冲电压加到两极之间时，极间间隙最小处的工作液被击穿，形成放电通道，由于受到磁场力和周围液体介质的压缩，放电通道截面积很小，电流密度可高达 $10^5 \sim 10^6$ A/cm^2，中心通道温度达10000℃以上，瞬时压力达 10^7 Pa。高温使金属熔化甚至汽化，并在放电爆炸力的作用下将蚀除物抛出，形成一个微小的凹坑。经过短时间的消电离之后，继续下一次脉冲放电，如此周而复始高频率地循环下去，随着工具电极不断向工件进给，工具电极的轮廓形状便复印在工件上，这样便完成了工件的加工。

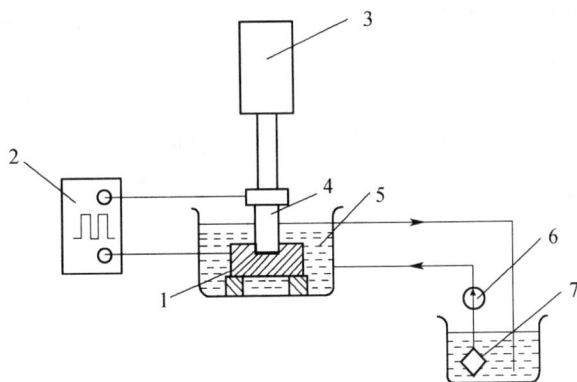

图14-1 电火花成型加工原理图

1-工件 2-脉冲发生器 3-自动进给调节装置 4-工具
5-工作液 6-工作液泵 7-过滤器

2. 电火花成型加工的工艺特点

1）由于加工中的材料去除是靠电蚀作用实现的，材料的可加工性与其导电性和热学特性有关，与其力学性能几乎无关，因此适合于难切削材料的加工，能"以柔克刚"，如可以用软的电极材料（如紫铜、石墨等）加工淬火钢、硬质合金等超硬金属导电材料，在一定条件下，还可加工半导体材料和非导电材料。

273

2）由于可以简单地将工具电极的形状"复制"在工件上，因此特别适用于复杂的型孔和型腔加工。再加上数控技术的运用，甚至可以使用简单的工具电极加工出复杂形状的零件。

3）由于脉冲放电的能量密度可精确控制，两极间又无宏观机械作用力，因此适合于低刚度工件及精密微细结构的加工。

4）直接利用电能加工，脉冲参数可调节，能在同一机床连续进行粗、半精、精加工，便于实现加工过程的自动化和智能化。

5）生产效率较低，工件表面存在电蚀硬层，同时，由于放电过程有部分能量消耗在工具电极上，从而导致电极损耗，影响成型精度。

3. 电火花成型加工的应用

电火花成型加工特别适用于模具中型孔、型腔的加工，如各种拉丝模上的微细孔、化纤异形喷丝孔、电子显微镜光栅孔；各类锻模、压铸模、落料模、复合模、挤压模等型腔的加工。电火花成型加工已逐渐渗透到零件加工的各个领域，在现代企业的生产中占有重要地位。

14.2.2 电火花线切割加工

1. 电火花线切割加工原理

电火花线切割加工是在电火花成型加工基础上发展起来的一种工艺方法，其基本原理是利用移动的金属丝（称为电极丝）作工具电极，对工件进行脉冲放电、切割成型。

图14-2为电火花线切割加工原理图。电极丝接脉冲电源负极，工件接脉冲电源正极（正极性加工），储丝筒带动电极丝经导向轮作正、反向往复移动，工作台水平面两个坐标方向按各自预定的控制程序，根据放电间隙状态作伺服进给移动，合成工件和电极丝的相对运动，根据不同的相对运动，即可加工不同形状的二维曲线轮廓。与此同时，工作液（一般是水基乳化液）不断喷注在工件与电极丝之间，起绝缘、冷却和冲走屑末的作用。

按电极丝移动的速度大小，电火花线切割可分为高速走丝和低速走丝两大类。高速走丝时，电极丝常采用钼丝或钨丝，电极丝往复运动的速度为 7 ~ 11 m/s；低速走丝时，多采用铜丝，电极丝以 0.2 ~ 15 m/min 的速度作单方向低速移动。

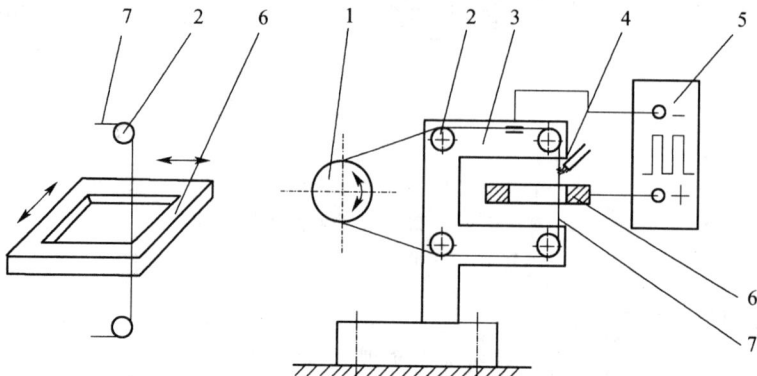

图 14-2　电火花线切割加工原理图

1—储丝筒　2—导向轮　3—支架　4—工作液　5—脉冲电源　6—工件　7—电极丝

2. 电火花线切割加工的工艺特点

与电火花成型加工相比，电火花线切割加工具有以下特点：

1）无需制造成型电极，减少了工具电极的设计与制造工作量，缩短了生产准备周期；

2）由于电极丝很细并且其运动轨迹也易于控制，故能方便地加工微细异形孔、窄缝和复杂形状工件；

3）电极是连续移动的长金属丝，单位长度电极丝损耗较小，有利于提高加工精度；

4）工件材料蚀除量少，材料利用率高；

5）采用半精、精加工电规准一次加工成型，一般不需要中途转换电规准；

6）自动化程度高，操作方便，较安全。

3. 电火花线切割加工的应用

电火花线切割一般多用于二维形状的加工，也可用于带锥度的三维零件的切割。在模具、成型刀具、工具样板、量具和形状复杂的精密细小零件中应用较广。特别适合于多品种、小批量零件和试制品的生产。

4. 电火花线切割程序的编制

要使数控电火花线切割机床按照预定的要求，自动完成切割加工，就应把被加工零件的切割顺序、切割方向、切割尺寸等一系列加工信息，按数控系统要求的格式编制成加工程序。目前高速走丝电火花线切割加工代码大都采用 3B 代码的程序格式。下面就 3B 格式编制程序进行介绍。

国内的数控电火花线切割机床多采用"5 指令 3B"格式。

一般格式：BX BY BJ G Z

说明：

1）B 为分隔符，将 X、Y、J 分隔开来，同时，使控制器做好接收相应数据的准备；

2）X、Y 为坐标点相对值，取值范围为：$0 \sim 999999$ μm。加工直线时，X、Y 是直线终点对起点的坐标值，也可同时将 X、Y 值放大或缩小相同的倍数，只要其比值保持不变即可，与坐标轴重合的直线段，X 和 Y 的数值可不必写出；加工圆弧时，X、Y 是圆弧起点对圆心的坐标值，当圆弧起点位于坐标轴上时，X 或 Y 中的 0 可不必写出。

3）计数方向 G。可取 GX 或 GY，表示工作台在 X 或 Y 方向上每走 1 μm，计数长度 J 减 1，当累计减到计数长度等于 0 时，完成该段程序加工。

计数方向的选择如图 14-3 所示。以 ±45°线为分界线，加工斜线时，坐标原点取在起点，当终点坐标值 $|X| < |Y|$ 时，即终点在阴影区域内，计数方向取 GY；当 $|X| > |Y|$ 时，即终点在阴影区域外，计数方向取 GX；若 $|X| = |Y|$，即直线与分界线重合，则当终点位于 I、III 象限时取 GY，终点位于 II、IV 象限时取 GX。

加工圆弧时，坐标原点取在圆心，当终点在阴影区域内（$|X| < |Y|$），取计数方向为 GX，在阴影区域外（$|X| > |Y|$）取 GY，当终点在分界线上时，不易准确分析，按习惯任取。

4）计数长度 J。计数长度 J 是被加工的斜线或圆弧在计数方向坐标轴上的投影长度的

总和。当圆弧段跨越几个象限时，取圆弧段在各象限内部分分别在计数方向坐标轴上的投影总和作为总的计数长度。如图 14 - 4 所示，圆弧从 A 点加工到 B 点，由于终点 B 的坐标 $|X| < |Y|$，计数方向应取 GX，计数长度 $J = JX1 + JX2$。

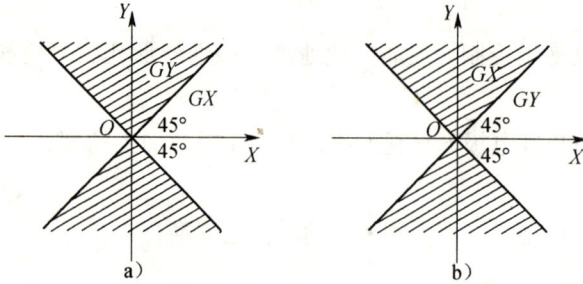

图 14 - 3　计数方向的选取

a) 直线的计数方向　b) 圆弧的计数方向

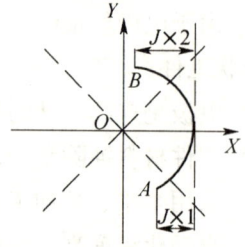

图 14 - 4　跨越象限圆弧计数长度计算

5）加工指令 Z 共有 12 种，如图 14 - 5 所示。对于直线的加工指令用 L 表示，L 后面的数字表示直线所在的象限。对于与坐标轴重合的直线，取正 X 轴为 L1，正 Y 轴为 L2，负 X 轴为 L3，负 Y 轴为 L4。

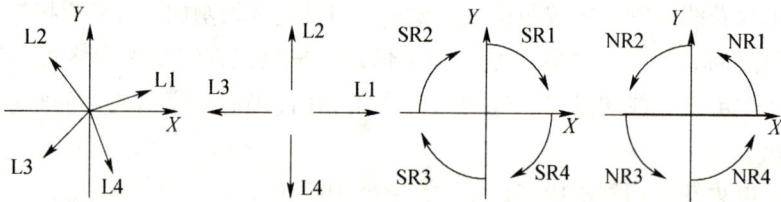

图 14 - 5　加工指令

对于圆弧的加工指令用 SR 或 NR 表示，SR 表示顺圆，NR 表示逆圆，其后的数字表示圆弧沿加工方向最先经过的象限值。

6）编程实例

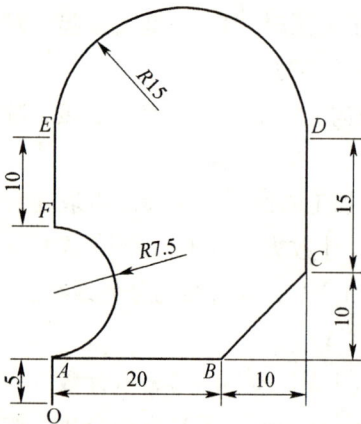

图 14 - 6　3B 代码编程例图

如图 14 - 6 所示加工图形，以 O 点为起刀点，沿逆时针方向加工，其 3B 指令程序如下：

OA：B0 B5000 B5000 GY L2

AB：B20000 B0 B20000 GX L1

BC：B10000 B10000 B10000 GY L1

CD：B0 B15000 B15000 GY L2

DE：B15000 B0 B30000 GY NR1

EF：B0 B10000 B10000 GY L4

FA：B0 B7500 B15000 GX SR1

AO：B0 B5000 B5000 GY L4

276

14.3 电解加工

14.3.1 电解加工的原理

电解加工是利用金属在电解液中产生阳极溶解的原理来去除工件上多余材料的一种加工方法，其原理如图 14-7 所示。加工时，在工具与工件之间接上低电压（6~24 V）、大电流（500~2000 A）的直流稳压电源，工件接电源正极（阳极），工具接电源负极（阴极）。工具向工件缓慢进给，使两者之间保持较小间隙（0.02~0.07 mm），并让具有一定压力（0.5~2 MPa）的电解液（食盐水、硝酸盐溶液等）高速（5~50 m/s）从间隙中流过，这时工件表面金属被逐渐电解蚀除。在加工过程中，工具和工件之间间隙较小处电流密度较大，阳极溶解速度也就较快；反之，间隙较大处电流密度较小，阳极溶解速度也就较慢。这样，随着工具相对工件的不断进给，电解间隙逐渐趋于均匀，工具电极的表面形状被准确"复制"在工件上。

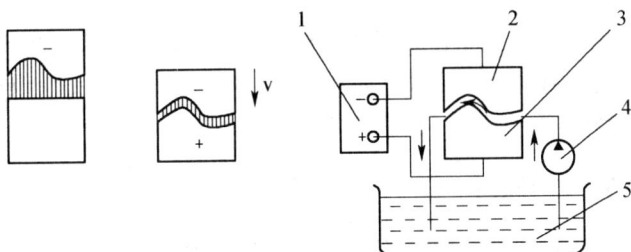

图 14-7　电解加工原理示意图
1-直流电源　2-工具阴极　3-工件阳极　4-电解液泵　5-电解液

例如在以 NaCl 为电解液电解加工钢时，发生的电化学反应为：

电解液中：

$$2H_2O \rightleftharpoons 2H^+ + 2OH^-$$

$$NaCl \rightleftharpoons Na^+ + Cl^-$$

阳极表面：

$$Fe - 2e \rightleftharpoons Fe^{2+}$$

$$Fe^{2+} + 2OH^- = Fe(OH)_2 \downarrow$$

阴极表面：

$$2H^+ + 2e = H_2 \uparrow$$

可见：H^+ 被吸引到阴极表面从电源得到电子而析出 H_2；阳极的铁不断以 Fe^{2+} 的形式被溶解，形成沉淀物 $Fe(OH)_2$ 被冲走；在加工过程中，水被消耗，而 Na^+ 和 Cl^- 只起导电作用而不被消耗。因此，在理想状态下，工具可长期使用，电解液经过滤并补充适量的水也可长期使用。

14.3.2 电解加工的工艺特点

1）加工范围广，不受金属材料本身力学性能的限制，可加工高硬度、高强度、高韧性等难切削材料。

2）生产率高，为电火花加工的5～10倍，故一般适宜于大批量零件的加工。

3）表面质量好，加工表面不会产生毛刺飞边，也没有残余应力变形层，可以达到较好的表面粗糙度值（$R_a 1.25 \sim 0.2 \mu m$）。

4）加工过程中工具阴极理论上不耗损，可长期使用。

5）由于电解加工影响因素多，技术难度高，故难实现高精度的稳定加工；且电解液对设备、工装有腐蚀作用，电解产物难以回收处理，故应采取防护措施。

14.3.3　电解加工的应用

由于电解加工机床费用较高，一般用来加工难以加工的材料及形状复杂、批量大的零件，多用于粗加工和半精加工。目前，电解加工广泛用于各种膛线、花键孔、深孔、内齿轮、叶片、异型零件及模具等的加工，此外还可用于电解抛光、去毛刺、切割和刻印等。

14.4　激光加工

激光是通过原子受激辐射发光和共振放大而形成的，除了具有普通光的反射、折射、绕射和干涉等共性外，还具有亮度强度高、单色性好、相干性好和方向性好等特有的性能，激光加工正是利用这些特性而进行的一种加工方法。

14.4.1　激光加工的原理

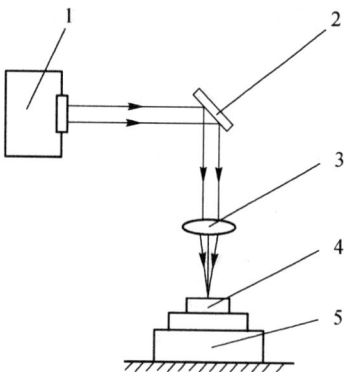

图 14-8　激光加工原理示意图
1-激光器　2-反射镜　3-聚焦镜
4-工件　5-工作台

激光加工的原理如图 14-8 所示。激光器产生的激光束经光学系统可聚焦成直径为几十微米到几微米的极小光斑，其焦点处的功率密度可达 $10^8 \sim 10^{10}$ W/mm²，当照射在工件表面时，一部分从材料表面反射，一部分被材料吸收并转化为热能，使照射区域的温度迅速升高（可达 10000℃以上），致使工件表面的组织发生变化，出现熔化、汽化等现象，并产生很强的冲击波，使熔化物质爆炸式地喷射去除，从而实现对工件的加工。

14.4.2　激光加工的工艺特点

1）对材料的适应性强。激光加工不受工件材料性能和加工形状的限制，几乎能加工所有的金属材料和非金属材料。

2）适于自动化连续操作。由于激光加工是一种非接触热加工方法，不需要工具，故不存在工具损耗、更换调整工具等问题。另外，激光加工不产生反作用力，工件的定位容易。

3）加工环境自由度大。由于激光在传送过程中衰减很少，远距离操作比较容易；同时，激光加工对环境的要求很宽，可在各种恶劣环境中进行加工，可透过透明介质进行加工。

4）可进行微细加工。激光光斑可以聚焦到微米级，输出功率可以调节，可用做精密微细加工，可加工各种深孔（径深比可达 50～100）、微孔（ϕ（0.01～1）mm）、窄缝等。

14.4.3 激光加工的应用

激光加工可用于金刚石拉丝模、钟表宝石轴承、陶瓷、玻璃等非金属材料和硬质合金、不锈钢等金属材料的小孔加工，以及多种金属材料和非金属材料的切割加工等。同时，在电子器件的微调、焊接、热处理以及激光存储等领域也有着广泛的应用，是一种实用化程度和附加值很高的新技术，已经在生产实践中愈来愈多地显示了它的优越性，并受到广泛的重视。

14.5 超声波加工

14.5.1 超声波加工的原理

超声波加工是利用工具端面作超声振动，通过工具与工件之间的磨料悬浮液撞击和抛磨工件，去除工件表面材料的特种加工方法，其加工原理如图 14-9 所示。加工时，在工具和工件之间加入磨料和水或煤油等液体的悬浮液，超声波发生器产生的超声频电振荡，通过换能器转变为频率 16000 Hz 以上的超声频轴向振动，再通过变幅杆将振幅放大到 0.05~0.1 mm，驱动工具端面作轴向超声振动。磨料在工具的超声振动作用下，以极高的速度不断撞击工件表面，迫使加工区域内的工件材料不断被粉碎成很细的微粒脱落下

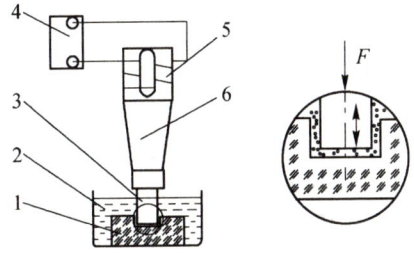

图 14-9 超声波加工原理示意图
1-工件 2-磨料悬浮液 3-工具
4-超声波发生器 5-换能器 6-变幅杆

来。由于悬浮液的高速搅动，又使磨料不断抛磨工件表面。随着磨料悬浮液的不断循环，磨料不断更新，加工产物不断排除，逐渐加工出所要求的形状。

此外，当工具端面以很大加速度离开工件表面时，加工间隙内形成负压和局部真空，在悬浮液形成许多空腔，当工具端面再以很大的加速度接近工件表面时，空腔被压闭合，造成极强的液压冲击波，强化了加工过程。

14.5.2 超声波加工的工艺特点

1）适合于加工各种硬脆材料，特别是不导电的非金属材料，如玻璃、陶瓷、石英、宝石、金刚石等。

2）加工过程中宏观机械力小，热影响小，可获得良好的加工精度和表面粗糙度。

3）工具可用较软材料做成较复杂的形状，不需要工具和工件作较复杂的相对运动，因此机床结构比较简单，操作、维修方便。

4）与电火花加工和电解加工相比，超声波加工的生产效率较低。

14.5.3 超声波加工的应用

目前，超声波加工主要用于工件的成型加工，如各种复杂形状的孔、型腔、成型面等，还可用于套料、切割、雕刻、研磨、清洗、焊接和探伤等。此外，超声波加工易于和其他加

工方法结合进行复合加工，如超声波电解加工、超声波线切割加工、超声波切削加工等。

复习思考题

1. 试通过与传统切削加工的比较，阐述特种加工的含义。
2. 试比较电火花成型加工与线切割加工，并说明它们分别适用于什么场合。
3. 电解加工的原理是什么？
4. 试举例说明激光加工的应用。
5. 简述超声波加工的基本原理及工艺特点。

参考文献

［1］谷春瑞，韩广利，曹文杰主编．机械制造工程实践．天津：天津大学出版社，2004

［2］周世权主编．工程实践（机类及近机类）．湖北：华中科技大学出版社，2002

［3］商利容，汤胜常主编．大学工程训练教程．上海：华东化工学院出版社，2005

［4］刘胜青，陈金水主编．工程训练．北京：高等教育出版社，2005

［5］张木青，于兆勤主编．机械制造工程训练教材．广州：华南理工大学出版社，2004

［6］宋树恢主编．现代制造技术工程训练指导．合肥：合肥工业大学出版社，2004

［7］冯俊，周郴知主编．工程训练基础教程．北京：北京理工大学出版社，2005

［8］吴鹏，迟剑锋主编．工程训练．北京：机械工业出版社，2005

［9］武建军主编．机械工程材料．北京：国防工业出版社，2004

［10］崔占全，孙振国主编．工程材料．北京：机械工业出版社，2002

［11］王昕主编．材料成型及制造工艺实习与实验．北京：机械工业出版社，2003

［12］刘建华主编．材料成型工艺基础．西安：西安电子科技大学出版社，2007

［13］黄勇主编．工程材料及机械制造基础．北京：国防工业出版社，2004

［14］傅水根主编．机械制造工艺基础．北京：清华大学出版社，2004

［15］刘舜尧等主编．制造工程工艺基础．长沙：中南大学出版社，2002

［16］贺小涛等主编．机械制造工程训练．长沙：中南大学出版社，2003

［17］刘峰主编．机械制造工程训练．山东：石油大学出版社，2003

［18］周喜忠主编．数控机床的编程与操作．沈阳：东北大学出版社，2004

［19］鄂大辛，成志芳主编．特种加工基础实训教程．北京：北京理工大学出版社，2007